胶原蛋白与胶原蛋白肽
功能与应用

COLLAGEN AND

COLLAGEN PEPTIDES:

FUNCTION

AND

APPLICATION

洪惠　谭雨青　罗永康／主编

中国轻工业出版社

图书在版编目（CIP）数据

胶原蛋白与胶原蛋白肽功能与应用 / 洪惠，谭雨青，
罗永康主编 . — 北京：中国轻工业出版社，2023.7

ISBN 978-7-5184-3761-0

Ⅰ.①胶… Ⅱ.①洪…②谭…③罗… Ⅲ.①胶原蛋
白—疗效食品—研究 Ⅳ.① TS218

中国版本图书馆 CIP 数据核字（2021）第 243406 号

责任编辑：罗晓航

策划编辑：伊双双　罗晓航　　责任终审：李建华　　封面设计：锋尚设计
版式设计：锋尚设计　　　　　责任校对：宋绿叶　　责任监印：张　可

出版发行：中国轻工业出版社（北京东长安街6号，邮编：100740）

印　　刷：北京博海升彩色印刷有限公司

经　　销：各地新华书店

版　　次：2023年7月第1版第2次印刷

开　　本：720×1000　1/16　印张：21.5

字　　数：420千字

书　　号：ISBN 978-7-5184-3761-0　定价：138.00元

邮购电话：010-65241695

发行电话：010-85119835　传真：85113293

网　　址：http://www.chlip.com.cn

Email：club@chlip.com.cn

如发现图书残缺请与我社邮购联系调换

231004K1C102ZBW

本书编写人员

主　编　洪　惠　中国农业大学
　　　　　谭雨青　中国农业大学
　　　　　罗永康　中国农业大学

参　编　张　恒　人民国肽集团有限公司　　丁旭初　舜甫科技集团有限公司
　　　　　丁　宁　中国农业大学　　　　　　冯淳淞　中国农业大学
　　　　　冯瑞方　中国农业大学　　　　　　傅子昕　中国农业大学
　　　　　刘怀高　人民国肽集团有限公司　　李鸣泽　中国农业大学
　　　　　李　晴　中国农业大学　　　　　　李晓逸　中国农业大学
　　　　　梁艺凡　中国农业大学　　　　　　施　恬　中国农业大学
　　　　　孙晓悦　中国农业大学　　　　　　王　凯　中国农业大学
　　　　　余勤业　中国农业大学　　　　　　张慧娟　中国农业大学
　　　　　邹潇潇　中国农业大学

前言

　　胶原蛋白是动物体内含量最丰富的蛋白质，在人体中约占总蛋白质质量的30％。胶原蛋白主要存在于结缔组织中，它是细胞外基质的主要组成成分，在韧带、皮肤、眼睛角膜等部位广泛存在，具有很强的伸张能力。因此，胶原蛋白亦是人体中极为重要的一类蛋白质，其理化特性与人体健康密切相关。良好状态的胶原蛋白可使皮肤维持较好的弹性，随着年龄增加，胶原蛋白流失及胶原蛋白交联固化，使细胞间的黏多糖减少，皮肤逐渐失去光泽弹性。

　　近年来，胶原蛋白在组织工程和生物医学领域已经有一定的应用，如手术缝合线、止血海绵、医用辅料等。胶原蛋白独特的螺旋结构、良好的生物相容性等优势特征使其备受青睐。胶原蛋白的酶解产物——胶原蛋白肽存在多种生物活性，具有促进骨骼健康、皮肤健康、伤口愈合，机体免疫与炎症调控，降血脂，降血压和降血糖等多种功能。

　　总体来说，胶原蛋白对于机体健康状态的维持有着重要作用。如今，胶原蛋白与胶原蛋白肽相关领域的研究发展迅速，胶原蛋白与胶原蛋白肽的功能开发与利用得到科学界和消费者的广泛重视和认可，为了使读者较全面的了解胶原蛋白与胶原蛋白肽的研究进展及功能开发与利用，本书围绕胶原蛋白与胶原蛋白肽的组成、功能与应用，帮助该领域的读者建立起较为完整而系统的胶原蛋白与胶原蛋白肽的知识体系，从胶原蛋白发现的历史脉络开始叙述，通过对国内外主流文献的归纳分析，并结合编者团队多年积累的研究经验，最终对胶原蛋白与胶原蛋白肽的生物合成、功能与代谢、生产制备、应用与挑战等多个板块进行较全面地概括论述；随后，本书根据国内外文献的报道，总结归纳出胶原蛋白肽最为常见的七大功能活性，并一一对应展开阐释，力求让读者对胶原蛋白肽的制备、分离纯化、鉴定、消化吸收及构效关系有一个全面和客观的认识。

　　本书共分为十章。内容包括：第一章胶原蛋白概述，从胶原蛋白的结构入手，介绍胶原蛋白的基本概况，详细阐述了胶原蛋白的生物合成机制、功能与代谢过程、生产与制备方法，为后文中胶原蛋白肽的制备做铺垫。第二章胶原蛋白肽概述，重点阐述了胶原蛋白肽的制备方法、消化吸收过程，总结其生物活性，并由此引出胶原蛋白肽的功能与应用。从第三章开始，依次聚焦"胶原蛋白肽与骨骼健康""胶原蛋白肽与皮肤健康""胶原蛋白肽与伤口愈合""胶原蛋白肽与机体免疫及炎症调控""胶原蛋白肽与降血脂""胶原蛋白肽与降血压""胶原蛋白肽与降血糖"等七大主题，结合国内外研究成果，以彩图的形式生动描绘胶原蛋白肽的作用机制，对七大功能的剂量与构效关系、活性评价方法进行了系统地阐述。第十章胶原蛋白与胶原蛋白肽的创新与应用，呼应前文的结构与功能，对胶原蛋白与胶原蛋白肽在3D打印、生物医学、美容、食品和其他工业领域的应用情况和发展趋势进行了总结。

　　本书编写分工为：张慧娟、李晴、谭雨青、洪惠编写第一章，梁艺凡、丁旭初、刘怀高、洪惠编写第二章，冯瑞方、洪惠编写第三章，邹潇潇、谭雨青编写第四章，冯淳淞、洪惠编写第五章，傅子昕、谭雨青编写第六章，王凯、谭雨青、罗永康编写第七章，李晓逸、谭雨青、罗永康编写第八章，孙晓悦、李鸣泽、谭雨青编写第九章，余勤业、丁宁、施恬、张恒、洪惠、谭雨青编写第十章。书中插图（除引用图片外）均采用Biorender会员账户绘制，由洪惠统一修改整理。全书由洪惠、谭雨青、罗永康统稿。

　　由于编写水平的局限，书中纰漏和不妥之处在所难免，敬请读者批评指正。

洪惠、谭雨青、罗永康
2021年11月于北京

目录

胶原蛋白概述

第一节 什么是胶原蛋白

胶原蛋白（或称胶原）是一种重要的结构蛋白，约占动物总蛋白质的30%，是胶原纤维的主要组成成分，主要存在于动物皮肤、肌腱、韧带及其他结缔组织中。胶原蛋白的生物学作用不仅限于作为支撑支架，人体的系统和器官的功能几乎都与胶原蛋白的结构有关。如图1-1所示，胶原蛋白是由3条α-链缠绕成的绳状三螺旋。3条α-链可以是相同的（同型三聚体），也可以是不同的（异型三聚体）。每一条α-链自身形成一个左螺旋，然后3条α-链进一步缠绕形成一个右旋的三重超螺旋结构。在酸、碱、酶或高温作用下，胶原蛋白会发生变性形成明胶。明胶是一种大分子的亲水胶体，是胶原蛋白部分水解后的产物，相对分子质量介于几万至几十万之间。明胶中蛋白质含量达82%以上，水分和无机盐约占16%，含有18种氨基酸，其中以羟脯氨酸（Hydroxyproline，Hyp）和脯氨酸（Proline，Pro）为主。

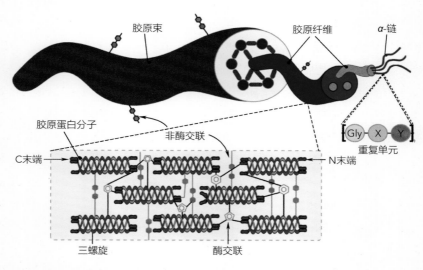

图1-1 胶原蛋白结构示意图

一、胶原蛋白的研究历史

胶原蛋白的出现最早可追溯到公元前4000年的古埃及，考古学家在金字塔中发现了皮胶制造技术的壁画以及动物胶残留物（曾爱国，1995）。19世纪初，"胶原蛋白"这一名词首次出现在组织学著作中。胶原蛋白，"Collagen"，源于希腊语"Kolla"和

"Genos"，意为"胶水"和"形成"，是人及其他哺乳动物体内最丰富的蛋白质，广泛存在于动物界。19世纪下半叶，随着组织学的快速发展，学者们通过光学显微镜观察并描述了胶原蛋白在人体内的分布情况。20世纪上半叶，许多科学家开始探索胶原蛋白的结构和特性。Ssadikow在1927年首次使用胶原酶"Collagenase"这一名词，其能够分离天然胶原蛋白和明胶。有学者用电子显微镜观察胶原蛋白，明确了胶原蛋白的3股螺旋结构（Ramachandran和Kartha，1954；Rich和Crick，1955）和其他形态学细节（Asbury，1940；Schmitt等，1942；Hall等，1942；Highberger等，1950）。研究皮革鞣制和明胶生产的化学家首次对胶原蛋白的氨基酸组成、水解抵抗力以及特殊机械性能等物理化学特征进行了描述（Grassmann，1955，1960）。1927年，Nageotte首次尝试用生化方法研究胶原蛋白，他用冷稀乙酸提取、分离出了大鼠尾腱中的天然可溶性胶原蛋白。20世纪60年代，胶原蛋白在健康与疾病中的作用引起了科学家们的广泛研究。研究表明，人体的许多生理和病理状况都与胶原蛋白的溶解性有关。在生化和医学领域，人们使用萃取法获得胶原蛋白。同时，相关研究发现了胶原蛋白交联的形成与其萃取性有关，这一发现引起了学者们对胶原蛋白分子交联性质的大量研究（Piez，1968）。羟脯氨酸是胶原蛋白的特征氨基酸，含量约为10%，因此尿液中的羟脯氨酸含量可作为胶原蛋白代谢指数被广泛应用于临床实践（Kivirikko，1970）。20世纪70年代，人们开始将胶原蛋白当作一种单一蛋白质进行研究，随着不同类型的胶原蛋白逐渐被发现，其种类迅速增加。1962年，Gross和Lapiere在描述脊椎动物胶原酶时，来源于细菌的胶原酶才逐渐进入人们的视野。1968年，Lazarus研究团队从人的粒细胞中提取出一种胶原酶，可水解重组胶原蛋白纤维并降低胶原溶液的黏度。1975年，Eugene等发现了人皮肤成纤维细胞会产生胶原酶，并报道了可能有胶原酶抑制剂的存在。1976年，有学者报道了胶原蛋白分解可能参与的代谢途径以及胶原酶潜在的抑制剂和激活剂（Weiss，1976）。此后，关于胶原蛋白的研究主要集中在胶原蛋白类型、分子和超分子结构、新陈代谢途径以及生物学功能等方面。1971年，Kefalides研究表明基底膜含有一种特定的Ⅳ型胶原蛋白。Kuhn（1981）和Timpl等（1981）发现Ⅳ型胶原蛋白的分子结构和形成超分子结构的能力与其他胶原蛋白明显不同。对胶原蛋白合成过程中出现的前体形式的描述（Bellamy和Bornstein，1971）是20世纪70年代初的重要发现之一，之后的一系列研究阐明了胶原蛋白生物合成的复杂过程，学者们在此基础上进行了脯氨酸和赖氨酸残基羟基化的药理学调节研究（Chvapil和Hurych，1968）。20世纪80年代，相关学者已经详细描述了超过12种胶原蛋白的特征，其他类型的胶原蛋白也在不断地被研究和探索中（Bornstein和Sage，1980）。进入21世纪，欧盟科学委员会首次确认胶原蛋白具有安全食用的性能，胶原蛋白的应用从材料拓展到了食品、医药、化妆品等多个领域。近年来，胶原蛋白在各行各业得到了广泛的应用。胶原蛋白水解得到的胶原蛋白肽具有良好的保健功能，如用于治疗骨质疏松症、动脉粥样硬化、高血压，改善皮肤状况、抗氧化等，因此受到众多消费者和生产者的青睐。另外，大量的胶原蛋白被用于皮革、医疗、组织工程、骨移植、化妆品、食品和制药等行业，也用于生产具有不同功能特性的明胶，如凝胶、乳化剂、增稠剂、稳定剂等。由于需求量的不断增长，胶原蛋白的产量日益增加，全球胶原蛋白市场规模也在不断扩大，预计到2025年胶原蛋白市场规模将达到近百亿美元。

二、胶原蛋白的来源

　　大多数商业胶原蛋白及其衍生产品都是从陆生动物（主要是牛和猪）的加工副产品中分离出来的，具有较好的生物相容性、易降解性和弱抗原性，因此已被广泛应用于食品、制药和化妆品等行业。牛的骨头和皮是胶原蛋白的主要来源之一，从水牛皮肤中提取到的胶原蛋白已应用于药物输送、伤口包扎和组织工程支架等方面，而牛骨胶原蛋白则可用于食品包装薄膜的制备。此外，研究证明牛胶原蛋白水解物具有一定的抗菌、抗氧化和降血压活性。例如，Sullivan等（2017）研究发现牛肺胶原蛋白水解物具有抗炎和抗氧化活性。胶原蛋白水解生成的胶原蛋白肽具有优良的生物活性。据报道，Cao等（2016）证实了从猪皮中提取的胶原蛋白肽具有抗冻性能，同时用热水处理技术从猪皮中提取的胶原蛋白肽可以有效地提高人体皮肤的水合作用和弹性，消除皱纹。

　　除了陆生动物，水产动物也是胶原蛋白的重要来源（图1-2），包括各种脊椎鱼类和无脊椎动物（海绵、海蜇、海参等）。这类胶原蛋白产量高，无传染牛海绵状脑病（BSE）、传染性海绵状脑病（TSE）、口蹄疫（FMD）等疾病的风险，没有宗教限制，污染物含量低，具有较弱的免疫原性和炎症反应，且适合于人体代谢。对于海洋和淡水中的鱼类，不同品种鱼类得到的胶原蛋白品质不同。根据生活环境，鱼类可以分为热水鱼、温水鱼、冷水鱼和冰水鱼4类。通常，热水鱼和温水鱼胶原蛋白的亚氨基酸（脯氨酸和羟脯氨酸）含量高于冷水鱼和冰水鱼。另外，不同组织和不同方法提取的胶原蛋白的亚氨基酸的组成有所不同，例如，来自鳙鱼内部组织（鱼鳔和鱼骨）的亚氨基酸含量略高于其外部组织（鳍、鳞和鱼皮）亚氨基酸的含量。Chun等（2019）使用醋酸法、热水法和氢氧化钠法从罗非鱼皮中提取的胶原蛋白显示出不同的分子质量和二级结构。此外，源于无脊椎动物的胶原蛋白具有很大的商业价值。海蜇胶原蛋白肽具有抗高血压活性，可作为活性成分应用于功能性食品中；海绵胶原蛋白具有潜在的止血作用，可以用作伤口敷料；海参体壁胃蛋白酶溶胶原蛋白，分子质量较小，含有丰富的亲水基团，在化妆品配方中具有潜在的应用价值（Fatuma等，2019）。从水产动物的各种加工副产物中提取胶原蛋白，不仅有助于减少蛋白资源浪费，减轻环境污染，而且可以实现低值水产品的高值化利用。这样既可以提升经济价值和社会效益，又能够满足市场对天然、营养和多功能产品的需求。

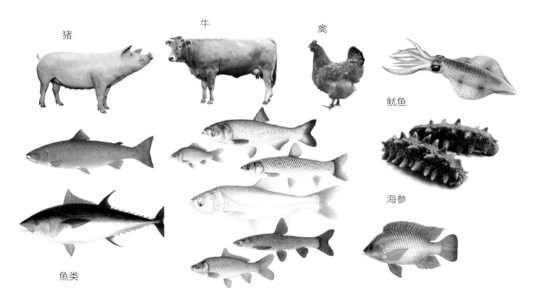

图1-2　**胶原蛋白主要来源物种**

三、胶原蛋白的类型

到目前为止，人们已经发现了29种不同的胶原蛋白。按照发现它们的顺序分别称之为Ⅰ、Ⅱ、Ⅲ、Ⅳ型胶原蛋白等。根据胶原蛋白在体内的分布情况，可将其分为间质胶原蛋白、基底膜胶原蛋白和外周胶原蛋白。根据这些胶原蛋白是否能形成纤维可分成两种类型（表1-1）：第一种类型是纤维胶原蛋白，包括Ⅰ、Ⅱ、Ⅲ、Ⅴ和Ⅺ型胶原蛋白；另一种是非纤维胶原蛋白，可以分为基底膜胶原蛋白、微纤维胶原蛋白、锚定胶原蛋白、六角网状胶原蛋白、三螺旋断裂的原纤维相关胶原蛋白、跨膜胶原蛋白、多重胶原蛋白等。其中，纤维胶原蛋白大约占胶原蛋白总量的90%，非纤维胶原蛋白中的α-链同时包括三螺旋结构域和非三螺旋结构域。

表1-1 胶原蛋白家族的类型、分子组成、基因组定位及组织分布

种类	类型	分子组成	基因组定位	组织分布
纤维胶原蛋白	I	$[α1（I）]_2α2（I）$	COL1A1（17q21.3~q22） COL1A2（7q22.1）	骨骼、肌腱、皮肤、韧带、角膜
	II	$[α1（II）]_3$	COL2A1（12q13.11~q13.2）	透明软骨、玻璃体、髓核
	III	$[α1（III）]_3$	COL3A1（2q31）	皮肤、血管壁、大多数组织（肺、肝、脾等）的网状纤维
	V	$α1（V），α2（V），α3（V）$	COL5A1（9q34.2~q34.3） COL5A2（2q31） COL5A3（19p13.2）	肺、角膜、骨、胎膜；与I型胶原蛋白一起
	XI	$α1（XI），α2（XI），α3（XI）$	COL11A1（1p21） COL11A2（6p21.3） COL11A3 = COL2A1	软骨、玻璃体
基底膜胶原蛋白	IV	$[α1（IV）]_2α2（IV）；α1~α6$	COL4A1（13q34） COL4A2（13q34） COL4A3（2q36~q37） COL4A4（2q36~q37） COL4A5（Xq22.3） COL4A6（Xp22.3）	基底膜（位于上皮组织下的一层，无细胞且富含纤维的结缔组织）
微纤维胶原蛋白	VI	$α1（VI），α2（VI），α3（VI）$	COL6A1（21q22.3） COL6A2（21q22.3） COL6A3（2q37）	广泛分布：真皮、软骨、胎盘、肺、血管壁、椎间盘
锚定胶原蛋白	VII	$[α1（VII）]_3$	COL7A1（3p21.3）	皮肤、真皮-表皮连接处、口腔黏膜、子宫颈
六角网状胶原蛋白	VIII	$[α1（VIII）]_2α2（VIII）$	COL8A1（3q12~q13.1） COL8A2（1p34.3~p32.3）	内皮细胞、角膜
	X	$[α1（X）]_3$	COL10A1（6q21~q22.3）	肥厚软骨
三螺旋断裂的原纤维相关胶原蛋白（FACITs，Fibril associated collagens with interrupted tripel-helices）	IX	$α1（IX），α2（IX），α3（IX）$	COL9A1（6q13） COL9A2（1p33~p32.2）	软骨、玻璃体液、角膜
	XII	$[α1（XII）]_3$	COL12A1（6q12~q13）	软骨膜、韧带、肌腱
	XIV	$[α1（XIV）]_3$	COL9A1（8q23）	真皮、肌腱、血管壁、胎盘、肺、肝
	XIX	$[α1（XIX）]_3$	COL19A1（6q12~q14）	人横纹肌肉瘤
	XX	$[α1（XX）]_3$		角膜上皮、胚胎皮肤、胸骨软骨、肌腱
	XXI	$[α1（XXI）]_3$	COL21A1（6p11.2~12.3）	血管壁

续表

种类	类型	分子组成	基因组定位	组织分布
跨膜胶原蛋白	XⅢ	[α1（XⅢ）]₃	COL13A1（10q22）	表皮、毛囊、肌内膜、肠、软骨细胞、肺、肝
	XⅦ	[α1（XⅦ）]₃	COL17A1（10q24.3）	真皮-表皮连接处
多重胶原蛋白	XV	[α1（XV）]₃	COL15A1（9q21~q22）	成纤维细胞、平滑肌细胞、肾脏、胰腺
	XVI	[α1（XVI）]₃	COL16A1（1p34）	成纤维细胞、羊膜、角质形成细胞
	XⅧ	[α1（XⅧ）]₃	COL18A1（21q22.3）	肺、肝

资料来源：Gelse K. Advanced Drug Delivery Reviews，2003，55（12）：1531-1546。

四、胶原蛋白的结构

　　胶原蛋白分子具有一级、二级、三级和四级结构。它的一级结构是由基因中不同的核苷酸序列决定的α-链的基本结构。二级结构指的是其三螺旋结构（图1-3），即超螺旋体。三级结构指构成胶原蛋白分子的肽链主侧链间的空间排布及其形成的次级键。四级结构指的是胶原蛋白分子3条多肽链内部通过共价键交联形成整个胶原纤维的规则结构。

1. 一级结构

　　α-链是构成胶原蛋白的基本单位，其由N端肽、螺旋结构域和C端肽3个部分构成。螺旋结构域的氨基酸序列是胶原分子的主要结构，其特征是Gly-X-Y重复序列，在X和Y位置占主导地位是脯氨酸（Pro）和羟脯氨酸（Hyp）。这两种氨基酸是胶原蛋白的特征氨基酸，通常只存在于胶原蛋白中，在其他蛋白质中非常少见。每一个α-链包含约1000个氨基酸，分子质量约为100ku。由于

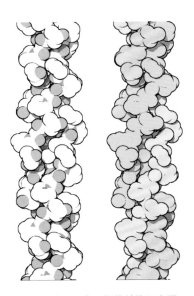

图1-3　胶原蛋白三螺旋结构示意图

甘氨酸含量高，胶原蛋白的平均分子质量低于大多数蛋白质。每3个氨基酸残基中就有一个是甘氨酸（Gly），这是胶原蛋白超螺旋结构形成的关键。Gly是最小的氨基酸，只有一个氢原子侧链，可以在没有空间位阻的情况下成为超螺旋中心的一部分，从而使3条α-链紧密结合在一起，最终形成一个具有疏水核心的超螺旋。亚氨基酸的吡咯环所带来的构象限制进一步强化了超螺旋结构，Hyp与羟基形成的链间氢键对维持超螺旋结构也有一定的作用。

每条α-链的螺旋端部都有一个短肽段，即末端肽，为非螺旋结构。末端肽通常由赖氨酸（Lys）及羟赖氨酸（Hyl）组成，且不包含Gly-X-Y重复序列。这个端肽的结构域决定了分子间的相互作用，有助于稳定正常的纤维组装。不同的胶原蛋白α-链的氨基酸序列不同，如表1-2~表1-4所示。人的Ⅰ型胶原蛋白α-1链含有1464个氨基酸（表1-2），羧基端由25个氨基酸残基组成，氨基端有16个氨基酸残基，甘氨酸含量为15.98%，脯氨酸19.35%。α-2链含有1366个氨基酸（表1-3），其中甘氨酸16.78%，脯氨酸17.33%。胶原蛋白的C端前肽突变占总致病突变的概率为5%，该类型突变可以削弱胶原蛋白的聚集和折叠能力。α-1链中的甘氨酸被替代后，会影响三维螺旋结构的稳定性，形成致病因子。如果突变发生在α-1链羧基端附近，则会影响胶原单体和非胶原蛋白之间的相互作用。在α-2链中，甘氨酸替换基本是非致病的，但是，该链上有8个可致病的糖蛋白结合位点。

表1-2 来源于人的Ⅰ型胶原蛋白α-1链序列（编号P02452）

10	20	30	40	50
MFSFVDLRLL	LLLAATALLT	HGQEEGQVEG	QDEDIPPITC	VQNGLRYHDR
60	70	80	90	100
DVWKPEPCRI	CVCDNGKVLC	DDVICDETKN	CPGAEVPEGE	CCPVCPDGSE
110	120	130	140	150
SPTDQETTGV	EGPKGDTGPR	GPRGPAGPPG	RDGIPGQPGL	PGPPGPPGPP
160	170	180	190	200
GPPGLGGNFA	PQLSYGYDEK	STGGISVPGP	MGPSGPRGLP	GPPGAPGPQG
210	220	230	240	250
FQGPPGEPGE	PGASGPMGPR	GPPGPPGKNG	DDGEAGKPGR	PGERGPPGPQ
260	270	280	290	300
GARGLPGTAG	LPGMKGHRGF	SGLDGAKGDA	GPAGPKGEPG	SPGENGAPGQ
310	320	330	340	350
MGPRGLPGER	GRPGAPGPAG	ARGNDGATGA	AGPPGPTGPA	GPPGFPGAVG

续表

360	370	380	390	400
AKGEAGPQGP	RGSEGPQGVR	GEPGPPGPAG	AAGPAGNPGA	DGQPGAKGAN
410	420	430	440	450
GAPGIAGAPG	FPGARGPSGP	QGPGGPPGPK	GNSGEPGAPG	SKGDTGAKGE
460	470	480	490	500
PGPVGVQGPP	GPAGEEGKRG	ARGEPGPTGL	PGPPGERGGP	GSRGFPGADG
510	520	530	540	550
VAGPKGPAGE	RGSPGPAGPK	GSPGEAGRPG	EAGLPGAKGL	TGSPGSPGPD
560	570	580	590	600
GKTGPPGPAG	QDGRPGPPGP	PGARGQAGVM	GFPGPKGAAG	EPGKAGERGV
610	620	630	640	650
PGPPGAVGPA	GKDGEAGAQG	PPGPAGPAGE	RGEQGPAGSP	GFQGLPGPAG
660	670	680	690	700
PPGEAGKPGE	QGVPGDLGAP	GPSGARGERG	FPGERGVQGP	PGPAGPRGAN
710	720	730	740	750
GAPGNDGAKG	DAGAPGAPGS	QGAPGLQGMP	GERGAAGLPG	PKGDRGDAGP
760	770	780	790	800
KGADGSPGKD	GVRGLTGPIG	PPGPAGAPGD	KGESGPSGPA	GPTGARGAPG
810	820	830	840	850
DRGEPGPPGP	AGFAGPPGAD	GQPGAKGEPG	DAGAKGDAGP	PGPAGPAGPP
860	870	880	890	900
GPIGNVGAPG	AKGARGSAGP	PGATGFPGAA	GRVGPPGPSG	NAGPPGPPGP
910	920	930	940	950
AGKEGGKGPR	GETGPAGRPG	EVGPPGPPGP	AGEKGSPGAD	GPAGAPGTPG
960	970	980	990	1000
PQGIAGQRGV	VGLPGQRGER	GFPGLPGPSG	EPGKQGPSGA	SGERGPPGPM
1010	1020	1030	1040	1050
GPPGLAGPPG	ESGREGAPGA	EGSPGRDGSP	GAKGDRGETG	PAGPPGAPGA
1060	1070	1080	1090	1100
PGAPGPVGPA	GKSGDRGETG	PAGPTGPVGP	VGARGPAGPQ	GPRGDKGETG
1110	1120	1130	1140	1150
EQGDRGIKGH	RGFSGLQGPP	GPPGSPGEQG	PSGASGPAGP	RGPPGSAGAP
1160	1170	1180	1190	1200
GKDGLNGLPG	PIGPPGPRGR	TGDAGPVGPP	GPPGPPGPPG	PPSAGFDFSF

续表

1210	1220	1230	1240	1250
LPQPPQEKAH	DGGRYYRADD	ANVVRDRDLE	VDTTLKSLSQ	QIENIRSPEG
1260	1270	1280	1290	1300
SRKNPARTCR	DLKMCHSDWK	SGEYWIDPNQ	GCNLDAIKVF	CNMETGETCV
1310	1320	1330	1340	1350
YPTQPSVAQK	NWYISKNPKD	KRHVWFGESM	TDGFQFEYGG	QGSDPADVAI
1360	1370	1380	1390	1400
QLTFLRLMST	EASQNITYHC	KNSVAYMDQQ	TGNLKKALLL	QGSNEIEIRA
1410	1420	1430	1440	1450
EGNSRFTYSV	TVDGCTSHTG	AWGKTVIEYK	TTKTSRLPII	DVAPLDVGAP
1460				
DQEFGFDVGP	VCFL			

注：G（Gly，甘氨酸）被高亮显示以便于了解Gly-X-Y重复单元。

资料来源：https://www.uniprot.org/。

表1-3 来源于人的Ⅰ型胶原蛋白α-2链序列（编号P08123）

10	20	30	40	50
MLSFVDTRTL	LLLAVTLCLA	TCQSLQEETV	RKGPAGDRGP	RGERGPPGPP
60	70	80	90	100
GRDGEDGPTG	PPGPPGPPGP	PGLGGNFAAQ	YDGKGVGLGP	GPMGLMGPRG
110	120	130	140	150
PPGAAGAPGP	QGFQGPAGEP	GEPGQTGPAG	ARGPAGPPGK	AGEDGHPGKP
160	170	180	190	200
GRPGERGVVG	PQGARGFPGT	PGLPGFKGIR	GHNGLDGLKG	QPGAPGVKGE
210	220	230	240	250
PGAPGENGTP	GQTGARGLPG	ERGRVGAPGP	AGARGSDGSV	GPVGPAGPIG
260	270	280	290	300
SAGPPGFPGA	PGPKGEIGAV	GNAGPAGPAG	PRGEVGLPGL	SGPVGPPGNP
310	320	330	340	350
GANGLTGAKG	AAGLPGVAGA	PGLPGPRGIP	GPVGAAGATG	ARGLVGEPGP
360	370	380	390	400
AGSKGESGNK	GEPGSAGPQG	PPGPSGEEGK	RGPNGEAGSA	GPPGPPGLRG
410	420	430	440	450
SPGSRGLPGA	DGRAGVMGPP	GSRGASGPAG	VRGPNGDAGR	PGEPGLMGPR
460	470	480	490	500
GLPGSPGNIG	PAGKEGPVGL	PGIDGRPGPI	GPAGARGEPG	NIGFPGPKGP
510	520	530	540	550
TGDPGKNGDK	GHAGLAGARG	APGPDGNNGA	QGPPGPQGVQ	GGKGEQGPPG

续表

560	570	580	590	600
PPGFQGLPGP	SGPAGEVGKP	GERGLHGEFG	LPGPAGPRGE	RGPPGESGAA
610	620	630	640	650
GPTGPIGSRG	PSGPPGPDGN	KGEPGVVGAV	GTAGPSGPSG	LPGERGAAGI
660	670	680	690	700
PGGKGEKGEP	GLRGEIGNPG	RDGARGAPGA	VGAPGPAGAT	GDRGEAGAAG
710	720	730	740	750
PAGPAGPRGS	PGERGEVGPA	GPNGFAGPAG	AAGQPGAKGE	RGAKGPKGEN
760	770	780	790	800
GVVGPTGPVG	AAGPAGPNGP	PGPAGSRGDG	GPPGMTGFPG	AAGRTGPPGP
810	820	830	840	850
SGISGPPGPP	GPAGKEGLRG	PRGDQGPVGR	TGEVGAVGPP	GFAGEKGPSG
860	870	880	890	900
EAGTAGPPGT	PGPQGLLGAP	GILGLPGSRG	ERGLPGVAGA	VGEPGPLGIA
910	920	930	940	950
GPPGARGPPG	AVGSPGVNGA	PGEAGRDGNP	GNDGPPGRDG	QPGHKGERGY
960	970	980	990	1000
PGNIGPVGAA	GAPGPHGPVG	PAGKHGNRGE	TGPSGPVGPA	GAVGPRGPSG
1010	1020	1030	1040	1050
PQGIRGDKGE	PGEKGPRGLP	GLKGHNGLQG	LPGIAGHHGD	QGAPGSVGPA
1060	1070	1080	1090	1100
GPRGPAGPSG	PAGKDGRTGH	PGTVGPAGIR	GPQGHQGPAG	PPGPPGPPGP
1110	1120	1130	1140	1150
PGVSGGGYDF	GYDGDFYRAD	QPRSAPSLRP	KDYEVDATLK	SLNNQIETLL
1160	1170	1180	1190	1200
TPEGSRKNPA	RTCRDLRLSH	PEWSSGYYWI	DPNQGCTMDA	IKVYCDFSTG
1210	1220	1230	1240	1250
ETCIRAQPEN	IPAKNWYRSS	KDKKHVWLGE	TINAGSQFEY	NVEGVTSKEM
1260	1270	1280	1290	1300
ATQLAFMRLL	ANYASQNITY	HCKNSIAYMD	EETGNLKKAV	ILQGSNDVEL
1310	1320	1330	1340	1350
VAEGNSRFTY	TVLVDGCSKK	TNEWGKTIIE	YKTNKPSRLP	FLDIAPLDIG
1360	1370			
GADQEFFVDI	GPVCFK			

资料来源：https://www.uniprot.org/。

表1-4　Ⅰ型胶原不同α-链的氨基酸含量比较

名称	氨基酸含量/%		名称	氨基酸含量/%	
	α-1	α-2		α-1	α-2
A（丙氨酸）	7.13	7.14	M（蛋氨酸）	1.22	1.01
C（半胱氨酸）	1.95	1.05	N（天酰氨酸）	2.29	3.61
D（天冬氨酸）	5.44	3.82	P（脯氨酸）	19.35	17.33
E（谷氨酸）	6.94	6.58	Q（谷氨酰胺）	4.50	3.27
F（苯丙氨酸）	2.73	2.40	R（精氨酸）	7.95	8.69
G（甘氨酸）	15.98	16.78	S（丝氨酸）	3.74	3.50
H（组氨酸）	0.85	1.52	T（苏氨酸）	3.19	3.28
I（异亮氨酸）	1.95	2.80	V（缬氨酸）	3.34	4.21
K（赖氨酸）	5.24	4.95	W（色氨酸）	0.80	0.72
L（亮氨酸）	3.89	5.33	Y（酪氨酸）	1.52	2.02

资料来源：彭争宏，郭云，岳超，等. 明胶科学与技术，2009，29（2）：60-73。

2. 二级结构

蛋白质的二级结构指肽链主链的局部空间构成，主要包括α-螺旋、β-折叠、β-转角和无规则卷曲。胶原蛋白的螺旋结构不同于普通的α-螺旋结构。其每条α-链均为左手螺旋，螺距为0.87nm，每圈有3.3个氨基酸，3条肽链相互缠绕形成一个长右手螺旋，螺距为9.6nm，每圈有3.6个氨基酸，形成了胶原分子特有的三螺旋结构。维持这种超螺旋结构的作用力主要是分子间相互作用及分子内的氢键。其中，分子内的氢键包括肽链的甘氨酸残基上的H与相邻肽链上的C=O基团之间形成的氢键，肽链上羟脯氨酸基团间所形成的氢键和肽链上的羟脯氨酸通过水分子在肽链内及肽链间形成的氢键。胶原蛋白的二级结构与它执行生物功能的能力直接相关。胶原蛋白的端肽可通过分子间的共价作用互相连接形成低聚物（二聚体、三聚体等），在胶原蛋白形成纤维结构的过程中起着重要的作用。4~8个胶原蛋白分子在截面上共价相连形成胶原原纤维的基本结构单位，这些基本结构单元（原纤维）交联形成典型的基质上皮、肌腱和骨骼。

3. 三级结构

胶原蛋白的三级结构指其分子中肽链盘曲折叠形成的空间结构，除了主链的空间排布以外，还包括侧链的空间排布。胶原蛋白三螺旋结构通过肽链间次级键，如离子键、氢键、范德华力的相互作用，以及胶原蛋白分子间和分子内存在的醇醛缩合交联、醛胺缩合交联和醇醛组氨酸交联使肽键的链接更牢固，从而使胶原结构更稳定。研究表明，明胶与胶原蛋白有相似的类三螺旋结构，其主要也是依靠分子内氧键和氢键的水合作用维持类三螺旋结构的稳定性。Hyp和Pro的存在对明胶的结构和性质有着相当重要的作用，这是因为Pro中的—NH和Hyp中的—OH能与其他氨基酸侧链基团及水分子形成氢键，以此维持类三螺旋结构的稳定。

4. 四级结构

蛋白质分子中每个具有三级结构的多肽链单位称为蛋白质的亚基或者原聚体，蛋白质的四级结构指各个亚基的空间排布，亚基之间的相互作用和重叠部分的布局。与其他蛋白质相比，胶原蛋白的四级结构是指胶原分子依靠氢键、离子键等作用，按一定的方式排列成稳定的胶原纤维。除氢键、离子键等作用外，胶原分子内部及分子之间的共价交联也使得其具有很好的物理化学稳定性。

第二节　胶原蛋白的生物合成

胶原蛋白的生物合成与其他分泌蛋白有许多相似之处（图1-4）。胶原蛋白的生物合成有两个显著特征：①需要合成前体；②涉及几个不同寻常的转译后修饰。胶原蛋白的合成是一个多阶段的、复杂的生物合成途径（图1-4），它包括细胞内的加工和细胞外的修饰。在胶原蛋白合成过程中，早期进行特定基因的转录和翻译。然后，翻译产物在细胞内进行加工，此过程包括前胶原α-链的合成，前胶原α-链的羟基化，前胶原α-链的糖基化和前胶原α-链的链接4个方面。在高度特异的酶催化下，前胶原多肽链经过大量共翻译和翻译后修饰形成了胶原蛋白的独特结构。胶原蛋白的生物合成比迄今为止检测到的任何其他蛋白质都涉及更广泛的翻译后酶反应。胶原蛋白中的羟脯氨酸、羟赖氨酸和糖基化羟赖氨酸都是脯氨酸和赖氨酸残基翻译后修饰的结果。此外，在前胶原肽延伸段中发现的链间二硫键也是翻译后修饰的结果，其中肽基脯氨酸经羟化转化为羟脯氨酸的过程对于将3个多肽链折叠成正确的三螺旋结构至关重要。有研究表明，如果这一过程中有一个或多个反应被抑制，蛋白质就不能折叠成正确的结构，同时它在细胞里的分泌过程也会发生明显的改变（不分泌或者分泌速率显著降低）。这些进一步强调了翻译后修饰在前胶原生物合成中的重要性。前胶原分子运输到细胞外空间后转化为胶原蛋白，然后胶原蛋白分子聚集形成超分子结构，并通过交联和与其他组分的相互作用来达到稳定状态。

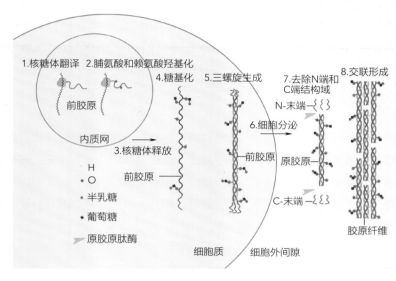

图1-4   胶原蛋白体内合成途径

一、前胶原α-链的合成

胶原蛋白的前体形式称为前胶原，它与胶原蛋白的不同之处在于其分子的3条多肽链上包含额外的肽延伸。肽延伸对于多肽链的结合以及多肽折叠形成天然三螺旋构象是必不可少的。额外的肽延伸使前胶原比胶原蛋白更容易溶解，而前胶原的功能之一是作为一种"运输"形式，防止生物合成过程中纤维的过早形成。前胶原分子从细胞分泌出去后进行水解转化，在细胞外肽酶的催化作用下进行胶原分子正常的纤维聚合。

（一）胶原蛋白基因的多样性

各种胶原分子不同程度的"翻译后"修饰可以解释不同胶原蛋白中羟脯氨酸、羟赖氨酸和糖基化羟赖氨酸含量的差异。多肽链中氨基酸的含量和分布差异等反映了结构基因的多样性。胶原蛋白基因，即COL，两个数字由一个字母"A"分开，第一个数字表示编码胶原蛋白的类型，第二个是链号。例如，COL2A1（NCBI gene ID：1280）是Ⅱ型胶原蛋白α1（Ⅱ）链的一个基因。胶原蛋白基因的大小从39000对（鸡的COL1A2）

到18000对［人的*COL1A1*（NCBI gene ID：1277）］不等。与其他真核基因一样，胶原蛋白的结构基因由外显子和内含子组成，外显子由非编码的内含子隔开，其编码序列占据整个基因的10%~30%。此外，内含子具有相当大的可变性。人们对胶原蛋白基因的结构组织和染色体定位的研究发现，该基因家族的异质性以及内含子-外显子的排列比预期的更为复杂。目前，已经用克隆脱氧核糖核酸（DNA）探针定位了人类胶原蛋白基因，人类胶原蛋白基因组的定位在第一节已列出。

（二）前胶原*α*-链的性质

前胶原多肽链的末端有肽延伸，因此初次合成的前胶原多肽链的分子质量比胶原蛋白链大40%。肽延伸又被称为信号肽、信号序列、前导肽；其氨基端氨基酸残基带正电荷，后接疏水氨基酸残基，整体结构类似于分泌蛋白的信号序列。在胶原蛋白合成过程中，负责分解信号肽的"信号肽酶"是一种非特异性酶，其可以水解多种蛋白质。肽延伸与*α*-多肽链之间没有特定的链接序列，但当肽延伸序列改变或非生理氨基酸掺入的情况下，信号肽的切割受阻，导致跨膜易位缺陷或膜释放受损，从而使蛋白质的生产受到抑制。Ⅰ、Ⅱ、Ⅲ型前胶原肽延伸的氨基酸组成表明，与胶原蛋白相比，它们含有较少的甘氨酸，较少或不含羟脯氨酸和羟赖氨酸，较多酸性氨基酸和芳香族氨基酸。最重要的是，这些肽延伸中含有Ⅰ型和Ⅱ型胶原蛋白的三螺旋区域中没有发现过的半胱氨酸残基。此外，研究表明，肽延伸中的氨基酸似乎是通过肽键与*α*-链部分相连的，因此一般认为单个前*α*-链不是作为亚基组装的，而是作为连续链组装的。有学者认为，肽延伸参与了前胶原多肽链由粗面内质网上的核糖体合成后向内质网腔跨越的运动。

二、前胶原*α*-链的羟基化修饰

前胶原*α*-链的羟基化修饰主要是指脯氨酸和赖氨酸残基的羟基化。脯氨酸4-羟化酶（P4HA3，NCBI gene ID：2152）、脯氨酰3-羟化酶（P3H4，NCBI gene ID：10609）、赖氨酸羟化酶（LH，NCBI gene ID：5351），这3种特异性羟化酶分别是前胶原中4-羟基脯氨酸（Hyp，NCBI gene ID：5251）、3-羟基脯氨酸（Hyp，NCBI gene ID：5251）和羟赖氨酸（Hyl，NCBI gene ID：4145）形成所必需的。羟基化的产物几乎只存在于胶原蛋白中，羟基化不仅是胶原蛋白生物合成的独特特征，而且还可能是胶原蛋白形成过程中的关键调控步骤。

前胶原的非羟基化多肽链只有在24℃的低温下才能形成三螺旋结构，因此，正常体温条件下，肽链需要进行羟基化以保证螺旋结构的形成和稳定。脯氨酸4-羟化酶（EC 1.14.11.2，前胶原-脯氨酸-α-酮戊二酸-4-双加氧酶）也称脯氨酸羟化酶，该酶催化多肽链中4位脯氨酸残基的羟化，这一过程对于三螺旋的形成和在生理条件下结构的稳定至关重要。如图1-5所示，脯氨酸羟基化反应需要α-酮戊二酸和O_2以及Fe^{2+}和抗坏血酸两种辅助因子的参与：O_2分子的一个原子氧化脱羧后的α-酮戊二酸，另一个原子并入羟脯氨酸残基中的羟基。

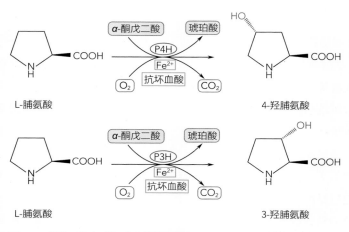

图1-5　前胶原链中脯氨酸残基的羟基化

　　图1-6所示为肽基羟化酶的反应机制。羟化酶活性位点包含由2个His残基和1个Asp残基配位的Fe^{2+}，α-酮戊二酸与其结合可置换2个水分子；在肽的氨基端与酶进行结合时可置换第3个水分子；氧气参与底物结合过程，其形成的阴离子中间体会攻击α-酮戊二酸形成的环状过氧化物分子从而生成一个中间产物；随后，该中间产物坍塌导致形成了Fe^{5+}复合物，其可从肽的氨基端中获取氢原子；最后肽氨基端自由基与Fe^{3+}—OH复合物反应形成羟基化底物并使酶恢复到静止位置。

　　在脯氨酸4-羟化酶催化的羟化反应中，进行羟基化的残基必须位于肽段中，该酶不会羟化游离脯氨酸，其催化位置和所需的最小序列已经用合成底物进行了研究。前胶原中的羟脯氨酸残基位于甘氨酸残基之前，三肽Pro-Pro-Gly和Ala-Pro-Gly是羟基化作用最简单的底物，其他序列如Gly-Pro-Pro、Gly-Pro-Ala或Pro-Gly-Pro不会进行羟基化。基于这些发现，研究者可推测脯氨酸4-羟化酶催化所需的最小序列为X-Pro-Gly，其中X位的氨基酸残基会对羟基化反应的进行产生一定影响。羟基化速度最快的是X位为脯氨酸的多肽；X位为丙氨酸时的羟化速度也很快。当X位为亮氨酸、精氨酸和缬氨酸时会降低反

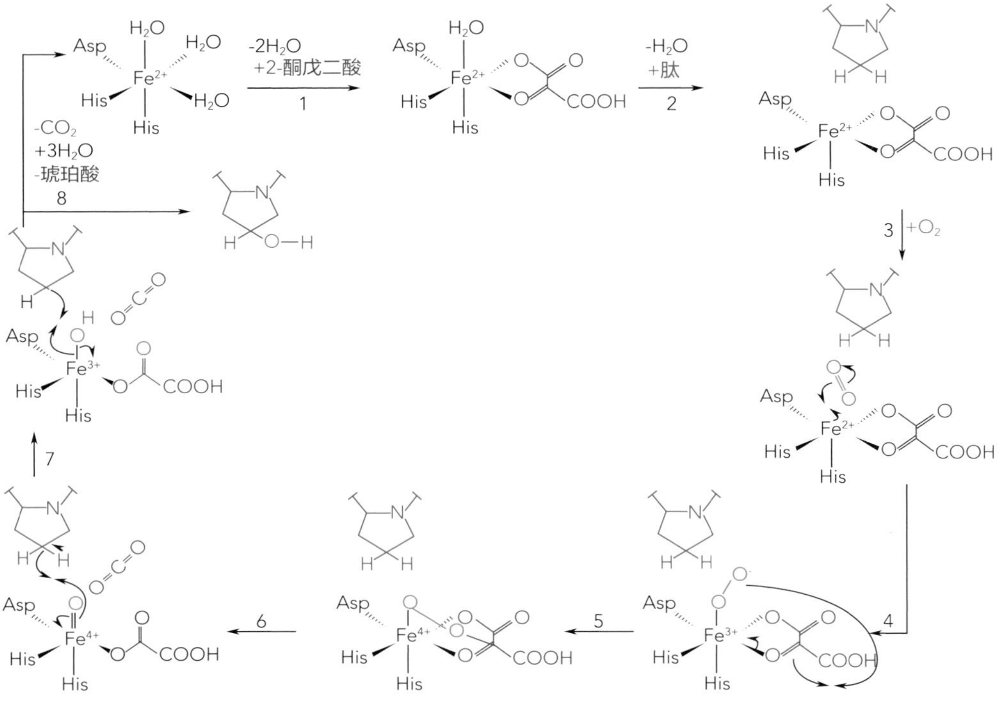

图1-6　**肽基脯氨酸4-羟化酶反应机制**

应速度，但不会抑制羟基化反应。X位为甘氨酸或肌氨酸的多肽不会发生羟基化。脯氨酸3-羟化酶（EC 1.14.11.7，前胶原-脯氨酸-α-酮戊二酸-3-双加氧酶），相对分子质量约为160000，其第3位脯氨酸残基的羟基化需要出现多肽序列Pro-Hyp-Gly。赖氨酸羟化酶（EC 1.14.11.4，前胶原-赖氨酸-2-氧谷氨酸-4-二氧酶）是一种催化前胶原多肽链中合成羟赖氨酸的酶，属于糖蛋白，其催化反应如图1-7所示。它的作用机制类似于脯氨酸羟化酶，并且需要相同的辅助因子参与。

赖氨酸　　　　羟赖氨酸

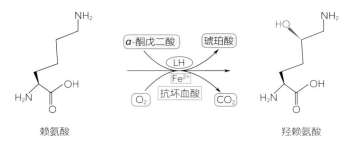

图1-7　**前胶原链中赖氨酸残基的羟基化**

三、前胶原α-链的糖基化修饰

（一）羟赖氨酸残基的糖基化

哺乳动物的胶原蛋白中包含两种与羟赖氨酸相连的碳水化合物单位：半乳糖和葡萄糖基半乳糖，碳水化合物单位与O-糖苷连接物附着在羟赖氨酸残基上。羟赖氨酸残基的糖基化由羟基糖半乳糖基转移酶［EC 2.4.1.50，尿苷二磷酸（UDP）-半乳糖-胶原半乳糖基转移酶］和半乳糖羟赖氨酰葡萄糖基转移酶（EC 2.4.1.66，UDP-葡萄糖-胶原-葡萄糖转移酶）两种特定酶催化。前者连接半乳糖，后者通过添加一个葡萄糖单位来延长碳水化合物结构。碳水化合物由相应的UDP糖苷提供，糖基化的反应如图1-8所示。由于三螺旋结构的形成会完全阻止碳水化合物的加入，所以糖基化反应发生在单链中。羟基糖半乳糖基转移酶比半乳糖羟赖氨酰葡萄糖基转移酶更具有底物特异性，转移酶的底物特异性反映了它们在胶原蛋白翻译后修饰中的不同作用位点。羟基赖氨酸仅由多肽链中的赖氨酸残基形成，只有在肽中才能作为糖基化的底物，游离羟基赖氨酸不能作为底物，因此长肽链比短肽链更易作为转移酶的底物。X-Hyl-Gly的数量可作为糖基化反应进行的重要指标，X位的氨基酸残基种类也会对反应的进行产生一定影响。

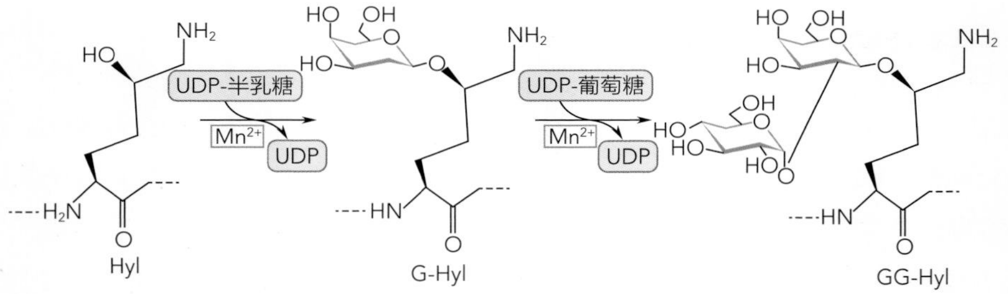

图1-8　前胶原链中羟赖氨酸残基的糖基化
注：Hyl：羟赖氨酸；G-Hyl：半乳糖羟赖氨酸；GG-Hyl：葡萄糖半乳糖羟基赖氨酸。

肽基半乳糖羟赖氨酰葡萄糖基转移酶活性的最佳条件为pH7.0~7.4，每个分子可以结合两个Mn^{2+}作为辅助因子，Fe^{2+}和Co^{2+}可以部分取代Mn^{2+}，但是所需的钴离子浓度高于组织中的自然浓度。高、低浓度锰离子存在下的反应模式如图1-9所示。在高浓度的Mn^{2+}下，该酶结合两个锰离子，然后结合UDP-葡萄糖。在体内，该酶结合一个锰离子、UDP-葡萄糖，然后结合肽底物。产物以相反顺序释放，锰离子可以与酶结合进行另一个催化循环。糖基化是赖氨酸残基羟基化之后的生物合成阶段，糖基化在羟基化之后立即发生。多肽链在核糖体上组装，羟基化和糖基化在多肽链释放到粗糙内质网的腔内后进行，并以螺旋的形成结束。胶原蛋白的糖基化会影响纤维形成的直径。有迹象表明，糖基化调

节了胶原酶降解胶原蛋白的易感性，并参与了前胶原在细胞外的运输。羟基赖氨酸糖苷的定位有助于角膜透明，同时，与碳水化合物结合的羟基赖氨酸残基能够形成交联结构。

图1-9　肽基半乳糖羟赖氨酰葡萄糖基转移酶反应的机制
注：E：酶（肽基半乳糖羟赖氨酰葡萄糖基转移酶）；Mn^{2+}：锰离子；UDP-Glc：尿苷-5'-二磷酸葡萄糖；UDP：尿苷-5'-二磷酸；Glc：葡萄糖；Coll：胶原蛋白肽；Glc·Coll：糖基化肽。

（二）天冬酰胺残基的糖基化

胶原蛋白分子只含有与羟基赖氨酸残基结合的糖基化键，因此其在形成时会切除前胶原末端肽中的其他碳水化合物单位。天冬酰胺残基的糖基化作用存在于前胶原氨基和羧基末端肽中。寡聚糖链在脂质载体上合成，主要存在于Ⅰ型和Ⅲ型前胶原的羧基末端肽中，而Ⅱ型前胶原在两种末端肽中都含有寡聚糖链。葡萄糖、甘露糖和酰基葡萄糖等单糖可作为整体转移到前胶原上。在人的前α1（Ⅰ）和前α2（Ⅰ）链、鸡的前α2（Ⅰ）和前α1（Ⅲ）链的序列Asn-Ile-Thr中存在糖基化的天冬酰胺残基，该序列也是小鸡前胶原α1（Ⅰ）链中寡聚糖的结合序列。据报道，这种前胶原的糖基化与运输分子穿过细胞膜的能力有关。

四、前胶原肽链转变为胶原蛋白

前胶原肽链的连接依赖二硫键，其主要存在于Ⅰ、Ⅱ、Ⅳ型胶原蛋白氨基端前肽和Ⅲ型胶原羧基端前肽，可为蛋白质结构的稳定提供共价键。在完成羟基化和糖基化后，前胶原肽链立即自发结合生成前胶原分子，这个过程不需要酶参与。随后前胶原分子在细胞外转化为胶原蛋白，此过程需要从分子的两端去除前肽（端肽），每种类型的前胶原分子至少需要前胶原N-蛋白酶和前胶原C-蛋白酶两种酶的参与。前胶原N-和C-蛋白酶属于内肽酶，需要Ca^{2+}作为辅助因子才能获得最大活性。在中性pH条件下，前胶原N-和C-蛋白酶可能不会先裂解亚氨基或羧基末端前肽的必需序列，而且其在不同类型的胶原蛋白中进行前肽切除的作用效果不同。研究发现，在许多合成Ⅰ型胶原蛋白的细胞中，氨基末端前肽的切除在羧基末端前肽之前，而在Ⅱ型胶原蛋白的合成中，裂解的顺序相反。作用于Ⅲ型前胶原的蛋白酶裂解氨基末端前肽比去除羧基末端前肽要慢得多。尽管末端前肽的裂解是纤维生成的必需条件，但前肽裂解的生物学功能并不仅限于此。相关学者研究发现氨基末端前肽可能参与了纤维大小的调节，游离氨基末端肽也会对胶原蛋白的合成进行反馈调节。此外，受到切割的前肽可能还具备其他尚未发现的功能。

五、超分子结构的形成

　　胶原蛋白能有序地自发组装并形成超分子结构。到目前为止，大多数的研究都集中在Ⅰ型、Ⅱ型和Ⅲ型胶原蛋白上，但一些非纤维类型的胶原蛋白也能以特定的方式形成三维网络结构。常见的胶原超分子结构有纤维束、胶原蛋白Ⅳ形成的四边形网络、胶原蛋白Ⅷ形成的六边形网络、胶原蛋白Ⅵ形成的串珠长丝以及胶原蛋白Ⅶ形成的锚定纤维，如图1-10所示。研究纤维的生成机制可以在体内和体外两种情况下进行，体内系统比体外系统要复杂得多。在体外研究过程中，没有细胞和其他基质成分，研究人员使用纯化的胶原蛋白溶液进行操作。而在体内条件下，胶原蛋白分子由成纤维细胞有序沉积后以蛋白聚糖和结构糖蛋白的形式分泌到细胞外空间，通常，分泌的胶原蛋白不止一种。体内和体外原纤维形成系统之间还有另一个区别，体内的原纤维是连续分泌并从前胶原转化为胶原蛋白而形成的，而体外胶原蛋白分子是在组织中提取，并通过解聚成熟的交联蛋白得到的。纤维生成的动力学研究为超分子结构的形成提供了两种假设的模型，如图1-11（1）和图1-11（2）所示。一个是成核和生长途径（1），临界数量的胶原分子形成了原子核，额外的分子积累（生长阶段）导致了原纤维的形成。另一个模型为多步骤组装过程（2），胶原单体聚集成中间体，然后形成大的原纤维。由于这些模型并不相互排斥，所以有可能在纤维发育过程中同时发生。

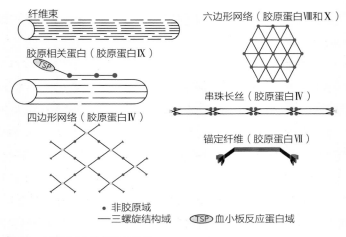

图1-10　胶原蛋白的超分子结构

资料来源：Ricard-Blum S. Cold Spring Harbor Perspectives in Biology，2011，3（1）：1-19。

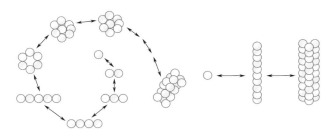

（1）胶原蛋白纤维成核和生长途径　　（2）胶原蛋白纤维多步骤组装过程

图1-11　胶原蛋白纤维生成动力学模型

六、胶原蛋白的共价交联

　　胶原蛋白成熟的基本现象是交联的形成和溶解性的降低，这一过程与胶原蛋白结构中共价键的形成有关。交联可以发生在分子内两个α-链之间，也可以是不同分子的链之间，这些交联过程分为可还原的和不可还原两种。交联的基本机制是由赖氨酸氧化酶催化赖氨酸或羟赖氨酸残基中的ε-氨基进行氧化脱氨化反应，这是交联形成的关键步骤。脱氨生成ε-醛基赖氨酸和ε-醛基羟赖氨酸，由此可以区分两种交联途径：一种基于醛基赖氨酸，另一种基于醛基羟赖氨酸，所形成的醛会进一步发生化学反应。

　　在过去10年中，研究者已经确立了吡咯交联作为骨胶原中的成熟产物及其分子定位的突出地位。通常，醛基赖氨酸与醛基羟赖氨酸引发的两种基本途径分别出现在松散和僵硬的结缔组织中。历史研究发现，醛基赖氨酸途径（图1-12）更容易进行研究，因为最初形成的醛亚胺在低pH下会发生裂解，从而使得相关动物体内的胶原蛋白单体可以溶解在0.5mol/L的乙酸中，便于分析和研究。对于醛基羟赖氨酸途径而言（图1-13），无论是初始交联还是成熟产物都是不稳定的，并且胶原蛋白是不溶性的，从而使分子分析更加困难。吡啶啉交联产生的自然荧光使多肽得以分离，并可确定其分子起始位点。对吡啶啉残基和胶原交联的研究中最引人注目的发现是这些残基以及血液和尿液中含有这些残基的肽可以作为骨吸收和结缔组织降解的生物标志物。由于吡啶啉不能被代谢，所以它们在血液和尿液中的含量为胶原蛋白量提供了衡量标准，从而使得研究者可以衡量胶原蛋白水解产生的组织数量。但是，单个细胞可以通过相同的加工酶和内质网途径合成多种胶原蛋白，所以交联化学变化似乎更具有组织特异性，而不是胶原类型特异性。交联的基本途径主要由端肽和三螺旋结构域赖氨酸残基的羟基化模式调节。然而，交联赖氨酸残基周围的侧翼序列会影响随后的化学反应。例如，研究人员发现组氨酸残基参与

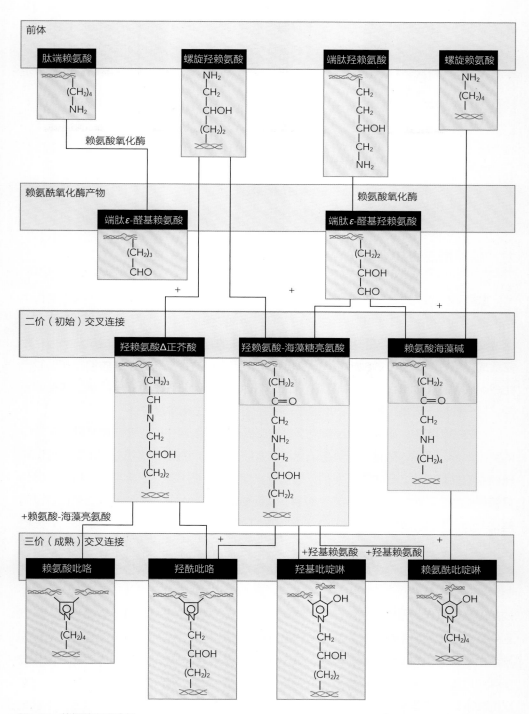

图1-12　赖氨酸交联途径

资料来源：Eyre DR，Wu JJ. Topics in Current Chemistry，2005，247：207-229。

了皮肤Ⅰ型胶原蛋白中成熟三价交联的形成（图1-13）。α2（Ⅰ）链上的组氨酸（第3个胶原分子）与两个4D交错的胶原分子的醛基赖氨酸和羟赖氨酸残基之间形成邻位醛亚胺的交联反应。研究认为，皮肤胶原纤维中的胶原分子间距促进了与组氨酸的这种加成反

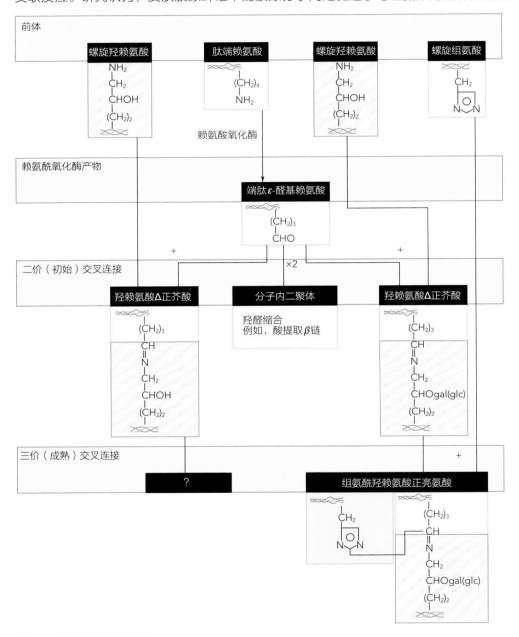

图1-13　**羟赖氨酸交联途径**

资料来源：Eyre DR，Wu JJ. Topics in Current Chemistry，2005，247：207-229。

应，但它是偶然的还是为真皮胶原提供了相关功能优势尚不清楚。之前的研究观察到α1（Ⅰ）链中该位置的螺旋羟赖氨酸在皮肤中被糖基化，但在肌腱中没有。但是，在肌腱胶原蛋白中没有发现组氨酸的成熟交联HHL（组氨酸-羟赖氨酸-正亮氨酸），这增加了是由糖基化驱动HHL形成的可能性。已经观察到，当糖基化羟赖氨酸出现在螺旋中时，仍然可以形成吡啶啉残基（羟基吡啶啉），例如在C端肽到N-螺旋处骨胶原中的位点。但在N端肽到C-螺旋交联位点，螺旋羟赖氨酸未发生糖基化。

第三节 胶原蛋白的功能与代谢

一、胶原蛋白在体内的分布

胶原蛋白是哺乳动物体内最丰富的蛋白质，占人体蛋白质总量的25%~30%。胶原蛋白在体内的分布是指其在组织和器官的定位及其胶原蛋白含量。每种胶原蛋白的序列、结构和功能各不相同，因此每种胶原蛋白在皮肤、骨骼、肌腱、血管系统或肌内结缔组织中的分布也不同，但是它们在相应的组织器官中都起到维持结构稳定性和完整性的作用。通过免疫荧光定位，人们可以得到胶原蛋白在人体的微观分布情况（图1-14和

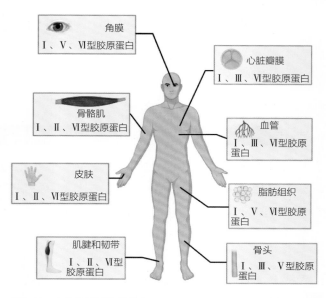

图1-14 人体胶原蛋白的分布

图1-15）。在人体皮肤中，胶原蛋白约占总氮含量的75%。胶原蛋白相对含量最高的部位是肌腱，含量为85%。在人体内，皮肤、肌腱等组织中的胶原蛋白主要是Ⅰ型胶原蛋白。在所有结缔组织中，Ⅰ型胶原蛋白是主要的原纤维胶原蛋白，因为它可以在体外形成具有高抗拉强度和高稳定性的不溶性纤维，从而使其成为现代应用的主要纤维胶原蛋白。在软骨细胞中，胶原蛋白主要是Ⅱ型胶原蛋白；血管壁和子宫壁中含量较为丰富的是Ⅲ型胶原蛋白。Ⅳ型胶原蛋白属于基底膜胶原蛋白，其主要存在于基底膜上。Ⅴ型胶原蛋白是细胞外周胶原蛋白，通常在结缔组织中存在较为丰富。

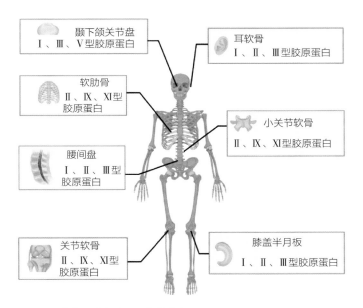

图1-15　人体骨骼中胶原蛋白的分布

二、胶原蛋白的分类与功能

　　Ⅰ型和Ⅱ型胶原蛋白在胶原蛋白中占比较高，其他类型的胶原蛋白占胶原蛋白总量的不到10%，但在组织中也起着重要作用。另外，胶原蛋白是结缔组织的主要组成部分，应充分考虑其生物学功能。同时，胶原蛋白也与细胞外基质的其他组分保持着紧密联系。

（一）纤维胶原蛋白

　　纤维胶原蛋白包括Ⅰ、Ⅱ、Ⅲ、Ⅴ、Ⅵ、ⅩⅩⅣ、ⅩⅩⅦ型胶原蛋白，其中Ⅰ型胶原蛋白是含量最丰富和研究最多的胶原蛋白，在骨骼有机质中含量高达90%以上，是肌腱、皮肤、韧带、角膜和许多间质结缔组织的主要胶原蛋白。在体内，Ⅰ型胶原蛋白的三股螺旋纤维主要掺入含有Ⅲ型胶原蛋白（在皮肤和网状纤维中）或Ⅴ型胶原蛋白（在骨，腱，角膜中）的复合物中。Ⅰ型胶原蛋白具有拉伸刚度，在大多数器官中，特别是在肌腱和筋膜中广泛存在。而在骨骼中，Ⅰ型胶原蛋白则具有相当大的生物力学性能，尤其是在钙化后，与骨骼的承重、拉伸强度和扭转刚度性能密切相关。

Ⅱ型胶原蛋白是透明软骨的主要组成成分，约占透明软骨胶原蛋白总含量的80%，它也存在于玻璃体、角膜上皮、脊索、椎间盘髓核和胚胎上皮中。Ⅱ型胶原蛋白与Ⅰ型胶原蛋白是同型三聚体，其大小和生物力学性质相似。与Ⅰ型胶原蛋白相比，Ⅱ型胶原蛋白中的羟基赖氨酸、葡萄糖基和半乳糖基残基含量更高。Ⅱ型胶原蛋白的前体mRNA进行可变剪接导致产生ⅡA和ⅡB两种形式的α1（Ⅱ）链。ⅡA变体存在于软骨形成的前间充质、骨赘、软骨膜、椎骨和软骨形成性肿瘤中。相较于ⅡA变体，编码变体ⅡB的mRNA去除了编码N末端前肽中的球形结构域（富含半胱氨酸）中的第2个外显子，在成熟软骨中更具优势。从ⅡA到ⅡB的转变表明了Ⅱ型胶原蛋白在发育过程中的作用，ⅡB变体也成为成熟软骨的特征性标志。

Ⅲ型胶原蛋白广泛分布在Ⅰ型胶原蛋白组织中（除骨骼外），是肺、肝、真皮、脾脏和血管间质组织中网状纤维的重要成分。不仅如此，其在弹性组织中也很丰富。

Ⅴ型和ⅩⅠ型胶原蛋白是拥有不同α-链（α1、α2、α3）的异源三聚体。值得注意的是，ⅩⅠ型胶原蛋白的α3链与Ⅱ型胶原的α1链拥有相同的编码基因，只是它们的糖基化和羟基化程度不同。在各种组织中存在不同类型的Ⅴ型和ⅩⅠ型胶原蛋白链之间的组合，因此Ⅴ型和ⅩⅠ型胶原在形成胶原原纤维的胶原分子中形成了一个亚科，它们与该家族的其他成员具有相似的生化特性和功能。Ⅴ型胶原蛋白通常可以与Ⅰ型或Ⅲ型胶原蛋白组合生成异纤维，其组合有助于形成有机骨基质、角膜基质以及肌肉、肝、肺和胎盘的间质基质。ⅩⅠ与Ⅱ型胶原蛋白共同分布在关节软骨中。大量Ⅴ和ⅩⅠ型胶原蛋白氨基末端的非胶原结构域在胶原分泌后仅进行了部分加工，将这些胶原蛋白掺入杂纤维可控制其组装，影响纤维直径。由于Ⅴ和ⅩⅠ型胶原蛋白的三重螺旋结构域在组织中受到免疫掩盖，所以相关学者认为它们位于原纤维的中心而不是其表面。因此，Ⅴ型胶原蛋白可作为胶原原纤维的核心结构，Ⅰ型和Ⅲ型胶原蛋白围绕该中心轴聚合。类似于该模型，研究认为ⅩⅠ型胶原蛋白也是Ⅱ型胶原异源纤维的核心。此外，在α1（Ⅴ）和α2（Ⅴ）链的N端结构域中，高含量的酪氨酸-硫酸盐（40%的残基为O-硫酸化）可与三螺旋碱性部分进行强相互作用，从而为纤维复合物的稳定提供支持。

（二）三螺旋断裂的原纤维相关胶原蛋白

Ⅸ、Ⅻ、ⅩⅣ、ⅩⅥ、ⅩⅠⅩ和ⅩⅩ型胶原蛋白属于三螺旋断裂的原纤维相关胶原蛋白

（FACITs），这些胶原蛋白是由短的非螺旋结构域中断的"胶原结构域"构成，并且它们的三聚体分子缔合在各种原纤维的表面。Ⅸ型与Ⅱ型胶原蛋白共同分布在软骨和玻璃体中，Ⅸ型胶原蛋白分子沿着Ⅱ型胶原原纤维的表面的反平行方向进行周期性排列，通过赖氨酸衍生的共价键与Ⅱ型胶原N端肽的交联而得以稳定。基于原纤维相关胶原蛋白的特殊分子结构，这些胶原蛋白在N端和C端都有非胶原的（NC）非三重螺旋结构域，并从羧基端开始命名NC_1、NC_2、NC_3等。NC_3结构域中的铰链区为氨基酸分子提供了灵活性，并且允许分子质量大且高度阳离子化的球状N末端结构域从原纤维中伸出，从而可与蛋白聚糖或其他基质成分相互作用。NC_3结构域中α2（Ⅸ）链的丝氨酸残基可与硫酸软骨素侧链共价连接，也可与各种胶原纤维连接以及与细胞外基质分子相互作用，从而导致Ⅸ胶原蛋白的尺寸在不同组织中有所不同。ⅩⅥ型胶原蛋白存在于透明软骨和皮肤中，与胶原蛋白的"Ⅱ型纤维"联系紧密。Ⅻ型和ⅩⅣ型胶原蛋白在结构上相似，并且与Ⅸ型胶原蛋白具有相同的基因序列，这两种分子均可与皮肤、软骨膜、骨膜、肌腱、肺、肝、胎盘和血管壁中的Ⅰ型胶原蛋白缔合或共定位。

（三）微纤维胶原蛋白

Ⅵ型胶原蛋白是具有短三重螺旋结构域的异源三聚体，三条不同的α-链（α1、α2、α3）的球状末端较长。α3链存在较大的N和C末端球状结构域，其长度几乎是其他链的两倍。这些扩展域不仅在细胞内外都经历了可变剪接，而且还进行了大量的翻译后加工。初级原纤维在细胞内部组装成反平行的、重叠的二聚体，然后以平行的方式排列形成四聚体后分泌到细胞外基质中。Ⅵ型胶原四聚体聚集成的细丝几乎可以在所有结缔组织（骨骼除外）中形成独立的微原纤维网络。Ⅵ型胶原纤维在超微结构水平上以细丝、微纤维或具有110nm周期性微弱交叉带的节段出现，但并非所有的细丝都能代表Ⅵ型胶原。

（四）六角网状胶原蛋白

Ⅹ型和Ⅷ型胶原蛋白在结构上都属于短链胶原蛋白，具有长C末端和短N末端结构域，是同型三聚体胶原蛋白。Ⅹ型胶原蛋白是胎儿和青少年生长板、肋骨和椎骨中肥大软骨的特征成分。在胎儿软骨中，Ⅹ型胶原蛋白定位于细丝中，并与Ⅱ型原纤维的形成相关。编码Ⅹ型胶原蛋白的基因，*COL10A1*基因（NCBI gene ID：1300）的突变会造成Schmid型干骺端软骨发育不良（SMCD）。该疾病可阻碍干骺端生长板的软骨内骨化，从而导致生长不足和短肢骨骼畸形。因此，Ⅹ型胶原被认为参与了下部肥大区的钙化过程。体外实验表明，Ⅹ型胶原蛋白可以组装成六边形网络。Ⅷ型胶原蛋白在结构上与X型胶原非常相似，但其分布与功能有所不同。这两种网络状胶原蛋白都是由内皮细胞产生，且以六边形晶体结构进行组装，分布于特定部位，如角膜的Descemet膜中。

（五）基底膜胶原蛋白

Ⅳ型胶原蛋白是基底膜最重要的结构成分，它能将层粘连蛋白、乳蛋白原等成分整合到可见的二维稳定的超分子聚集体中。Ⅳ型胶原蛋白有3个结构域：N末端7S结构域，C末端球状结构域（NC1）和中央三螺旋部分。中央三螺旋结构中Gly-X-Y重复序列短时中断，从而使其三螺旋结构十分灵活。现已鉴定出六个亚基链，α1（Ⅳ）~α6（Ⅳ），其可缔合成3个不同的异三聚体分子。[α1（Ⅳ）]$_2$α2（Ⅳ）是异三聚体的主要形式，其在大多数胚胎和成年基底膜中形成必不可少的网络，发生突变后具有胚胎致死性。α3（Ⅳ）α4（Ⅳ）α6（Ⅳ）异源三聚体对于肾小球和肺泡基底膜的稳定性和功能十分重要。此外，α5（Ⅳ）、α3（Ⅳ）或α4（Ⅳ）链的缺陷可导致各种形式的Alport综合征。

三、胶原蛋白的体内代谢

胶原蛋白的降解机制十分复杂，该机制对体内出现的各种胶原蛋白具有高度特异性。尽管相关人员进行了许多研究，但是胶原蛋白分解代谢的机制仍然比较模糊。体内胶原蛋白比体外研究的胶原蛋白结构更加复杂。研究表明，体内组织中的胶原纤维与蛋白聚糖和结构糖蛋白联系密切。在细胞外环境中，胶原蛋白降解的第一阶段是胶原蛋白结构的解聚以及与其他基质成分的分离，随后组织胶原酶会攻击分子的螺旋部分，从而降解解聚后的胶原蛋白；再经相对特异性的明胶酶和胶原肽酶作用生成胶原蛋白肽，从而进入血液系统进行下一步的代谢。此外，在某些快速降解的条件下有另一种替代途径。在酸性的细胞周间隙环境中，胶原纤维经过溶胶原蛋白酶作用后分解成的大肽片段为巨噬细胞所吞噬，然后在酸性蛋白酶的作用下分解为小肽，经细胞分泌后进入血液系统进行代谢。在细胞外和细胞内，都可以通过酶来攻击螺旋部分使其分解成大碎片。这些碎片在正常体温下会发生热变性，其对于胶原蛋白的进一步降解是必需的。组织内胶原蛋白的降解途径如图1-16所示。

（一）与胶原蛋白代谢相关的潜在因素

1. 基质金属蛋白酶

基质金属蛋白酶（Matrix Metalloproteinase，MMPs）是在Zn^{2+}、Ca^{2+}的辅助下降

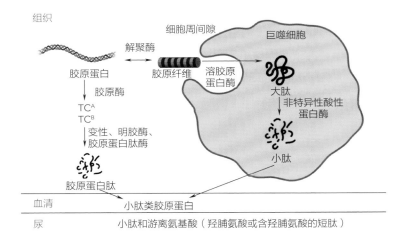

图1-16　组织内胶原蛋白的降解途径

解细胞外基质中各种蛋白质的水解酶。它在组织塑型、细胞外基质逆转和伤口修复过程中起重要作用。目前，已经分离鉴定出的MMPs共有23种。MMP-1和MMP-13主要参与Ⅰ、Ⅲ型胶原分解代谢过程，并与切口疝、腹股沟疝以及复发疝的形成有关。MMP-1可降解并清除创伤边缘的无功能前胶原，为新生胶原纤维的更替释放空间；MMP-2主要降解Ⅳ型胶原及弹性蛋白，血清中MMP-2水平的升高会使结缔组织成分的分解加快；MMP-9主要降解Ⅳ、Ⅴ、Ⅶ型胶原及α1抗胰蛋白酶，并能加强MMP-13的溶胶原功能；MMP-13主要参与术区切口后期愈合及其组织重构过程。

2. 基质金属蛋白酶抑制因子

基质金属蛋白酶抑制因子（Tissue Inhibitors of Metalloproteinases，TIMPs）是特异性抑制MMPs的一种蛋白质，在维持胶原蛋白代谢平衡中有重要的作用。当MMPs过度降解组织中细胞外基质成分时，TIMPs大量分泌并与活化的MMPs按1∶1进行结合，从而阻止MMPs与底物的结合，使MMPs失去活性，防止组织受到进一步损伤。TIMPs有4种亚型，即TIMP-1、2、3、4，其中TIMP-2是MMP-2的特异性抑制剂。据报道，成纤维细胞中TIMP-1与MMP-1处于正常水平时可维持胶原蛋白代谢平衡，继而有效预防紫外线对皮肤的损害。同时，据Abci等（2005）报道，腹股沟疝患者腹壁组织中TIMP-2的表达低于对照组，因此可推测TIMP-2活性的降低可能与腹股沟疝的发生有关。Ashcroft等（1997）研究发现，健康老年人TIMP-1、TIMP-2的mRNA水平显著低于年轻人，这可能导致老年人对MMPs的抑制作用降低，继而导致胶原分解增加和机体结缔组织薄弱，易引发疝病。

3. 结缔组织异常性疾病

研究证实，先天性髋关节脱位的患儿长大后患腹股沟疝病的概率较健康男性儿童高5倍、女性儿童高3倍，腹主动脉瘤患者切口疝的发病率较健康人高9倍，盆腔脏器脱垂患者易产生食管裂孔疝和腹股沟疝的并发症，这表明疝与多种结缔组织异常的疾病有密切联系，而胶原蛋白代谢紊乱与结缔组织渐进性耗尽有关，因此疝可能是全身胶原蛋白代谢紊乱的局部表现。

4. 吸烟对胶原蛋白代谢的影响

烟草中一氧化碳、尼古丁等毒性成分会使组织缺氧，从而抑制胶原蛋白的合成代谢，继而导致胶原蛋白代谢紊乱。据报道，吸烟患者伤口中胶原蛋白聚集量少于非吸烟患者，即吸烟者伤口愈合比非吸烟者缓慢，而且吸烟患者腹股沟疝的复发率是非吸烟患者的2倍。吸烟者皮肤组织中的前胶原蛋白Ⅰ、Ⅲ的含量低于非吸烟者，而MMP-8的含量高于非吸烟者，这些证据均表明吸烟者胶原蛋白代谢水平低于非吸烟者，吸烟人群更容易发生胶原蛋白代谢紊乱，并可成为疝发生的高危人群。

5. 年龄对胶原蛋白代谢的影响

随着年龄的增长，胶原蛋白代谢水平会明显下降。根据相关文献，与年轻人相比，MMP-2、MMP-9在中老年患者皮肤中含量较多，而其抑制剂TIMP-1、TIMP-2含量较少。陈双等（2007）研究表明，正常成人腹股沟区腹横筋膜中胶原蛋白含量会随着年龄增长而降低。此外，随着年龄增长，慢性咳嗽、便秘、前列腺增生及长期排便困难等疾病会使腹腔压力增高，从而与胶原蛋白代谢紊乱一起导致疝的诱发、恶化以及复发等问题。

6. 性别对胶原蛋白代谢的影响

研究表明，老年男性术后发生腹部切口裂开的危险性是同龄女性的2倍，因为老年男性术后切口中胶原蛋白的沉积明显少于同龄女性。由于雌激素可维持组织中胶原蛋白的含量，所以绝经前的女性体内胶原蛋白含量多于男性。绝经后雌激素水平的降低会导致体内胶原蛋白代谢紊乱，继而造成胶原纤维结构松散、抗张能力减弱，因此绝经后女性患者急性创伤的修复与愈合相比于男性患者会延迟。

7. 其他因素

除上述因素外，影响胶原蛋白代谢的潜在因素还有很多。Asling等（2009）指出可编码Ⅲ型胶原蛋白的*COL3A1*基因（NCBI gene ID：1281）与食管裂孔疝的形成有关。此外，肥胖患者因肌肉薄弱、腹壁松弛度弱、腹腔压力过高和易发生切口感染等因素成为疝发生及复发的另外一个高危人群，这可能与胶原蛋白代谢紊乱有关。维生素C和Fe^{2+}是参与胶原蛋白纤维合成及成熟所必需的辅助因子，Zn^{2+}、Ca^{2+}参与MMPs降解胶原蛋白的过程，它们的缺乏会影响胶原蛋白代谢，继而导致疝的发生。

（二）解聚作用

大部分的胶原蛋白分子呈螺旋构象，这种稳定结构对大多数组织蛋白酶有抵抗力。此外，胶原蛋白与蛋白多糖的结合也是维持螺旋或超分子结构稳定性的重要因素，它也增加了胶原蛋白对蛋白水解酶的抗性。因此，人们通常认为胶原蛋白是一种可以抗大多数哺乳动物蛋白水解酶的蛋白质。直到1962年，研究者发现了蝌蚪尾中的胶原酶后，细菌胶原酶才成为已知的唯一能分解胶原蛋白分子的酶。同时，在某些病理生理条件下，如分娩后的子宫、患皮肤营养性溃疡或类风湿关节炎的情况下，研究者可以观察到胶原蛋白在迅速消失。这些现象表明存在特定的且高度有效的胶原蛋白破坏机制。

一般情况下，胶原蛋白降解的第一步发生在细胞外。在实验过程中，各种酶都能够解聚胶原蛋白，但是这些酶在组织中的存在尚未完全确定。研究人员已经发现胃蛋白酶，胰蛋白酶，胰凝乳蛋白酶，热溶素和弹性蛋白酶能够切割间质胶原的非螺旋末端区域。但是，这些酶（弹性蛋白酶除外）不太可能存在于组织中。胶原蛋白体内解聚主要依赖于中性pH活性酶，包括粒细胞弹性蛋白酶和一些表征较差的非特异性蛋白酶。但在一定的细胞周围空间中，低pH下的活性酶也可以促进胶原蛋白的解聚。研究发现，在胶原快速分解的条件下，细胞的代谢产物，如乳酸，可以酸化一些黏附于胶原结构的细胞的细胞膜和胶原纤维之间的空间，但是科学家们尚不确定在酸性pH下的活性硫醇蛋白酶是否参与细胞外空间胶原蛋白的解聚。此外，溶酶体酶，例如导管蛋白酶G、B、N、H和L，也可以裂解Ⅰ型和Ⅲ型胶原蛋白末端区域，解聚胶原纤维。

（三）前胶原的细胞内降解

细胞内降解，即新合成的蛋白质在从细胞中分泌之前发生的降解，是所有分泌蛋白的共同特征。该过程发生在所有产生胶原蛋白的细胞中，并且已经在成纤维细胞、软骨细胞、肌肉细胞、肝细胞和一些肿瘤细胞中得到证实。前胶原的细胞内降解是细胞"质量控制"的一种形式，其可以防止细胞分泌有缺陷的胶原蛋白。对细胞而言，即使处于最佳状态，细胞内合成蛋白的降解速率也保持恒定。假设细胞内降解的这一部分与胶原蛋白合成的调节有关，那么降解的胶原蛋白可能代表蛋白质的储备，它们可以在快速激活的条件下被加工成胶原蛋白。基于这个假设，细胞内降解分为两种模式：基础模式和增强模式。

　　基础降解与前胶原结构无关。假设正常新合成的前胶原蛋白分子会随机分配给分泌途径或进行细胞内降解，那么某些"标记"或已经发生结构改变的胶原分子则会进行非随机地分泌、降解。目前没有实验系统可以分离和鉴定用于基础降解的前胶原分子，也无法将它们的结构与非随机分泌处理的蛋白质结构进行比较。胶原蛋白水解的细胞位置表明，高尔基体是用于分类蛋白分子以进行细胞内降解的场所。此外，研究证实了溶酶体蛋白水解的抑制剂对基础胶原蛋白的降解过程没有影响，因此基础降解与溶酶体蛋白水解没有直接关系。

　　与基础降解相反，细胞内胶原蛋白的增强降解会在前胶原合成有缺陷的情况下出现。通常，造成胶原蛋白三螺旋稳定性降低的因素会增加前胶原的细胞内降解，这些因素包括非生理氨基酸（如犬碱）或其合成类似物（如对氟苯丙氨酸）的加入，胶原链合成的提前终止或由于特定突变而导致含错误肽的生成。增强的降解发生在溶酶体系统中，受到降低溶酶体蛋白水解的药物的抑制。

　　这两个降解系统在功能上相互联系，假设模型如图1-17所示。在高尔基体水平上，如果要进行降解的前胶原的量增加了，那么莫能菌素便会抑制前胶原的分泌，从而导致与基础降解有关蛋白质的积累。研究发现，莫能菌素是在顺式-高尔基腔中抑制离子分泌

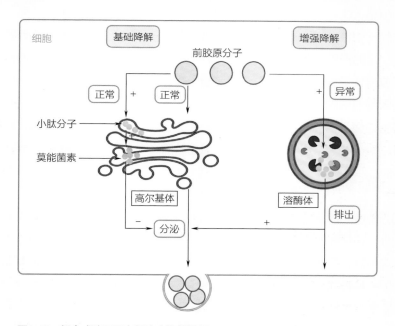

图1-17　新合成胶原蛋白细胞内降解途径

的载体，其调节分泌和基础降解之间的分支点位于高尔基体中。前胶原结构的不稳定是溶酶体降解增强的信号，例如包括组织蛋白酶在内的溶酶体酶会降解胶原蛋白，这表明了溶酶体在胶原蛋白增强降解中的重要作用。胶原蛋白的细胞内降解受多种因素调节。胰岛素可以降低细胞内胶原蛋白的降解，糖尿病动物的胶原蛋白降解率会显著增加。细胞内胶原蛋白的降解可为调节细胞外空间基质中的胶原含量提供重要机制，这种机制对响应一些细胞内和细胞外的信号具有重要作用。

第四节 胶原蛋白的生产与制备

一、胶原蛋白的提取、分离和纯化

（一）胶原蛋白的提取

在提取胶原蛋白的过程中应尽量保持其三螺旋结构完整。按提取方法可将胶原蛋白分为盐溶性、酸溶性和胃蛋白酶溶性胶原。盐溶性胶原蛋白是指在组织中新合成的不交联胶原蛋白，其可以用冷中性盐溶液提取，产量和纯度都很低。有机酸溶液不仅能溶解未交联的胶原蛋白，还能破坏胶原蛋白的一些链间交联，如可还原的醛缩交联，导致胶原蛋白在提取过程中进一步溶解。但是端肽的有限蛋白质水解（通过不可还原的三价键高度交联）不会影响三螺旋的结构完整性，因此对于一些难以通过酸溶提取的胶原，研究者可以使用各种酶如胃蛋白酶来促进溶解。

除上述方法外，研究人员也可以通过破坏螺旋结构提取胶原蛋白，主要有以下4种方法：酸提取法、碱提取法、酶提取法和盐提取法。提取胶原蛋白的基本原理是利用不同介质溶液中离子向胶原分子结构中的内渗作用，从而使得胶原分子内外有渗透压差，继而使其进一步溶胀或者溶解，然后再用盐溶液（氯化钠或硫酸铵）对其进行盐析、沉淀、透析纯化，最终达到分离的目的。其中，酸提取法的原理是通过有机酸破坏胶原分子间的希夫碱和盐键，使得胶原纤维膨胀、溶解，最终把完全没有交联的蛋白质分子充分溶解出来，从而得到胶原蛋白。酸提取法中用的有机酸一般是0.05~0.5mol/L乙酸溶液或者0.15mol/L柠檬酸溶液，也可以使用乳酸作为提取剂。研究发现用酸提取法得到的胶原蛋白可以较好地保留端肽成分，其二级结构也可以保持完整（王璐等，2018）。

碱法提取是指利用特定浓度的碱在特定的外界条件下对胶原蛋白进行提取。碱处理法中常用的处理剂是氢氧化钠和碳酸钠，其中用氢氧化钠提取效果比较好，提取的速度也比较快。一般是把原料匀浆后，浸入碱液中进行溶胀，然后离心提取。但是碱提取法比较容易使胶原蛋白变性，导致胶原蛋白的二级结构遭到破坏，并且存在着消旋的风险，因此一般不采用。

酶提取法是指用一些蛋白酶，例如胶原酶、胃蛋白酶和木瓜蛋白酶等，对胶原进行水解，从而限制性地切除胶原分子中的端肽，最终得到不同的酶促溶性胶原蛋白。酶提取法中最常用的一种酶是胃蛋白酶。在实际实验操作中，大多数研究者采用酶与有机酸相互结合的方法来提取胶原蛋白，例如胃蛋白酶与乙酸结合。用酶提取法得到的胶原蛋白，其三螺旋结构能够保持完整。但胶原的酶解效果会受到很多因素的影响，主要包括酶的种类、加酶量、酶解温度、酶解时间、pH及料液比。

盐提取法是指用各种不同浓度和种类的盐在一定的环境条件下提取盐溶性胶原蛋白的方法。常用盐一般有氯化钠、氯化钾、乙酸钠、盐酸-三羟甲基氨基甲烷等，其中氯化钠是最常用的。在实际操作中实验人员通常会使用一定浓度的氯化钠对得到的胶原蛋白上清液进行盐析处理，从而得到粗胶原蛋白。

（二）胶原蛋白的分离和纯化

目前，常用于分离和浓缩蛋白质的几种主要技术有等电点沉淀法、超滤法、盐析法、离子交换色谱、凝胶过滤法、亲和色谱法等。等电点沉淀法是利用不同蛋白质的等电点不同和蛋白质在等电点处的溶解度最低的原理进行胶原蛋白的分离纯化。但是，由于各种胶原蛋白的等电点相差不大且沉淀不完全，因此此法一般不单独使用。超滤可作为蛋白质分离纯化过程中的一步，主要用于蛋白质的回收、浓缩、脱盐和分级分离。盐析法利用中性盐可以降低水活度，破坏蛋白质表面的水化层，从而使胶原蛋白暴露疏水性残基而发生聚集性沉淀。离子交换色谱是利用蛋白质或多肽分子与离子交换剂的静电作用，以适当的溶剂作为洗脱剂，使离子交换剂表面与带相同电荷的蛋白质或多肽分子进行交换，从而实现分离。凝胶过滤法是体积排阻色谱的一种，它是根据多孔凝胶固定相对不同体积和不同形状的分子有不同的排阻能力，从而实现对混合物的分离。凝胶过滤法是对胶原蛋白进行分级和测定胶原蛋白分子质量的好办法。亲和色谱是利用高分子化合物可以与相对应的配基进行特异性的可逆结合，从而实现胶原蛋白的分离。

二、明胶的提取、精制和纯化

（一）明胶的提取

从胶原转变为明胶，需要经过两个阶段：第一阶段为预处理阶段，也称作胶原明胶化过程。此阶段的胶原在酸、碱或酶等的作用下，共价交联和非共价键受到了破坏，进而三螺旋结构趋向松散，非螺旋结晶区也遭到破坏，最终得到明胶化的胶原。第二阶段为热水提胶阶段，即采用热水提取明胶化胶原中的明胶。在热力作用下，明胶化胶原的非共价键及部分共价键会发生断裂，从而使得规则的超螺旋体逐渐转变为无规则的线团，α-肽链主要以亚基组分的形式存在于明胶中。

明胶制备的传统方法是采用酸或碱对富含胶原蛋白的原材料进行处理。这种方法是利用酸与胶原蛋白分子中的碱性基团结合或碱与胶原蛋白分子中的酸性基团结合，从而达到断裂分子间或分支内的氢键和离子键、释放胶原分子的目的，便于进行下一步的热提明胶。此外，我们也可以利用酶法对胶原进行明胶化诱导。例如，相关研究者使用蛋白酶对胶原蛋白进行催化，使得胶原中交联的化学键发生断裂。但在此期间还要尽可能地保护好胶原三螺旋区域的α组分，使其不受到破坏，以此来保证最终所获明胶拥有良好的凝胶强度。相关文献表明，研究人员可以利用脂肪酶与酸性蛋白酶的复合酶来制罗非鱼皮明胶。脂肪酶能够成功脱除鱼皮中的脂肪成分，释放胶原物；酸性蛋白酶不仅可以选择性地水解非螺旋区酸性氨基酸的肽键，而且它也可以较好地维持明胶化胶原的亚基组分结构。虽然采用此法获得的罗非鱼皮明胶凝胶强度高达899.3g，但其成本较高且酶解的作用点和终点难以控制，因此无法得到广泛应用。目前只有传统的酸碱法可用于大规模生产明胶，但如果酸、碱的浓度过大或处理的时间过长，胶原会发生过度水解，使其三螺旋结构受到过度破坏，导致大分子亚基降解，从而影响最终制得的明胶的凝胶强度，同时降低明胶的得率。因此，对于酸碱处理的浓度和时间还需要进一步的探索，以探究最佳的酸处理时间，从而获得高品质的明胶。

（二）明胶的精制和纯化

在明胶生产过程中，明胶溶液中悬浮着或粗大或微细的颗粒物。活性炭或硅藻土作为明胶溶液中的助滤剂及脱色剂，可提高明胶的透明度。硅藻土的筛分作用、阻留作用和吸附作用可使明胶溶液澄清，提升透明度。聚丙烯酰胺絮凝剂对稀明胶溶液中的无机、有机黏结杂质、架桥有絮凝作用，可将微细颗粒聚集成团，使其静置一段时间后下沉或悬浮，最后经过滤除去。此外，人们也可将硅藻土和聚丙烯酰胺絮凝剂联用，效果更好。从动物骨或皮中提取的明胶含有较多金属离子，这种金属杂质可以通过阴离子交换树脂和阳离子交换树脂处理而除去。

三、胶原蛋白和明胶的鉴定

天然胶原蛋白分子具有典型的三重超螺旋结构，如果要直接完整地测定胶原蛋白的结构，必须对其进行胶原晶体化，然后用X射线晶体学进行分析。但是，考虑到进行实验的样品需求量和设备成本等因素，在实际过程中经常用各种现代技术如圆二色谱法（Circular Dichroism，CD）和红外光谱法来研究胶原蛋白的结构。虽然这些方法所需的样本容量较小，设备成本较低，但是得出的结果是间接性的，因此需要适当地使用。用圆二色谱法分析胶原结构时，在约220nm处有一个正峰，在约199nm处有一个负峰。但是，由于色谱的解释没有考虑胶原蛋白中的α-螺旋、β-折叠或β-转角等，因此，大多数圆二色谱自带的正常软件并不适用于分析胶原蛋白。研究表明，红外光谱中酰胺 I 、II 、III峰的特定波数与胶原的构象直接相关。酰胺 I 峰的展宽、酰胺III峰强度的增加以及酰胺的 I 、II 和III峰向较低波数的移动都与分子间氢键的增加有关。此外，酰胺III峰与1454cm^{-1}条带的吸收比约为1，表明分离后天然胶原的三重超螺旋结构得到了很好地维持。在1600~1700cm^{-1}，强酰胺 I 峰主要与沿多肽主链的C=O伸缩振动有关。酰胺 I 峰的反褶积可用于分析蛋白质的二级结构，其结果与X射线分析的结果具有正相关关系。同时，酰胺III峰（1220~1330cm^{-1}）也可以用来进行二级结构的分析。由于H—O—H弯曲振动的吸收峰与酰胺 I 峰重叠，因此水和水蒸气在这个光谱区域的影响可以忽略。此外，鉴于α-螺旋、β-折叠和其他二级结构的吸收峰通常分离得很好，因此酰胺III峰区无须反褶积就可以很容易地确定结构跃迁。但是，酰胺III峰的位置和强度对侧链的组成和主链的构象都很敏感，因此在表征蛋白质二级结构时必须谨慎使用。在球状蛋白的典型二级结构（包括α-螺旋、β-折叠、β-转角和随机卷曲）、相应的纤维状天然胶原蛋白和有限胃蛋白酶消化的胶原蛋白中可以使用该技术对二级结构进行分析。

明胶是由高分子质量的胶原蛋白水解而成的高度纯化的蛋白质。由于不同物种胶原蛋白氨基酸序列十分相似，所以使得明胶来源的确定尤其具有挑战性。一些基于明胶理化性质的分析方法，包括化学沉淀、官能团［傅立叶变换红外吸收光谱，（FTIR）］、氨基酸组成［液相色谱，（LC）］、DNA检测和定量［实时聚合酶链反应，（RT-PCR）］、分子质量分布（电泳）和蛋白质［酶联免疫吸附试验，（ELISA）］，只能够区分单一明胶。FTIR具有较高的检出限，对样品的纯度要求较高。但是，结合多元分析FTIR能够检测和区分基质中的分析物（检出限为0.5%）。在使用液相色谱法进行明胶鉴定时，相关学者能够通过定量检测天冬酰胺和谷氨酰胺来区分牛和猪明胶，天冬酰胺的检出限为25ng/mL，谷氨酰胺的检出限为50g/mL。以蛋白质为基础的分析方法，如十二烷基硫酸钠-

聚丙烯酰胺凝胶电泳（SDS-PAGE）的蛋白质分析，对牛明胶中猪明胶的检测限为5%。二维电泳的灵敏度优于一维SDS-PAGE，其检出限为1%。基于DNA的RT-PCR分析方法对多种来源的明胶具有很好的敏感性，其能够检测多个物种的DNA，检出限为5pg。由于目标物中明胶的化学成分相似，所以这些技术在鉴定食品、医药产品或其他混合物中的明胶种类时优势不大。因此，研究人员目前已经开始探索利用聚合酶链反应（PCR）、液相色谱-串联质谱（LC-MS/MS）分析特异肽或ELISA分析特异蛋白等分析技术进行明胶的鉴定工作。

第五节 胶原蛋白的应用

胶原蛋白因其生物相容性好、体内可降解、透水透气性好等特性，目前广泛应用于3D打印、生物医学材料、美容和食品包装等行业，逐渐成为了一种新兴产业，具有巨大的发展潜力与市场前景。

在3D打印方面，胶原蛋白凭借着低毒性、可体内降解等优势，逐渐成为3D生物打印原材料的优先选择。在生物医学方面，胶原蛋白具有良好的生物相容性、高渗透性、低抗原性和生物降解性，可以用作手术缝合线、止血材料、药物缓释剂、人体组织代替物等医学材料。在美容领域，胶原蛋白具有营养性、保湿性、亲和性、修复性、低敏性、配伍性的特质，常被应用于面膜、乳霜、防晒霜等产品以及注射美容中。对于食品领域，胶原蛋白多用于胶原肠衣和食品包装膜的制作中；作为胶原肠衣，其口感好、耐高温、强度高，作为包装膜，其具有较好成膜性、阻气性，且相比非可食性包装膜更加环保。

尽管胶原蛋白的用途广泛，但仍面临着众多挑战。针对胶原蛋白进行物种及产地溯源很难实现，应加强对胶原蛋白进行产地和物种溯源的重视。对于3D打印领域，胶原蛋白本身还存在机械强度不足的问题，而水产胶原蛋白较陆生动物胶原蛋白热稳定差，变性温度低，打印过程中容易使材料性质发生变化。为了更好地发挥胶原蛋白，尤其水产胶原蛋白的应用潜力，研究人员应开展大量基础研究及临床试验，为其使用提供理论依据。此外，产品品类单一、产业链短使得胶原蛋白产品带来的经济效益低；科研领域的宣传科普不充分使得消费者对胶原蛋白的功效缺乏深入地了解；这些问题都或多或少制约着胶原蛋白在产业上的应用，需要进一步加强与完善。胶原蛋白的上述应用与挑战在本书之后的章节中均有详细介绍。

参考文献

［1］ 陈丽清，马良，张宇昊. 现代加工技术在明胶制备中的应用展望［J］. 食品科学，2010，31（19）：418-418.

［2］ 陈双，朱亮民，傅玉如. 成人腹股沟区腹横筋膜胶原含量变化与腹股沟疝发病及复发的关系［J］. 外科理论与实践，2002，7（6）：423-425.

［3］ 梁健华. 超声波辅助提取罗非鱼皮胶原蛋白及其功能结构性质的研究［D］. 广州：华南理工大学，2016.

［4］ 蒋挺大. 胶原与胶原蛋白［M］. 北京：化学工业出版社，2006.

［5］ 吕坪，杜玉枝，魏立新. 酶法制备明胶的研究进展［J］. 明胶科学与技术，2007，26（4）：170-176.

［6］ 帕尔哈提江·阿布力米提，克力木·阿不都热依木. 食管裂孔疝潜在风险因素之胶原蛋白代谢的研究进展［J］：中华胃食管反流病电子杂志，2019，6（3）：156-160.

［7］ 彭争宏，郭云，岳超，彭必先. 从Ⅰ型到Ⅸ型人胶原蛋白α-链的一级结构与氨基酸组成（第二部分）［J］. 明胶科学与技术，2009，29（2）：60-73.

［8］ 汤克勇. 胶原物理与化学［M］. 北京：科学出版社，2012.

［9］ 王璐，但年华，但卫华. Ⅰ型胶原的制备与性能表征［J］. 生物医学工程与临床，2018，22（1）：104-109.

［10］ 位绍红. 罗非鱼鱼皮、鱼鳞提取明胶的工艺研究［D］. 福州：福建农林大学，2008.

［11］ 张玲. 罗非鱼皮胶原降解反应行为及肽钙螯合物制备研究［D］. 广州：华南理工大学，2020.

［12］ Abci I，Bilgi S，Altan A. Role of TIMP-2 in fascia transversalis on development of inguinal hernias［J］. Journal of Investigative Surgery，2005，18（3）：123-128.

［13］ Ahmed M，Verma AK，Patel R. Collagen extraction and recent biological activities of collagen peptides derived from sea-food waste：A review［J］. Sustainable Chemistry and Pharmacy，2020，18：100315.

［14］ Arumugam GKS，Sharma D，Balakrishnan RM，et al. Extraction，optimization and characterization of collagen from sole fish skin［J］. Sustainable Chemistry and Pharmacy，2018，9：19-26.

［15］ Ashcroft GS，Herrick SE，Tarnuzzer RW，et al. Human ageing impairs injury—induced in vivo expression of tissue inhibitor of matrix metalloproteinases（TIMP）-1 and 2 proteins and mRNA［J］. The Journal of Pathology：A Journal of the Pathological Society of Great Britain and Ireland，1997，183（2）：169-176.

［16］ Åsling B，Jirholt J，Hammond P，et al. Collagen type III alpha I is a gastro-oesophageal reflux disease susceptibility gene and a male risk factor for hiatus hernia［J］. Gut，2009，58（8）：1063-1069.

［17］ Astbury WT，Bell FO. Molecular structure of the collagen fibres［J］. Nature，1940，145（3672）：421-422.

［18］Bauer EA, Stricklin GP, Jeffrey JJ, et al. Collagenase production by human skin fibroblasts ［J］. Biochemical and Biophysical Research Communications, 1975, 64（1）: 232-240.

［19］Bear, Richard S. Long X-ray differation spacings of collagen ［J］. Journal of the American Chemical Society, 1942, 64（3）: 727.

［20］Benjakul S, Thiansilakul Y, Visessanguan W, et al. Extraction and characterisation of pepsin-solubilised collagens from the skin of bigeye snapper（ *Priacanthus tayenus* and *Priacanthus macracanthus* ）［J］. Journal of Agricultural and Food Chemistry, 2010, 90 （1）: 132-138.

［21］Bielajew BJ, Hu JC, Athanasiou KA. Collagen: quantification, biomechanics and role of minor subtypes in cartilage ［J］. Nature Reviews Materials, 2020, 5（10）: 730-747.

［22］Brinckmann J. Collagens at a glance ［J］. Topics in Current Chemistry, 2005, 247: 1-6.

［23］Bellamy G, Bornstein P. Evidence for procollagen, a biosynthetic precursor of collagen ［J］. Proceedings of the National Academy of Sciences, 1971, 68（6）: 1138-1142.

［24］Bornstein P, Sage H. Structurally distinct collagen types ［J］. Annual Review of Biochemistry, 1980, 49（1）: 957-1003.

［25］Cao H, Zhao Y, Zhu YB, et al. Antifreeze and cryoprotective activities of ice-binding collagen peptides from pig skin ［J］. Food Chemistry, 2016, 194: 1245-1253.

［26］Choi D, Min SG, Jo YJ. Functionality of porcine skin hydrolysates produced by hydrothermal processing for liposomal delivery system ［J］. Journal of Food Biochemistry, 2018, 42（1）: e12464.

［27］Chun SH, Kim BY, Natari S, et al. Needle-free pneumatic injection device; histologic assessment using a rat model and parameter comparison in predicting collagen synthesis degree ［J］. Lasers in Surgery and Medicine, 2019, 51（3）: 278-285.

［28］Chvapil M, Hurych J. Control of collagen biosynthesis ［J］. International Review of Connective Tissue Research, 1968, 4: 67-196.

［29］Etherington DJ. Collagenase in normal and pathological connective tissues ［J］. Biochemical Society Transactions, 1980, 8（6）: 774.

［30］Eyre DR, Wu JJ. Collagen cross-links ［J］. Collagen, 2005, 247: 207-229.

［31］Flores-Fernandez GM, Solá RJ, Griebenow K. The relation between moisture-induced aggregation and structural changes in lyophilized insulin ［J］. Journal of Pharmacy and Pharmacology, 2009, 61（11）: 1555-1561.

［32］Gelse K, Pöschl E, Aigner T. Collagens—structure, function, and biosynthesis ［J］. Advanced Drug Delivery Reviews, 2003, 55（12）: 1531-1546.

［33］George A, Malone J P, Veis A. The secondary structure of type I collagen *N*-telopeptide as demonstrated by fourier transform IR spectroscopy and molecular modeling ［C］// Proceedings of the Indian Academy of Sciences-Chemical Sciences. Springer India, 1999, 111（1）: 121-131.

［34］Hall CE, Jakus MA, Schmitt FO. Electron microscope observations of collagen ［J］. Journal of the American Chemical Society, 1942, 64（5）: 1234.

［35］Heu MS, Lee JH, Kim HJ, et al. Characterization of acid-and pepsin-soluble collagens from flatfish skin［J］. Food Science and Biotechnology, 2010, 19（1）: 27-33.

［36］Highberger JH, Gross J, Schmitt FO. Electron microscope observations of certain fibrous structures obtained from connective tissue extracts［J］. Journal of the American Chemical Society, 1950, 72（7）: 3321-3322.

［37］Jackson DS. Connective tissue growth stimulated by carrageenin. Ⅰ. The formation and removal of collagen［J］. Biochemical Journal, 1957, 65（2）: 277-284.

［38］Jackson DS, Bentley JP. On the significance of the extractable collagens［J］. The Journal of Cell Biology, 1960, 7（1）: 37-42.

［39］Karim A, Bhat R. Fish gelatin: Properties, challenges and prospects as an alternative to mammalian gelatins［J］. Food Hydrocilloids, 2009, 23（3）: 563-576.

［40］Kefalides NA. Isolation of a collagen from basement membrane containing three identical X-chains［J］. Biochemical and Biophysical Research Communications, 1971, 45（1）: 226-234.

［41］Kivirikko KI. Urinary excretion of hydroxyproline in health and disease［J］. International Review of Connective Tissue Research, 1970, 5: 93-163.

［42］Kucharz EJ. The collagens: Biochemistry and pathophysiology［M］. Springer Science & Business Media, 2012.

［43］Kühn K, Wiedemann H, Timpl R, et al. Macromolecular structure of basement membrane collagens: Identification of 7S collagen as a crosslinking domain of type IV collagen［J］. FEBS Letters, 1981, 125（1）: 123-128.

［44］Lapiere G. Collagenolytic activity in amphibian tissues: A tissue culture assay［J］. Proceedings of the National Academy of Sciences of the United States of America, 1962, 48（6）: 1014-1022.

［45］Lazarus GS, Brown RS, Daniels JR, et al. Human granulocyte collagenase［J］. Science, 1968, 159（3822）: 1483-1485.

［46］Li B, Chen F, Wang X, et al. Isolation and identification of antioxidative peptides from porcine collagen hydrolysate by consecutive chromatography and electrospray ionization-mass spectrometry［J］. Food Chemistry, 2007, 102（4）: 1135-1143.

［47］Lima CA, Campos JF, Lima Filho JL, et al. Antimicrobial and radical scavenging properties of bovine collagen hydrolysates produced by *Penicillium aurantiogriseum* URM 4622 collagenase［J］. Journal of Food Science and Technology, 2015, 52（7）: 4459-4466.

［48］Liu, Houle DJ, Chan PB, et al. Nanofibrous collagen nerve conduits for spinal cord repair［J］. Tissue Engineering: Part A, 2012, 18（9）: 1057-1066.

［49］Liu D, Nikoo M, Gökhan Boran, et al. Collagen and gelatin［J］. Annual Review of Food Science and Technology, 2015, 6: 527-557.

［50］Mathews MB. Connective tissue. Macromolecular structure and evolution［J］. Molecular Biology Biochemistry & Biophysics, 1975, 67（19）: 233-233.

［51］Miller EJ, Matukas VJ. Chick cartilage collagen: A new type of α1 chain not present in bone or skin of the species [J] . Proceedings of the National Academy of Sciences of the United States of America, 1969, 64（4）: 1264-1268.

[52] Moustafa A, Rizk, Nasser Y. Extraction and characterization of collagen from buffalo skin for biomedical applications [J] . Oriental Journal of Chemistry: An International Research Journal of Pure & Applied Chemistry, 2016, 32（3）: 1601-1609.

[53] Muyonga JH, Cole C, Duodu KG. Characterisation of acid soluble collagen from skins of young and adult Nile perch（*Lates niloticus*）[J] . Food Chemistry, 2004, 85（1）: 81-89.

[54] Neuberger A, Perrone JC, Slack H. The relative metabolic inertia of tendon collagen in the rat [J] . Biochemical Journal, 1951, 49（2）: 199-204.

[55] Ogawa M, Portier R, Moody MW, et al. Biochemical properties of bone and scale collagens isolated from the subtropical fish black drum（*Pogonia cromis*）and sheepshead seabream（*Archosargus probatocephalus*）[J] . Food Chemistry, 2004（88）: 495-501.

[56] O' Sullivan SM, Lafarga T, Hayes M. Bioactivity of bovine lung hydrolysates prepared using papain, pepsin, and alcalase [J] . Journal of Food Biochemistry, 2017, 41（6）: e12406.

[57] Piez KA. Molecular weight determination of random coil polypeptides from collagen by molecular sieve chromatography [J] . Analytical Biochemistry, 1968, 26（2）: 305-312.

[58] Ramachandran GN, Reddi AH. Biochemistry of collagen [M] . Springer US, 1977.

[59] Ramachandran GN. Structure of collagen [J] . Nature, 1954, 174（4423）: 269-270.

[60] Regenstein JM, Zhou P. Collagen and gelatin from marine by-products [J] . Maximising the Value of Marine By-Products, 2007: 279-303.

[61] Ricard-Blum S. The collagen family [J] . Cold Spring Harbor Perspectives in Biology, 2011, 3（1）: 1-19.

[62] Rich A, Crick FHC. The structure of collagen [M] . The Excitement of Discovery: Selected Papers of Alexander Rich: A Tribute to Alexander Rich, 1955: 103-104.

[63] Schmitt FO, Hall CE, Jakus MA. Electron microscope investigations of the structure of collagen [J] . Journal of Cellular Physiology, 1942, 20（1）: 11-33.

[64] Stetten MR, Schoenheimer R. The metabolism of l（-）-pioll he studied with the aid of deuterium and isotopic nitrogen [J] . Journal of Biological Chemistry, 1944, 153: 113-132.

[65] Timpl R, Wiedemann H, Van Delden V, et al. A network model for the organization of type IV collagen molecules in basement membranes [J] . European Journal of Biochemistry, 1981, 120（2）: 203-211.

[66] Weiss J B, Jayson MIV. Collagen in health and disease [M] . Churchill Livingstone, 1982.

[67] Wyckoff R, Corey RB. X-Ray diffraction patterns from reprecipitated connective tissue [J] . Proceedings of the Society for Experimental Biology & Medicine, 1936, 34（2）: 285-287.

[68] Yan M, Li B, Zhao X. Determination of critical aggregation concentration and aggregation number of acid-soluble collagen from walleye pollock（*Theragra*

chalcogramma) skin using the fluorescence probe pyrene. Food Chemistry，2010，122
（4）: 1333-1337.

[69] Zhang Y，Olsen K，Grossi A，et al. Effect of pretreatment on enzymatic hydrolysis of
bovine collagen and formation of ACE-inhibitory peptides ［ J ］. Food Chemistry，2013,
141（3）: 2343-2354.

第二章

胶原蛋白肽概述

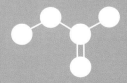

第一节 ▶ 胶原蛋白肽的定义与结构特征

胶原蛋白肽是由天然胶原蛋白或明胶水解而成的小分子生物活性肽，也被称为水解的胶原蛋白或胶原蛋白水解物。胶原蛋白肽是由氨基酸经过不同的组合和排列所组成的线性或环状化合物，分为寡肽和多肽两种，其中由3~20个氨基酸组成的寡肽占较大比例。它具有大部分活性肽所共有的特征。与其前体原生胶原蛋白（285~300ku）相比，胶原蛋白肽的分子质量更低（<3ku），因此其易消化且易为人体吸收。同时，胶原蛋白肽特有的Gly-Pro-Hyp序列也赋予了其独特的理化性质和生物活性。在过去的几十年里，胶原蛋白肽主要是从猪皮或牛皮中获取的。现如今，研究者发现家禽和鱼类加工业中残余的大量废弃下脚料，包括皮肤、骨头、鳍和鳞片等，是获取有价值的胶原水解物及生物活性肽类的重要来源。此外，据报道，从水母、牛蛙或海参等水产品原料中也可获取具有重要生物活性的胶原蛋白肽。

第二节 ▶ 胶原蛋白肽的制备、分离纯化与鉴定

传统的商业化制备胶原蛋白肽的流程主要分为：①对提取后的胶原蛋白或明胶进行水解，获取胶原蛋白水解物。②根据体外生物活性筛选出活性最高的水解物。③对筛选得到的水解物通过色谱技术进行分离和纯化，筛选出目标肽。④最后通过质谱技术确定目标肽的氨基酸序列，并通过体外合成肽的手段来验证其生物有效性。近年来，该流程已成功应用于分离和鉴定新的生物活性肽。下面我们将分别从胶原蛋白肽的制备、分离纯化与鉴定3个方面来介绍，同时将讨论这些方法的适用性和局限性。

一、胶原蛋白肽的制备

目前生物活性肽的制备方法主要包括人工合成法和蛋白质水解法。人工合成法主要包括化学合成法、酶促合成法和基因重组表达法。化学合成法是目前在实验室规模里最常用的方法，其中以固相合成法为主，但该方法在反应过程中可能产生有害物质，且制取活性肽所需要的反应底物和反应试剂价格较高，因此人工合成法目前还无法在工业上大规模使用。酶促合成法仅适于合成短链肽，具有反应温和、催化位置有

方向性等优点，但其也具有副产物多，对酶的特异性要求高且产率过低的缺点。基因重组表达法适于合成含有几百个氨基酸的长链肽，再经由微生物发酵可获得大量目标活性肽。该方法费用昂贵且耗时较长，同时如果目标产物为短肽，则很容易被微生物胞内的蛋白酶降解，从而降低重组表达生产多肽的效率。相比之下，通过蛋白质水解获得生物活性肽的方法显得更为有效，因此目前常用的制备胶原蛋白肽的方法主要是蛋白质降解技术，主要包括化学水解（酸水解和碱水解）、物理水解（亚临界水水解）和酶促水解。

在对胶原蛋白进行水解之前要先根据原料来源的不同选择不同的方法去除非胶原物质，从而提高胶原蛋白的产量。根据第一章内容我们已经知道动物组织中的交联胶原蛋白结构很稳定，即便是经过长时间高温煮沸也难以彻底破坏其结构。因此，在提取前需要进行温和的化学处理，使得在保持胶原完整结构的同时打破其分子间的交联。基于胶原蛋白在不同pH溶液里溶解度不同，人们通常会使用稀释过的酸和碱对胶原进行预处理。去除非胶原物质后，胶原蛋白的水解可通过化学水解、酶促水解以及物理水解3种方式进行。下面将详细介绍胶原蛋白预处理和水解的主要方法。

（一）胶原蛋白的预处理

1. 酸处理

在用酸性溶液进行预处理的过程中，原料被浸在酸性溶液中，直到其穿透整个材料。此时，材料会膨胀到其初始体积的2~3倍，非共价键发生裂解并产生分子内作用键。酸性溶液的预处理方法适合更脆弱、胶原纤维缠绕更少的原材料，如猪皮和鱼皮等。

2. 碱处理

碱性预处理过程通常用氢氧化钠溶液处理原料，处理时间需要几天甚至到几周。这一过程适用于更厚的材料，如牛的骨胶原。因为较厚的材料往往需要更强有力的渗透溶液。虽然氢氧化钙溶液也常用于预处理过程，但是氢氧化钠对皮肤原料预处理方面的效果更好，因为它会引起皮肤原料更显著的肿胀，然后通过增加组织基质中质子的转移速率来促进胶原蛋白的提取。

（二）胶原蛋白的水解

1. 化学水解

蛋白质的化学水解主要包括酸水解和碱水解。这两种方法通过利用酸或碱来催化肽键断裂从而制备活性肽。无机酸（如盐酸）和有机酸（如醋酸、柠檬酸、乳酸和甲酸）

常用于酸水解。碱水解法则是在高温高压处理（130~180℃）下，通过使用强碱（氢氧化钾或氢氧化钠）对蛋白质进行水解。化学水解法操作简单、成本较低，曾一度广泛应用于工业中水解蛋白质。然而，化学水解法具有明显的缺点：①对水解底物缺乏特异性和选择性。②对多肽中的氨基酸结构造成不可逆的破坏，影响多肽的功能活性。③对设备造成强腐蚀性，对环境不友好。④为中和多余的酸碱导致产物中盐含量较高。因此，考虑到化学水解法的缺陷，酶促水解法作为一种更温和，更绿色环保的水解方法已经逐步替代化学水解法应用于商业化制备胶原蛋白肽中。

2. 酶促水解法

酶促水解是使用合适的蛋白酶对胶原蛋白进行酶解，以释放出具有特定结构的生物活性肽片段。胶原蛋白变性后，由于氢键的分离，使原始胶原蛋白的三螺旋结构转变为自由卷曲的形式，因此肽键更容易受到蛋白酶的破坏。酶促水解与化学水解法相比具有多种优势：①酶解条件温和、可控性强、安全性好，能够规模化生产具有特定结构序列的活性肽。②酶解产物一般是各种肽的混合物，能够实现多种肽的生理活性协作。③酶解法不会破坏氨基酸结构，而且产物纯度好、易分离。④酶解法成本较低，生产过程不会产生对环境有害的污染物。但值得注意的是，酶促水解法也存在一些缺点：①耗时较长（特别是分离和纯化过程）。②目标肽的产率相对较低。③在分离和纯化过程中不可避免产生损失。④易获得的商业蛋白酶使得商业化制肽缺乏独立的知识产权。

在酶解过程中，蛋白酶是水解蛋白质的关键。酶可以特异性切断胶原肽键从而产生小分子的生物活性肽。目前，利用不同商业蛋白酶或组合酶对胶原蛋白或明胶进行水解从而释放具有生物活性的胶原蛋白肽已经实现了工业化生产（图2-1）。常用于酶解胶原的蛋白酶包括木瓜蛋白酶、胃蛋白酶、胰凝乳蛋白酶、中性蛋白酶、风味蛋白酶、胰蛋白酶、裂解酶E、胶原酶和菠萝蛋白酶等。除了商业蛋白酶，内源酶也可用来水解胶原以获得多种多样的生物活性水解物。针对不同底物蛋白，在制备过程中可以选用不同的酶进行混合，从而获得合适的氨基酸、二肽以及多肽的比例。值得注意的是，为了制备尽可能多的活性肽类产物，除非要进行必要的修饰，否则一般不选用端肽酶。此外，水解过程中的温度、时间、pH和酶/底物浓度是影响酶水解动力学的关键因素，这些因素可通过共同影响胶原蛋白肽的结构进一步影响其功能活性。因此在实际生产过程中，我们需要根据目标生物活性肽的结构和功能特性，选择符合目的要求的复合型蛋白水解酶以及合理控制酶的作用温度、时间等条件，从而快速有效地制备目标肽。

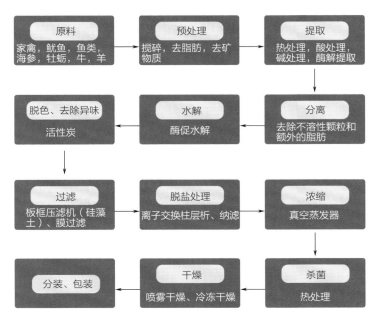

图2-1　胶原蛋白水解物的工业化生产过程

3. 物理水解法

目前常用的物理水解法主要指亚临界水水解法（Subcritical Water Hydrolysis，SWH）。亚临界水是指保持在100~374℃、0.1~22MPa状态下的水。亚临界水水解作为一种绿色的处理技术也常被用来水解胶原蛋白。亚临界水水解不需要引入其他化学物质，不产生盐和有毒废物，并且具有反应时间较短的优势。亚临界水水解的机制是通过形成水合氢离子（H_3O^+）和氢氧化物使其在亚临界条件下充当催化剂。Ahn等（2017）研究发现在压力为1.1MPa下加热金枪鱼皮至190℃并持续10min后，水解物中上清液的分子质量主要在500~3000u。Park等（2015）使用亚临界水（1MPa，170℃）水解猪胎盘并检测到的最低分子质量胶原水解物为434u。然而，设备成本高昂是亚临界水水解法在实际生产中的应用受到限制的主要原因。

二、胶原蛋白肽的分离纯化

分离纯化是对多肽进行理化性质分析与结构表征的必要手段，也是将复杂的多肽混合物进行纯化的唯一途径。不仅如此，水解物的分子质量对生物活性的影响也不容忽视；因此，了解活性肽分离纯化的常用手段对筛选并保持目标活性肽的生物活性具有重要的意义。目前常用的分离纯化方法主要有离心、层析技术（离子交换层析、凝胶过滤层析、高效液相色谱）、膜分离技术（超滤、微滤、纳滤）与电泳技术等，在实际的应用中往往通过采用几种方法相结合的方式以达到更好的分离效果。实验室通常采用的分离纯化方法主要包括超滤膜分离、离子交换色谱法、尺寸排阻色谱法、亲和色谱法和反向高效液相色谱法，而工业上通常采用更简单高效的超滤膜分离、离子交换膜分离、色谱柱分离、离子交换色谱分离的方法。

（一）层析技术

层析法是利用混合物中各组分物理化学性质的差异（如吸附力、分子形状及大小、分子亲和力、分配系数），使各组分在两相（固定相和流动相）中的分布程度不同，从而使各组成部分以不同的速度移动而达到分离的目的，之后按照洗脱的先后顺序对目标产物进行收集。层析法分离也是多肽分离纯化过程中使用最为广泛的一种。

1. 离子交换层析

离子交换层析（Ion-Exchange Chromatography，IEC）是研究者在生物大分子提纯中使用最广泛的方法之一。离子交换层析分离蛋白质是根据一定pH条件下蛋白质所带电荷不同而进行的分离方法。常用于蛋白质分离的离子交换剂有弱酸型的羧甲基纤维素（CM纤维素）和弱碱型的二乙基氨基乙基纤维素（DEAE纤维素）。前者为阳离子交换剂，后者为阴离子交换剂。由于蛋白质处于不同的pH条件下带电状况的不同，阴离子交换基质结合带有负电荷的蛋白质，所以这类蛋白质被留在柱子上，然后通过提高洗脱液中的盐浓度等措施，将吸附在柱子上的蛋白质洗脱下来，其中结合较弱的蛋白质首先被洗脱下来（图2-2）。同样地，阳离子交换基质结合带有正电荷的蛋白质，结合的蛋白质可以通过逐步增加洗脱液中的盐浓度或是提高洗脱液的pH而被洗脱下来（图2-2）。

2. 凝胶过滤层析技术

凝胶过滤层析（Gel Filtration Chromatography）是利用具有多孔网状结构颗粒的分子筛作用（图2-3），根据被分离样品中各组分相对分子质量大小的差异进行洗脱分离的一项技术。凝胶过滤层析法又被称为排阻层析或分子筛方法，主要是根据蛋白质的分子质量进行分离和纯化。层析柱中的填料是某些惰性的多孔网状结构物质，大多以交联的聚糖类物质（如葡聚糖或琼脂糖）为主。小分子物质能进入其内部，流下时路程较长；而大分子物质却被排除在外部，流下来的路程短。当混合溶液通过凝胶过滤层析柱时，溶液中的物质就按不同分子质量被筛分开。它的突出优点是层析所用的凝胶属于惰性载体，不带电荷，吸附力弱；操作条件比较温和，可在相当广的温度范围下进行；不需要有机溶剂，并且能够保持被分离蛋白质的成分和理化性质的稳定性，因此对于分离高分子物质是理想的分离方法。

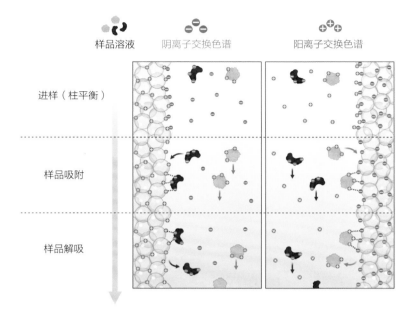

图2-2 离子交换色谱分离目标肽

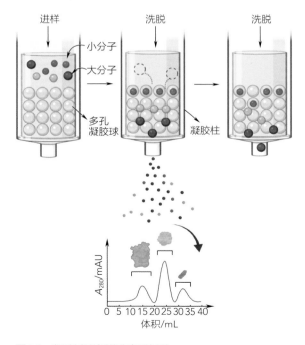

图2-3 凝胶过滤色谱分离目标肽

3. 亲和色谱技术

亲和色谱技术也被称为亲和层析，是一种利用目标物与固定相的结合特性来进行分离的方法（图2-4）。亲和色谱可以用来从混合物中纯化或浓缩某一分子，也可以用来去除或减少混合物中某一分子的含量。将一对能可逆结合的生物分子的一方作为配基（也称为配体），并将其与具有大孔径、亲水性的固相载体相偶联从而制成专一的亲和吸附剂；之后再用此亲和吸附剂填充色谱柱。当含有被分离物质的混合物随着流动相流经色谱柱时，亲和吸附剂上的配基就有选择性地吸附能与其特异性结合的物质，而不吸附其他的肽段及杂质。最后使用适当的缓冲液使被分离物质与配基发生解吸，即可获得纯化的目标物。

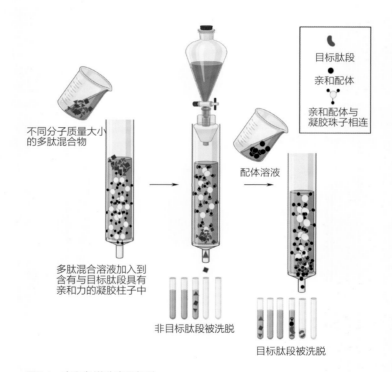

图2-4　亲和色谱分离目标肽

4. 反相高效液相色谱技术

反相高效液相色谱（RP-HPLC）属于化学键合相色谱法的一种。键合相色谱法是将不同的有机官能团通过化学反应共价键合到硅胶载体表面的游离烃基上，生成化学键合固定相。化学键合固定相对各种极性溶剂都有良好的化学稳定性和热稳定性。由于它制备的色谱柱柱效高、使用寿命长、重现性好，因此几乎对各种类型的有机化合物都呈现良好的选择性。根据键合固定相和流动相相对极性的强弱，可将键合色谱法分为正相键合色谱法和反相键合色谱法。反相键合色谱法即反相高效液相色谱。反向高效液相色谱是由非极性的固定相和极性的流动相所组成的液相色谱体系，它正好与由极性的固定相和弱极性的流动相所组成的液相色谱体系（正相色谱）相反。RP-HPLC典型的固定相是十八烷基键合硅胶，典型的流动相是甲醇和乙腈。RP-HPLC是目前液相色谱的最主要的分离模式，适于分离非极性、极性或离子型化合物。应用范围也比正相键合相色谱法更广泛。该项技术的主要优点是具有高分辨性和高敏感性，而且相比凝胶过滤层析和离子交换层析大大缩短了分离所需的时间。然而和其他高效液相色谱一样，该技术也存在缺点，例如色谱柱昂贵、洗脱溶剂为有机试剂而容易污染环境等。

（二）膜分离技术

研究者常用膜分离技术作为多肽纯化的第一步。膜分离技术的原理是根据膜的孔径大小不同实现对具有不同分子质量的多肽的筛离，其可以分为超滤和纳滤等不同类型。超滤法可以根据选择的膜的孔径和性质的不同，截留分子质量在1~500ku的化合物。多肽大部分由3~20个氨基酸组成，远小于较大的蛋白质分子。因此，通过超滤法可以将未完全水解的蛋白质分子截留除去。纳滤的孔径更小，集中于1~10nm，截留分子质量为200~1000u。由于通过纳滤膜截留的分子质量足够小，因此其常用于肽的浓缩和脱盐。

相较于层析技术，膜分离技术更为简单高效。这种技术一般在常温下进行，且不涉及化学反应，因此也更适合进行活性物质的大量分离。但是，其缺点在于只能对一定分子质量范围的物质进行分离，对于相近分子质量的组分不具备很好的分离效果。同时，膜分离的选择性不高，分离时超滤膜的污染和堵塞也会缩短膜的使用寿命，这些因素都限制了膜分离技术的进一步应用。

三、胶原蛋白肽的鉴定与结构和功能预测

（一）胶原蛋白肽的鉴定

1. 胶原蛋白肽分子质量的测定

（1）凝胶电泳技术　十二烷基硫酸钠-聚丙烯酰胺凝胶电泳（SDS-PAGE）是一种常用的电泳技术，经常应用于提纯过程中纯度的检测，而且通过电泳还可以同时得到关于分子质量的情况，具有用量少、结果准确的优势。Laemmli-SDS-PAGE和Tricine-

SDS-PAGE分别是基于Glycine-Tris和Tricine-Tris缓冲液系统的电泳技术。它们是分离蛋白质和多肽的两种最流行的电泳技术。Tricine-SDS-PAGE适用于分离<30ku的蛋白质或多肽，而Laemmli-SDS-PAGE则可以确定胶原蛋白水解物中未被水解的残留物。其中，SDS是一种蛋白质变性剂，其使得电泳结果中蛋白质或者多肽的迁移率只与其分子质量有关。通过对照相同条件下的标准蛋白质电泳结果，从而可以测定蛋白质或者多肽的分子质量。

（2）凝胶过滤色谱技术　前面提到凝胶过滤色谱法作为一种分子筛技术可以根据化合物的大小或分子质量的不同分离化合物。当含有不同分子质量大小的肽混合物流经色谱柱时，分子质量较大的肽先被洗脱，分子质量较小的后被洗脱。肽键的近似吸光度检测波长主要在215nm处，但是胶原分子的端肽处的色氨酸（W）和酪氨酸（Y）残基导致其在280nm处存在明显的吸收。因此，Hong等（2019）研究认为应该使用280nm的波长来进行测定胶原蛋白肽的分子质量。分子质量的确定需要绘制标准曲线，实验室通常以V_e/V_o与标准品分子质量的对数作图，其中V_e和V_o分别为洗脱体积和空隙体积。然而，在凝胶过滤色谱法中，蛋白质和肽的流体力学体积不同，因此多肽与固定相之间的相互作用会干扰分子质量结果。

（3）基质辅助激光解吸电离飞行时间质谱技术　基质辅助激光解吸电离飞行时间质谱（MALDI-TOF-MS）于1988年由Hillenkamp和Karas首次提出，目前已成为分析肽和蛋白质的主要工具之一（图2-5）。MALDI-TOF-MS分析流程主要分为以下几个部分：①首先将诸如肽之类的分析物与诸如2,5-二羟基苯甲酸（DHB）之类的过量基质化合物混合。②携带肽的基质通过激光辐射蒸发。③蒸发肽的质量通过离子的飞行时间（TOF）确定。MALDI可防止易碎肽的分解，并主要产生单电荷肽，同时也可以使用DHB基质分析糖基化肽。但是，MALDI-TOF-MS的局限性在于单个基质无法分解其中的一些肽峰。

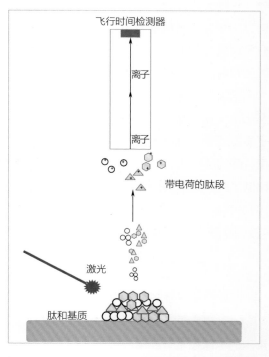

图2-5　MALDI-TOF-MS 方法测定胶原蛋白分子质量

2. 胶原蛋白肽序列的鉴定

目前在多肽的结构鉴定方面，具有高精准度和灵敏度的超高效液相色谱-串联质谱（UPLC-MS/MS）能够快速准确地测定和鉴别多肽的氨基酸序列。超高效液相色谱-串联质谱可以对复杂混合物进行准确的定量和定性分析，并且样品预处理过程简便快捷。此种分析技术是通过将物质离子化后按离子的质荷比（m/z）分离，并测量各种离子峰的强度而达到分析目的的一种方法（图2-6）。其中，一级质谱可以确定多肽中主要物质的分子质量，二级质谱则可以在一级质谱的基础上进一步确定多肽的结构。尽管液质串联技术具有准确性高、普适性好的优点，但是其成本较高且耗时长。现今发展迅速并较成功应用于生物大分子质谱分析的主要是一些软电离技术，如连续流动快速原子轰击技术、电喷雾离子化技术和基质辅助激光解吸离子化技术等。快速原子轰击质谱克服了传统质谱中样品必须要经过加热气化的限制，而且在测序过程中具有用量少、方便快速、适合小分子多肽检测的优点。电喷雾离子化质谱适用于强极性、稳定性差、分子质量较大的样品分析。在测定过程中，样品以溶液的形式导入，因此也可以与反相高效液相色谱（RP-HPLC）直接联用，从而在线检测出HPLC上分离出的每一个肽段的分子质量。基质辅助激光解吸电离飞行时间质谱具有操作简单、快速、谱图直观、能耐受一定浓度的盐和去垢剂的特点，在准确测定样品分子质量的同时还可以测定其序列结构，目前也已经成为分析蛋白水解物及其半纯化组分的重要方法。

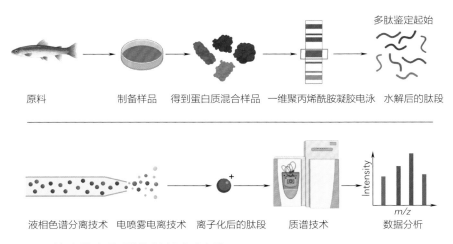

图2-6　液相色谱-串联质谱技术测定多肽序列

（二）胶原蛋白肽的结构与功能预测

为了进一步明确胶原酶解后多肽的结构与活性功能之间的关系，已经普遍使用计算机模拟技术来精准预测特定蛋白质所产生的肽的结构和性质。常用于预测的工具包括：BIOPEP、ExPASy PeptideCutter、MEROPS、MS-Digest。计算机模拟技术是一种通过利用蛋白质数据库中已知的酶促分裂位点来预测蛋白质水解后的序列的方法。此外，定量构效关系（Quantitatiive Structure Activity Relationship，QSAR）模型作为另一种将分子的结构特征与其生物活性相关联的回归模型，也可以用于预测未知胶原肽的活性。同时，分子对接也可用于预测受体（酶）和配体（抑制剂）之间的结合位点。这两种方法都可以为研究胶原蛋白肽的结构-生物活性关系提供理论基础。

但是，计算机模拟技术具有一定的局限性，其只能在蛋白质一级结构的基础上准确地预测蛋白酶裂解位点，却无法准确预测胶原体二级和三级结构以上的蛋白酶裂解位点，因此它并不能够完全精准预测实际酶解条件下胶原蛋白肽的结构与活性关系。酶的活力，酶与蛋白之间复杂的相互作用以及胶原蛋白的复杂空间结构都可能会影响酶解效果，从而使得在实际条件下释放的肽段与预测的肽序列不一致。另外，计算机模拟技术也无法预测到实际加工和贮藏期间蛋白质经过非酶翻译后修饰和氨基酸修饰后所发生的结构变化。因此，计算机模拟技术自身的局限性也不容忽视。

第三节　胶原蛋白肽的消化吸收与生物利用度

过去人们认为，动物摄取的蛋白质在消化道内会经过蛋白酶和肽酶的降解变为寡肽片断和游离氨基酸，而只有游离氨基酸才能为动物直接吸收利用，寡肽则只有再降解成游离氨基酸才能为动物体所利用。直至20世纪50—60年代，Neway和Smith首先提出了肽可以被完整吸收的证据（图2-7）。随着血液中小肽的发现以及胃肠道能够吸收小肽的实验结论得到不断的证实，研究人员开始逐渐提出多肽能够被完整吸收的观点。

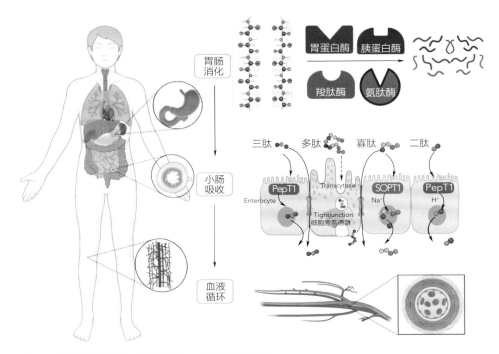

图2-7　胶原蛋白肽在人体消化系统内的消化吸收途径

一、胶原蛋白肽的消化吸收

　　与内源性肽不同（如肽激素或信号肽），许多食物衍生的生物活性肽必须进入到血液循环中，并传递到靶点才能发挥其在人体内的生物活性。小分子肽是由中性、酸性和碱性氨基酸所组成，因此人体吸收完整形式的小分子肽时可以避免游离氨基酸转运过程中电荷间的相互竞争。到目前为止，研究证明人体通过肠道Caco-2细胞单分子膜[表观渗透系数（Papp）：10^{-9}~10^{-6}cm/s]可以吸收许多食物衍生的生物活性肽。虽然生物活性肽在肠道的渗透性很低，而且确切的运输机制尚不清楚，但是研究人员已经广泛接受了生物活性肽可以通过人类肠道进行吸收的理论。研究认为，与游离氨基酸的转运有所不同，机体内小分子肽的转运有专门的途径。许多关于活性肽转运的研究表明，活性肽转运的机制与肽链的长度、疏水性、氨基酸组成和氨基酸序列有关。其转运方式主要分为以下几种：①二肽和三肽分子主要由H$^+$偶联的肽转运体1（Peptide Transporter 1，PETP1，NCBI ID：824581）通过肠上皮细胞运输。②含有4~9个氨基酸残基的寡肽是由紧密连接（Tight Junctions，NCBI ID：93643）介导的细胞旁途径进行转运。此外，研究证实由于细胞内肽酶可以快速水解一些如Val-Pro-Pro（VPP）的三肽，所以其也可以通过细胞旁途径运输。③两种新型Na⁺偶联的寡肽转运体1和2（NCBI ID：824581）可以参与寡肽的转运。④研究认为含有10个以上氨基酸的多肽通常是通过胞吞胞吐作用转运吸收的。与二肽相比，各种蛋白酶更容易水解在吸收前和吸收过程中的寡肽。因此，人体很难吸收完整的寡肽，其转运机制也有待深入研究。

另外，在为人体所吸收前，口服的多肽会经过胃液的消化以及小肠上部的肠道酶的降解后成为分子质量更低的肽。羟脯氨酸是胶原蛋白特有的氨基酸，由于羟脯氨酸具有水解稳定性，因此可用于定量分析血浆中胶原蛋白多肽的含量。但脯氨酸在体内经过生物酶的作用可形成羟脯氨酸，因此以羟脯氨酸为依据定量分析血浆中胶原蛋白肽的含量需要综合考虑脯氨酸向羟脯氨酸的转化对分析结果的影响。Yazaki等（2017）研究发现，口服胶原蛋白肽Gly-Pro-Hyp后，其在血液里的含量先增加再降低，并呈剂量依赖性；但是到达皮肤发挥作用时，Gly-Pro-Hyp会部分降解成二肽Pro-Hyp，这从另一方面也表明口服胶原蛋白肽Gly-Pro-Hyp在靶器官的吸收过程中会先在顶端膜上发生部分水解，之后再通过肽转运体PETP1运输到细胞中。

二、胶原蛋白肽的生物利用度

一般而言，胃肠道消化酶和肠刷边界膜酶对肽的降解和肠上皮细胞较差的通透性是食物衍生生物活性肽在吸收和生物利用度这两个方面主要的生理障碍。这意味着对肽酶的抵抗能力的差异以及活性肽通过肠道的渗透率的不同都会对食源生物活性肽的生物利用度产生重要的影响。越来越多的研究表明，终端有脯氨酸或羟脯氨酸残留的胶原蛋白肽可以通过肠上皮细胞单层运输，进入血液并表现出其生物特性。同时，研究发现在口服胶原蛋白或明胶的水解物后，人体血液中的胶原蛋白衍生肽主要以Pro-Hyp和Hyp-Gly的形式存在。另外，血液中含有较高浓度的胶原蛋白二肽和三肽表明，胶原蛋白肽对血浆和胃肠道中的酶以及血液蛋白酶具有较高的抵抗力。这可能是由于与其他活性肽相比，胶原蛋白肽独特的氨基酸组成和结构使其具有良好的稳定性和不同的蛋白酶裂解位点；而且含有高含量脯氨酸的胶原蛋白肽（10%~30%）通常会因为在裂解位点附近的脯氨酸残基阻止了蛋白酶进一步裂解肽键从而提高了它们对消化酶和肠道肽酶的稳定性。

第四节　胶原蛋白肽的生物活性与呈味特点

一、胶原蛋白肽的生物活性

　　胶原蛋白肽具有许多生理调节功能（图2-8），包括抗氧化、抗肿瘤、降血压、降胆固醇、减肥降血脂、调节人体免疫力、抑制血小板凝集、促进钙离子等矿物质的吸收、预防和治疗骨质疏松症，以及止血、美容、抗衰老、协助母乳分泌、缓解关节疼痛、防止贫血、保护胃黏膜、抗溃疡、促进皮肤胶原代谢等。随着科学技术的不断发展和进步，研究者通过对胶原蛋白肽的研究和改性使其功效和应用进一步扩大，更加满足市场和临床的需求。胶原蛋白肽到达靶器官所发挥的多种生物功能与其代谢途径密切相关。在骨骼健康方面，胶原蛋白肽可以通过剂量依赖的方式增加成骨细胞MC3T3-E1的生长并通过激活表皮生长因子受体（Epidermal Growth Factor Receptor，NCBI：1956）影响骨形成；在皮肤健康方面，大量的细胞实验、动物实验模型和人群实验证明胶原蛋白肽可以通过促进胞外机制的合成来提高抗氧化酶活性和调节细胞信号通路，从而对皮肤健康产生积极的影响；在抗炎症和提高免疫力方面，胶原蛋白肽通过作用于免疫器官、免疫细胞以及体液免疫参与核因子-κB（NF-κB）、MAPK和抑制氧化应激等通路来缓解炎症；在降血脂方面，胶原蛋白肽可以抑制脂肪组织和肝脏组织脂滴的过度积累，减缓巨噬细胞集落刺激因子的分泌，从而抑制组织炎症反应；在降血压方面，胶原蛋白肽可以竞争性地与ACE结合，从而阻断血管紧张素Ⅱ（Ang Ⅱ）的生成，起到降低血压的作用；在降血糖方面，胶原蛋白肽通过改善脂肪组织所分泌的生物活性因子起到对糖尿病、高血压和动脉粥样硬化等代谢疾病的调节作用。关于胶原蛋白肽在上述疾病所发挥的潜在功能以及对其活性的评价手段将在后续章节展开详细的论述。

二、胶原蛋白肽的呈味特点

　　肽有各种各样的味道，包括苦味、甜味、鲜味、酸味和咸味。然而，在蛋白质酶解过程中，苦味肽的释放严重影响了消费者的接受度，阻碍了肽类食品的进一步开发。人类主要通过舌面味蕾的味觉感受细胞来辨别肽的苦味。苦味是由味觉受体2型（NCBI：5726）介导的，T2Rs是G蛋白偶联受体的一个大家族。苦味肽通过结合和刺激单元与T2Rs相互作用来触发信号级联传递。苦味肽广泛存在于各种蛋白质来源的水解物中，包括牛乳蛋白、大豆蛋白、小麦蛋白和牛血红蛋白等。

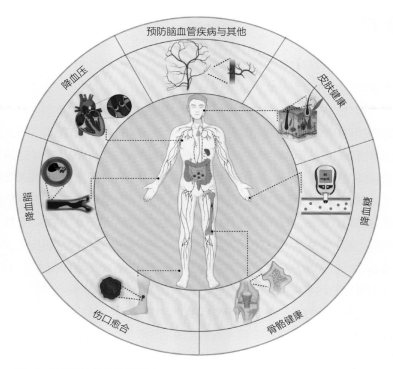

图2-8   胶原蛋白肽的生物活性

与其他水解蛋白相比，胶原蛋白水解物的苦味肽的释放量较低。此外，水解胶原蛋白含有大量的甘氨酸，这也有助于中性口味的形成。目前，研究人员已采用多种方法来预测苦味肽，Ney的"Q rule"根据氨基酸组成估计肽的苦味，其中Q值是根据肽序列的平均疏水性计算的。根据"Q rule"，肽（<6ku）的Q值超过5860J/mol则呈苦味。胶原蛋白的平均疏水性（Q）为5358J/mol，远低于酪蛋白（6718J/mol）和大豆蛋白（6446J/mol）。因此，低Q值意味着胶原蛋白水解物的苦味较低，这促进了其作为食品功能成分的潜力。

第五节　胶原蛋白肽的应用

胶原蛋白肽生物活性多种多样，且它主要来源于未充分利用的自然资源，因此其被认为是用于开发健康产品更安全的选择。胶原蛋白肽的功能特性使其在化妆品、食品和医药等行业具有广阔的市场前景。

在生物医学中，胶原蛋白肽有着低致敏性、优良细胞耐受性及亲和性的优势，使其可作为药物稳定剂、药物载体及用于医用敷料制备。在美容方面，胶原蛋白肽因其性能温和、安全性高常应用于护肤类化妆品中，可起到保湿、减少皱纹、减轻紫外线辐射、延缓皮肤衰老等作用。食品工业是当前胶原蛋白肽应用最为广泛的领域，其不仅作为普通食品原料或功能性成分添加到食品中来补充蛋白质营养和促进皮肤、头发、骨骼、关节等部位的健康，还可以作为澄清剂、稳定剂等食品添加剂用于各类加工食品中。此外，胶原蛋白肽还在造纸、皮革、表面活性剂、饲料等行业均有应用。上述应用将在本书第十章详细展开。

虽然胶原蛋白肽已经广泛应用于多个领域，但是其应用推广仍然面对许多挑战和困难。首先，尽管胶原蛋白肽的多种生物活性已经在体外或动物模型的基础上得到证实，但是人体临床实验的缺乏尚不足以验证它在人体中的生物功能。其次，从工业规模生产的角度来看，特定片段胶原蛋白肽的化学合成需要消耗大量的化学试剂，这会产生大量工业废物，对环境不友好。因此，探索廉价高效、环境友好的方式制备具有生物活性的胶原蛋白肽势在必行。此外，胶原蛋白肽在食品加工和储存过程中的稳定性对其作为功能性成分能否在食品领域中发挥相应的效用至关重要。在食品加工和贮藏过程中，肽与食品里其他基质的相互作用可能会对肽类功能食品的感官特性、溶解性、颜色和生物活性产生不同程度的影响。因此，采用合适的包装材料和加工贮藏条件来防止肽类产品的氧化损伤至关重要。到目前为止，胶原蛋白肽来源极其广泛，陆生动物和水产品都是提取胶原蛋白的优质原料。然而，对胶原蛋白肽进行产地和物种溯源仍然存在技术瓶颈。

参考文献

［1］ 刘海英.胶原肽及其产业发展［J］.食品工业科技，2016，37（12）：391-394，399.

［2］ 罗永康，洪惠.生物活性肽功能与制备［M］.北京：中国轻工业出版社，2019.

［3］ 张宁，康跻耀，高建萍，等.胶原蛋白肽分子量对吸收过程的影响研究［J］.生物学杂志，2013，30（2）：10-13.

［4］ 周婷，杨恒，王鑫，等.酶解技术提取动物组织中的胶原蛋白及其肽的研究进展［J］.食品工业科技，2020，41（15）：332-338.

［5］ Ahmed M，Verma AK，Patel R. Collagen extraction and recent biological activities of collagen peptides derived from sea-food waste：A review［J］．Sustainable Chemistry and Pharmacy，2020，18：100315.

［6］ Ahn M，Hwang J，Ham S，et al. Subcritical water-hydrolyzed fish collagen ameliorates survival of endotoxemic mice by inhibiting HMGB1 release in a HO-1-dependent manner［J］．Biomedicine & Pharmacotherapy，2017，93：923.

［7］ Asserin J，Lati E，Shioya T，et al. The effect of oral collagen peptide supplementation on skin moisture and the dermal collagen network：Evidence from an ex vivo model and randomized，placebo-controlled clinical trials［J］．Journal of Cosmetic Dermatology，2015，14（4）：291-301.

［8］ Campos PM，Melo MO，FC Siqueira César. Topical application and oral supplementation of peptides in the improvement of skin viscoelasticity and density ［J］．Journal of Cosmetic Dermatology，2019，18（6）：1693-1699.

［9］ Czajka A，Kania EM，Genouese L，et al. Daily oral supplementation with collagen peptides combined with vitamins and other bioactive compounds improves skin elasticity and has a beneficial effect on joint and general wellbeing［J］．Nutrition Research，2018，57：97-108.

［10］ Felician F，Xia C，Qi W，et al. Collagen from marine biological sources and medical ［J］．Chemistry & Biodiversity，2018，15（5）：1612-1872.

［11］ Ficai A，Albu MG，Birsan M，et al. Collagen hydrolysate based collagen/hydroxyapatite composite materials［J］．Journal of Molecular Structure，2013，1037：154-159.

［12］ Fu Y，Therkildsen M，Aluko RE，et al. Exploration of collagen recovered from animal by-products as a precursor of bioactive peptides：Successes and challenges［J］．Critical Reviews in Food Science & Nutrition，2019，59（13）：2011-2027.

［13］ Hema GS，Joshy CG，Shyni K，et al. Optimization of process parameters for the production of collagen peptides from fish skin（ *Epinephelus malabaricus* ）using response surface methodology and its characterization［J］．Journal of Food Science & Technology，2017，54（2）：488-496.

［14］ Hong H，Chaplot S，Chalamaiah M，et al. Removing cross-linked telopeptides enhances the production of low-molecular-weight collagen peptides from spent hens ［J］．Journal of Agricultural and Food Chemistry，2017，65（34）：7491-7499.

［15］ Hong H，Fan H，Chalamaiah M，et al. Preparation of low-molecular-weight，collagen hydrolysates（peptides）：Current progress，challenges，and future perspectives［J］．Food Chemistry，2019，301：1873-7072.

［16］ Hong H，Fan H，Roy BC，et al. Amylase enhances production of low molecular weight collagen peptides from the skin of spent hen，bovine，porcine，and tilapia ［J］．Food Chemistry，2021，352：129355.

［17］ Hong H，Roy BC，Chalamaiah M，et al. Pretreatment with formic acid enhances the production of small peptides from highly cross-linked collagen of spent hens［J］．Food chemistry，2018，258：174-180.

［18］Iwa K, Hasegawa T, Taguchi Y, et al. Identification of food-derived collagen peptides in human blood after oral ingestion of gelatin hydrolysates［J］. Journal of Agricultural and Food chemistry, 2005, 53（16）: 6531-6536.

［19］Karas M, Hillenkamp F. Laser desorption ionization of proteins with molecular masses exceeding 10, 000 daltons［J］. Analytical Chemistry, 1988, 60（20）: 2299-2301.

［20］Kim, D, Chung, H, Choi J, et al. Oral intake of low-molecular-weight collagen peptide improves hydration, elasticity, and wrinkling in human skin: A randomized, double-blind, placebo-controlled study［J］. Nutrients, 2018, 10（7）: 2072-6643.

［21］Koizumi S, Inoue N, Shimizu M, et al. Effects of dietary supplementation with fish scales-derived collagen peptides on skin parameters and condition: A randomized, placebo-controlled, double-Bbind study［J］. International Journal of Peptide Research & Therapeutics, 2017, 24（3）: 397-402.

［22］Leon LA, Morales PA, Manuel V, et al.Hydrolyzed collagen—sources and applications［J］. Molecules, 2019, 24（22）: 1420-3049.

［23］Noppakundilograt S, Choopromkaw S, Kiatkamjornwong S. Hydrolyzed collagen-grafted-poly［（acrylic acid）-co-（methacrylic acid）］hydrogel for drug delivery［J］. Journal of Applied Polymer Science, 2018, 135（1）: 45654.

［24］Ocak B. Film-forming ability of collagen hydrolysate extracted from leather solid wastes with chitosan［J］. Environmental Science and Pollution Research, 2018, 25（1）: 4643-4655.

［25］Ouyang, Q, Hu Z, Lin Z, et al. Chitosan hydrogel in combination with marine peptides from tilapia for burns healing［J］. International Journal of Biological Macromolecule, 2018, 112: 1191-1198.

［26］Park S, Kim J, Min S, et al. Effects of ethanol addition on the efficiency of subcritical water extraction of proteins and amino acids from porcine placenta［J］. Korean Journal for Food Science of Animal Resources, 2015, 35（2）: 265-271.

［27］Pei Y, Yang J, Liu P, et al. Fabrication, properties and bioapplications of cellulose/collagen hydrolysate composite films［J］. Carbohydrate Polymers, 2013, 92（2）: 1752-1760.

［28］Prestes RC, Borba-Carneiro E, Demiate I M. Hydrolyzed collagen, modified starch and guar gum addition in turkey ham［J］. Ciencia Rural, 2012, 42（7）: 1307-1313.

［29］Ramadass SK, Nazir LS, Thangam R, et al. Type I collagen peptides and nitric oxide releasing electrospun silk fibroin scaffold: A multifunctional approach for the treatment of ischemic chronic wounds［J］. Colloids and Surfaces B: Biointerfaces, 2018, 175: 636-643.

［30］Rigoto J, Ribeiro TS, Stevanato N, et al. Effect of açaí pulp, cheese whey, and hydrolysate collagen on the characteristics of dairy beverages containing probiotic bacteria［J］. Journal of Food Process Engineering, 2019, 42（1）: 12953.

［31］Sato K. The presence of food-derived collagen peptides in human body-structure and biological activity [J] . Food & Function, 2017, 8（12）: 4325-4330.

[32] Schmidt MM, Dornelles R, Mello RO, et al. Collagen extraction process [J] . International Food Research Journal, 2016, 23（3）: 913-922.

[33] Soottawat B, Kasidate C, Supatra K. Impact of retort process on characteristics and bioactivities of herbal soup based on hydrolyzed collagen from seabass skin [J] . Journal of Food Science & Technology, 2018, 55（9）: 3779-3791.

[34] Sousa SC, Fragoso SP, Penna C, et al. Quality parameters of frankfurter-type sausages with partial replacement of fat by hydrolyzed collagen [J] . LWT - Food Science and Technology, 2017, 73: 320-325.

[35] Watanabe KM, Shimizu M, Kamiyama S, et al. Absorption and effectiveness of orally administered low molecular weight collagen hydrolysate in rats [J] . Journal of Agricultural and Food Chemistry, 2010, 58（2）: 835-841.

[36] Xu Q, Hong H, Wu J, et al. Bioavailability of bioactive peptides derived from food proteins across the intestinal epithelial membrane: A review [J] . Trends in Food Science & Technology, 2019, 86: 399-411.

[37] Yazaki M, Ito Y, Yamada M, et al. Oral ingestion of collagen hydrolysate leads to thet ransportation of highly concentrated Gly-Pro-Hyp and its hydrolyzed form of Pro-Hyp into the bloodstream and skin [J] . Journal of Agricultural and Food Chemistry, 2017, 65（11）: 2315.

[38] Zhang QX, Fu RJ, Yao K, et al. Clarification effect of collagen hydrolysate clarifier on chrysanthemum beverage [J] . LWT - Food Science and Technology, 2018, 91: 70-76.

第三章

胶原蛋白肽与骨骼健康

本章在普及骨骼知识的基础上，简要介绍了骨骼系统的胶原蛋白，重点介绍了胶原蛋白肽对骨骼健康的作用，同时列举了一系列胶原蛋白肽作用于骨骼疾病的试验实例，为筛选预防骨骼疾病的新型胶原蛋白肽提供参考。

第一节　骨骼系统的结构与功能

骨骼主要是由骨与骨之间的骨连接结构形成，即骨、软骨、关节3部分。

一、骨的组织形态

骨组织是一种复杂的结缔组织，由骨骼细胞和细胞间质组成。骨组织中的细胞主要有4种：骨原细胞（如骨髓间充质干细胞）、成骨细胞、破骨细胞、骨细胞（图3-1）。其中，骨细胞最多，位于骨质内，其余细胞则位于骨质边缘。骨原细胞是一种分化程度很低的干细胞，当骨组织生长、改建时，骨原细胞能分化为成骨细胞。成骨细胞具有产生类骨质及碱性磷酸酶（Alkaline Phosphatase）的作用，其产生的类骨质钙化后，成骨细胞自身被包埋其中，即为骨细胞。骨细胞位于骨陷窝内，为扁椭圆形，呈多突起状；突起伸入骨小管内，相邻细胞的突起以缝隙连接；彼此相互接触；骨小管则彼此相连，与细胞的营养有关。骨细胞受血液中甲状旁腺激素的影响，参与溶骨与成骨过程，调节血钙浓度。破骨细胞的主要功能是溶解和吸收骨组织，参与骨改建，调节血钙浓度。

骨的细胞间质中含有无机质和有机质两种成分，两者的比例随年龄的增长而发生变化，年龄越大，无机质越多。无机质约占成人骨干重的65%，又称骨盐，主要是钙磷复合物以羟磷灰石结晶的形式存在于胶原纤维内，使骨强度增加。羟磷灰石呈细针、棒状，表面常有

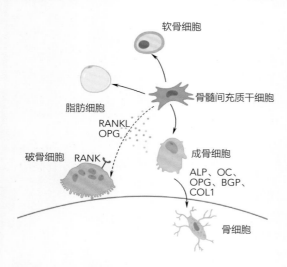

图3-1　**骨细胞分化过程**
注：RANKL：NF-κB受体活化因子配基；OPG：骨保护素；RANK：NF-κB受体活化因子；ALP：碱性磷酸酶；OC/BGP：骨钙素；COL1：Ⅰ型胶原蛋白。

Na⁺、K⁺等多种离子附着。这些离子很容易从结晶表面脱落，有时也可置换晶体中的主要离子，所以骨的无机物有很活跃的代谢作用。骨胶原约占有机成分的90%，是一种结晶纤维蛋白原，包埋在基质中，其主要作用是使骨组织具有强度结构完整性。无定型有机物占有机物的10%，主要是碳水化合物和蛋白质的络合物——蛋白多糖和非胶原蛋白等。

二、软骨的组织形态

软骨组织由软骨细胞、纤维和基质构成，根据软骨中纤维的种类和数量，软骨可分为3类，即透明软骨、弹性软骨及纤维软骨。

（一）透明软骨

透明软骨间质内仅含少量胶原原纤维，基质较丰富，呈半透明状。主要分布于关节软骨、肋软骨等。

软骨细胞位于软骨基质内的软骨陷窝中。在陷窝的周围，经苏木精-伊红染色后有一层染色较深的基质，称软骨囊。软骨细胞在软骨内的分布有一定的规律性，靠近软骨膜的软骨细胞体积较小，呈扁圆形，单个分布。当软骨生长时，细胞逐渐向软骨的深部移动，并具有较明显的软骨囊，软骨细胞在囊内进行分裂，逐渐形成有2~8个细胞的细胞群，称为同源细胞群。

透明软骨基质的化学组成主要为大分子的软骨黏蛋白，其主要成分是酸性糖胺多糖。软骨黏蛋白的主干是长链的透明质酸分子，其上结合了许多蛋白质链，蛋白质链上又结合了许多硫酸软骨素和硫酸角质蛋白链，故染色呈碱性。这种羽状分支的大分子结合着大量的水，大分子之间又相互结合构成分子筛，并和胶原原纤维结合在一起形成固态的结构。软骨内无血管，但由于软骨基质内富含水分（约占软骨基质的75%），营养物质易于渗透，故软骨深层的软骨细胞仍能获得必需的营养。

透明软骨中有许多细小的无明显横纹的胶原原纤维，纤维排列不整齐。胶原约占软骨有机成分的40%；软骨囊含胶原少，但含有较多的硫酸软骨素，故嗜碱性强。含胶原多的部分嗜碱性减弱，或呈现弱嗜酸性。

（二）纤维软骨

纤维软骨分布于椎间盘、关节盘及耻骨联合处等部分。基质内富含胶原纤维束，呈平行或交错排列。软骨细胞较小而少，成行排列于胶原纤维束之间。苏木精-伊红染色切片中，纤维被染成红色，故不易见到软骨基质，仅在软骨细胞周围可见深染的软骨囊及少量淡染的嗜碱性基质。

（三）弹性软骨

弹性软骨分布于耳郭及会厌等处。结构类似透明软骨，仅在间质中含有大量交织成网的弹性纤维；纤维在软骨中部较密集，周边部较稀少。这种软骨具有良好的弹性。

三、关节的组织形态

骨骼系统给人体提供了一个坚固而稳定的支架。全身各骨之间结缔组织、软骨组织或骨组织相连，称为关节。骨与骨骼肌在神经系统的支配下，以关节为支点，进行不同方式的运动。尽管人体的关节有多种多样，但其基本结构不外有关节面、关节囊和关节腔。

1. 关节面

各骨相互接触处的光滑面叫关节面。关节面被一层软骨覆盖，称为关节软骨。

2. 关节囊

关节囊由结缔组织组成，附着于关节面周围的骨面上；可分为内外两层，外层为纤维层，由致密结缔组织构成；内层为滑膜层，由薄层疏松结缔组织构成，可分泌滑液，起到润滑作用。

3. 关节腔

关节软骨和关节囊间所密闭的腔隙就是关节腔。

四、骨骼的生理功能

人体的骨分布于机体的软组织中，是一种能动的，有生长、适应和再生能力的结构。人体骨的主要功能有以下几方面：

①保护功能：骨骼能保护内部器官，如颅骨保护脑、肋骨保护胸腔等。

②支持功能：骨骼构成骨架，维持身体姿势。

③造血功能：骨髓在长骨的骨髓腔和海绵骨的空隙内，通过造血作用制造血球。

④储存功能：骨骼储存身体重要的矿物质，如钙和磷等。

⑤运动功能：骨骼、骨骼肌、肌腱、韧带和关节一起产生并传递力量使身体运动。

五、骨代谢与相关细胞因子

骨骼代谢的过程实际上就是骨骼细胞的代谢过程，骨骼细胞在骨的形成、生长、吸收、再造和塑造过程中起着极为重要的作用。在正常的骨代谢中，成骨细胞和破骨细胞的活力保持着基本平衡，但随着老龄化等原因，破骨细胞的骨吸收活力增强，而成骨细胞的骨形成作用减弱，导致骨丢失，即骨质疏松症（图3-2）。软骨细胞作为关节软骨中的唯一细胞，具有合成和分泌细胞外基质的功能。由于软骨细胞存在于无血管、无神经的微环境中，其再生修复能力非常有限。在病理条件下，软骨细胞合成和分泌细胞外基质的功能受到限制，同时代谢相关因子如基质金属蛋白酶（Matrix Metalloproteinases，MMPs）等表达增多，引起软骨细胞外基质降解和软骨细胞凋亡，最终导致不可修复的关节软骨蜕变乃至骨关节炎的发生。

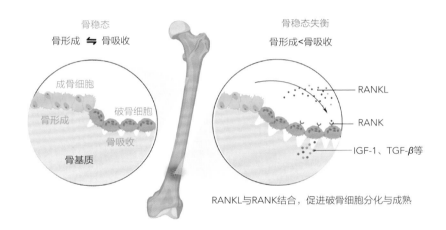

图3-2 **细胞层面骨稳态的调节**
注：RANKL：NF-κB受体活化因子配基；RANK：NF-κB受体活化因子；IGF-1：胰岛素样生长因子-1；TGF-β：转移生长因子-β。

（一）骨骼细胞

1. 成骨细胞

成骨细胞能够合成并分泌Ⅰ型胶原蛋白和蛋白多糖，它们也是骨基质的有机组分。成骨细胞能够通过释放基质小泡促进钙磷沉积，对骨基质进行矿化。从微观结构上观察，成骨细胞是典型的蛋白质分泌型细胞，具有巨大的高尔基体、大量的粗面内质网和线粒体。碱性磷酸酶（Alkaline Phosphatase）的表达是成骨细胞的表型之一。除了合成Ⅰ型胶原蛋白及蛋白多糖，成骨细胞同时分泌非胶原蛋白，如骨钙素（Ostealcin）。

成骨细胞在参与骨形成时要经历以下阶段：成骨细胞增殖、成骨细胞外基质成熟和成骨细胞外基质矿化。在细胞增殖期，细胞数量增加并形成复层细胞。细胞内粗面内质网及核蛋白体能合成胶原蛋白的前身，经高尔基体加工而成胶原的原纤维，然后分泌到胞外再转变成胶原蛋白，构成骨组织的胶原网架。在细胞增殖后期，与细胞分裂调节机制有关的基因表达减少，参与细胞外蛋白质合成的基因表达上调，如碱性磷酸酶基因的表达。碱性磷酸酶分泌至胞外是细胞外基质成熟的标志之一，对矿化过程有重要作用。成骨细胞的分化受到多种细胞因子的调控，例如转移生长因子-β（Transforming Growth Factor-β，TGF-β）、骨形态发生蛋白（Bone Morphogenetic Protein，BMP）、成纤维细胞生长因子（Fibroblast Growth Factor，FGF）等。钙、磷离子形成羟磷灰石沉积参与骨基质的构造，即为矿化过程。随着骨基质的形成，部分成骨细胞沉积下来，其构造与功能也发生相应变化，即转化为骨细胞。

2. 破骨细胞

破骨细胞是多核巨细胞，直径在20~100μm，平均含有3~25个核。目前普遍认为破骨细胞与单核巨噬细胞谱系有关，均是由造血祖细胞转化形成。破骨细胞的生活周期可分为3个阶段：分化期、吸收期、静止及凋亡期。尽管破骨细胞与成骨细胞的细胞谱系与转化途径不同，但破骨细胞的分化和成熟与成骨细胞及系统中多种细胞因子的调控有关。

破骨细胞临近骨表面的部位带有刷状缘，也称纹状缘或皱状缘。纹状缘具有很多指状的突起和凹陷，指状突起具有高速运动能力，其相邻的骨质可被溶解吸收。当破骨细胞处于静止期或病理状态停止骨吸收功能时，纹状缘将消失。在纹状缘周围有三维的环状区域，即透明带结构。透明带内有大量的无定型物质及肌动蛋白微丝，不具备其他细胞器。透明带处于骨质表面与纹状缘之间，不仅起到黏合破骨细胞与骨基质的作用，也可以维持破骨细胞进行骨吸收的微环境。在细胞核与纹状缘间的细胞质中，含有大量的碳酸酐酶及抗酒石酸酸性磷酸酶（Tartrate Resistant Acid Phosphatase）；细胞质中同时还存在许多线粒体、溶酶体、空泡和游离核糖体。

成骨细胞能够影响破骨细胞的分化及活力。成骨细胞可释放一些趋化因子，例如骨钙素，引导破骨细胞及破骨前体细胞在需要进行骨吸收的部位进行聚集。同时，成骨细胞分泌的巨噬细胞集落刺激因子（Macrophage Colony Stimulating Factor，M-CSF）可延长破骨细胞的生存周期。骨保护素（Osteoprotegerin，OPG）主要是由成骨细胞和骨髓间充质干细胞释放的，其与NF-κB受体活化因子配基（Receptor Activator of Nuclear Factor-κB Ligand，RANKL）竞争性地与NF-κB受体活化因子（Receptor Activator of Nuclear Factor-κB，RANK）结合，阻碍了破骨细胞的分化和成熟。

3. 软骨细胞

软骨细胞是关节软骨内唯一的细胞类型。软骨细胞代谢活跃，其特征是细胞和细胞外基质缓慢而连续的周转循环。软骨细胞位于细胞外基质中，合成胶原蛋白、蛋白聚糖等基质大分子以及分解和处理老化基质大分子的酶。它还决定了细胞外基质的高度有序结构。在正常的软骨生长周期中，软骨细胞肥大是软骨内生成骨的一个必要阶段；而在病理状态时，软骨细胞肥大发生异常的分化，并出现不可逆转的软骨破坏，造成关节内骨赘的异常增生。

（二）相关细胞因子

国内外的许多研究证明，骨重建活动的正常进行不仅与许多激素调节密切相关，也受到多种细胞因子作用，这些因子对成骨细胞、破骨细胞以及软骨细胞的增殖、分化、代谢具有直接与间接的调控作用。

胰岛素样生长因子（Insulin-Like Growth Factor，IGF）：IGF是由成骨细胞及软骨细胞等多种细胞产生的一种分子质量为7600u的多肽，主要包括IGF-1和IGF-2。IGF能够促进多种骨细胞的增殖、分化，以及促进胶原合成和基质分泌；能够加强骨吸收细胞的募集，为骨重建的主要调节因素，以调节骨量。

转移生长因子-β：TGF-β是一类广泛存在于正常组织细胞和转化细胞中的蛋白多肽，具有促进细胞增殖、调节细胞分化、促进细胞外基质合成和调节机体免疫的作用。动物实验证明，TGF-β具备与适当载体复合后修复节段性骨缺损的能力，同时可以抑制破骨细胞的生成和活性，从而抑制骨吸收作用。

骨形态发生蛋白：BMP是TGF-β超家族成员，是一组分子质量为30~38000u的二聚体，具有促进骨形成的能力。其中，BMP-2通过促进Runt相关转录因子2（Runt Related Transcription Factor 2，RUNX2）的产生来刺激成骨细胞的分化，以促进碱性磷酸酶及骨钙素的基因表达与合成分泌，在极短时间内即能引发成骨细胞的分化。

白细胞介素（Interleukin，IL）：IL主要是由吞噬细胞等多种细胞合成的多肽类化合物，对骨代谢影响较大的是IL-1和IL-6。IL-1有IL-1α和IL-1β两种分子，软骨细胞和成骨细胞膜上均存在IL-1受体。IL-1参与破骨细胞的活化及其前体细胞的分化和成熟，同时对成骨细胞增殖、胶原蛋白合成及碱性磷酸酶的表达也具有促进作用。因此，IL-1对骨形成具有双向性——对分化较好的有抑制作用，对分化不全的有促进作用。IL-6是由成骨细胞分泌较多的细胞因子，在不同组织培养上对破骨细胞的发生及骨吸收具有不同作用。

肿瘤坏死因子（Tumor Necrosis Factor，TNF）：肿瘤坏死因子得名于其可能造成肿瘤组织的坏死，根据来源不同可以分为TNF-α和TNF-β。TNF主要来源于单核巨噬细胞、经抗原刺激活化的T细胞、活化自然杀伤细胞（NK细胞）、软骨细胞、破骨细胞等，具有刺激破骨细胞形成和促进骨吸收的作用。

第二节 骨骼系统的胶原蛋白

骨骼中有机物的70%~80%是胶原蛋白，骨骼生成时，首先必须合成充足的胶原蛋白纤维来组成骨骼的框架。胶原纤维具有强大的韧性和弹性，倘若把一根长骨比拟成一根水泥柱子，那么胶原纤维就是这根柱子的钢筋框架；而胶原蛋白的缺乏，就像建筑物中使用了劣质钢筋，折断的危险就在旦夕。

一、骨基质

Ⅰ型胶原蛋白在结缔组织中结构最为稳定，并和Ⅴ型胶原一起参与骨骼的形成。Ⅰ型胶原是细胞外基质的主要结构大分子，能活化上皮细胞并促进胶原酶的产生，使肌肤具有弹性和张力。Ⅰ型胶原对维持骨组织的完整及骨生物力学特性十分重要。Ⅰ型胶原的结构和数量与骨质疏松症的发生、发展和严重程度密切相关。

骨基质中Ⅰ型胶原由成骨细胞分泌，成骨细胞体外培养时，分泌的胶原量在8~10d时为最高，2周后下降明显。整合素介导成骨细胞与细胞外基质的信号传递。Ⅰ型胶原通过整合素α2β1，增加成骨细胞的黏附能力，促进成骨细胞发生分化，增强其成骨能力。成骨细胞生长约3周时，培养基中可以看到大量的矿化结节，大量的钙盐沉积于细胞外基质。Gerstenfeld等（1988）在高电压的电镜下观察鸡的成骨细胞分泌胶原，细胞有3~4层；在每一层中，胶原纤维都有规则的排列；Ⅰ型胶原纤维厚为64~70nm，电子探测器和电子衍射发现最厚层的胶原纤维存有Ca、P及少量的羟磷灰石结晶。

二、软骨骨基质

胶原蛋白约占软骨干重的60%，Ⅱ型胶原蛋白是软骨中的主要胶原蛋白。与少量其他胶原蛋白一起，形成三维纤维状网络，提供组织的基本结构，这对于软骨的拉伸刚度和强度至关重要。同时，蛋白聚糖嵌入纤维网络中，提供该组织的可压缩性和弹性。Ⅱ型胶原的成分也被认为是骨关节炎最重要的生物标志物。

第三节　胶原蛋白肽在骨组织中的生物利用率

胶原蛋白肽已经被美国食品药品监督管理局食品安全和营养中心批准为一般公认安全（Generally Recognized As Safe，GRAS）。事实上，除了罕见的过敏、不愉快的味觉或胃部沉重感之外，没有证据表明摄入胶原蛋白肽会产生有害影响。在一项为期13周的多中心、随机、平行、双盲人群研究中，Trč等（2011）招募了100名年龄40岁及以上的骨关节炎志愿者。在研究开始的两周和1、2、3个月展开随访，对安全性进行了评估，结果显示志愿者对胶原蛋白肽的耐受性良好。

尽管胶原蛋白肽不含所有必需氨基酸（少量半胱氨酸，无色氨酸），但却有良好的消费者耐受性和高含量的特定氨基酸（甘氨酸、脯氨酸和羟脯氨酸）。在缺乏这些氨基酸的情况下，胶原的合成和代谢阶段会受到影响。在胶原蛋白的结构方面，脯氨酸和羟脯氨酸用于稳定胶原三螺旋，限制多肽胶原链的旋转，并产生和加强分子的螺旋特性。事实上，口服的胶原蛋白肽不仅在肠道中被很好地吸收，而且在目标组织中积累。Kawaguchi等（2012）利用放射自显影技术研究了口服［^{14}C］Pro-Hyp在大鼠体内的生物分布。他们在给药30min后观察到放射性的广泛分布，并且在24h后观察到了成骨细胞、破骨细胞、真皮成纤维细胞、表皮细胞、滑膜细胞和软骨细胞中的放射性。

第四节　胶原蛋白肽与常见骨骼疾病

一、骨质疏松症

（一）骨质疏松症的病理进程

在19世纪初期，法国病理学家Lobstein在进行组织学研究时发现"多孔状"的骨骼样品，并首先提出"骨质疏松"一词来形容此类病理特征。至20世纪中期，由于现代社会人口老龄化问题的加剧，人们对骨质疏松带来的危害加以关注。

骨骼是由无机物（如钙、镁和磷）、有机物（如Ⅰ型胶原）和非胶原蛋白（如骨钙素和骨连接蛋白）组成的硬组织。基于它的结构风格，它经常被比作钢筋混凝土建筑。钢筋对应胶原蛋白，混凝土对应无机物，如钙、磷。胶原蛋白不仅为骨骼提供框架，也是骨骼弹性的来源。已知骨质疏松症（Osteoporosis，OP）主要是由骨密度降低引起的。然而，近年发现骨质量在骨质疏松症中也起着重要作用，而胶原蛋白是骨骼质量的关键因素。骨质疏松主要是人体代谢异常导致骨矿物含量（Bone Mineral Content，BMC）减少，骨显微结构破坏及骨折危险性增加的一种临床现象。当骨质疏松继续发展，在临床上出现腰背及骨关节疼痛、骨质疏松性骨折时，即称为骨质疏松症。1994年，世界卫生组织（WHO）定义为："骨质疏松症是一种以骨量低下，骨微结构损坏，导致骨脆性增加，易发生骨折为特征的全身性骨病"。2001年，美国国立卫生研究院（NIH）定义为："骨质疏松症是以骨强度下降导致骨折风险增加的一种骨骼系统疾病，骨强度主要由骨密度和骨质量体现。"

　　骨质疏松症的病理症状主要表现为：骨矿成分和骨基质比例减少，皮质骨变薄，同时伴随松质骨骨小梁变细、断裂及数量的下降（图3-3）。正常人群骨骼结构的变化范围很大，并受到种族、性别、年龄等多种因素的影响。一般而言，在青少年阶段骨骼发育正常，骨量会持续增加；待到成人时期骨量增加速度放缓，18~35岁时达到峰值。在此期间，骨量会保持着动态平衡，甚至会有微量的增加。35岁后，骨量会随着年龄的增加而持续流失，男性的骨量会以每年0.25%~1%的速度丢失；女性在绝经前的骨量流失水平与男性持平，在绝经后的骨量流失速度会达到2%~5%。因此，男性在步入老年直至死亡时会流失掉全身20%~30%的骨量，而女性在绝经后骨量每10年就会流失约15%。

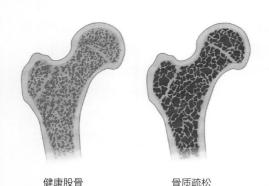

　　健康股骨　　　　　　骨质疏松

图3-3　骨质疏松症示意图

（二）骨质疏松症的关键影响因素

　　骨质疏松症按照发病原因可分为以下3类：

　　原发性骨质疏松症：主要由人体器官发生生理性退行改变而导致，包括绝经后骨质疏松症（Ⅰ型）与老年性骨质疏松症（Ⅱ型）。

　　继发性骨质疏松症：主要由疾病、药物等后天原因导致，常见病因包括内分泌代谢疾病、结缔组织病、血液系统疾病、营养性疾病等。

　　特发性骨质疏松症：主要包括青少年骨质疏松、妊娠期及哺乳期骨质疏松等，多伴有遗传家庭史，其发病原因目前尚不明确。

近年来的流行病学研究表明，影响骨质疏松症发病风险的除了年龄、性别等自身因素外，还有多种环境危险因素。主要分为两种：不可控因素，包括种族差异、女性初潮与绝经年龄、脆性骨折家族史等；可控因素，包括体重、体力活动、饮食营养、不良生活习惯、滥用药物等。

（三）胶原蛋白肽与骨质疏松症

目前临床上用于治疗骨质疏松症的药物主要是双磷酸盐类和甲状旁腺激素衍生物。但是，这些药物的依从性通常很差，且往往不能完全治愈疾病。同时，激素替代疗法由于有一定的致癌和增加心血管疾病的风险也受到限制。因此，对骨质疏松症的治疗策略受到各方面的制约，早期预防得到人们越来越多的关注。在过去的几十年里，营养学的研究取得了令人兴奋的进展，支持了饮食干预以预防骨质疏松的可行性。预防骨丢失的营养策略主要目标是提供足够的生物可利用的钙、蛋白质及具有骨保护作用的特定营养素，基于此，胶原蛋白肽可能成为消费者预防骨质疏松症的良好选择。目前，研究者也展开了一系列细胞、动物、人体实验来证明这一主张，并对产生影响的分子机制进行了揭示。

1. 细胞实验

研究者使用含胶原蛋白肽的培养液培养骨相关细胞，在细胞层面上探究胶原蛋白肽对骨质疏松症的影响，且目前的研究多聚焦于成骨细胞。Elango等（2019）从鲯鳅鱼（*Coryphaena hippurus*）骨中提取并制备胶原蛋白肽，并使用骨髓间充质干细胞测试其成骨潜能。胶原蛋白肽处理上调了骨髓间充质干细胞的增殖和分化（图3-4）、增加了矿物质沉积。蛋白质和基因表达结果显示，成骨生物标记物如胶原、碱性磷酸酶和骨钙素水平在分化的骨髓间充质干细胞中通过胶原蛋白肽处理显著增加。同样地，Liu等（2014）从牛骨中分离出了分子质量为0.6~2.5ku的胶原蛋白肽，发现其以剂量依赖的方式显著增加成骨细胞MC3T3-E1的生长，成骨标记物 RUNX2、碱性磷酸酶、骨钙素也显著增加。表皮生长因子受体（Epidermal Growth Factor Receptor，EGFR）是一种跨膜糖蛋白，其可能通过调节软骨内骨化影响骨形成。EGFR活化可能在细胞外基质重塑中起重要作用。激活EGFR的生物活性肽被认为是促进骨形成的指标。基于对EGFR受体的生物亲和力，从牛骨胶原蛋白肽中分离出的两条肽链HHGDQGAPGAVGPAGPRGPAGPSGPAGKDGR（Pep HHG）、GPAGANGDRGEAGPAGPAGPAGPR（Pep GPA）也被发现对MC3T3-E1的生长具有促进作用。

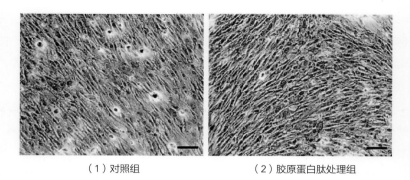

（1）对照组   （2）胶原蛋白肽处理组

图3-4   **骨髓间充质干细胞的苏木精-伊红染色**

注：比例尺：100mm。
资料来源：Elango J, Robinson J, Zhang J, et al. Cells, 2019, 8（5）：446。

在传统的研究方式基础上，研究者也在积极寻求创新。口服的胶原蛋白肽在肠道中被消化，穿过肠道屏障，进入循环，并可参与目标组织的代谢过程。目前很多研究者应用了体外模拟消化技术，但由于体内环境的复杂性，两者仍存在很大的差异。针对这一情况，Wauquier等（2019）使用了一种创新的方法进行研究，即收集摄入胶原蛋白肽后人的血清，适当浓缩后将其应用于骨相关细胞的培养。摄入胶原蛋白肽后1h，人血液中的蛋白质浓度迅速增加并达到峰值［图3-5（1）］。使用浓缩后的血清培养骨髓间充质干细胞，摄入胶原蛋白肽后收集的血清对细胞的增殖均显示出积极影响，但仅来源于猪的胶原蛋白肽有显著差异［图3-5（2）］。虽然本方法不能完全替代传统的临床试验，但研究可在减志愿者人数、节约大量时间的同时得出较为可靠的结论。

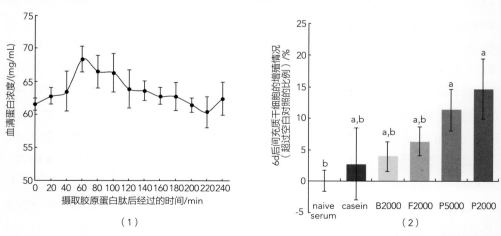

（1）   （2）

图3-5   **人服用胶原蛋白肽后血清蛋白浓度随时间的变化（1）人血清培养6d后间充质干细胞的增殖情况（2）**

注：naive serum，空白对照组，即未摄入任何额外氮源；casein，阳性对照组，即摄入酪蛋白；B、F、P分别表示胶原蛋白肽来源于牛、鱼、猪，数字代表平均分子质量，单位u。不同小写字母表示具有显著差异（$P<0.05$）。
资料来源：Wauquier F, Daneault A, Granel H, et al. Nutrients, 2019, 11（6）：12496。

2. 动物实验

在探究胶原蛋白肽对骨质疏松症影响的研究中，切除卵巢的（Ovariectomized，OVX）动物模型是最常用的研究模型。事实上，雌激素缺乏已被证明会通过降低胶原蛋白的成熟率来影响胶原蛋白的稳定性，从而影响骨基质中矿物质的沉积。Ye等（2020）使用牦牛骨胶原蛋白肽连续给OVX大鼠灌胃12周，发现血清骨形成标记物骨保护素、碱性磷酸酶、骨钙蛋白量增加，骨吸收标记物RANKL、抗酒石酸酸性磷酸酶、Ⅰ型胶原的C端末端肽含量降低。然而，另一种骨形成标记物Ⅰ型前胶原N端前肽的表达却显著下降。同时，牦牛骨胶原蛋白肽也可以防止卵巢切除引起的骨力学和微结构特征的恶化。基于UPLC/Q-TOF-MS方法，从大鼠的代谢产物中鉴定出20种上调的代谢产物。《京都基因与基因组百科全书》（*Kyoto Encyclopedia of Genes and Genomes*，KEGG）途径分析表明，卵巢切除可以改变内源性代谢产物诱导代谢紊乱，而牦牛骨胶原蛋白肽可以通过干预氨基酸代谢和脂质代谢（特别是不饱和脂肪酸）来重新平衡这种代谢紊乱。连续灌胃12周后，大鼠血清牛黄胆酸盐、牛磺酸浓度增加，后者是半胱氨酸的氧化产物；已被证明可通过刺激胆汁酸合成和胆固醇降解增强脂肪在肠中的吸收，且缺乏牛磺酸导致的氧化应激很可能是骨质疏松的主要原因；大鼠血清二十二碳六烯酸（DHA）、花生四烯酸含量显著上调。先前研究也表明了食用富含多不饱和脂肪酸的饮食在预防绝经后骨质疏松症方面具备有益效果。

肽钙混合复剂也是目前研究的热点，因为复剂不仅可以提供骨合成原料胶原蛋白肽和钙，同时可提高钙的吸收率。王珊珊（2013）采用去卵巢大鼠模型研究了鱼骨胶原蛋白肽、活性钙以及肽钙混合复剂对骨质疏松症的预防及作用机制。解剖过程可观察到假手术组大鼠子宫形态饱满，子宫角粗大且颜色红润健康。摘除卵巢的大鼠子宫明显萎缩、子宫角变细、色泽变白，可较为直观地判断去卵巢大鼠骨质疏松模型造模成功。OVX组大鼠与假手术组相比，OVX组大鼠碱性磷酸酶、TNF-α指标均显著提升，说明去卵巢后骨形成与骨吸收功能均增强，骨代谢处于高转换状态，这表明去卵巢手术能够诱导高骨转换性骨质疏松症的形成。与OVX组相比，活性钙与肽钙混合复剂显著增加BMD、股骨的钙含量，而鱼骨胶原蛋白肽组无显著差异。RT-PCR实验结果表明，胶原蛋白肽与活性钙组能够有效抑制RANKL因子的合成，推断其可通过OPG/RANKL/RANK对骨代谢进行调节，从而阻止过度的骨吸收，抑制骨质疏松症的发展。同时，Liu等（2015）使用柠檬酸钙和牛骨胶原蛋白肽联合口服研究其对OVX大鼠的作用，发现联合口服显著改善了OVX大鼠的骨小梁丢失，改善股骨远端的微结构，增加血清Ⅰ型前胶原N端前肽含量。

维A酸是体内维生素A的代谢中间产物，主要影响骨的生长，促进上皮细胞增生、分化、角质溶解。Hou等（2017）从鲫鱼皮肤提取胶原蛋白肽，并使用维甲酸处理3月龄Wistar大鼠进行造模，经胶原蛋白肽处理后，股骨和胫骨的骨密度显著高于模型组。形态学结果显示，骨结构也得到了改善。在胶原蛋白肽的结构方面，Glu、Lys和Arg在结合钙和促进钙吸收方面发挥重要作用，因此鲫鱼皮来源的胶原蛋白肽可以促进钙吸收和调节骨形成。

3. 人群实验

为研究胶原蛋白肽对绝经后妇女的长期疗效，Elam等（2015）让受试者连续服用胶原蛋白肽螯合钙和维生素D组成的膳食补充剂12个月。研究结果表明，该膳食补充剂可以显著降低受试者全身骨密度损失、降低抗酒石酸酸性磷酸酶亚型5b水平、提高碱性磷酸酶和抗酒石酸酸性磷酸酶亚型5b的比值，而仅服用钙和维生素D的组未能达到这种效果。这些结果支持了胶原蛋白肽在预防绝经后妇女骨丢失的应用效果。

特定年龄的骨量一定程度上也取决于生长期间骨量达到的峰值，因此研究胶原蛋白肽对儿童的影响很有意义。Martin-Bautista等（2011）在一项为期4个月的随机双盲研究中证明，在生长发育的关键阶段每天摄入胶原蛋白肽（含钙或不含钙）对骨重塑有有益影响，且与安慰剂组相比，胶原蛋白肽的组的IGF-1和碱性磷酸酶也显著提高。

4. 分子机制

研究发现，从牦牛骨中提取的骨胶原蛋白肽能够作为一种生长因子促进成骨细胞增殖。牦牛骨水解物通过超滤、体积排阻色谱和半制备反相高效液相色谱进行连续纯化。此后，通过质谱分析鉴定出35种新的肽，其中肽GPAGPPGPIGNV（GP-12）显示出最高的成骨细胞增殖促进活性，细胞生长增加了42.7%。通过流式细胞仪发现，这种促进作用很可能是通过调节细胞周期实现的。体外稳定性研究表明，在模拟胃肠消化和吸收（Caco-2细胞单层）实验后，GP-12被消化成更小的肽。然而，其中一些仍然可以通过细胞旁途径通过Caco-2细胞单层完整吸收。RT-PCR和Western Blot结果表明，GP-12通过激活Wnt/β-catenin信号通路以剂量依赖方式诱导成骨细胞增殖和分化；在添加Wnt/β-catenin信号通路的抑制剂XAV-939后，逆转了相关mRNA和蛋白表达的上调（图3-7）。该结果进一步证实了Wnt/β-catenin信号通路在GP-12诱导的成骨细胞增殖和分化中起着关键作用。分子对接研究表明，GP-12与EGFR可以通过范德华力和氢键进行结合。此外，从牦牛骨胶原中筛选的另外两条多肽GPSGPAGKDGRIGQPG（GP-16）和GDRGETGPAGPAGPIGPV（GP-18）也被发现与GP-12有相似的作用。如图3-6所示。

Zhu等（2020）从猪骨中提取了胶原蛋白肽，并研究其对成骨细胞的诱导作用。结

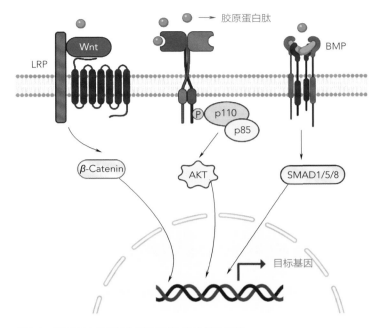

图3-6　**胶原蛋白肽调节骨骼疾病的相关信号通路**

注：Wnt：一种分泌型糖蛋白，通过与膜受体蛋白结合激发下游信号途径；LRP：脂蛋白受体相关蛋白；
β-Catenin：β-连环蛋白；AKT：又称蛋白激酶B（PKB）；p110/p85：分别为*PI3K*的催化亚基和调节亚基；
SMAD1/5/8：SMAD家族蛋白质，在BMP-SMAD通路中充当信号传导器；BMP：骨形态发生蛋白。

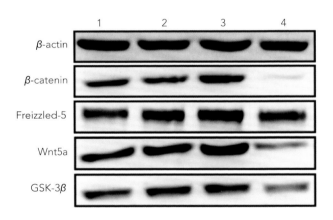

图3-7　**GP-12对成骨细胞Wnt/β-catenin信号通路相关蛋白的影响**

注：1—对照组；2—0.02mg/mL GP-12；3—0.05mg/mL GP-12；4—0.05mg/mL GP-12+20 μmol/L XAV-939；β-catenin、Freizzled-5、
Wnt5a、GSK-3β均为Wnt/β-catenin信号通路标志物。
资料来源：Ye M，Zhang C，Zhu L，et al. Journal of the Science of Food and Agriculture，2020，100（6）：2600-2609。

果表明，低分子质量（<1000u）肽主要参与了MC3T3-E1的增殖和分化。其中，PI3K/
Akt通路是细胞存活、增殖、分化、凋亡的主要机制。Akt又称蛋白激酶B，是一种丝氨
酸/苏氨酸特异性蛋白激酶。Akt是PI3K生产的脂质产品的下游目标，而PTEN是PI3K/Akt

信号通路的天然抑制剂，可以降低Akt的磷酸化，阻止下游信号的传递，结果显示，低分子质量肽诱导后细胞中磷酸化Akt含量增加，PTEN含量降低（图3-8），证明了PI3K/Akt信号通路在调节成骨细胞增殖、分化中起着重要作用。

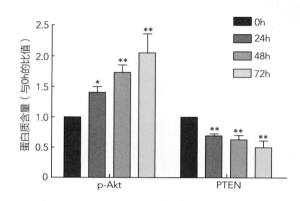

图3-8　骨胶原蛋白肽对成骨细胞PI3K/Akt信号通路相关蛋白的影响

注：p-Akt：磷酸化的蛋白激酶B、PI3K/Akt信号通路标志物；PTEN：PI3K/Akt信号通路天然抑制剂。
* 表示组间具有显著差异（$P<0.05$）；** 表示组间具有极显著差异（$P<0.01$）。
资料来源：Zhu L，Xie Y，Wen B，et al. Journal of Functional Foods，2020，64：103697。

Zhang等（2018）使用胶原蛋白酶水解鲢鱼皮明胶，结果表明，胶原蛋白肽组能提高血清碱性磷酸酶含量，降低抗酒石酸酸性磷酸酶活性。TGF-β/Smad信号通路是影响骨Ⅰ型胶原合成代谢最直接的调控通路，鱼皮胶原蛋白肽处理组TGF-β及Smad3蛋白的表达量有提高的趋势，而Smad7蛋白的表达量降低，说明鱼皮胶原蛋白肽能以TGF-β和Smad3为作用靶点，调控TGF-β/Smad信号通路，提高骨Ⅰ型胶原蛋白的表达量。研究发现，整合素$\alpha2\beta1$和Ⅰ型胶原的相互作用是激活成骨细胞分化和基质矿化的关键信号。成骨细胞上的整合素使成骨细胞黏附在Ⅰ型胶原蛋白上，从而启动FAK介导的信号通路，激活RUNX2，从而促进成骨细胞分化和基质矿化。Ⅰ型胶原通过与整合素$\alpha2\beta1$结合，对骨细胞的成熟以及基质矿化起着重要作用。在该研究中，鱼皮胶原蛋白肽在促进骨Ⅰ型胶原蛋白表达的同时，提高其受体整合素$\alpha2\beta1$的表达，进而提高Ⅰ型胶原蛋白肽和整合素$\alpha2\beta1$的结合来促进成骨细胞分化和骨矿物沉积。

二、骨关节炎

（一）骨关节炎的病理进程

骨关节炎（Osteoarthritis，OA）是一种主要以受累关节疼痛、僵硬，严重时导致关节功能障碍甚至残疾为特征的退行性疾病（图3-9），常见于中老年人群。随着社会经济和科技发展，人均寿命得到了显著提高，人口结构较以往发生了显著的变化，老年人口日益增多，骨关节炎的发病率也在逐步上升。据统计，全球60岁的人群中，约10%的男性和18%的女性被骨关节炎所困扰。瑞典临床统计了45岁以上患骨关节炎（包括髋、膝、手等关节）的人群比例，数据显示，在瑞典南部地区骨关节炎的发病率为26.6%。估计到2032年，瑞典的骨关节炎

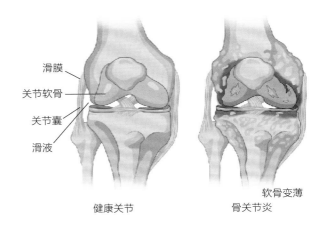

图3-9　**骨关节炎示意图**

发病率会增加到29.5%。在亚洲，50岁以上的人群中，女性膝骨关节炎发病率已经高达61%，男性发病率46%。全球骨关节炎受累人群已达2.5亿，而我国75岁以上人群的骨关节炎发病率高达80%。随着寿命和人口老龄化的增加，预计到2030年骨关节炎将成为全世界致残率最高的单发疾病，严重危害人类的身体健康。此外，骨关节炎也增加了国家的经济负担。在西方发达国家中，骨关节炎相关的诊疗费用也是逐年攀升，占GDP的1%~2.5%。另一方面，一部分患者由于骨关节炎而失去工作能力，会减少公民的收入或者只能提前退休，间接地给社会带来了重大的负担。

　　骨关节炎的病理特征主要包括关节软骨退化、软骨下骨增厚、滑膜炎症（图3-10）、韧带退变，伴随着关节周围肌肉、神经、关节囊以及脂肪垫的改变，从而导致受累关节出现疼痛和功能障碍。近几十年来，骨关节炎一直是全世界的研究热点，大多数研究主要

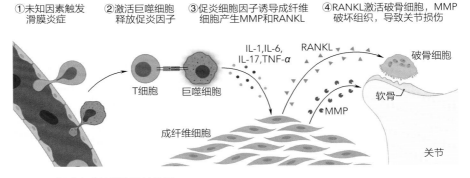

图3-10　**滑膜炎症触发的骨关节炎**

关注于软骨细胞自噬、软骨细胞凋亡、软骨基质降解、滑膜炎症以及软骨下骨重塑等。但是，骨关节炎的确切病因及发病机制仍不清楚，在临床上亦缺乏早期骨关节炎的灵敏诊断指标和治疗手段。临床上用于早期骨关节炎的治疗方法主要以非固醇抗炎药消炎镇痛、关节清理手术、关节腔药物注射等对症处理，仅可以在一定程度上缓解患者症状，但往往不能取得满意的临床治疗效果，保守治疗无效时最终只能进行关节置换手术。

（二）骨关节炎的关键影响因素

导致骨关节炎发生的因素有许多，目前认为主要有年龄、性别、肥胖、遗传、创伤等。随着对骨关节炎的研究深入，有学者认为导致不同部位骨关节炎的因素是不同的。在膝骨关节炎中，主要的因素是年龄、性别、肥胖、既往膝关节受伤史及下肢力线的异常。对于小于50岁的髋骨关节炎患者来说，主要与髋关节发育不良相关，如股骨颈凸轮畸形和髋臼发育不良。

原发性骨关节炎没有特定的触发因素，可能与年龄、生活方式有关。继发性骨关节炎可能是各种病理状况引发的结果，如关节损伤、感染或代谢紊乱。骨关节炎的潜在病理生理学比单纯的软骨"磨损"更复杂，它不是任何单一组织的疾病，而是涉及整个关节的疾病。在骨关节炎的初始阶段，软骨基质的胶原蛋白过度水解，导致软骨失去弹性进而更容易受损。紧接着关节的形状和结构被改变，降低了平滑的关节功能。软骨颤动和侵蚀导致骨块和软骨松散地漂浮在滑液中，引起刺激和疼痛。软骨的逐渐退化导致底层骨的变化，包括骨增生、软骨下囊肿的形成、骨刺或骨赘的形成以及滑膜中的慢性炎症。一旦软骨失去弹性，骨关节炎患者开始感觉关节僵硬，疼痛感随着负重的增加而加重。

（三）胶原蛋白肽与骨关节炎

软骨细胞负责细胞外基质的合成、组织和维持，而软骨细胞也可以通过特定生物活性分子检测基质的变化，通过合成大分子作出反应，因此基质组成的变化也会影响软骨细胞合成活性和降解活性的平衡。在病理条件下，软骨细胞对各种调节信号的敏感性降低，导致了基质成分的变化，最终导致软骨损伤。虽然软骨细胞功能的复杂调节机制尚不清楚，但多项研究已经发现，细胞因子和生长激素在软骨细胞代谢的调节中起着重要作用。Oesser和Seifert等（2003）通过免疫组化研究胶原蛋白肽对软骨细胞代谢的刺激作用，发现经过胶原蛋白肽培养的软骨细胞分泌更多Ⅱ型胶原蛋白（图3-11）。有研究发现，骨关节炎模型中滑膜透明质酸合酶表达减少，关节液中透明质酸浓度降低。基于此，Ohara等（2010）通过动物实验发现，Pro-Hyp在形态学上减少了模型动物膝关节软骨的破坏，其后使用50μg/mL Pro-Hyp体外培养滑膜细胞48h，发现透明质酸的合成增加约2倍。由此可推断，Pro-Hyp肽改善骨关节炎可能是介导刺激滑膜中透明质酸的产生来实现的。

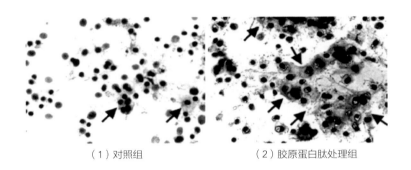

（1）对照组　　　　　　　　　　（2）胶原蛋白肽处理组

图3-11　培养11天后软骨细胞Ⅱ型胶原的免疫组化结果对比

资料来源：Oesser S, Seifert J. Cell and Tissue Res, 2003, 311（3）：393-399。

　　在细胞、人群实验中，通常会使用一些评分方法辅助量化胶原蛋白肽对骨关节炎的预防效果。Mankin、WOMAC（Western Ontario McMaster Universities）、Lysholm、VAS（Visual Analogue Scale）、QOL（Quality of Life）均为常用的骨关节炎评分系统。Mankin评分是通过组织或细胞观察法，将标本制成切片后置于光镜下观察，量化软骨组织的层次、软骨细胞及软骨基质、潮线等的变化。Mankin评分从整体结构、细胞结构、番红染色、潮线完整性4个方面进行评分，最高14分，最低0分，常用于评价软骨的损伤程度。WOMAC评分体系是由Bellamy及其同事们发展的专门针对髋关节炎和膝关节炎的评分系统，在1988年首先提出。该评分量表是从疼痛、僵硬和关节功能三大方面来评估髋膝关节的结构和功能，可有效地反映患者治疗前后的状况，如患者的满意程度等，对于骨关节炎的评估有较高的可靠性。Lysholm膝关节评分标准是由Lysholm和Gillqui于1982年创办，对韧带、半月板等膝关节损伤，特别是急性损伤的评估具有一定的可靠性。VAS评分量表适用于对疼痛的评估，基本方法是使用一条长约10 cm的游动标尺，一面刻有10个刻度，依次标有数字0~10，0分表示无痛，10分代表难以忍受的剧烈疼痛，在中国临床使用较为广泛。QOL又被称为生存质量或生命质量，分为客观条件指标（包括收入、消费水平等）和主观感受指标（包括人际关系、心理状况等），用于全面评价生活的优劣。

　　在一项关于胶原蛋白肽对关节炎关节软骨影响的实验中，Isaka等（2017）使用前交叉韧带切断术（Anterior Cruciate Ligament Transection，ACLT）诱发10月龄SD大鼠右膝关节骨关节炎。模型组较正常组显著降低了Mankin评分，而胶原蛋白肽组抑制了这种变化。同时，与ACLT组相比，胶原蛋白肽组血清Ⅱ型胶原C端端肽水平显著降低。免疫组化染色结果显示，胶原蛋白肽组Ⅱ型胶原数量增加，而MMP-13（基质金属蛋白酶-13，一种重要的Ⅱ型胶原降解酶）阳性软骨细胞数量减少。这些观察表明，胶原蛋白肽可能通过抑制MMP-13的表达、增加Ⅱ型胶原含量对骨关节炎产生的软骨损伤起到保护作用。

在人体试验方面，Jiang等（2014）在老年妇女中进行了一项随机、双盲、安慰剂对照试验以评估胶原蛋白肽对膝骨关节炎症状的影响。使用8g/d剂量的胶原蛋白肽治疗3个月，与安慰剂组相比，使用胶原蛋白肽治疗的患者的WOMAC、Lysholm评分显著改善。研究表明，胶原蛋白肽可以明显减少关节疼痛和僵硬，改善关节功能。在另一项研究中，使用软骨延迟增强磁共振成像（delayed Gadolinium-Enhanced MR Imaging of cartilage，dGEMRIC）对30名随机受试者样本检测；结果显示，服用胶原蛋白肽的患者的dGEMRIC评分增加（中位数增加29ms和41ms），但安慰剂组下降（中位数下降37ms和36ms），两组在24周时发生显著变化。服用胶原蛋白肽24周后，膝关节软骨的蛋白多糖含量增加，这与体外数据显示的胶原蛋白肽刺激软骨细胞外基质合成相一致。Kumar等（2015）也发现，摄入13周胶原蛋白肽后，研究组的WOMAC、VAS和QOL评分水平均显著下降。Zuckley等（2004）对190名患有轻度膝关节炎的志愿者进行研究发现，补充胶原蛋白肽的组在某些力量和工作测试中显示出统计学上的显著改善。以上研究均表明胶原蛋白肽是治疗骨关节炎和维持关节健康的潜在营养补充剂。

第五节　结语

随着研究的深入，越来越多的证据表明，胶原蛋白肽含有对骨骼组织有益的生物活性特征，其中包括对骨骼的作用、对钙吸收的促进作用、抗炎以及抗氧化的能力。这些特性使得胶原蛋白肽可以成为应对骨骼疾病在饮食干预上的一种潜在选择。然而，还有许多问题亟须解答，如胶原蛋白肽的最佳形式是什么、其最佳摄入量是多少等。随着研究的不断深入，在不远的将来，胶原蛋白肽将在骨骼疾病的预防与治疗中发挥更为广泛和积极的作用。

参考文献

[1] 陈妙月，丁兴红，吴素玲，等. 蕲蛇Ⅱ型胶原蛋白治疗胶原诱导性关节炎大鼠的相关作用机制研究 [J]. 浙江医学，2021，43（5）：467-470.

[2] 郝鑫. 水中运动对创伤性骨关节炎大鼠膝关节软骨影响的研究 [D]. 哈尔滨：哈尔滨体育学院，2021.

[3] 蒋挺大. 胶原与胶原蛋白 [M]. 北京：化学工业出版社，2006.

[4] 赖蔚文. 阿仑磷酸钠对大鼠成骨细胞的影响 [D]. 南昌：南昌大学，2020.

[5] 刘翼波，李博. 胶原肽预防骨质疏松症及其作用机制研究进展 [J]. 食品工业科技，2021，42（9）：373-381.

[6] 刘岳峰，胡建华，刘红辉，等. 补充胶原蛋白对缓解骨性关节炎症状有效性的Meta分析 [J]. 临床医药实践，2021，30（2）：87-92.

[7] 骆成虹，王倩. 高骨胶原蛋白饮食护理在骨折术后康复中的应用 [J]. 食品安全质量检测学报，2019，10（3）：730-733.

[8] 罗永康. 生物活性肽功能与制备 [M]. 北京：中国轻工业出版社，2019.

[9] 王海彬，何伟，袁浩. 成骨细胞和Ⅰ型胶原 [J]. 中国中医骨伤科杂志，2003，11（3）：58-61.

[10] 王珊珊. 鳕鱼骨胶原肽与活性钙的制备及其抗骨质疏松活性研究 [D]. 青岛：中国海洋大学，2013.

[11] 吴志鹏. 双特异性磷酸酶5（DUSP5）在骨关节炎中的抗炎作用及机制研究 [D]. 杭州：浙江大学，2020.

[12] 尹恒. 基于调控TGF-β/Smad信号转导龟鹿二仙胶促进成骨细胞合成Ⅰ型胶原蛋白改善骨质疏松的实验研究 [D]. 南京：南京中医药大学，2016.

[13] 张葆鑫，王兴国，郝廷. 成骨细胞、破骨细胞与骨折愈合的相关性研究进展 [J]. 中国现代医生，2017，55（17）：161-164.

[14] 张伟. 牛源乳铁蛋白促进成骨细胞分化的信号转导机制 [D]. 北京：中国农业大学，2014.

[15] 赵丁. 竹节参皂苷Ⅳα对IL-1β诱导的骨关节炎软骨细胞AMPK信号通路的影响及机制研究 [D]. 长春：吉林大学，2020.

[16] Bello AE, Oesser S. Collagen hydrolysate for the treatment of osteoarthritis and other joint disorders: A review of the literature [J]. Current Medical Research and Opinion, 2006, 22（11）: 2221-2232.

[17] Bruckner P, van der Rest M. Structure and function of cartilage collagens [J]. Microscopy Research and Technique, 1994, 28（5）: 378-384.

[18] Daneault A, Coxam V, Wittrant Y. Biological effect of hydrolyzed collagen on bone metabolism [J]. Critical Reviews in Food Science and Nutrition, 2015, 57（9）: 1922-1937.

[19] Elam ML, Johnson SA, Hooshmand S, et al. A calcium-collagen chelate dietary

supplement attenuates bone loss in postmenopausal women with osteopenia: A randomized controlled trial [J] . Journal of Medicinal Food, 2015, 18（3）: 324-331.

[20] Elango J, Robinson J, Zhang J, et al. Collagen peptide upregulates osteoblastogenesis from bone marrow mesenchymal stem cells through MAPK- RUNX2 [J] . Cells, 2019, 8（5）: 446.

[21] Gerstenfeld LC, Chipman SD, Kelly CM, et al. Collagen expression, ultrastructural assembly, and mineralization in cultures of chicken-embryo osteoblasts [J] . Journal of Cell Biology, 1988, 106（3）: 979-989.

[22] Hou T, Liu Y, Guo D, et al. Collagen peptides from crucian skin improve calcium bioavailability and structural characterization by HPLC-ESI-MS/MS [J] . Journal of Agricultural and Food Chemistry, 2017, 65（40）: 8847-8854.

[23] Isaka S, Someya A, Nakamura S, et al. Evaluation of the effect of oral administration of collagen peptides on an experimental rat osteoarthritis model [J] . Experimental and Therapeutic Medicine, 2017, 13（6）: 2699-2706.

[24] Jiang J, Shen Y, Huang Q, et al. Collagen peptides improve knee osteoarthritis in elderly women: A 6-month randomized, double-blind, placebo-controlled study [J] . Agro Food Industry Hi Tech, 2014, 25（2）: 19-23.

[25] Kawaguchi T, Nanbu PN, Kurokawa M. Distribution of prolylhydroxyproline and its metabolites after oral administration in rats [J] . Biological and Pharmaceutical Bulletin, 2012, 35（3）: 422-427.

[26] Kumar S, Sugihara F, Suzuki K, et al. A double-blind, placebo-controlled, randomised, clinical study on the effectiveness of collagen peptide on osteoarthritis [J] . Journal of the Science of Food and Agriculture, 2015, 95（4）: 702-707.

[27] Liu J, Zhang B, Song S, et al. Bovine collagen peptides compounds promote the proliferation and differentiation of MC3T3-E1 pre-osteoblasts [J] . Plos One, 2014, 9（6）: e99920.

[28] Liu J, Wang Y, Song S, et al. Combined oral administration of bovine collagen peptides with calcium citrate inhibits bone loss in ovariectomized rats [J] . Plos One, 2015, 10（8）: e135019.

[29] Martin-Bautista E, Martin-Matillas M, Martin-Lagos JA, et al. A nutritional intervention study with hydrolyzed collagen in pre-pubertal spanish children: Influence on bone modeling biomarkers [J] . Journal of Pediatric Endocrinology and Metabolism, 2011, 24（3-4）: 147-153.

[30] Mcalindon TE, Nuite M, Krishnan N, et al. Change in knee osteoarthritis cartilage detected by delayed gadolinium enhanced magnetic resonance imaging following treatment with collagen hydrolysate: A pilot randomized controlled trial [J] . Osteoarthritis and Cartilage, 2011, 19（4）: 399-405.

[31] Oesser S, Seifert J. Stimulation of type II collagen biosynthesis and secretion in bovine chondrocytes cultured with degraded collagen [J] . Cell and Tissue

Research，2003，311（3）：393-399.

[32] Ohara H，Iida H，Ito K，et al. Effects of Pro-Hyp，a collagen hydrolysate-derived peptide，on hyaluronic acid synthesis using in vitro cultured synovium cells and oral ingestion of collagen hydrolysates in a guinea pig model of osteoarthritis [J]. Bioscience，Biotechnology，and Biochemistry，2010，74（10）：2096-2099.

[33] Porfírio E，Fanaro GB. Collagen supplementation as a complementary therapy for the prevention and treatment of osteoporosis and osteoarthritis：A systematic review [J]. Revista Brasileira De Geriatria E Gerontologia，2016，19（1）：153-164.

[34] Song H，Li B. Beneficial effects of collagen hydrolysate：A review on recent developments [J]. Biomedical Journal of Scientific & Technical Research，2017，1（2）：458-461.

[35] Song H，Zhang S，Zhang L，et al. Ingestion of collagen peptides prevents bone loss and improves bone microarchitecture in chronologically aged mice [J]. Journal of Functional Foods，2019，52：1-7.

[36] Trč T，Bohmová J. Efficacy and tolerance of enzymatic hydrolysed collagen（EHC）vs. glucosamine sulphate（GS）in the treatment of knee osteoarthritis（KOA）[J]. International Orthopaedics，2011，35（3）：341-348.

[37] Wang J，Liu J，Guo Y. Cell growth stimulation，cell cycle alternation，and anti-apoptosis effects of bovine bone collagen hydrolysates derived peptides on MC3T3-E1 cells ex vivo [J]. Molecules，2020，25（10）：2305.

[38] Watanabe-Kamiyama M，Shimizu M，Kamiyama S，et al. Absorption and effectiveness of orally administered low molecular weight collagen hydrolysate in rats [J]. Journal of Agricultural and Food Chemistry，2010，58（2）：835-841.

[39] Wauquier F，Daneault A，Granel H，et al. Human enriched serum following hydrolysed collagen absorption modulates bone cell activity：From bedside to bench and vice versa [J]. Nutrients，2019，11（6）：1249.

[40] Yamada S，Yamamoto K，Nakazono A，et al. Functional roles of fish collagen peptides on bone regeneration [J]. Dental Materials Journal，10.4012/dmj.2020-446.

[41] Ye M，Jia W，Zhang C，et al. Valorization of Yak（*Bos grunniens*）bones as sources of functional ingredients [J]. Waste and Biomass Valorization，2021，12（3）：1553-1564.

[42] Ye M，Jia W，Zhang C，et al. Preparation，identification and molecular docking study of novel osteoblast proliferation-promoting peptides from Yak（*Bos grunniens*）bones [J]. RSC Advances，2019，9（26）：14627-14637.

[43] Ye M，Zhang C，Jia W，et al. Metabolomics strategy reveals the osteogenic mechanism of Yak（*Bos grunniens*）bone collagen peptides on ovariectomy-induced osteoporosis in rats [J]. Food & Function，2020，11（2）：1498-1512.

[44] Ye M，Zhang C，Zhu L，et al. Yak（*Bos grunniens*）bones collagen - derived peptides stimulate osteoblastic proliferation and differentiation via the activation of Wnt/*β* -

catenin signaling pathway [J] . Journal of the Science of Food and Agriculture，2020，100（6）: 2600-2609.

[45] Zhai Y，Zhu Z，Zhu Y，et al. Characterization of collagen peptides in elaphuri davidiani cornu aqueous extract with proliferative activity on osteoblasts using nano-liquid chromatography in tandem with orbitrap mass spectrometry [J] . Molecules（Basel，Switzerland），2017，22（1）: 166.

[46] Zhang L，Zhang S，Song H，et al. Effect of collagen hydrolysates from silver carp skin（ *Hypophthalmichthys molitrix* ）on osteoporosis in chronologically aged mice: increasing bone remodeling [J] . Nutrients，2018，10（1434）: 10.

[47] Zhu L，Xie Y，Wen B，et al. Porcine bone collagen peptides promote osteoblast proliferation and differentiation by activating the PI3k/Akt signaling pathway [J] . Journal of Functional Foods，2020，64: 103697.

[48] Zuckley L，Angelopoulou KM，Carpenter MR，et al. Collagen hydrolysate improves joint function in adults with mild symptoms of osteoarthritis of the knee [J] . Medicine & Science in Sports & Exercise，2004，36（5）: S153-S154.

第四章

胶原蛋白肽与皮肤健康

皮肤是人体最大的器官，由表皮层、真皮层和皮下组织层组成，担负着保护、感知、调节体温、排泄和免疫等诸多功能。近年来，我国经济飞速发展，人民生活水平不断提高，皮肤健康日益受到广泛关注。皮肤衰老是影响皮肤健康的最重要因子之一，常常导致人皮肤干燥、松弛、长皱纹、皮肤色素沉着等不良反应。在现代社会，女性更加关注皮肤健康问题，而其中大多数会选择采取一系列措施来延缓衰老。

胶原蛋白又称胶原，是由3条肽链拧成的螺旋形纤维状蛋白质，是皮肤真皮的主要组成成分。人体皮肤中主要以Ⅰ型胶原和Ⅲ型胶原为主，随着年龄的增长，胶原产生共价交联，导致皮肤出现皱纹、干燥、松弛等老化现象。研究表明，补充胶原蛋白可以促进皮肤真皮层细胞的增殖，增强损伤组织的修复等，从而帮助保持皮肤弹性、减少皱纹、延缓皮肤衰老。随着研究的深入，人们发现采用蛋白质降解技术得到的胶原蛋白肽（Collagen Peptides，CPs）在保持胶原的原有优点外，还拥有其独有的性质，如吸收利用率高、分子质量小易于合成、致敏率低等。这些特点使得胶原蛋白肽在延缓皮肤衰老的研究中成为热点，也使得胶原蛋白肽在食品保健、美容美白等领域拥有广阔的前景。本章主要论述了皮肤的结构、皮肤衰老的机制以及胶原蛋白肽对皮肤健康的改善机制等内容。

第一节　皮肤的构造

皮肤是指包在身体表面，直接同外界环境接触，具有保护、排泄、调节体温和感受外界刺激等作用的一种器官，且是人体最大的器官。皮肤的重要性在于其为身体和外界环境直接接触的组织，可作为防御外来影响的第一道防线，例如皮肤能保护身体免受病原菌影响以及避免过量的水分流失等。人的肤色并非一成不变，严重受伤的皮肤愈合时会形成疤痕，并导致皮肤的颜色变化。人身体的不同部位，皮肤厚度也不相同。例如，人类眼睛下方及眼睑周围皮肤最薄，厚度约为0.5mm，而且是最早出现"鱼尾纹"或其他皱纹的部位。手掌及脚掌的皮肤最厚，厚度约4mm。

人的皮肤由外及里主要分为表皮层、真皮层和皮下组织层，并含有附属器官（汗腺、皮肤腺等）以及血管、淋巴管、神经和少量肌肉等。皮肤具体构造如图4-1所示。

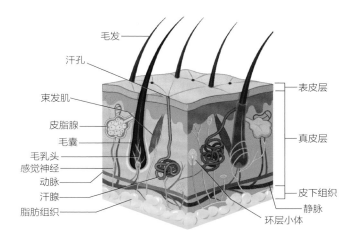

图4-1　**皮肤的具体结构**

一、表皮层

表皮是皮肤的浅层结构，由复层扁平上皮构成，只有0.2mm厚，具有防止外界异物入侵、过滤紫外线及保持水分等作用。表皮从内部到表面可分为五层，即基底层、棘细胞层、颗粒层、透明层和角质层。

（一）基底层

位于表皮的最深层，借基膜与深层的真皮相连。基底层仅由一层矮柱状上皮细胞构成，细胞较小、排列整齐。其间夹杂一种来源于神经嵴的黑色素细胞，占整个基底细胞的4%~10%。黑色素细胞略呈圆形，有树枝状凸起，能产生黑色素颗粒。黑色素颗粒能够吸收紫外线，使深层组织免受紫外线辐射的损害。基底层细胞是未分化的干细胞，可以不断分裂，代谢活跃，并逐渐变形，分化形成表皮的其他各层，以补充衰老、脱落的角质细胞。因此，基底层也被称为生发层。

（二）棘细胞层

位于基底层的浅面，由4~10层多边形的棘细胞组成，细胞较大，含有多个棘状突起，胞体较为透明。

（三）颗粒层

位于棘细胞层的浅面，由2~3层扁平或梭形细胞组成，细胞核周围含有大量的嗜酸性透明胶质颗粒。细胞膜被颗粒增多，其内含有磷脂、黏多糖等。随着颗粒层细胞不断向表皮浅层推移角化的过程，膜被颗粒的内容物被排出，进入细胞间隙并成为细胞间质的一部分，使表层细胞的结合力更加牢固，从而阻止外物入侵。扁平梭形细胞层数增多时，称为粒层肥厚，并且同角质层的厚度有正比关系；若颗粒层消失，则会伴有角化不全的现象。

（四）透明层

位于颗粒层的浅面，由2~3层无核的扁平细胞组成。透明层细胞排列紧密，细胞间没有明显界限，只有在手掌和脚掌等表皮较厚部位才能看见。细胞内富含角质母蛋白及磷脂类物质，故透明层能防止水分、电解质和化学物质的透过，故又称屏障带。

（五）角质层

位于表皮的最浅层，主要由10~20层扁平无核角质细胞组成。细胞质内充满嗜酸性的角蛋白，它有助于减少水分蒸发，甚至能吸收水分，使皮肤保持湿润。因其较强的吸水性，故人的皮肤长时间浸泡在水中会出现起皱的现象。角蛋白一般含水量不低于10%，以维持皮肤的柔润；如低于此值，皮肤则会干燥，出现鳞屑或褶皱。当角质细胞脱落时，位于基底层的细胞就会分化转移并形成新的角质层。角质层的厚度与身体部位有关，如手掌、脚掌等与外界接触摩擦较多的部位，角质层会较厚。

二、真皮层

表皮下层的大部分结构是真皮层，对表皮起支撑作用。真皮层厚度为0.2cm左右，可以达到表皮层的数十倍。真皮层可分为两层，即乳头层和网状层。其中，乳头层位于浅层，较薄，纤维细密，内含丰富的毛细血管、淋巴管、神经末梢等；网状层位于深层，纤维粗大交织成网，并含有较大的血管、淋巴管及神经等。真皮层主要由结缔组织组成，由纤维、基质和细胞构成。

（一）纤维

真皮层中的纤维主要分为胶原纤维、弹力纤维和网状纤维。胶原纤维是真皮纤维中含量最高的成分，约占95%。在表皮下，表皮附属器和血管附近的胶原纤维细小且无一定走向；而真皮其他部位的胶原纤维均结合成束，且在真皮层上部越细，下部越粗。在真皮中部和下部，胶原束的方向几乎与皮面平行，并互相交织在一起，在一个水平面上向各种方向延伸。胶原纤维具有韧性大、抗拉力强的特点，能够赋予皮肤张力和韧性，抵御外界机械性损伤，并能储存大量的水分，其与皮肤老化密切相关。而弹力纤维较胶原纤维细得多，呈波浪状，多与胶原纤维束交织缠绕在一起。构成弹力纤维的弹性蛋白分子具有能够卷曲的结构特点，故弹力纤维富有弹性，但韧性较差。在紧邻表皮的乳头层中，细小的弹性纤维几乎呈垂直方向上升至表皮下，终止于表皮真皮交界的下方。弹性纤维主要与皮肤弹性关系密切。网状纤维可以看作是新生的纤细的胶原纤维。在胚胎时期，网状纤维出现最早。在正常成人皮肤中，网状纤维稀少，仅见于表皮下，以及汗腺、皮脂腺、毛囊和毛细血管周围。表皮下网状纤维排列呈网状。每个脂肪周围也有网状纤维围绕。在创伤愈合或成纤维细胞增生活跃的病变而有新胶原形成等情况下，网状纤维可以大量增生。

（二）基质

基质为一种无定型物质，填充于胶原纤维和胶原束之间的间隙内，起着连接、营养和保护的作用。正常真皮内，基质主要含黏多糖类物质。其中，含有的透明质酸（又称玻尿酸）及硫酸软骨素等可与水结合，防止水分丢失，使皮肤水润充盈，所以基质在皮肤抗皱抗老化方面具有重要意义。

（三）细胞

真皮层中的细胞主要包括成纤维细胞、组织细胞、肥大细胞、树突状细胞、吞噬细胞等。成纤维细胞是皮肤真皮中的主体细胞，可以分泌出胶原纤维、弹性纤维等成分，这些与成纤维细胞共同构成真皮，对皮肤的弹性及抗拉性具有重要作用；组织细胞是网状内皮系统的一个组成成分，具有吞噬微生物、代谢产物、色素粒和异物的能力，起着有效的清除作用；肥大细胞来源于骨髓，存在于真皮和皮下组织中，以真皮乳头层为最多；树突状细胞是抗原呈递细胞，将抗原呈递给吞噬细胞，共同实现免疫应答。

三、皮下组织

皮下组织在真皮的下部，由疏松结缔组织和脂肪组织组成，其上接真皮，下与筋膜、肌肉腱膜或骨膜相连，解剖学上称为浅筋膜。脂肪细胞胞浆透明，核偏于细胞内缘。脂肪细胞聚集依次形成一级小叶和二级小叶，二级小叶则由结缔组织隔膜分开以分散排列在皮下组织中。脂肪间隔中含有血管、淋巴管、神经、小汗腺和顶泌汗腺等。皮下组织具有连接、缓冲机械压力、储存能量、维持保温等作用。另外，由于此层组织疏松，血管丰富，临床上常在此做皮下注射。皮下组织易受外伤、缺血，特别是邻近炎症的影响，可引起变性和坏死。真皮内出现的各种病变，可反映在皮下组织，常见的病变主要有血管炎及脂膜炎。

第二节　皮肤衰老机制

　　衰老又称老化，是生物界最基本的自然规律之一，是生物体随着年龄增长而发生的渐行性、受遗传因素影响的全身形态结构、生理功能的衰退过程。伴随着年龄的增长，机体各器官开始衰竭，表观上呈现出代谢紊乱、功能衰退和有害物质积累等现象，同时机体新陈代谢缓慢、抵抗力下降，修复能力降低。皮肤衰老，又称皮肤老化，是指皮肤功能衰老性损伤，使皮肤对机体的防护能力和调节能力等减退，由此皮肤不能适应内外环境的变化，出现颜色、色泽、形态、质感等外观整体状况的改变。皮肤衰老是机体衰老的重要部分。

　　皮肤的衰老分为内源性老化和外源性老化。内源性老化是指皮肤随年龄增长的自然老化。基因的表达起着决定性的作用，同时营养、内分泌及免疫等也通过整个机体的作用而对皮肤自然老化产生影响。随着年龄增长，皮肤中的汗腺和皮脂腺的功能和数目会显著减少，皮肤的天然保湿因子含量逐渐减少，使皮肤中的水合能力下降，同时皮肤的修复功能发生减退。内源性衰老的明显特征为出现细小皱纹、弹性下降、皮肤松弛等。外源性老化的因素包括日晒、极端温度、干燥及机械创伤等，其中最主要原因是日晒所致的光老化。光老化是特指由于长期的紫外线暴露所引起的皮肤老化的过程。在长期反复暴露于日光紫外线（Ultraviolet，UV）下，皮肤会出现干燥、皱纹、色素沉着、弹性丧失、毛细血管扩张等现象。皮肤光老化的程度与日照持续时间、紫外线辐射强度等因素有关。且紫外线对皮肤的损伤作用具有累积性，最终随日照时间的延长、紫外线辐射强度的增加而导致皮肤不可逆的老化。

　　在发现上述皮肤老化的表观生理特征后，人们也开始研究其机制，目前研究已经取得了较大进展。皮肤老化是从分子、基因、亚细胞、细胞以及组织和器官水平逐渐发展至表体的过程。如图4-2所示，目前关于皮肤自然老化的机制比较具有代表性的有基因衰老学说、自由基衰老学说、内分泌学说等；关于皮肤光老化的机制主要有氧化应激、炎症细胞浸润等。

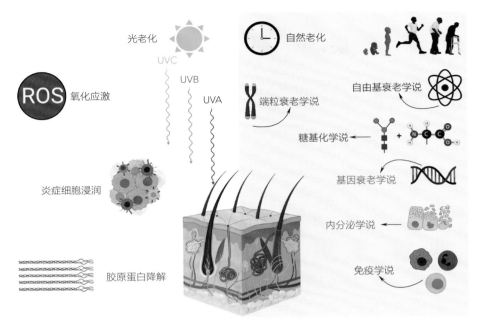

图4-2　自然老化和光老化的机制

一、自然老化的机制

（一）自由基衰老学说

自由基衰老学说最早是由Denham Harman于1956年提出的，他认为衰老过程中的退行性变化是由于细胞正常代谢过程产生的自由基的有害作用造成的。自由基是机体正常代谢的中间产物，具有极强的氧化能力。生物机体内的自由基主要有两类：一是活性氧（Reactive Oxygen Species，ROS），另一类是脂质自由基。根据该理论，正常状态下，机体内ROS含量处于动态平衡，并且氧化应激水平与抗氧化防御功能也保持相对平衡状态。然而，伴随着年龄的增长，机体内抗氧化酶的分泌水平降低，动态平衡失调，ROS在细胞内大量积累，使核酸主链断裂；使蛋白质多肽链断裂、变性；使透明质酸和胶原解聚；破坏碳水化合物；抑制神经递质和机体内部抗氧化系统的功能等，从而加速皮肤衰老的发生。自由基还可使生物膜中不饱和脂类发生过氧化，形成过氧化脂质；最终产物丙二醛（Malonaldehyde，MDA）是很强的交联剂，影响细胞间的物质交换，继而使细胞破裂、死亡。过多的自由基可损害机体各种生物大分子，进而破坏机体的免疫功能；而同时，免疫系统的异常也会导致机体的自由基代谢失去平衡，两者相互作用，加速皮肤的衰老进程。

（二）端粒衰老学说

端粒是指位于真核细胞线状染色体末端一小段DNA蛋白质的结合体，其功能具有预防染色体末端发生化学修饰，或者被核酸酶降解；能够防止不同染色体端区间发生融合、重排和丢失等现象，保护染色体的完整性和功能稳定性；同时，能够为端粒酶提供底物，保证染色体的完全复制。在1973年，Olovnikov提出了"端粒学说"，声称端粒的长度能够影响细胞的寿命，并指出细胞在分裂过程中，染色体未能完全复制，导致DNA片段丢失，从而使细胞衰老。随着研究的深入，人们发现染色体复制一次，末端DNA就会丢失一部分，即"染色体端粒的缩短现象"。此外，端粒的长度缩短到一定的长度便不再具有启动染色体复制的能力。当染色体复制能力大量丧失，可能导致细胞的衰老甚至死亡。此外，有研究表明，不同年龄段的人群，纤维细胞内端粒的长度存在差异，表明端粒的长度和衰老过程密切相关。而在1985年，Carol Greider等最先发现了端粒酶，后续研究发现端粒酶可以维持端粒的长度，把DNA复制损失的端粒填补起来；端粒酶对染色体末端的延长增强了细胞的增殖能力。虽然存在能够修复端粒长度的端粒酶，但它在正常人体的组织中的活性被抑制，只有在干细胞等必须不断分裂的细胞中才能检测到活性。但是在肿瘤中端粒酶会被重新激活，故其可能参与恶性转化。因此，端粒的长度仍然被视为衰老过程的重要标准，被广泛用于衰老相关疾病的研究。

（三）基因衰老学说

基因对皮肤的衰老有调控作用。皮肤衰老的基因衰老学说是以遗传控制程序论为代表的。基因调节、指挥机体的运行，控制着细胞的分化和衰老。皮肤衰老是由于皮肤细胞染色体DNA及线粒体DNA中合成抑制物质的表达增加，许多与细胞活性相关的基因受到抑制，以及氧化应激对DNA损伤而影响其复制、转录和表达的结果。在探索衰老过程的一系列复杂进程中，有研究表明，可通过调节长寿基因来延长机体的寿命，并且发现了许多长寿和早衰相关的基因。其中，长寿基因，亦称抗衰老基因，能够延缓皮肤衰老的进程。衰老基因，可诱导机体衰老，加速皮肤衰老过程。而多效基因，在特定条件下，呈现不同的作用，具有双重功能。

（四）内分泌学说

内分泌是指人和动物的内分泌腺合成及释放某种或某些特殊化学物质的过程。这些特殊化学物质被统称为激素。内分泌学说认为，随着年龄增长，激素水平会出现下降。例如，女性血清中脱氢表雄酮、孕激素、生长激素的水平会随年龄增长出现下降。激素可以影响皮肤的形态、功能、通透性、愈合性、细胞代谢等。垂体、肾上腺和性腺的激素分泌减少将造成与衰老有关的身体和皮肤的表型及行为模式的特征性改变。其中，雌激素对皮肤的影响最为明显。研究表明，雌激素可通过增加新生胶原蛋白的稳定性，抑制基质金属蛋白酶的活性来减少胶原蛋白的降解；此外，雌激素还有增加透明质酸合成、增加皮肤厚度和弹性等延缓皮肤衰老的作用。在人体组织器官中，雌激素对皮肤的影响力仅次于生殖系统。女性卵巢产生雌激素的功能降低会导致皮肤衰老进程加速。Shah等（2001）通过研究证实，女性额外补充雌激素可以增加胶原含量、维持皮肤厚度，且雌激素是通过增加皮肤细胞酸性黏多糖和透明质酸的分泌来保持皮肤湿润及角质层的屏障作用。

（五）糖基化学说

皮肤真皮富含的胶原蛋白容易与细胞外液的葡萄糖发生非酶糖化反应，即在无酶催化的条件下，还原性糖的醛基或酮基与蛋白质等大分子中的游离氨基酸反应，先形成一些可逆的初级化糖基化产物，而后再形成不可逆的高级糖基化终末产物（Advanced Glycation End-Products，AGEs），从而使胶原蛋白形成分子间交联，降低结缔组织的通透性，使营养及废物的扩散性能减弱、组织延展性和硬度增加，还会降低胶原的可溶性，造成皮肤弹性下降，出现皱纹，从而促进皮肤衰老。糖基化反应随着年龄的增长而增多。

（六）免疫学说

衰老的免疫学说最早由美国病理学家Wolford提出，他认为免疫系统是衰老的主要调节系统之一，免疫调节参与动物的衰老过程。在正常情况下，皮肤免疫系统会消灭侵入的有害物质，保护皮肤组织功能和结构的完整性。但随着年龄的增长，皮肤中的免疫组织老化、功能紊乱、细胞减少，出现皮肤对外界损伤因素的抵抗力下降，从而导致皮肤感染性疾病的产生。1983年，Streilein提出皮肤相关淋巴样组织（SALT）的概念，认为SALT包括角质形成细胞、淋巴细胞、朗格汉斯细胞和内皮细胞4种细胞，每种细胞都以不同的方式在SALT中发挥作用。随着年龄的增长，皮肤的免疫系统表现出适应能力下降。皮肤作为最大的人体器官，也是一个神经-内分泌-免疫器官，紧密联系中枢系统。当受到外界刺激时，皮肤真、表皮细胞会产生细胞因子、褪黑激素、内啡肽、促肾上腺皮质素释放因子和类固醇等。同时，皮肤内的神经末梢系统可以将真、表皮的变化传递给中枢或脊髓，有利于机体的整体性稳定。研究证实，免疫调节和促炎症介质对内源性的老化和光老化皮肤的影响是显而易见的。

二、光老化及其机制

（一）氧化应激

氧化应激（Oxidative Stress，OS）是指当机体接触到刺激，导致机体内的ROS产生过多或ROS继发的代谢障碍。正常情况下，细胞会产生少量的ROS维持细胞稳态，但是UV辐射导致ROS大量生成。ROS在细胞中可以破坏细胞膜基质、蛋白质和DNA等，直接引起细胞的氧化损伤；此外，在ROS的作用下，体内氧化应激通路被激活，进一步激活此类信号通路的下游信号。ROS还能进一步促进皮肤细胞中端粒的缩短，加速细胞的衰老和凋亡。在光老化发生的过程中，ROS的靶细胞是已分化的、分裂后的细胞，其最早损伤部位是DNA线粒体；ROS可使DNA产生氧化性损伤，进而影响蛋白质的合成。

（二）炎症细胞浸润

由于紫外线照射引起的皮肤炎症和血管舒张是晒伤的临床表现。正常细胞只能产生低水平的炎症因子。而紫外线照射后，激活核因子-κB（NF-κB）信号通路，促进角质形成细胞、成纤维细胞等的细胞内炎症细胞因子，如IL-1β（NCBI gene ID：3553）、IL-6（NCBI gene ID：3569）的表达，可通过抑制角质形成细胞的增殖来降低表皮对外界刺激的反应性。同时，这些细胞因子又进一步增加和激活AP-1和NF-κB细胞表面受体表达水平和功能，进一步放大皮肤对紫外线的反应。

（三）胶原蛋白降解

紫外线光老化可导致皮肤胶原蛋白含量降低，而胶原比例下降会导致皮肤衰老。而光照后皮肤中基质金属蛋白酶的合成是导致胶原减少的主要原因。MMPs属于锌依赖性内切酶家族，可特异性降解几乎所有细胞外基质成分，导致胶原合成减少，弹性纤维降解，造成皮肤光老化。紫外线照射后，皮肤成纤维细胞会分泌产生MMP-1（NCBI gene ID：4312）、MMP-3（NCBI gene ID：4314）和MMP-9（NCBI gene

ID：4318），其中，MMP-1能够特异性初步降解Ⅰ型胶原蛋白，其降解产物也能抑制Ⅰ型胶原蛋白的表达。MMP-1在蛋白质中心三螺旋结构中启动纤维胶原的切割，而后MMP-3和MMP-9引导新的切割。紫外线照射主要通过丝裂原活化蛋白激酶（MAPK）和NF-κB两条信号通路来调控MMPs的表达。紫外线照射后，皮肤细胞中ROS含量的急剧增加，导致NF-κB信号通路激活，上调MMPs的表达；紫外线辐射皮肤并激活细胞表面的表皮生长因子受体，继而激活MAPK通路，刺激MMPs的基因转录；此外，紫外线辐射能够提高氧化性谷胱甘肽的浓度，从而促进MMPs酶原的激活。

除了MMPs的合成增加导致胶原降解，紫外线也会降低转化生长因子（TGF-β）受体表达，破坏TGF-β信号通路，干扰TGF-β/Smad信号级联的起始步骤，导致Ⅰ型前胶原的合成减少；同时，紫外线诱导转录因子AP-1表达，AP-1也作用于编码Ⅰ型前胶原的基因COL1A1、COL1A2（NCBI gene ID：1278），使其表达水平下降，抑制原胶原表达。

三、自然老化与光老化的比较

皮肤衰老的成因——自然老化和光老化之间既有本质区别又有必然联系。有些机制至今还没有完全研究清楚，特别是对皮肤老化的生理、生化和组织形态学变化进程以及这些过程中出现的一系列分子生物学方面的变化还了解不够深入。除了上文对自然老化和光老化各自的形成机制的论述外，它们之间还有许多其他的区别。

陶宇（2012）在沙海蜇胶原蛋白肽对光老化小鼠皮肤的保护作用及体外透皮吸收研究中给出了光老化与自然老化的比较（表4-1）。

表4-1 光老化和自然老化的比较

比较项目	光老化	自然老化
发生年龄	儿童时期开始，逐渐发展	成年以后开始，逐渐发展
发生原因	光照，主要是紫外线辐射	固有性，机体老化的一部分
影响范围	仅光照部位	全身性、普遍性
临床表现	干燥，多皱纹，粗糙，皮脂腺明显增大，毛细血管扩张、点状色素沉着。皮肤可出现多种皮肤病	皮肤皱纹细而密集，松弛下垂，正常皮纹加深。可出现老年性血管瘤，其他肿瘤少见

续表

比较项目	光老化	自然老化
组织学表现	1. 严重光损伤时，真皮内有大量蓬乱增生的弹力纤维，最终成为无定形团块 2. 成熟胶原纤维减少，未成熟胶原纤维增多，胶原被UV照射后所致的炎症漫润细胞的酶水解 3. 真皮结缔组织的基质中蛋白多糖和透明质酸的含量增加 4. 成纤维细胞增多，肥大细胞丰富且部分脱颗粒 5. 表皮增厚，真皮细胞变型且极性消失：大小不等，染色特征改变	弹力纤维仅轻度增加，变粗；成熟胶原纤维变得更稳定，可抵抗酶的降解作用；胶原束变粗，基质中多糖的含量减少，细胞数减少，表皮中度变薄，真皮表皮连接处变平

资料来源：陶宇.沙海蜇胶原蛋白肽对光老化小鼠皮肤的保护作用及体外透皮吸收研究.青岛：中国海洋大学，2012。

第三节 胶原蛋白肽与皮肤健康

一、胶原蛋白肽改善皮肤健康的评价模型

构建不同的评价模型，能够从不同学说、不同机制来研究胶原蛋白肽改善皮肤健康的根本作用机制。如图4-3所示，现阶段胶原蛋白肽改善皮肤健康的评价模型主要有细胞实验模型、动物实验模型和人群实验。

（一）细胞实验模型

生物体的衰老发生在机体的每一个层面，包括从分子到组织到器官，当然也包括生命的基本单位——细胞。细胞衰老被认为是人类衰老的基础。建立细胞水平的衰老模型对相关衰老进程以及胶原蛋白肽抗皮肤衰老作用的研究都具有极为重要的意义。

1. 成纤维细胞

人皮肤中重要的细胞成分是成纤维细胞（Fibroblasts，FBs）。FBs的胞体较大，多呈扁平状和梭形，胞核较大。FBs能够合成胶原蛋白、弹性蛋白、糖胺聚糖等胞外基质（Extracellular Matrix，ECM），而ECM可赋予肌肤抗拉强度、弹性和水合能力。同时，FBs对不同程度的皮肤细胞变性、坏死和组织缺损等的修复有着重要作用。FBs数量减

少、形态改变、分泌功能减弱或衰退与皮肤衰老密切相关。

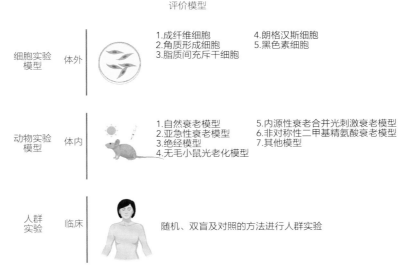

图4-3　**胶原蛋白肽改善皮肤健康的评价模型**

2. 角质形成细胞

角质形成细胞（Keratinocytes，KCs）是人皮肤表皮的主要细胞，占表皮细胞的80%以上，在分化过程中形成角质蛋白。角质形成细胞在皮肤理化防护、保湿、屏障、防止皮肤衰老方面起着重要的调节作用，是表皮功能的主要行使者。角质形成细胞的衰老可反映表皮衰老情况，因此可作为研究皮肤衰老的细胞模型。

3. 脂肪间充斥干细胞

在皮肤光老化的过程中，紫外线很难穿透皮肤并影响到皮下脂肪层。然而，近期已有研究表明，在皮肤自然老化过程中，皮下脂肪组织的结构和体积发生了显著变化。脂肪间充斥干细胞（Adipose Derived Mesenchymal Stem Cells，ADMSCs）是皮下脂肪组织的重要结构，是一种多潜能干细胞，具有自我扩建、多向分化潜能、免疫调节等作用，能够参与组织与器官的再生和重建，故已广泛应用于面部填充、伤口愈合及脱发等的治疗。因此，ADMSCs可作为研究皮肤自然衰老的细胞模型。

4. 朗格汉斯细胞

朗格汉斯细胞（Langerhans Cell，LC）是在皮肤和黏膜的树突状细胞（抗原呈递细胞），来源于骨髓和脾脏，后迁移至皮肤，主要分布在皮肤的中上部。LC能识别、结合和处理侵入皮肤的抗原，并把抗原呈递给T细胞，是皮肤免疫的重要细胞。提高免疫也是延缓皮肤衰老的重要途径之一，因此LC可作为检测胶原蛋白肽对皮肤健康作用的细胞模型。

5. 黑色素细胞

黑色素的产生是机体一种自我保护机制，它是一种天然的紫外线吸收剂，能够有效调节阳光辐射而保护皮肤。不过，黑色素的合成属于黑色素细胞的一种应激反应。当紫外线辐射强度过大时，黑色素的产生与排泄失去平衡，导致黑色素的异常增生和积累，造成局部皮肤过黑，引起一系列破坏皮肤健康的问题。因此，在研究胶原蛋白肽对受损皮肤的美白修复效果时，可选取黑色素细胞作为研究模型。

（二）动物实验模型

1. 自然衰老动物模型

通过模拟人体内源性生理衰老而建立自然衰老的模型。优点是能够很好地表征自然衰老皮肤的生物学特征；缺点是建模耗时长、费用高，因此在临床中较少使用。

2. 亚急性衰老模型

D-半乳糖是一种还原性单糖，在正常情况下可代谢并排出体外。但过量时，在半乳糖氧化酶的催化下，它可以转化为醛糖和过氧化氢，从而产生大量ROS，导致机体氧化应激损伤、线粒体功能障碍、细胞损伤和炎症反应等。因此，可通过过量注射D-半乳糖建立亚急性衰老模型。优点是建模时间短，且成功率高，重复性良好；缺点是由化学物质引起的病理特征，与机体正常衰老的生理生化变化还是有差距。研究发现，亚急性衰老模型与自然衰老模型相比，在免疫学行为学等方面存在差异，故该模型不适用于免疫学、行为学等方面的研究。

3. 绝经模型

皮肤是雌激素的应答器官，雌激素可增加皮肤胶原蛋白的含量、促进表皮细胞的增殖分化以及促进皮肤组织透明质酸含量的增加。因此，可以通过摘取雌性动物双侧卵巢引起的雌激素和孕激素合成量减少，来构建绝经模型。优点是适用于研究绝经后皮肤老化机制；缺点是去卵巢操作麻烦，且容易引起程度不同的炎症和感染及其他并发症。

4. 无毛小鼠光老化模型

采用紫外线长时间照射，使胶原酶与水解蛋白酶的降解作用改变，导致胶原组织损伤，出现皮肤纹理等老化病理现象，来构建光老化模型。优点是适用于研究皮肤癌及光老化损伤的模型；缺点是，成本较高，小鼠易脱水死亡。

5. 内源性衰老合并光刺激衰老模型

内源性衰老模型为全身性衰老模型，不能够完全突出皮肤衰老的特征，而光老化模型能够较准确地显示出皮肤衰老的特征，但对机体生理生化指标的改变不够显著。内源性衰老合并光刺激衰老模型通过综合两者的优点，从而建立更为健全的衰老模型。采用D-半乳糖皮下注射，同时进行紫外线照射，通过改变体内氧化酶活性，损伤成纤维细胞与结缔组织，引起衰老。优点是建模耗时短，成本较低；缺点是操作复杂，且死亡率高。

6. 非对称性二甲基精氨酸衰老模型

近年来研究发现，非对称性二甲基精氨酸（Asymmetric Dimethylarginine，ADMA）衰老模型能抑制皮肤FBs的增殖，且随着浓度的增加，抑制能力也随之增强。由此说明，皮肤中注入ADMA构建的ADMA衰老模型可作为一种新型的皮肤衰老研究手段。优点是建模时间短，重复性良好；缺点是成本较高。

7. 其他模型

秀丽隐杆线虫（*Caenorhabditis elegans*）亦称为线虫，是一种生活在土壤中的微小动物，成虫直径约为70μm，体长为1.0~1.5mm，并以大肠杆菌（*Escherichia coli*）为主要食物来源。线虫与其他生物模型相比，具有以下优点：①生命周期短，易于培养；②身体透明，易于观察；③繁殖能力；④全基因组和遗传背景清晰；⑤对外界环境敏感，压力耐受性较强。基于以上优点，线虫作为理想的生物模型，可应用于研究皮肤衰老的生物模型。

（三）人群实验

在研究胶原蛋白肽对缓解皮肤衰老的人群实验中，实验者在通过伦理审核后，需要筛选符合实验要求的人群，然后采取随机、双盲及对照的方法进行人群实验。实验先使受试者口服胶原蛋白肽一段时间，对照组同时服用安慰剂，在服用前和服用后分别对受试者的皮肤弹性、毛孔、粗糙度、皱纹、皮肤含水量等指标进行测量；一些实验还会对受试者进行问卷调查。Czajka等（2018）采用双盲、随机、安慰剂对照的人群实验研究发现，口服胶原蛋白肽能够显著改善人的皮肤健康。在本研究中，有122名21~70岁的受试者参与，并随机分成两组。受试者每天随机服用50mL测试产品（8%胶原蛋白肽）或安慰剂，持续90d。口服产品前，对受试者的皮肤弹性进行测定，每30d再次测定。最终结果表明，研究中服用胶原蛋白肽的人群皮肤弹性相比与安慰剂对照组显著增强。Kim等（2018）采用双盲、随机、安慰剂对照的双盲实验，研究了低分子质量胶原蛋白肽（LMWCP）对女性皮肤的影响。在这次实验中，70名40~60岁的女性每天随机服用50mL样品（含有1g低分子质量胶原蛋白肽）或安慰剂，持续12周。口服产品前，对受试者的皮肤含水量和皮肤起皱情况进行测定，每6周再次测定。结果表明，LMWCP能显著增加皮肤的含水量，且能有效改善皮肤粗糙度、增加皮肤平滑度。Koizumi等（2017）研究了从鱼鳞中获得的胶原蛋白肽对30~60岁健康女性眼眶周皱纹、面部皮肤水合作用和皮肤弹性变化的影响。在随机、安慰剂对照、双盲试验中，71名受试者在12周内每天服用含有3000mg 胶原蛋白肽（CPs）的20mL饮料或安慰剂饮料。与安慰剂组相比，治疗组摄入12周后，眼眶周皱纹显著减少。

二、胶原蛋白肽延缓皮肤衰老的作用机制

皮肤中的胶原主要存在于真皮层，含量约为70%，主要为Ⅰ型（85%）和Ⅲ型。胶原纤维的网状架构保持了皮肤的弹性，纤维间分布着大量的水分、细胞、细胞外基质，是皮肤重要的生化反应场所。已有研究表明，补充胶原蛋白具有增强皮肤的含水量、弹性，减少皱纹等作用。然而，胶原是大分子蛋白质，不易被人体直接吸收。而胶原蛋白肽是胶原的酶解产物，分子质量通常在3000u以下，不仅在组成方面含有胶原所有的氨基酸，而且有着更高的吸收利用率和生物活性。胶原蛋白肽具有高效吸收利用率，部分片段可以完整形式被直接吸收入血，并可促进食物中其他蛋白质的吸收；胶原蛋白肽具有较低的抗原性，经过木瓜蛋白酶、胃蛋白酶等蛋白酶酶解处理后，能有效降低胶原的抗原性；此外，胶原蛋白肽具有良好的溶解性，在冷水中即可溶解。这些优点表明，在延缓皮肤衰老领域，研发胶原蛋白肽的功能保健食品具有广阔的前景。

已经有很多研究报道了胶原蛋白肽延缓皮肤衰老的积极作用，采用前文报道的评价模型进行实验，研究结果表明食用胶原蛋白肽延缓皮肤衰老的作用机制主要有以下3种。

（一）保护并促进成纤维细胞增殖

成纤维细胞是起源于胚胎时期的中胚层间充质细胞，是固有结缔组织中数量最多的主要细胞。前文已经提到，FBs能够合成胶原蛋白、弹性蛋白、糖胺聚糖等胞外基质，而EMC可赋予肌肤抗拉强度、弹性和水合能力。FBs的增殖是皮肤损害修复的重要环节

之一，FBs可促进各类生长因子、抗氧化剂、平衡机制的产生，并可修复不同程度的皮肤细胞变性、坏死和组织缺损等。FBs是皮肤真皮网织层中最重要的细胞，是皮肤老化和受损后的主要修复细胞。艾丽奇（2020）研究了鳕鱼胶原蛋白肽对光老化成纤维细胞的作用。从鳕鱼皮水解产物中筛选出了6条肽，它们在光损伤成纤维细胞的修复实验中具有显著的抗皮肤光老化活性，能显著提高FBs的存活率。杨丛珊（2017）研究马鹿茸胶原蛋白肽（ACP）对正常人皮肤成纤维细胞（NHDF）的影响，发现ACP对NHDF细胞增殖、胶原合成及透明质酸合成都有促进作用。Okawa等（2012）研究发现，胶原蛋白水解后的两种肽（脯氨酸-羟脯氨酸、半胱氨酸-苏氨酸-甘氨酸）可以促进成纤维细胞合成透明质酸。Ohara等（2010）研究发现胶原二肽（脯氨酸-羟脯氨酸）在200nmol/L的浓度下，能促进FBs的增殖，如图4-4所示，7d培养后细胞数量增至空白组的1.5倍，且如图4-5所示，24h培养后培养基和细胞中透明质酸含量是空白组的3.8倍。

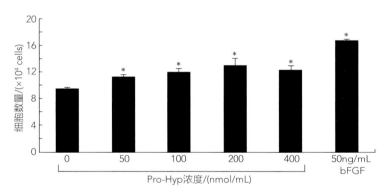

图4-4　不同处理组的成纤维细胞数量图

注：分别用0、50、100、200、400nmol/mL的脯氨酸-羟脯氨酸（Pro-Hyp）处理成纤维细胞，以50ng/mL基本成纤维细胞生长因子（bFGF）作为对照，在第7天时计细胞数。*表示与0nmol/mL Pro-Hyp组有显著差异，$P<0.05$。

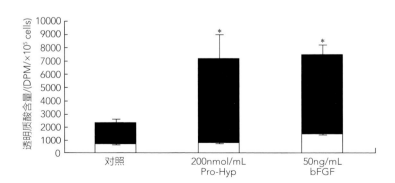

图4-5　不同处理组透明质酸的含量

注：200nmol/mL的脯氨酸-羟脯氨酸（Pro-Hyp）处理成纤维细胞，以50ng/mL基本成纤维细胞生长因子（bFGF）作为对照，24h后测定培养基和细胞中总透明质酸含量。*表示与对照组有显著差异，$P<0.05$。

资料来源：Ohara H, Ichikawa S, Matsumoto H, et al. The Journal of Dermatology, 2010, 37（4）: 330-338。

（二）缓解氧化应激

自然老化和紫外线诱导都会使机体产生大量自由基，如ROS。ROS在细胞中可以破坏细胞膜基质、蛋白质和DNA等，直接引起细胞的氧化损伤。而提高机体中抗氧化酶，如超氧化物歧化酶（SOD）、过氧化氢酶（CAT，NCBI gene ID：847）、谷胱甘肽过氧化物酶（GSH-Px）等的活性，降低过氧化产物，如脂质过氧化产物丙二醛（MDA）等的含量，可有效清除机体内的自由基，从而缓解皮肤的氧化应激，延缓皮肤衰老。崔凤霞（2017）研究发现从仿刺参、墨西哥参及菲律宾参体壁中提取的海参胶原蛋白肽均可有效去除超氧阴离子和羟基自由基，清除作用随着浓度增大而增强，其中仿刺参对超氧阴离子的清除效果最好。并且，仿刺参胶原蛋白肽可显著降低紫外线光老化模型昆明小鼠血清及皮肤中MDA含量，提高SOD及GSH-px的活性，提高机体的抗氧化能力，促进皮肤胶原蛋白的合成。同时，它可以显著增加小鼠腹腔巨噬细胞吞噬能力，提高小鼠脾指数和胸腺指数、脾B淋巴细胞及脾T淋巴细胞转化数，表明仿刺参胶原蛋白肽能显著提高光老化模型小鼠的特异性及非特异性免疫机能，提高机体免疫力，其作用机制可能与提高机体的抗氧化能力有关。Zhuang等（2009）研究海蜇胶原蛋白肽的体外抗氧化能力，发现其对超氧氢离子、羟自由基、过氧化氢等活性氧具有极强的清除能力。海蜇胶原蛋白肽对光老化模型ICR小鼠皮肤和血清中的SOD、CAT等抗氧化酶具有保护作用，同时显著提高非酶性抗氧化物谷胱甘肽的含量，且能保护小鼠皮肤的完整性，减少皱纹和红斑的生成，并呈现量效依赖性。组织学显示，海蜇胶原蛋白肽能够保持小鼠皮肤Ⅰ/Ⅲ型胶原蛋白比例，改善胶原纤维、弹性纤维排列与分布，使皮肤具有弹性。Song等（2017）研究发现，使用碱性蛋白酶和胶原酶水解高压蒸煮法所提的牛骨胶原蛋白肽，不仅可以增加昆明小鼠血清中的SOD和CAT活力，同时又以降低MDA含量的方式改善皮肤的氧化状态（表4-2），且补充胶原蛋白肽组小鼠皮肤结构较完整，真皮层纤维组织状态相对良好，空洞较少，皮肤附属器排列规整。实验以全水解物脯氨酸为对照，而脯氨酸改善皮肤健康的效果不如胶原蛋白肽，得出牛骨胶原蛋白肽可能是以小肽而不是氨基酸的形式发挥作用（图4-6）。

表4-2 不同处理组小鼠血清中SOD、CAT和MDA的含量

组别	SOD活力/（U/mg）	CAT活力/（U/mg）	MDA含量/（mmol/mg）
Y	36.594 ± 1.142[*]	10.412 ± 1.143[*]	2.209 ± 0.278[*]
M	26.877 ± 3.880	4.650 ± 1.582	3.135 ± 0.302

续表

组别	SOD活力/（U/mg）	CAT活力/（U/mg）	MDA含量/（mmol/mg）
ACP-200	38.746 ± 0.753*	8.324 ± 0.890*	2.347 ± 0.209*
ACP-400	39.823 ± 3.410*	11.327 ± 1.096*	2.261 ± 0.107*
ACP-800	40.036 ± 4.820*	12.012 ± 0.752*	2.154 ± 0.325*
CCP-400	39.796 ± 1.211*	9.354 ± 1.856*	2.204 ± 0.201*
Pro-400	32.646 ± 1.691	3.318 ± 0.665	2.456 ± 0.316

注：* 表示组间具有显著性差异（$P < 0.05$）。

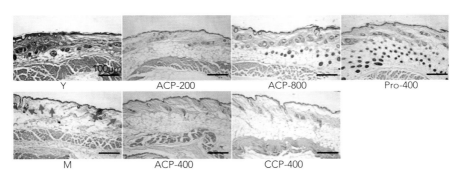

图4-6　**不同处理组的小鼠背侧皮肤切片图**
　　注：Y：年轻对照组；M：自然衰老模型组；ACP-200/400/800：200/400/800mg/kg牛骨碱性蛋白酶水解胶原蛋白肽组；CCP-400：400mg/kg牛骨胶原酶水解胶原蛋白肽组；Pro-400：400mg/kg脯氨酸组。
　　资料来源：Song H，Zhang S，Zhang L，Li B. Nutrients，2017，9（11）：1209。

（三）调节细胞信号通路

　　研究报道，在自然老化和光老化过程中，TβRⅡ蛋白的表达都会逐渐降低，TβRⅡ的下调会减弱TGF-β的反应性及破坏TGF-β/Smads途径，而该通路对胶原的合成、胞外基质的增加和成纤维细胞的增殖存在着潜在的刺激作用。如图4-7所示，研究发现胶原蛋白肽可以促使机体内TβRⅡ的表达水平升高，从而激活TGF-β/Smads信号通路。TβRⅡ可以使TβRⅠ磷酸化，继而使Smad蛋白磷酸化介导信号途径到细胞核内。Smad2（NCBI gene ID：4087）和Smad3（NCBI gene ID：4088）蛋白磷酸化是Smad通路的关键步骤，其活性可被Smad6（NCBI gene ID：4091）和Smad7（NCBI gene ID：4092）所抑制；而胶原蛋白肽可降低Smad6和Smad7的表达。TGF-β/Smads信号通路可促进Ⅰ型与Ⅲ前胶原COL1A2和COL3A1的mRNA的表达水平。因此，胶原蛋白可能通过改变这些相关细胞通路和细胞信号因子的表达状况来延缓皮肤衰老，但目前研究不够深入全面。

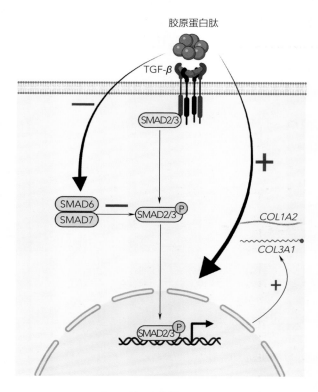

图4-7   胶原蛋白肽调节皮肤细胞TGF-β/Smads信号通路

第四节 ▶ 结语

随着我国经济发展造成的生活及饮食方式的转变以及人口老龄化问题的加剧，皮肤老化日益受到人们的广泛关注。皮肤老化常常表现为皮肤干燥、粗糙，长皱纹，皮肤色素沉着等不良反应，从而使皮肤失去弹性和水分。皮肤老化主要分为光老化和自然老化，都具有复杂的机制，如光老化的诱因有氧化应激、炎症细胞浸润等。目前多项研究证实，补充胶原蛋白肽能改善皮肤的保湿度和柔软度，减少细皱纹，预防深皱纹，具有缓解皮肤衰老的作用。并且，胶原蛋白肽具有高效吸收利用率、良好的生物相容性与丰富的生物活性等特点，这些使其在延缓皮肤衰老上有着独特的应用优势。胶原蛋白肽可以保护并促进成纤维细胞增殖、缓解氧化应激、调节相关信号通路，从而改善皮肤老化。随着研究的逐渐深入，胶原蛋白肽的功能和优良的加工特性正越来越受到人们的青睐，相关产品必将会更加广泛地应用于美容祛皱、保护皮肤等医疗卫生及保健食品领域，其应用前景也必将越来越广阔。

参考文献

［1］艾丽奇.鳕鱼皮胶原蛋白肽的抗皮肤光老化功效及其作用机制研究［D］.广州：华南理工大学，2020.

［2］崔凤霞.海参胶原蛋白生化性质及胶原肽活性研究［D］.青岛：中国海洋大学，2007.

［3］房林，赵振民.皮肤衰老机制的研究进展［J］.人民军医，2010，53（2）：149-152.

［4］何黎.皮肤美容学［M］.北京：人民卫生出版社，2011.

［5］李航，王晖.朗格汉斯细胞在皮肤免疫学中的研究进展［J］.中国皮肤性病学杂志，2014，28（3）：304-306.

［6］李娜.鳕鱼鳔胶原蛋白和胶原肽特性及对细胞衰老进程干预作用与机制［D］.上海：上海海洋大学，2019.

［7］李幸.鳕鱼皮胶原肽保湿护肤效果的研究［D］.青岛：中国海洋大学，2014.

［8］刘晶.地芝丸延缓皮肤衰老的作用及机制研究［D］.武汉：湖北中医药大学，2019.

［9］宋兵兵.蓝莓和苹果皮提取物联合抗衰老活性及作用机制研究［D］.广州：华南理工大学，2020.

［10］陶宇.沙海蜇胶原蛋白肽对光老化小鼠皮肤的保护作用及体外透皮吸收研究［D］.青岛：中国海洋大学，2012.

［11］王晴.罗非鱼皮胶原蛋白延缓小鼠皮肤自然衰老作用研究［D］.镇江：江苏大学，2017.

［12］谢韶琼.灵芝多糖抗皮肤衰老及相关基因表达的研究［D］.上海：第二军医大学，2007.

［13］宣敏，程飚.皮肤衰老的分子机制［J］.中国老年学杂志，2015，35（15）：4375-4380.

［14］颜薇.应用基因芯片技术探索中国汉族女性皮肤光老化及雌激素源性皮肤固有老化相关基因及作用机制［D］.北京：北京协和医学院，2011.

［15］杨丛珊.马鹿茸胶原蛋白肽对皮肤成纤维细胞的影响及组成分析［D］.哈尔滨：东北林业大学，2017.

［16］杨永录.体温与体温调节生理学［M］.北京：人民军医出版社，2015.

［17］叶少奇.胶原蛋白及其在美容方面的应用［J］.中国医疗美容，2012（1）：58-60.

［18］张建中.皮肤性病学［M］.北京：人民卫生出版社，2015.

［19］张李峰.红芪和黄芪的免疫调节作用及抗免疫老化机制比较研究［D］.兰州：兰州大

学，2012.

［20］周密思. 小柴胡汤延缓皮肤衰老的理论与实验研究［D］. 武汉：湖北中医药大学，2012.

［21］Anna CMKE, Licia G, Andrea C, et al. Daily oral supplementation with collagen peptides combined with vitamins and other bioactive compounds improves skin elasticity and has a beneficial effect on joint and general wellbeing［J］. Nutrition Research, 2018, 57: 97-108.

［22］Anna CMKE, Licia G, Andrea C, et al. Telomeres shorten during ageing of human fibroblasts.［J］. Nature, 1990, 345（6274）: 458-460.

［23］Breitkreutz D, Mirancea N, Nischt R. Basement membranes in skin: Unique matrix structures with diverse functions［J］. Histochemistry and Cell Biology, 2009, 132（1）: 1-10.

［24］Chen SJ, Yuan W, Mori Y, et al. Stimulation of type I collagen transcription in human skin fibroblasts by TGF-β: Involvement of Smad 3［J］. Journal of Investigative Dermatology, 1999, 112（1）: 49-57.

［25］Czajka A, Kania EM, Genovese L, et al. Daily oral supplementation with collagen peptides combined with vitamins and other bioactive compounds improves skin elasticity and has a beneficial effect on joint and general wellbeing［J］. Nutrition Research, 2018, 57: 97-108.

［26］Kim D, Chung H, Choi J, et al. Oral intake of low-molecular-weight collagen peptide improves hydration, elasticity, and wrinkling in human skin: A Randomized, double-blind, placebo-controlled study［J］. Nutrients. 2018, 10（7）: 826.

［27］Elizabeth HB, Carol WG, Jack WS. Telomeres and telomerase: The path from maize, Tetrahymena and yeast to human cancer and aging［J］. Nature Medicine, 2006, 12（10）: 1133-1138.

［28］Fisher GJ, Kang S, Varani J, et al. Mechanisms of photoaging and chronological skin aging［J］. Archives of Dermatological Research, 2002, 138（11）: 1462-1470.

［29］Harman D. Aging: A theory based on free radical and radiation chemistry［J］. Journal of Gerontology, 1956, 11（3）: 298.

［30］Inoue N, Sugihara F, Wang X. Ingestion of bioactive collagen hydrolysates enhance facial skin moisture and elasticity and reduce facial ageing signs in a randomised double-blind placebo-controlled clinical study: Collagen enhances skin properties［J］. Journal of the Science of Food and Agriculture, 2016, 96（12）: 4077-4081.

［31］Iozzo RV. Basement membrane proteoglycans: From cellar to ceiling［J］. Nature Reviews. Molecular Cell Biology, 2005, 6（8）: 646-656.

［32］Kazak L, Reyes A, Holt I J. Minimizing the damage: repair pathways keep mitochondrial DNA intact［J］. Nature Reviews Molecular Cell Biology, 2012, 13（10）: 659-671.

［33］Koizumi S, Inoue N, Shimizu M, et al. Effects of dietary supplementation with fish scales-derived collagen peptides on skin parameters and condition: A randomized, placebo-controlled, double-blind study [J] . International Journal of Peptide Research and Therapeutics, 2017, 24 (3): 397-402.

[34] Lee J, Jung E, Kim Y, et al. Asiaticoside induces human collagen I synthesis through TGF-β receptor I kinase (TβRI kinase) -independent smad signaling [J] . Planta Medica, 2006, 72 (4): 324-328.

[35] Merad M, Ginhoux F, Collin M. Origin, homeostasis and function of Langerhans cells and other langerin-expressing dendritic cells [J] . Nature Reviews Immunology, 2008, 8 (12): 935-947.

[36] Ohara H, Ichikawa S, Matsumoto H, et al. Collagen-derived dipeptide, proline-hydroxyproline, stimulates cell proliferation and hyaluronic acid synthesis in cultured human dermal fibroblasts [J] . Journal of Dermatology, 2010, 37 (4): 330-338.

[37] Okawa T, Yamaguchi Y, Takada S, et al. Oral administration of collagen tripeptide improves dryness and pruritus in the acetone-induced dry skin model [J] . Journal of Dermatological Science, 2012, 66 (2): 136-143.

[38] Proksch E, Brandner JM, Jensen JM. The skin: An indispensable barrier [J] . Experimental Dermatology, 2008, 17 (12): 1063-1072.

[39] Quan T H, Shao Y, He T, et al. Reduced expression of connective tissue growth factor (CTGF/CCN2) mediates collagen loss in chronologically aged human skin [J] . Journal of Investigative Dermatology, 2010, 130 (2): 415-424.

[40] Quan T, He T, Kang S, et al. Solar ultraviolet irradiation reduces collagen in photoaged human skin by blocking transforming growth factor-beta type II receptor/Smad signaling [J] .American Journal of Pathology, 2004, 165 (3): 741-751.

[41] Rittié L, Fisher G J. UV-light-induced signal cascades and skin aging [J] . Ageing Research Reviews, 2002, 1 (4): 705-720.

[42] Shah MG, Maibach HI. Estrogen and skin: An overview [J] . American Journal of Clinical Dermatology, 2001 (2): 3.

[43] Sherman VR, Yang W, Meyers MA. The materials science of collagen [J] . Journal of the Mechanical Behavior of Biomedical Materials, 2015, 52: 22-50.

[44] Shigemura Y, Akaba S, Kawashima E, et al. Identification of a novel food-derived collagen peptide, hydroxyprolyl-glycine, in human peripheral blood by pre-column derivatisation with phenyl isothiocyanate [J] . Food Chemistry, 2011, 129 (3): 1019-1024.

[45] Shigemura Y, Iwai K, Morimatsu F, et al. Effect of prolyl-hydroxyproline (Pro-Hyp), a food-derived collagen peptide in human blood, on growth of fibroblasts from mouse skin [J] . Journal of Agricultural and Food Chemistry, 2009, 57 (2): 444-449.

[46] Smith MM, Melrose J. Proteoglycans in normal and healing skin [J] . Advances in Wound Care, 2015, 4 (3): 152-173.

[47] Song H, Zhang S, Zhang L, et al. Effect of orally administered collagen peptides

from bovine bone on skin aging in chronologically aged mice [J] . Nutrients, 2017, 9（11）: 1209.

[48] Watanabe-Kamiyama M, Shimizu M, Kamiyama S, et al. Absorption and effectiveness of orally administered low molecular weight collagen hydrolysate in rats [J] . Journal of Agricultural and Food Chemistry, 2010, 58: 835-841.

[49] Wright WE, Brasiskyte D, Piatyszek MA, et al. Experimental elongation of telomeres extends the lifespan of immortal x normal cell hybrids [J] . The EMBO Journal, 1996, 15（7）: 1734-1741.

[50] Xi H, Li C, Ren F, et al. Telomere, aging and age-related diseases [J] . Aging Clinical and Experimental Research, 2013, 25（2）: 139-146.

[51] Zhuang Y, Sun L, Zhao X, et al. Antioxidant and melanogenesis-inhibitory activities of collagen peptide from jellyfish (*Rhopilema esculentum*)[J] . Journal of the Science of Food and Agriculture, 2009, 89（10）: 1722-1727.

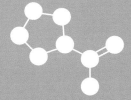

如第四章所述，皮肤作为人体最大的器官分布于人身体最表面，担当着重要的屏障保护作用，但其易受到高温烫伤、物理切割、化学腐蚀、机体疾病等各类因素影响而破损，及时的创伤愈合对于人体的健康恢复不可或缺。随着年龄的增大，机体和器官功能衰退，外周循环功能降低，其具体表现为人体胶原蛋白合成速率变慢、血管生成减缓等；TGF-β、TGF-α等创伤愈合相关的细胞因子释放水平亦降低；角质形成细胞、成纤维细胞和血管内皮细胞等重要细胞的增殖反应也更弱；外加各类诸如糖尿病、足溃疡的慢性疾病影响下，最终使得创伤愈合速度变缓而形成慢性伤口。据相关报道，患有难愈合创伤症状的美国患者中，65岁以上人群可占85%，仅在美国每年人数就可达300万~600万人，相关医疗费用支出已至30亿美元。可以预见，随着我国人口结构逐渐老龄化，创伤愈合的恢复治疗会变得更为重要。寻找并开发出安全有效、便宜易得的可促进伤口愈合的活性物质，不论是对于改善百姓生活水平，还是为减轻社会资源支出负担，其意义都是至关重要的。而胶原蛋白肽，具有来源广、生物相容性好、生物活性高、吸收利用率高等优势，有望进一步挖掘其在创伤愈合领域的应用潜力。

第一节 ▶ 创伤愈合概况

显而易见，创伤愈合是一个复杂的动态生理过程，其间涉及多类细胞、多种细胞因子，而单个细胞所在基质环境又会受到其所在系统——人体这个整体的动态变化的影响，心血管疾病、糖尿病等当前常见疾病则会干扰创伤愈合的正常进程。以下内容将主要按照皮肤损伤类型、创伤愈合过程机制及其相关因素，共3个板块进行论述。

一、皮肤损伤类型

如图5-1所示，皮肤损伤可分为急性伤口与慢性伤口，两者有着不同的愈合过程及愈合时间。

其中，慢性伤口往往不可自行愈合，难以正常恢复，与急性伤口相比较，其所具有特点如表5-1所示。

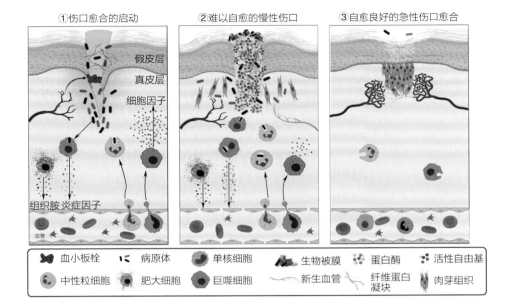

图5-1　不同类型皮肤损伤对应的不同愈合过程

表5-1 急性伤口和慢性伤口的特点

急性伤口	慢性伤口
炎症反应程度受控	炎症反应延长
炎症细胞因子水平正常	炎症细胞因子水平增加
蛋白酶和活性氧水平低	蛋白酶和活性氧水平高
功能性基质水平正常	退化的无功能性基质成分
纤连蛋白完整	纤连蛋白降解
伤口液助于细胞增殖	伤口液损伤周围细胞皮肤
有丝分裂活动频繁	有丝分裂活动少
细菌数目少，处于可控水平	细菌数目多，难以完全控制

资料来源：Flanagan M. Wiley-Blackwell，2013。

（一）急性伤口

　　急性伤口是指突然形成且愈合较快的伤口，病理发展符合经典的创伤修复过程。与难以愈合的慢性伤口不同，急性伤口通常受到创伤和炎症的影响，一般情况下会在6周内自行愈合。急性伤口多指由手术切割导致的伤口，自愈方式以I期愈合为主，通常在止血阶段开始，含有"止血、炎症、增生、重塑"共4个重叠阶段。

（二）慢性伤口

由于微生物及异常病理因素可干扰正常的创伤愈合过程，慢性伤口多见于没有止血阶段、经感染所得的伤口，可表现为愈合停滞的永久炎症状态，其愈合时间偏长、难以自愈，患者必须依赖外界人为治疗。该状态下，持续浸润渗透的中性粒细胞和巨噬细胞可分泌大量蛋白酶、胶原酶及活性氧类，细胞外基质和新上皮细胞的形成受到严重阻碍。如若长期伤口暴露，使其处于易感染状态，患者生命安全将会受到严重威胁。

慢性伤口的具体类型简要介绍如下：

（1）静脉溃疡　由静脉功能不全引起的静脉高压或灌注不足，导致静脉血栓形成和静脉瓣损伤所致的反流，从而引发溃疡。

（2）动脉溃疡　常见病因是动脉粥样硬化疾病，此种疾病由皮肤血液供应不足造成。

（3）糖尿病足部溃疡　由糖尿病病人的脚部发生神经病变或血管病变引起，轻微的外伤都可导致溃疡、感染和坏疽，严重的甚至导致截肢。

（4）压疮　又名褥疮，由于身体局部受到长期的压迫、摩擦和挫伤，导致局部血液循环受阻和组织营养缺乏，从而引起的皮肤及皮下组织缺血而发生水疱、溃疡或坏疽。

（5）血栓性静脉炎　指静脉血管发炎，它是由于免疫复合物沉积在血管壁而导致的炎症和血管坏死。按照病变部位差异，可分为浅静脉炎和深静脉炎。

（6）坏疽性脓皮症　为非感染性、中性粒细胞性皮肤炎症性溃疡，此类炎性溃疡反复发生，且伴有疼痛。

（7）放射性溃疡　属局部皮肤受到放射线照射而引发的湿性炎症反应。组织细胞内部的染色体和酶，因受到放射线照射，其功能发生障碍，从而导致局部血管内膜发生炎性变化，管壁随之增厚，管腔狭窄甚至闭塞，最终因血液供给障碍导致难以愈合的创面。

（8）烧伤性溃疡　在烧伤愈合后，局部瘢痕组织会因其血供不良、感觉下降和长期物理刺激而导致反复出现局部溃疡。

二、创伤愈合过程

如图5-2所示，创伤愈合的典型过程可分为3个阶段，炎症期（1）、增生期（2）及重塑期（3）。

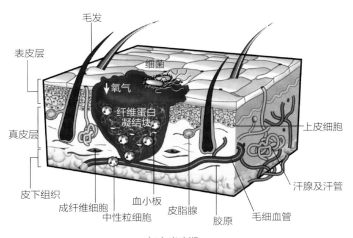

毛发
表皮层
细菌
↓氧气
纤维蛋白凝结块
真皮层
上皮细胞
汗腺及汗管
皮下组织
成纤维细胞
血小板
皮脂腺
胶原
毛细血管
中性粒细胞

（1）炎症期

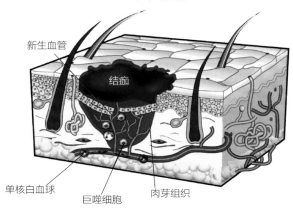

新生血管
结痂
单核白血球
巨噬细胞
肉芽组织

（2）增生期

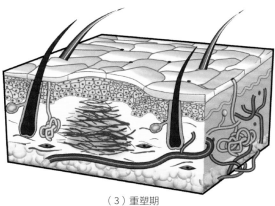

（3）重塑期

图5-2　创伤愈合基本过程示意图

资料来源：Gurtner GC，Werner S，Barrandon Y，et al. Nature，2008，453（7193）：314-321。

（一）止血期

止血在伤口出现后即刻开始，是整个创伤愈合过程的起点基础，其主要机制是纤维蛋白与血小板触发的凝血级联反应，该反应由受伤血管内皮细胞、血管收缩素及血小板共同作用而激活。皮肤损伤发生后，血管内皮受损后通透性增加，血管壁的胶原纤维被暴露，血小板受刺激而发生活化、黏附、凝集并分泌趋化因子、转化生长因子-β、血小板衍生生长因子（PDGF）等可使平滑肌细胞、成纤维细胞、中性粒细胞、内皮细胞及巨噬细胞聚集，进而为后续炎症及增生期发挥作用。而血纤维蛋白在凝血酶作用下，由可溶性纤维蛋白原转变成不溶的纤维蛋白，其单体聚集而成的多聚体可进一步网罗血细胞，最终形成血栓及血凝块进而快速止血。

（二）炎症期

如上文止血期所述，伤口出现几分钟后，受血管活性介质及趋化因子调集的各炎性细胞往创伤汇集过程中，封闭的伤口成为了引导相关细胞迁移的支架，炎症期由此展开，可一直持续至伤后48h。在炎症期初期，中性粒细胞可在胶原酶及弹性蛋白酶的作用下，在胞外空间迁移并吞噬细菌，降解基质蛋白并清理创面，还吸引了更多的中性粒细胞和巨噬细胞，以达到维持洁净、杜绝感染、恢复免疫屏障的作用。其中，经转变形成的炎性或修复性巨噬细胞，能有效清除坏死组织，杀灭致病菌，激发血管和肉芽组织生成，在创伤愈合过程中占据重要地位。经炎症反应进行创面清理后，创伤愈合过程便到达炎症期末期，伤口出血已得到有效控制。

（三）增生期

伤口出现后的数小时内，炎症期结束后便迎来增生期。本阶段主要发生肉芽组织及血管的新生，纤维素的增生和上皮形成，其中再上皮化主要包括角质形成细胞的迁移、增殖和分化3个阶段。再上皮化开始后，伤口表面的血凝块及受损基质被快速消除，细胞表型也发生显著改变，大多数细胞间的桥粒发生溶解，外周质细胞肌动蛋白丝开始形成。由于基底膜和表皮之间的半桥状连接解体，表皮和真皮细胞亦不再相互黏附，表皮细胞得以横向运动，再上皮化则伴随着大量的细胞迁移。在成纤维细胞生长因子、转化生长因子、表皮生长因子β等多种细胞因子的释放刺激下，血管壁内皮细胞向伤口周围区域移动，通过细胞分裂形成血管芽；单个血管芽向另一个血管芽生长，形成血管通路，再进一步形成血管外支、血管网和毛细血管环，血管的新生对于创伤愈合极为重要。在此期间，成纤维细胞增生并产生胶原，合成弹性蛋白并构建新的细胞外基质，为重塑期做好铺垫；而血管提供的氧气和营养物质，为填补伤口的新生肉芽组织提供物质支撑。此外，内皮细胞、巨噬细胞、成纤维细胞等可分泌MMPs，促进了炎症后期伤口的自溶性清创及细胞迁移作用。

（四）重塑期

重塑期是创伤愈合的最后阶段，它起始于增生期内成纤维细胞作用下的细胞外基质不断重构，可连续几周甚至几年，主要表现为上皮组织的新形成，最终伤口收缩并留下疤痕。重塑期由于内在及外在因素干扰而延长后，与伤口强度相关的胶原合成状况也随之变化，难以愈合的伤口或肥大的疤痕便可能出现。此过程中，成纤维细胞生成的胶原主要为Ⅲ型胶原，取向多为随机，比未受伤的成熟胶原薄；随后Ⅲ型胶原被MMPs转化为Ⅰ型胶原，对应比例从由30%下降到10%~20%。而成纤维细胞也迎来了变型转变，在细胞因子和生长因子作用下变为肌成纤维细胞，获得了平滑肌细胞的生物学特征，其出现意味着结缔组织开始压实、伤口开始收缩。同时，胶原蛋白进行交联并排列，形成强大Ⅰ型胶原网络，使细胞外基质对机械应力的抵抗性能得到进一步提升。随着时间的推移，伤口愈合后，成纤维细胞和巨噬细胞含量因发生细胞凋亡而逐渐减少，创伤部位的毛细血管也停止生成，血管内血流量下降，最终形成具有一定抗张强度的成熟瘢痕组织。

三、创伤愈合相关细胞

（一）成纤维细胞

成纤维细胞（Fibroblast）是由胚胎期的间充质细胞分化所形成的，拥有细胞体积大而轮廓清晰、细胞核呈规则椭圆形、核仁大而明显等特点，多呈现为星形扁平或凸出梭形的形态，是松散结缔组织中主要的细胞成分，根据功能活动差异可细分为纤维细胞及成纤维细胞共两种。其中，成纤维细胞可由纤维细胞在特殊状况下发生转变而形成，其功能活性更强，蛋白合成分泌功能也明显不同，可分泌Ⅰ型胶原和Ⅲ型胶原，在细胞退化及坏死、组织缺损、骨损伤等的不同程度修复中，发挥着举足轻重的作用。成纤维细胞可受创伤位置的生长因子刺激，大量的生长因子一方面可成为有丝分裂原，另一方面可作为纤维细胞的趋化因子而发挥作用，最终可改变成纤维细胞的细胞迁移能力，迁移速度大幅提升，迁移方向的改变也增多。

（二）角质形成细胞

角质形成细胞（Keratinocyte）数量占表皮细胞的80%以上，是构成表皮的主要细胞。在创伤愈合过程中，角质形成细胞是再上皮化的关键细胞，其主要通过增殖、迁移和分泌TGF-β等细胞因子来影响新生上皮的重建。再上皮化共有3个阶段，依次为：①创伤形成后的48h内，其周围表皮断端的基底层角质形成细胞开始伸长、变得扁平，并开始向创面迁移；②创伤形成后的1~2d内，在距离表皮断端约1mm的位置，角质形成细胞开始增生；③细胞经迁移至相遇后，细胞接触抑制使得细胞迁移和分裂活动停止，角质形成细胞重回正常表型并开始进一步分化，最终形成具有不同分化阶段特点的各个表皮层次，由内至外分别为基底层、棘层、颗粒层、透明层、角质层。

（三）肥大细胞

肥大细胞（Mastocyte）是一种来源于骨髓的造血干细胞，其细胞核小，在皮下结缔组织中普遍存在，与巨噬细胞、树突状细胞、自然杀伤细胞等构成机体免疫保护的第一道防线，在免疫系统中有着独特作用，可分泌抗菌肽、趋化因子、炎症因子等多类细胞介质，参与人体中多种生理活动，有助于伤口愈合、毛囊再生和骨重塑过程。

（四）巨噬细胞

巨噬细胞（Macrophages）源于髓细胞谱系，其异质性强、可塑性好，作为机体重要的免疫细胞几乎分布于所有组织，在组织驻留和炎症反应中均扮有重要角色，根据具体来源可分为两种，一是来自单核细胞终末分化的炎症性巨噬细胞，另一类是由胚胎卵黄囊发育分化来的组织驻留性巨噬细胞。在接收到微环境里的信号后，这两类巨噬细胞均可被激活并形成促炎M1（普通活化的巨噬细胞）和抗炎M2（交替活化的巨噬细胞）。M1在经受IFN-g、粒细胞巨噬细胞集落刺激因子或其他Toll样受体（TLR）配体激活后，可分泌出一氧化氮及TNF-α、IL-1β、IL-12等促炎细胞因子，进而参与宿主对病原体的防御；M2经受IL-4和IL-13诱导后，可产生IL-10、IL-1受体α型和TGF-β，从而激活抗炎功能，有助于组织修复。创伤愈合过程中，巨噬细胞经历了由"正常情况下大多为M2表型""炎症早期时被激活极化为M1表型""炎症消除过程中主要极化为M2表型"的动态变化，最终重返组织稳态。

四、创伤愈合过程中重要的相关细胞因子

（一）转化生长因子-β

人体中主要可见3种转化生长因子-β（TGF-β）亚型，TGF-β1、TGF-β2及TGF-β3，其中主要是TGF-β1在创伤愈合中发挥作用。TGF-β可由巨噬细胞、血小板大量产生，一

方面快速调集中性粒细胞及单核细胞，另一方面诱导单核细胞转化为巨噬细胞、并促使进一步分泌IL-1、IL-6、TNF-α、TGF-α等细胞因子。TGF-β同时还能结合细胞膜表面的受体，使Smad2/3相继磷酸化，进而启动靶基因转录以产生联动效应，迅速启动组织修复程序。

（二）表皮生长因子

伤口出现后，血小板和角质细胞会释放表皮生长因子（Epidermal Growth Factor，EGF）。EGF的成分为一条含有53个氨基酸残基的单链多肽，存在于各种体液中，经受体特异性结合后可促使靶细胞有丝分裂，因而可促进创伤愈合过程中相关关键细胞的增殖，例如表皮细胞、间质细胞、血管内皮细胞、成纤维细胞等，最终达到加速伤口愈合的效果。

（三）成纤维细胞生长因子

成纤维细胞生长因子（Fibroblast Growth Factor，FGF）可由内皮细胞、平滑肌细胞及巨噬细胞分泌释放，存在于所有的组织和器官中。该多肽可促进内皮细胞的游走、成纤维细胞的增殖、受损内皮细胞的修复以及新血管的形成，通过重新激活信号通路介导代谢功能、组织修复和再生。

（四）肿瘤坏死因子

目前常说的肿瘤坏死因子（Tumor Necrosis Factor，TNF）一般指TNF-α，属于Ⅱ型跨膜蛋白，可由活化的巨噬细胞、自然杀伤细胞、肥大细胞、T淋巴细胞、B淋巴细胞等免疫细胞分泌，亦可由诸如平滑肌细胞、成纤维细胞、内皮细胞等非免疫细胞生成，是典型的促炎症细胞因子。

（五）血小板-内皮细胞黏附因子

血小板-内皮细胞黏附因子（Platelet Endothelial Cell Adhesion Molecule-1，PECAM-1/CD31）通常位于血管内皮细胞和细胞间紧密连接处、血小板及单核细胞等细胞表面，分子质量约为130ku，其中约40%是碳水化合物。它可促进巨噬细胞由M1到M2的表型转换，是血管内皮细胞的一种特异性标记物，对于血管生成和维持血管稳定等方面起着重要作用，参与维持血管内皮细胞结构完整性，其表达增强往往表示着血管增生。

（六）血管内皮生长因子

血管内皮生长因子（Vascular Endothelial Growth Factor，VEGF）是典型的外分泌

蛋白，其组成为两条相同肽链构成的二聚体，且N端接有信号肽，经特异性结合受体后可促进内皮细胞的分裂增殖（Flt21受体）、增加血管通透性（KDR受体），营养物与炎症因子的渗出得到加强，进而促进血管增生。血管通透性增加的原因可能是，溢出血管外后的血浆蛋白使得纤维蛋白凝结，并进一步变为血管生成所需的临时基质。

五、创伤愈合影响因素

对于成年人而言，较好的创伤愈合一般应包含6个方面：①快速的及时止血；②适宜程度的炎症反应；③间充质细胞增殖分化并迁移至创伤面；④相配的新血管生成；⑤及时的再上皮化，创伤处上皮组织实现再生长；⑥胶原蛋白的对应生成，并产生适宜的交联排列，以提供对应机械强度。但影响创伤愈合的因素较为多样复杂，单个因素对创伤愈合的影响往往也不局限于单个愈合阶段，最终可导致修复不当、延迟愈合乃至组织受损。根据因素的来源，大致可分为系统性因素与局部性因素，前者多指个人的整体疾病状况对创伤愈合的影响，后者直接影响创伤本身。两类因素的划分并非是绝对的，而是存在相关作用的。

1. 系统性因素

随着年龄增长，人体代谢减缓，随之而来的还有各类疾病，这类系统性因素（全身因素）似乎是干扰创伤愈合的一大主要因素。此外，老年人中，男性创伤愈合比女性更慢，现已被证明是性激素水平差异导致的。雌激素可帮助修复，而雄激素倾向于提供负面调节。同样地，不良压力下的紧张焦虑状态早被证明与许多疾病相关联，例如癌变、糖尿病、心血管疾病等。一方面，不良压力直接改变了内分泌状况；另一方面，紧张焦虑使得个体生活习惯倾向于变得不健康，如饮食不规律、营养失调、睡眠不良、不运动、酗酒、抽烟、吸毒等，最终导致创伤愈合时间一再延迟。某些药物的使用，糖皮质激素、非固醇类抗炎药以及化疗用剂等，亦可影响创伤愈合。

2. 局部性因素

局部性因素大致包括氧气接触程度、伤口处酸碱度、温度、微生物感染、伤口清理手段及治疗策略选择（如敷料选择）等因素。其中，微生物影响较大；未被及时消灭、能快速繁殖的细菌菌群极有可能在创伤处存活并进一步扩散，引起显著的局部伤口感染，可能致使伤口破裂，进而增大发病率及死亡率。如图5-3所示，从创伤处分离的病原菌中，常见的有金黄色葡萄球菌、大肠杆菌、铜绿假单胞菌、肺炎克雷伯菌等。

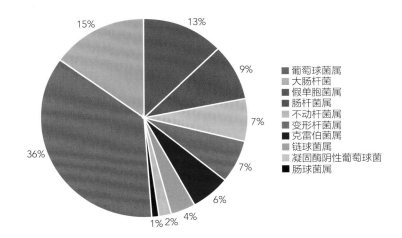

图5-3 创伤处分离得到的病原菌的种类分布图

资料来源：Gupta AK, Batra P, Mathur P, et al. Journal of Patient Safety & Infection Control, 2015, 3（3）: 126-129。

第二节 创伤愈合研究的评价模型

　　创伤愈合这一复杂过程受太多因素影响，合理的模型使用可以帮助人们更好地探讨创伤愈合机制和更准确地评价新治疗策略。创伤愈合模型的选择及建立，除考虑常规的实际因素，例如财力、道德伦理、法律、时长、所需其他技术设备等，剩余取决因素可大致分为4类：①研究目的类别（慢性伤口的病理生理学、促愈活性物的评价等）；②使用方法类型（体内/离体、细胞/动物/人体、急性/慢性等）；③结果测定方法（愈合时间、创伤大小、胶原蛋白含量等）；④实验对象标准（年龄、性别、品种等）。如今，随着科技进步，创伤愈合的模型建立有了新的进展，具体分类如图5-4所示。

一、计算机建模分析（In Silico）

　　借助现代信息学技术，整合并分析相关理化数据，通过计算机建立模型模拟创伤愈合的动态变化过程，能为人类更好地分析多类因素的复杂相关作用，可在分子、细胞及组织水平上进行多尺度分析，且随着时间推移而进行的算法不断优化，会使得本方法

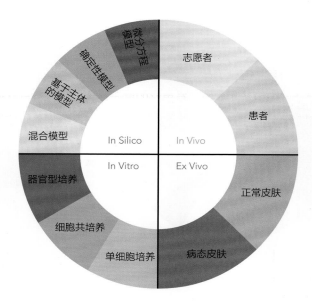

图5-4   创伤愈合模型的主要类别示意图

注：In Silico：计算机建模分析；In Vitro：体外模型；Ex Vivo：器官培养；In Vivo：体内模型。
资料来源：Ud-Din S，Bayat A.Wound Repair and Regeneration，2017，25（2）：164-176。

对于传统实验方法的优势更为明显。在创伤愈合的血管生成模型领域，现主要有3种模型：①连续模型（Continuum Models），主要借助微分方程建模，对血管网状结构预测效果有限；②Cell-Based模型（Cell-Based Models），计算成本较高，对个别内皮细胞行为的描述结果较好，但在组织尺度上获取信息有限；③混合模性（Hybrid Models），将前两者的优点进行综合，但相关三维模型建立较少，仍有大量需要研究改进的地方。

二、体外模型（In Vitro）

体外模型一般是将相关细胞或组织取出后在体外进行培养，以便于设立实验条件，细胞状态及代谢物的分析也易于进行。内皮细胞、角质形成细胞、成纤维细胞等重要细胞在创伤愈合研究中使用较多。体外模型大致可分为单细胞培养与多细胞共培养两种模式。但是，在现有模型中，内皮细胞、成纤维细胞及免疫细胞并未成功整合，模型所能提供的信息仍难以较好地模拟体内实际状况。

三、器官培养（Ex Vivo）

皮肤移植过程中，皮下层和脂肪污染物被去除，剩余组织进而作为器官培养。比起简单的体外细胞模型，其所提供的立体结构，对于角质形成细胞和成纤维细胞间的相互作用、细胞与细胞基质间的相互作用等，有更好的展示效果；但神经剔除使得神经支配带来的影响无法被观测，免疫细胞和血液供给的作用也被忽略，个体间的遗传特性差异亦被省略，因此该模型暂时难以建立统一标准。

四、体内模型（In Vivo）

体内模型可以提供极为丰富的试验信息，动物模型可采用大鼠、小鼠、兔等，临床研究对象则为人体。观测研究方式有肉眼观察、病理组织观察、愈合率及时长测定、蛋白质及羟脯氨酸含量测定等。使用啮齿类动物所搭建的模型已有较多类型，除了常见的烫伤模型、切开型伤口模型、切除型伤口模型、肉芽肿模型、糖尿病难愈模型等，缺血、辐射、化疗药物、静脉淤积性溃疡等相关模型也有提出。但由于鼠类皮肤愈合与人体的较大差异性，各类模型依旧难以复刻临床情况。如图5-5所示，在人体模型中，主要有患者（手术切口、切割型伤口、切除型伤口、供体处伤口）与志愿者（切割型伤口、切除型伤口、刮伤划痕、疱疮、胶带剥离试验后创伤、烧烫灼伤）两大类。

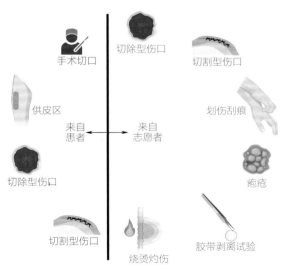

图5-5　基于人类活体的创伤愈合模型的主要类别

资料来源：Ud-Din S，Bayat A. Wound Repair and Regeneration，2017，25（2）：164-176。

第三节 胶原蛋白肽与创伤愈合

针对伤口愈合这一受微环境影响较大、牵扯多种细胞及物质分子的动态过程，临床治疗一般按各个不同阶段进行区分用药。例如，针对炎症期会使用皮质类固醇、非固醇抗炎药、抗生素等，以避免程度过高的炎症反应；在增生期时，则使用视黄醛类、维A酸类等药物，促进上皮细胞的增殖分化；当然，在用药之前，伤口愈合的常见障碍——坏死组织处的伤口床，其清理与清创术的选择也是必要的。然而，由于创伤的产生原因和所在位置、诱导伤口难愈因素具有多样性，不同治疗方案会有不同侧重点，这也对医用产品的特性提出了不同要求。目前，促愈活性药物的研究已取得不小进展。

其中，具有促愈活性的天然产物，不少拥有低毒性、易得性、可降解性等优点，近年来已在新药研发中赢得青睐。白芷、大黄、狼毒花、苦参、黄檗等多类中草药已被证明含有天然促愈活性物，动物资源中的羊尾油、青蛙皮、海藻提取物、软体动物壳粉末等亦有一定的促愈活性。由于愈合过程的复杂性，促愈机制也较为多样，促愈活性可涵盖抗菌性、抗炎性、抗氧化、保湿性、促进细胞增殖、协助细胞黏附等诸多特性。相关研究之中，由胶原蛋白向胶原蛋白肽的关注点延伸，即可见一斑。

一、活性发掘背景

在促进伤口愈合研究领域里，来源广泛、生物相容性好、几乎无细胞毒性的胶原蛋白较早地获得了相关应用探讨。早在2002年就有学者将牛皮胶原与氧化的再生纤维素混合制取敷料，并成功改良糖尿病小鼠的伤口难愈症状，由此猜测胶原可保护细胞因子免受酶解破坏。

近年来，来自海洋生物的胶原资源受到重视，尤其从鱼鳞、鱼骨、鱼皮等加工废弃物中制取的胶原蛋白海绵，受到广泛探讨，可兼具药物载体、修复填充、促愈止血等作用。以胶原蛋白为原材料，可构建起微小纤维、高度多孔、降解速度较慢、细胞相容性好、蛋白吸附能力较强的具有抗瘢痕作用的组织再生支架。该类支架能有效清除活性氧自由基、减少炎症细胞产生并促进表皮细胞增殖，甚至增强VEGF、肝细胞生长因子、转化生长因子-β等信号强度，提供较多的羟脯氨酸并促进肉芽形成；部分胶原提取制品对金黄色葡萄球菌、大肠杆菌等还有着明显的生长抑制作用；具体特性或与来源物种、提取方法、制备工艺等密切相关。进一步地，该支架可有效地递送生长因子、抗菌肽等活性物质，通过修饰支架亦能特异性地加强胶原与骨髓间充质干细胞之间的亲和力，进而更好地促进伤口愈合。

随着研究的深入，胶原降解物被发现是胶原发挥促愈作用的重要途径，不少研究者推测胶原蛋白肽有较强功效，已陆续开展相关研究。例如，从日本黄姑鱼（*Nibea japonica*）的加工副产物鱼鳔中，可提取得溶解性好、热稳定性佳、抗氧化活性高的胶原蛋白；而日本黄姑鱼胶原蛋白经酶解后，制取的低分子肽有着更佳的溶解性，更多的亲水性氨基酸残基暴露于水溶液中；经体外实验证明，能有效清除1,1-二苯基-2-三硝基苯肼（DPPH）、羟基自由基、超氧阴离子及2,2-联氮-二（3-乙基-苯并噻唑-6-磺酸）二铵盐（ABTS）自由基，在划痕实验中有力促进NIH-3T3细胞迁移，NF-κB信号通路中NF-κB p65、IKKα、IKKβ等蛋白质水平提升，EGF、FGF、VEGF、TGF-β等表达水平亦显著提升，其潜在的促愈活性较好。与此同时，如图5-6所示，经水解制取的部分胶原蛋白肽仍可提供适宜细胞黏附的表面，有助于诱导前导细胞形成，进而促进伤口愈合。

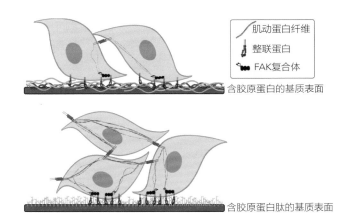

图5-6　胶原蛋白肽快速诱导前导细胞形成的示意图

资料来源：Banerjee P, Mehta A, Shanthi C. Chemico-Biological Interactions，2014，211：1-10。

首先，本章将从内用口服及外用敷料两个路径，对胶原蛋白肽的主要机制研究进展进行阐释；其次，简要梳理正式应用于患者身体的研究成果；最后，对案例报道较少的抗菌活性研究进行简明补充。

二、主要机制探究

（一）内用口服

Yang等（2018）将阿拉斯加鳕鱼（Alaska Pollock）鱼皮胶原进行碱性蛋白酶水解

获得胶原蛋白肽粉（PCP），随后通过Sprague-Dawley大鼠的切除型及切开型创伤模型评价其促愈活性，口服摄入分为低剂量0.5g/kg及高剂量2g/kg共两组。结果发现，PCP能抑制Smad7表达来破坏TGF-β/Smad信号通路的负反馈回路，还可以增加TGF-β1和TβRⅡ含量以促进TGF-β/Smad信号通路，最终改变胶原合成状况以改善创伤愈合。类似地，Zhang等（2011）将大马哈鱼（*Oncorhynchus keta*）鱼皮用复合蛋白酶酶解、灭活、无菌过滤、喷雾干燥后获得胶原蛋白肽粉MCP，测得其中富含氨基酸有Gly>Glu>Pro>Hyp>Asp>Ala>Arg，随后也借助SD大鼠的切除型及切开型创伤模型，探讨产物PCP的促愈活性。结果表明，VEGF及FGF-2表达量增加，有效促进血管新生，并改善胶原纤维的沉积情况。进一步地，Li等构建SD大鼠的剖腹产创伤模型，发现MCP的摄入可以供给羟脯氨酸，通过提高bFGF表达量以增强再上皮化过程中细胞外基质的合成，并且可能上调黏附因子CD31表达量以减轻炎症，明显加快剖产创伤的恢复。有趣的是，部分研究还发现胶原蛋白肽可以通过影响创伤处菌群以促进愈合。例如，Mei等（2020）将大西洋鲑（*Salmo salar*）及罗非鱼（*Oreochromis mossambicus*）的鱼皮胶原蛋白肽以2g/kg灌胃给药后，发现SD大鼠切除创伤表面的定植菌群结构及数量发生显著变化，肽的灌喂使得菌群中变形菌门更少而厚壁菌门更多；在对照组中，嗜麦芽窄食单胞菌（*Stenotrophomonas*）及鞘氨醇单胞菌（*Sphingomonas*）则为显著标志，其中嗜麦芽窄食单胞菌为临床上较常见的条件致病菌。菌群的变化可能是由NOD2的上调变化诱导BD14表达所导致的。此外，大西洋鲑鱼的鱼皮肽比罗非鱼具有更佳的促愈功效，这可能与其更高的羟脯氨酸含量有关。

　　除了单独的胶原蛋白肽，添加其他食物源性多肽的混合物功效研究也有报道。例如，Peng等（2020）在海洋鱼鱼皮肽为主要成分的基础上，加入乳清蛋白水解物、泰和乌鸡及淡水鱼肽、酪蛋白磷酸肽、葡萄糖酸锌等营养物，最终复配得到混合物MFPs，并将其以4.4mg/kg饲喂剖产后的SD大鼠。结果表明，MFPs增强了CD34和CTGF在细胞中的表达，促进了胶原组织及平滑肌的形成，极大地改善了子宫结构的愈合修复。相似地，由中国国家知识产权局授予专利权的TY001为一种用于促进创伤愈合、褥疮修复、术后应激性溃疡愈合的营养组合物（申请号：2017114143555）。其组成除了包含罗非鱼胶原蛋白肽，还混合有小麦蛋白水解物、鱼胶原、乳清蛋白、酪蛋白水解肽等营养物，其促愈活性已在斑马鱼皮肤创伤模型中得到探讨。Liu等（2018）通过注射醋酸诱导皮肤创伤，发现TY001不仅可以促进细胞的增殖，还能减轻不良炎症，通过上调*Msxb*、*VEGF-A*、*Wnt3a*、*RARγ*等基因表达以促进血管生成、组织修复，对应于胶原合成的*Col1A1B*也得到了上调表达。随后，TY001在糖尿病难愈伤口中的应用也得到了研究，Liu等（2018）使用由链脲佐菌素诱导建立C57BL/6小鼠糖尿病模型，低剂量组、中剂量组和高剂量组分别对应20g/kg、40g/kg及60g/kg。结果表明，在多种肽的综合作用下，伤口处胰岛素样生长因子-1、PDGF、TGF-β1、FGF及VEGF表达量均增加，组织中细胞因子及一氧化氮水平得到改善，SOD和CAT两种氧化还原酶活性亦提高，最终有效减轻不良炎症，促进糖尿病小鼠的创伤愈合。由此可见，考虑到难愈创伤的不同诱因，在精准化地针对病患个体用药时，应适当地将胶原蛋白肽与其他活性物进行联合使用。

可是，不同物种来源、不同部位所分布的胶原蛋白或有不同序列及结构，肽制取过程中酶解条件、分离纯化等工艺抑或影响胶原蛋白肽成品成分，进而影响其实际功效发挥。对于胶原蛋白肽摄入后，实际功效组分与对应功效类型间的精细化研究目前已有一定进展，但仍有空白等待补足。Sato K等（2020）在12h禁食后摄入食品级明胶水解物的健康受试者的血液中，对来源于猪皮、鸡爪、鸡软骨的胶原蛋白肽进行了分离鉴定。结果表明，羟基脯氨酸含量在口服后1~2h内迅速达到最大值20~60nmol/mL，并在4h时降为最大值的一半；血清和血浆中的胶原蛋白肽主要成分为Pro-Hyp，Ala-Hyp、Ala-Hyp-Gly、Pro-Hyp-Gly，Leu-Hyp、Ile-Hyp及Phe-Hyp等次要成分也被明显检测到；其中，Pro-Hyp和Pro-Hyp-Gly已在体外细胞培养中被证明对人成纤维细胞、外周血中性粒细胞及单核细胞具有趋化活性。类似地，Sato K等又探讨了鱼皮/鱼鳞的明胶制品在人血中的吸收形式。结果发现，人体在摄入鱼鳞/鱼皮水解物摄入后的24h内，血液中出现了Ala-Hyp、Leu-Hyp、Ile-Hyp、Phe-Hyp及Pro-Hyp-Gly等猪皮明胶摄入组所检测不到的成分，其中Ala-Hyp-Gly和Ser-Hyp-Gly为鱼鳞明胶组特有；而且，鱼鳞组在浓度-时间曲线下的总面积显著高于猪皮组，这说明口服摄入明胶水解产物后，人血中含Hyp的活性肽的组成及数量明显受到原料来源的影响。随后，Sato K等还选取二肽Pro-Hyp，通过体外细胞培养模拟伤口愈合，猜测Pro-Hyp可能改变细胞外基质与成纤维细胞间的关系，并刺激皮肤中成纤维细胞的生长。最近已证明Pro-Hyp可以通过刺激p75NTR阳性成纤维细胞生长而促进伤口愈合，同时对p75NTR阴性成纤维细胞无显著影响。因而，Pro-Hyp对健康组织没有不利影响，是创伤愈合过程中一类特殊的生长起始因子。

如图5-7所示，创伤处Pro-Hyp来源途径主要有两条。除了外源食物补充外，还有来自中性粒细胞降解胶原所得的内源路径，因此下面将阐释胶原蛋白肽在外用敷料的使用研究。

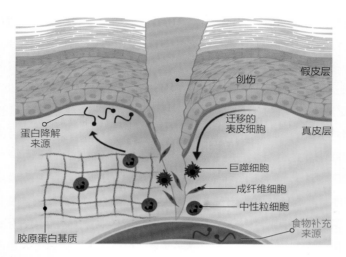

图5-7　创伤处胶原蛋白肽的来源途径

资料来源：Shigemura Y, Iwai K, Morimatsu F, et al. Journal of Agricultural and Food Chemistry, 2009, 57（2）: 444-449。

（二）外用敷料

肽在外用敷料中的应用研究在国内外均较多，大多使用鼠类动物建立模型。例如，Lin等（2021）从光裸星虫（*Sipunculus nudus*）提得胶原后借助动物水解蛋白酶及风味蛋白酶制取胶原蛋白肽SNCP，以每毫升无菌水混合2g肽粉制成软膏，并在昆明鼠全皮层创伤模型中以云南白药粉为阳性对照。结果表明，SNCP可以明显提高愈合率，阻断TGF-β/Smads信号转导通路，改善伤口真皮的胶原沉积和重组，促进愈合并抑制瘢痕形成，伤后28d内表皮恢复效果比阳性对照组更好（表5-8）；同时，在体外划痕试验中，有效诱导了人脐静脉内皮细胞、永生化角质形成细胞及人皮肤成纤维细胞的增殖和迁移。

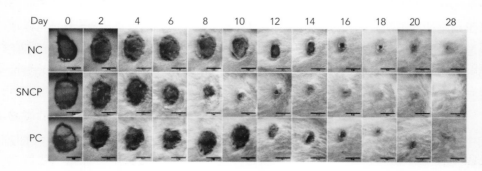

图5-8　光裸星虫胶原蛋白肽对小鼠全皮层创伤的促愈效果展示图

注：NC：未接受干预治疗的空白对照组；SNCP：接受光裸星虫胶原蛋白肽处理组；PC：接受云南白药处理的阳性对照组。
资料来源：Lin H, Zheng Z, Yuan J, et al. Molecules, 2021, 26（5）: 1385。

　　类似的研究还包括，Felician等（2019）发现海蜇胶原蛋白肽可以促进小鼠全皮层创伤处β-FGF及TGF-β1的表达；Zhang等（2011）发现罗非鱼鱼皮胶原蛋白肽可显著促进兔的深Ⅱ度烫伤愈合；Banerjee等（2015）发现牛腱胶原蛋白肽以60μmol/L涂抹小鼠切除创伤后，创面的脂质过氧化物显著减少，胶原蛋白及氨基糖合成增多，细胞外基质形成加快，再上皮化及伤口收缩速度变快，组织抗张强度比未治疗组也更强。

　　比起口服摄入对消化吸收的要求，外用敷料对胶原蛋白肽的特性要求中，时常有更多的可选项，如材料的物理特性、抗氧化性、甚至抗菌性等亦可被囊括在考虑范围中。Pozzolini等（2018）从海绵（*Chondrosia reniformis*）中酶解制得的胶原蛋白肽能有效清除活性氧，保护成纤维细胞及角质形成细胞免受紫外线诱导的不良损伤，这对于特定条件下的伤口促愈是值得参考的。然而，胶原蛋白肽的抗菌活性报道相对较少。单一的胶原短肽也难以形成像胶原蛋白凝胶那样的立体多孔，对此较为常见的实践使用方法之一是复配。例如，杨发明（2020）以"羊毛脂20%~25%（质量分数，下同）、甘油20%~25%、白凡士林44%~50%、海洋贝类活性肽3%~6%、方格星虫胶原蛋白肽0.1%~0.3%、水1%~4%"的配比配制皮肤创伤软膏，一方面利于保持水分平衡、保障促愈活性物质与创伤的长时间接触，另一方面多类活性物间共同发挥促愈作用、加速伤口愈合。此类方法原理较为简单，在此不做赘述。此外，有部分学者使用具有两亲性的胶原模拟短肽，在生理介质下成功自组装形成纳米纤维状凝胶。克服短肽缺点的另一条常见方法便是，利用其化学性质或同时借助物理手段，将其制备为具有一定物理特性的新材料，报道较多的为壳聚糖及静电纺丝技术。

　　壳聚糖是一种氨基多糖，主要来源于几丁质的脱乙酰基，甲壳动物及昆虫的外壳是其广泛的制取原料。甲壳素有较好的生物相容性、生物降解性、无毒性、抑菌作用等优点，因而被广泛用于组织工程和药物输送；但其作为伤口敷料时，面临着的是机械强度及生物活性不足的主要缺点。庆幸的是，其分子链上的氨基可以连接活性分子，从而改善水凝胶的强度和生物活性，还可形成微小的多孔结构为细胞提供合适支架，不少学者已借助化学反应将其与肽进行结合。由壳聚糖与胶原蛋白结合制作的促愈活性材料已有报道，结合作用除氢键外，多为来自壳聚糖的阳离子与胶原蛋白中阴离子之间的静电作用。当其与肽分子连接时，不同处理方式会涉及不同的反应机制。例如，Xiao等（2017）以微生物转谷氨酰胺酶（MTGase）为催化剂，将胶原蛋白肽（COP）连接至N-琥珀酰壳聚糖（NSC）上，最佳反应条件为40℃下反应2h、COP与NSC质量比为1.4、MTGase与NSC质量比为0.14，所得产物具有良好的保湿性及抗氧化活性，能有效促进小鼠成纤维细胞增殖。Liu等（2018）则在MTGase催化制取壳聚糖-胶原蛋白肽（CS-COP）的基础上，进一步加入经高碘酸盐氧化制取的氧化葡甘聚糖（OKGM）（图5-9）。连续室温搅拌下，OKGM活泼醛与CS-COP上的氨基反应，交联制得的水凝胶产物能较好地吸收并保留液状物，有良好的凝血功能，细胞相容性好、无细胞毒性，可促进NIH-3T3细胞增殖。类似地，Fan等（2014）选取羧甲基壳聚糖（CMC）经MTGase催化获得CMC-COP，能促进L929成纤维细胞生长并有过氧化氢清除能力；CMC-COP在兔的烧伤模型被证明有显著的促愈活性。

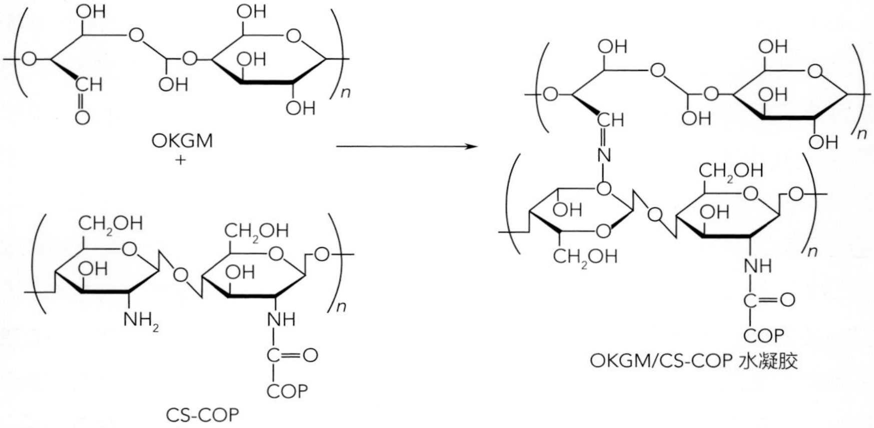

图5-9　**壳聚糖-胶原蛋白肽CS-COP与氧化葡甘聚糖OKGM反应制取水凝胶示意图**
资料来源：Liu L, Wen H, Rao Z, et al. International Journal of Biological Macromolecules, 2018, 108: 376-382.

此外，还有种常见交联方法是借助N-羟基琥珀酰亚胺（NHS）及1-（3-二甲氨基丙基）-3-乙基碳二亚胺（EDC）。例如，Deng等（2018）通过加入过量NHS，将EDC介导的偶联效率提高，活化后的胶原蛋白肽羧基再与壳聚糖混合，37℃反应4h后透析除去多余的NHS和EDC，即可获得有一定机械强度、可浸润细胞、诱导血管生成、加速创伤愈合的改良水凝胶。

近年来，静电纺丝技术得到快速发展，应用该技术可制取直径在纳米级别的纤维，最终所得纺织成品可具有孔隙率高、比表面积大、尺寸可控制等优点，可以很好地模仿细胞外基质特点，这为胶原蛋白肽、壳聚糖等生物相容性好的活性材料提供了较好的整合支持。Deng等（2018）以重组人源胶原蛋白及壳聚糖为材料，利用静电纺丝技术，采用简单的一步交联法，成功制备出有较好机械强度、保湿性及生物降解性的纳米纤维材料，在SD大鼠烫伤模型中可显著促进再上皮化及血管生成。Wang等（2011）选取低分子质量鱼鳞胶原蛋白肽为原料，以聚乙烯醇（PVA）增强纤维的形成能力，通过静电纺丝法制备出与壳聚糖结合的纳米纤维，尺寸范围50~100nm，可破坏细菌细胞膜，对金黄色葡萄球菌有显著抑菌活性及黏附性，同时拥有较好的生物相容性，可支持人皮肤成纤维细胞的增殖活动。同样地，以水产胶原蛋白为材料、由静电纺丝技术开发的纳米纤维亦有报道，抗菌肽的加入更能为敷料增添更强功效。

三、临床试验

涉及临床试验的相关研究较少，大多具有志愿者样本数较少的特点。

Choi等（2014）以8名韩国健康女性［平均年龄（37.25±3.15）岁，年龄范围34~44岁］为研究对象，随机分组后均受到非烧蚀性激光处理治疗。结果发现，胶原三肽（HACP）的补充摄入可以促进治疗后的皮肤修复，具体表现为术后14d时皮肤弹性更好、红斑消失更快。

Mistry等（2021）选取了6名年龄在20~66岁之间的健康志愿者，在他们摄入10g猪胶原蛋白肽后，静脉取血分析发现，血浆及血清中羟脯氨酸浓度均在摄入后2h处达到最大值［血清（20±4）μg/mL，血浆（23±3）μg/mL］。年轻人与老年人相比较，羟脯氨酸浓度在各个时间点处均无明显差异，这表明年龄因素可能并不影响胶原蛋白肽的吸收和生物利用度。

Yamanaka等（2017）以胶原蛋白肽及含精氨酸的饮料为两种营养补充剂，在多中心、随机对照研究中，共将51名压疮患者随机分为3组（加上空白对照组），并随后以DESIGN-R压疮愈合评估量表（深度、渗出液、大小、炎症感染、肉芽组织、坏死组织）分析连续服用四周后胶原蛋白肽的促愈功效。结果发现，胶原蛋白肽在患者间营养状况无显著差异的情况下，可有效促进伤口愈合，而精氨酸饮料组与对照组并无明显差异。Sugihara等（2018）进行了一项双盲、多中心、有安慰剂对照的随机试验，其中共有110名Ⅱ期或Ⅲ期压力性溃疡患者以受试者身份完成试验。试验以每日2次摄入、每次摄入5g的剂量连续进行16周。结果发现，摄入胶原蛋白水解物（由猪皮明胶制取）后，Pro-Hyp及Hyp-Gly在血液中被检测到，进而作用于真皮层的成纤维细胞，亦可能影响了干细胞，最终促进再上皮化并促进愈合。Lee等（2006）将89名处于Ⅱ期、Ⅲ期或Ⅳ期压力性溃疡的患者随机分为安慰剂对照及胶原蛋白水解补充剂两组，在该双盲、多中心试验中以PUSH计量表每两周评估一次愈合状况。结果表明，每日3次的胶原蛋白水解物连续摄入，能有效促进患者伤口愈合，两组间的愈合状况在第8周时呈现显著差异（$P < 0.05$）。

四、抗菌活性研究

自然界中生物体内的免疫系统可产生用于抵抗细菌感染的小分子多肽，其具有广谱性、高效性、毒副作用较小、抗生物膜、充当被动免疫系统趋化因子、诱导血管新生等特性。在抗生素滥用、多重耐药细菌出现的背景下，新型抗菌肽的研发使用备受学者关注。海洋资源中，海绵、黄鲀鱼、牡蛎、雪蟹等生物已分离提取出抗菌肽。胶原蛋白亦可诱导菌体变形以及细胞壁破裂以抑菌，但其抗菌活性可受提取方式影响。

胶原蛋白肽或明胶水解物相关的抗菌活性，在促愈研究中的报道相对较少。Gómez Guillén等（2010）通过碱性蛋白酶制取了吞拿鱼及鱿鱼鱼皮明胶的水解物，并以琼脂扩散法评估其抗菌活性。结果发现，腐败希瓦菌（*S. putrefaciens*）、发光菌和球菌较为敏感。由此猜测，低分子质量的肽可以更好暴露残基进而抑制细菌；其中，疏水特性便于肽进入细菌膜，正电荷基团则利于与带负电荷的细菌表面发生作用。类似地，经中性蛋白酶制取的牛骨胶原蛋白肽中小于10ku的组分，被发现在20mg/mL的浓度下对大肠杆菌抑菌率可达93.61%，而10ku分子质量以上组分没有抑菌能力；鲢鱼鱼鳞胶原蛋白肽经短小芽孢杆菌胶原蛋白酶处理后分子质量显著降低至20ku以下，经测定，对金黄色葡萄球菌和大肠杆菌的最小抑菌浓度分别为1.0mg/mL和0.5mg/mL；鮟鱇鱼皮胶原蛋白肽与抗生素复配时，被证明可增强对大肠杆菌及金黄色葡萄球菌的抑制作用。有趣的是，杨志荣（2016）以胃蛋白酶-乙酸结合方法提取羊软骨中的胶原蛋白后，在酶解制取胶原蛋白肽时，发现除碱性蛋白酶之外，胃蛋白酶、木瓜蛋白酶、中性蛋白酶及胰蛋白酶的酶解所得肽段几乎都没有抑菌活性；而经碱性蛋白酶酶解制取的胶原蛋白肽抑菌稳定性优良，对大肠杆菌和枯草芽孢杆菌有较好抑制效果，在较广pH范围（3~11）内均有抑菌活性，且不受SDS、Tween20、Tween80、尿素等表面活性剂影响，也不受有机溶剂、亚硝酸钠、紫外线、贮藏温度影响；但乙二胺四乙酸可显著增强其抑菌活性，而常见金属阳离子如二价镁、二价铜、二价锌、二价铁等则降低其抑菌活性。Ennaas等（2016）借助Fmoc固相合成法，制取出在鱼胶原水解物中鉴定出的抗菌肽（GLPGPLGPAGPK），发现该肽在1.88mmol/L时完全抑制了金黄色葡萄球菌的生长，但在高浓度时可能具有溶血性。经二级结构测定及分子模拟分析后推测，该肽段很可能在疏水环境下形成β-折叠结构，并与生物膜上的阴离子（磷脂酰甘油）和两性离子（磷酸乙醇胺和磷脂酰胆碱）产生脂质相互作用，建立出几个氢键作用保留在膜-水界面，其抑菌机制可能遵循地毯式模型（Carpet Model）（图5-10）。

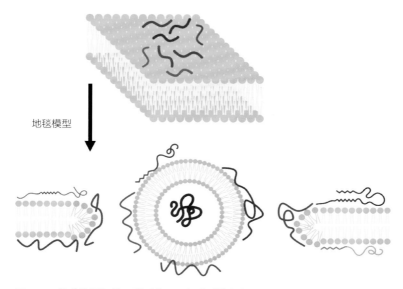

地毯模型

图5-10　**抗菌肽被初始吸附后作用于细胞膜的机制**
资料来源：吴阳开，金明昌.临床医学进展，2020，10（8）：1729-1942。

第四节　结语

　　创伤恢复的愈合过程涉及多类细胞、多种细胞因子、多个酶类及复杂的化学反应，适当的炎症反应及营养补给是必要的。但是，局部出现的难以愈合，不仅与微生物的不良影响有关，往往还与机体自身整体性疾病因素相关，常见的有糖尿病、压力性溃疡等。小分子胶原蛋白肽往往具有抗氧化活性好、生物相容性好、细胞毒性小、几乎无致敏性、易吸收等特点，无论内服还是外敷，在创伤愈合都有着独特的应用优势。诸如Pro-Hyp的个别短肽，已被证明对细胞有着确切的促进生长作用，可改变组织细胞基因表达状况，最终达到减轻不良炎症、清除活性氧、供给营养、促进愈合的作用。少部分胶原蛋白肽被报道有良好的抑菌活性、抗炎活性，但其机制仍需深入阐释。与内服不同的是，外敷使用时，考虑到组织填充、保湿、抑菌等额外要求，胶原蛋白肽或需与其他物质复配使用。除了常见的借助化学改造、静电纺织等方法改良敷料外，精细化地修饰支架，增添其特殊功能性，增强其与细胞的黏附性等，或将更有助于创伤愈合。

　　值得注意的是，胶原蛋白的物种来源、在生物上的分布部位、制取工艺等，以及胶原蛋白肽的酶解条件、分离纯化工艺等都会影响产物的最终特性。相关人体试验目前数据较少，如何精准高效地将胶原蛋白肽应用于创伤愈合治疗领域，仍有不少理论空缺拟待补充。

参考文献

［1］ 高凯莉. 海洋生物胶原蛋白和静电纺丝膜促进伤口愈合作用研究［D］. 上海：上海海洋大学, 2017.

［2］ 靳书杰. 日本黄姑鱼皮胶原蛋白理化特性及其胶原蛋白肽活性研究［D］. 舟山：浙江海洋大学, 2019.

［3］ 来梦婕. 墨西哥黄唇鱼胶原蛋白肽促进小鼠皮肤伤口愈合作用的研究［D］. 杭州：浙江大学, 2018.

［4］ 陆鸿全. 美洲大蠊腺苷提取物促进伤口愈合的作用及机制［D］. 昆明：昆明医科大学, 2019.

［5］ 马华威. 双酶分步酶解制备鮟鱇鱼皮胶原蛋白肽及生物活性的研究［D］. 舟山：浙江海洋学院, 2014.

［6］ 苏钰涵, 杜华, 牛广明, 等. 成纤维细胞生长因子的信号通路［J］. 中国组织工程研究, 2016, 20（15）：2255-2264.

［7］ 王笑笑. 湿性疗法在骨科急性伤口中的应用［D］. 乌鲁木齐：新疆医科大学, 2013.

［8］ 吴琦, 胡建平, 刘书亮, 等. 鲢鱼鳞胶原多肽的酶法制备及性质研究［J］. 食品与发酵工业, 2010, 36（2）：119-122.

［9］ 吴阳开, 金明昌. 抗菌肽的来源、作用机制及临床应用研究进展［J］. 临床医学进展, 2020, 10（8）：1729-1942.

［10］ 杨发明. 珍珠贝外套膜酶解产物促进小鼠皮肤软组织创伤愈合作用研究［D］. 湛江：广东海洋大学, 2020.

［11］ 杨海霞. 蛋清源小肽促皮肤细胞迁移作用研究［D］. 长春：吉林大学, 2019.

［12］ 杨志荣. 羊软骨中胶原蛋白肽的提取及其抑菌活性的研究［D］. 呼和浩特：内蒙古农业大学, 2016.

［13］ 尹彩霞, 邓媛媛, 黄彬, 等. 血管内皮生长因子在缺血性脑损伤后血管新生中的作用［J］. 华西药学杂志, 2016, 31（1）：103-107.

［14］ 张静怡. 罗非鱼胶原蛋白与生物组织相互作用关系的研究［D］. 上海：上海海洋大学, 2019.

［15］ 张胜男. 草鱼肿瘤坏死因子受体1（TNFR1）和TNFR2的分子鉴定和免疫功能研究［D］. 成都：电子科技大学, 2018.

［16］ 张顺亮, 潘晓倩, 成晓瑜, 等. 牛骨胶原蛋白源抑菌肽的分离纯化及成分分析［J］. 肉类研究, 2013, 27（11）：33-36.

[17] 赵倩. 新型促伤口愈合抗菌肽的设计及活性研究 [D] . 兰州：兰州大学，2016.

[18] 祝婧. 海鲈鱼胶原蛋白肽的制备分离及对皮肤伤口的愈合作用 [D] . 福州：福建农林大学，2014.

[19] Banerjee P, Mehta A, Shanthi C. Investigation into the cyto-protective and wound healing properties of cryptic peptides from bovine achilles tendon collagen [J] . Chemico-Biological Interactions, 2014, 211: 1-10.

[20] Banerjee P, Suguna L, Shanthi C. Wound healing activity of a collagen-derived cryptic peptide [J] . Amino Acids, 2015, 47（2）: 317-328.

[21] Chattopadhyay S, Raines RT. Collagen-based biomaterials for wound healing [J] . Biopolymers, 2014, 101（8）: 821-833.

[22] Cheng Y, Hu Z, Zhao Y, et al. Sponges of carboxymethyl chitosan grafted with collagen peptides for wound healing [J] . International Journal of Molecular Sciences, 2019, 20（16）: 3890.

[23] Choi SY, Kim WG, Ko EJ, et al. Effect of high advanced-collagen tripeptide on wound healing and skin recovery after fractional photothermolysis treatment [J] . Clinical and Experimental Dermatology, 2014, 39（8）: 874-880.

[24] Clark RAF. Overview and general considerations of wound repair [M] . The Molecular and Cellular Biology of Wound Repair. Boston, MA: Springer US, 1998: 3-33.

[25] Deng A, Yang Y, Du S, et al. Electrospinning of in situ crosslinked recombinant human collagen peptide/chitosan nanofibers for wound healing [J] . Biomaterials Science, 2018, 6（8）: 2197-2208.

[26] Deng A, Yang Y, Du S, et al. Preparation of a recombinant collagen-peptide（RHC）- conjugated chitosan thermosensitive hydrogel for wound healing [J] . Materials Science and Engineering: C, 2021, 119: 111555.

[27] Ennaas N, Hammami R, Gomaa A, et al. Collagencin, an antibacterial peptide from fish collagen: Activity, structure and interaction dynamics with membrane [J] . Biochemical and Biophysical Research Communications, 2016, 473（2）: 642-647.

[28] Fan L, Wu H, Cao M, et al. Enzymatic synthesis of collagen peptide-carboxymethylated chitosan copolymer and its characterization [J] . Reactive and Functional Polymers, 2014, 76: 26-31.

[29] Felician FF, Yu R, Li M, et al. The wound healing potential of collagen peptides derived from the jellyfish rhopilema esculentum [J] . Chinese Journal of Traumatology, 2019, 22（1）: 12-20.

[30] Flanagan M. Wound healing and skin integrity: Principles and practice [M] . Wiley-Blackwell, 2013.

[31] Gómez Guillén MC, López Caballero ME, Alemán A, et al. Antioxidant and antimicrobial peptide fractions from squid and tuna skin gelatin [M] . Transworld Research Network（Trivandrum, India）, 2010.

[32] Greenhalgh DG. Models of wound healing [J] . Journal of Burn Care & Research, 2005, 26 (4): 293-305.

[33] Guerra A, Belinha J, Jorge RN. Modelling skin wound healing angiogenesis: A review [J] . Journal of Theoretical Biology, 2018, 459: 1-17.

[34] Guo S, DiPietro LA. Factors affecting wound healing [J] . Journal of Dental Research, 2010, 89 (3): 219-229.

[35] Gupta AK, Batra P, Mathur P, et al. Microbial epidemiology and antimicrobial susceptibility profile of wound infections in out-patients at a level 1 trauma centre[J]. Journal of Patient Safety & Infection Control, 2015, 3 (3): 126-129.

[36] Gurtner GC, Werner S, Barrandon Y, et al. Wound repair and regeneration [J] . Nature, 2008, 453 (7193): 314-321.

[37] Hart J, Silcock D, Gunnigle S, et al. The role of oxidised regenerated cellulose/ collagen in wound repair: Effects in vitro on fibroblast biology and in vivo in a model of compromised healing [J] . The International Journal of Biochemistry & Cell Biology, 2002, 34 (12): 1557-1570.

[38] Hu Z, Yang P, Zhou C, et al. Marine collagen peptides from the skin of Nile Tilapia (*Oreochromis Niloticus*): Characterization and wound healing evaluation: 4 [J] . Marine Drugs, 2017, 15 (4): 102.

[39] Iwai K, Hasegawa T, Taguchi Y, et al. Identification of food-derived collagen peptides in human blood after oral ingestion of gelatin hydrolysates [J] . Journal of Agricultural and Food Chemistry, 2005, 53 (16): 6531-6536.

[40] Lee SK, Posthauer ME, Dorner B, et al. Pressure ulcer healing with a concentrated, fortified, collagen protein hydrolysate supplement: A randomized controlled trial [J] . Advances in Skin & Wound Care, 2006, 19 (2): 92-96.

[41] Lin H, Zheng Z, Yuan J, et al. Collagen peptides derived from *Sipunculus nudus* accelerate wound healing [J] . Molecules, 2021, 26 (5): 1385.

[42] Liu L, Wen H, Rao Z, et al. Preparation and characterization of chitosan-collagen peptide/oxidized konjac glucomannan hydrogel [J] . International Journal of Biological Macromolecules, 2018, 108: 376-382.

[43] M. Flanagan, Chichester. Wound healing and skin integrity: Principles and practice [M] . Wound Healing and Skin Integrity. West Sussex, UK: Wiley-Blackwell, 2013.

[44] Mei F, Liu J, Wu J, et al. Collagen peptides isolated from *Salmo salar* and *Tilapia nilotica* skin accelerate wound healing by altering cutaneous microbiome colonization via upregulated NOD2 and BD14 [J] . Journal of Agricultural and Food Chemistry, 2020, 68 (6): 1621-1633.

[45] Mistry K, Steen B, Clifford T, et al. Potentiating cutaneous wound healing in young and aged skin with nutraceutical collagen peptides [J] . Clinical and Experimental Dermatology, 2021, 46 (1): 109-117.

[46] Ohara H, Matsumoto H, Ito K, et al. Comparison of quantity and structures of hydroxyproline-containing peptides in human blood after oral ingestion of gelatin

hydrolysates from different sources [J] . Journal of Agricultural and Food Chemistry, 2007, 55 (4): 1532-1535.

[47] Pal P, Srivas PK, Dadhich P, et al. Accelerating full thickness wound healing using collagen sponge of mrigal fish (*Cirrhinus Cirrhosus*) scale origin [J] . International Journal of Biological Macromolecules, 2016, 93: 1507-1518.

[48] Peng X, Xu J, Tian Y, et al. Marine fish peptides (collagen peptides) compound intake promotes wound healing in rats after cesarean section [J] . Food & Nutrition Research, 2020, 64.

[49] Pozzolini M, Millo E, Oliveri C, et al. Elicited ROS scavenging activity, photoprotective, and wound-healing properties of collagen-derived peptides from the marine sponge *Chondrosia Reniformis* [J] . Marine Drugs, 2018, 16 (12): 465.

[50] Sato K, Asai TT, Jimi S. Collagen-derived di-peptide, prolyl-hydroxyproline (Pro-Hyp): A new low molecular weight growth-initiating factor for specific fibroblasts associated with wound healing [J] . Frontiers in Cell and Developmental Biology, 2020, 8.

[51] Shigemura Y, Iwai K, Morimatsu F, et al. Effect of prolyl-hydroxyproline (Pro-Hyp), a food-derived collagen peptide in human blood, on growth of fibroblasts from mouse skin [J] . Journal of Agricultural and Food Chemistry, 2009, 57 (2): 444-449.

[52] Sugihara F, Inoue N, Venkateswarathirukumara S. Ingestion of bioactive collagen hydrolysates enhanced pressure ulcer healing in a randomized double-blind placebo-controlled clinical study [J] . Scientific Reports, 2018, 8 (1): 11403.

[53] Suzuki S, Muneta T, Tsuji K, et al. Properties and usefulness of aggregates of synovial mesenchymal stem cells as a source for cartilage regeneration [J] . Arthritis Research & Therapy, 2012, 14 (3): R136.

[54] Ud-Din S, Bayat A. Non-animal models of wound healing in cutaneous repair: In silico, in vitro, ex vivo, and in vivo models of wounds and scars in human skin [J] . Wound Repair and Regeneration, 2017, 25 (2): 164-176.

[55] Wang J, Xu M, Liang R, et al. Oral administration of marine collagen peptides prepared from chum salmon (*Oncorhynchus keta*) improves wound healing following cesarean section in rats [J] . Food & Nutrition Research, 2015, 59 (1): 26411.

[56] Wang Y, Zhang C, Zhang Q, et al. Composite electrospun nanomembranes of fish scale collagen peptides/chito-oligosaccharides: antibacterial properties and potential for wound dressing [J] . International Journal of Nanomedicine, 2011 (6): 667-676.

[57] Xiao Y, Ge H, Zou S, et al. Enzymatic synthesis of *N*-succinyl chitosan-collagen peptide copolymer and its characterization [J] . Carbohydrate Polymers, 2017, 166: 45-54.

[58] Xiong X, Liang J, Xu Y, et al. The wound healing effects of the tilapia collagen peptide mixture TY001 in streptozotocin diabetic mice [J] . Journal of the Science of Food and Agriculture, 2020, 100 (7): 2848-2858.

［59］Xiong X，Liu Y，Shan L，et al. Evaluation of collagen mixture on promoting skin wound healing in zebrafish caused by acetic acid administration［J］. Biochemical and Biophysical Research Communications，2018，505（2）：516-522.

［60］Yamanaka H，Okada S，Sanada H. A multicenter, randomized, controlled study of the use of nutritional supplements containing collagen peptides to facilitate the healing of pressure ulcers［J］. Journal of Nutrition & Intermediary Metabolism，2017（8）：51-59.

［61］Yang F，Jin S，Tang Y. Marine collagen peptides promote cell proliferation of NIH-3T3 fibroblasts via NF-κB signaling pathway［J］. Molecules，2019，24（22）：4201.

［62］Yang T，Zhang K，Li B，et al. Effects of oral administration of peptides with low molecular weight from alaska pollock（ *Theragra Chalcogramma* ）on cutaneous wound healing［J］. Journal of Functional Foods，2018，48：682-691.

［63］Zeng Q，Macri LK，Prasad A，et al. 5.534-Skin tissue engineering［M］. Comprehensive Biomaterials. Oxford：Elsevier，2011：467-499.

［64］Zhang Z，Wang J，Ding Y，et al. Oral administration of marine collagen peptides from chum salmon skin enhances cutaneous wound healing and angiogenesis in rats ［J］. Journal of the Science of Food and Agriculture，2011，91（12）：2173-2179.

第六章

胶原蛋白肽与机体免疫及炎症调控

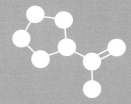

免疫系统（Immune System）作为维持人体健康及内环境平衡的一大重要体系，与机体各项生理功能休戚相关。它是防卫病原体入侵最有效的武器，具有识别和排除抗原性异物，与机体其他系统相互协调，共同维持机体内环境稳定和生理平衡的功能。怎样防止免疫系统紊乱以及如何提高免疫力是人们所关注并追求的。炎症（Inflammation）是一种进化保守的过程，它是机体对刺激因素的防御反应，是免疫系统执行功能、维持机体稳态的重要环节。已有研究表明，慢性炎症是心脑血管疾病、神经退行性疾病甚至癌症等重大疾病的致病因素之一。由于抗炎治疗的药物往往存在如过敏、胃肠道不适以及损害神经系统等副作用，寻找新型食源性抗炎因子逐渐成为研究热点。近年来的诸多研究显示，胶原蛋白肽在细胞、动物以及临床观察实验中均表现出良好的抗炎效果，具备一定提高免疫力、防止免疫损害的功能，这些研究结果也为新型肽类抗炎功能活性因子以及肽类免疫功能活性因子的开发提供了选择和参考。

第一节　免疫、炎症与人体健康

一、机体免疫系统

人类和其他哺乳动物生活的环境中存在大量病原体，如细菌、病毒等，威胁着正常的身体健康。病原体通常是一类具备复杂的传播、复制和致病机制的集合，通过侵入人体的转录、翻译或调控体系破坏人体健康。但自然界微生物除专性病原体外还包括对人体有益的共生微生物，免疫系统需要在识别和清除病原体的同时，防止过度免疫反应对有益共生生物造成损害，以维持机体正常的组织及器官功能。人体依靠免疫系统对侵入人体的抗原类物质（细菌、病毒等），或损伤组织和肿瘤细胞的主要组织相容性复合体抗原进行识别，并实现清除及修复，使机体能够维持在一种抵抗或防止微生物、寄生虫以及其他有害生物侵袭的状态。由于环境中致病微生物和有毒有害物质的多样性，以及多种致病机制，免疫系统通过一系列复杂的保护机制加以抵抗。其普遍特征可以概括为对"自己"和"非己"的识别与标记，如图6-1所示，免疫系统依赖于检测病原体或毒素的结构特征，从而将其标记为非宿主细胞，这种"宿主-病原体"或"宿主-毒素"的鉴别是它在不损伤自身组织的情况下消除威胁的必要手段。免疫系统的健康与活力直接关系到疾病的发生与发展，提高机体免疫力是降低患病率的根本手段。

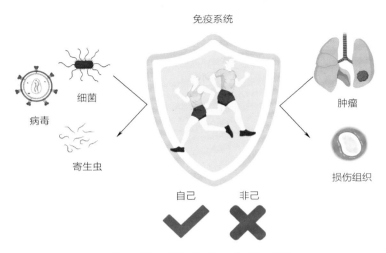

图6-1　免疫系统对"自己"及"非己"的识别控制示意图

（一）免疫系统的分类及组成

1. 免疫反应的分类

　　免疫系统识别并标记微生物、有毒物质以及过敏性结构的机制可以分为两类：①通过宿主生殖细胞系中基因编码的硬连线反应（Hard-Wired Response）对外源微生物及毒素共享的分子模式进行识别；②通过基因元件编码调控体细胞重组，产生准确且特异性识别外源病原体或毒素的抗原结合分子。由第一种机制调控的免疫反应称为先天（固有）免疫反应；由于先天免疫所使用的识别分子在大量细胞中广泛表达，该系统在遇到入侵的病原体或毒素后能够迅速发挥作用，从而构成最初的宿主反应。第二种调控机制主要用于控制适应性（获得性）免疫反应；由于适应性系统由对单个病原体、毒素或过敏原有特异性的少量细胞组成，反应细胞必须在遇到抗原后增殖，以获得足够的数量来对微生物或毒素进行有效的反应。因此，适应性免疫反应通常在宿主先天免疫反应之后表达。适应性免疫反应的一个重要特征是它所产生的记忆细胞通常处于休眠状态，但可以在感受到特异性抗原时快速响应并增殖以激活免疫反应。

　　适应性免疫反应根据免疫应答细胞的不同又可以分为体液免疫及细胞免疫两类，两者协同，对病原体产生免疫应答。如图6-2所示，体液免疫主要由B淋巴细胞介导，T细胞将受到巨噬细胞处理的抗原呈递给B细胞，过程中伴随淋巴因子的分泌，激活后的B细胞分化产生效应B细胞（浆细胞）以及记忆细胞，进而分泌抗体。细胞免疫从狭义上说，主要是由T淋巴细胞介导的免疫应答。辅助性T细胞识别受到病原体刺激的巨噬细胞后，增殖分化为效应T细胞以及记忆细胞，作用于靶细胞使其死亡，主要特征是出现以单核细胞浸润为主的炎症反应和/或特异性的细胞毒性。细胞毒性T细胞作为一种特异性T细胞，能够分泌多种细胞毒介质杀伤靶细胞，其中毒性最强的为穿孔素。而从广义上看，细胞免疫还包括原始的吞噬细胞（巨噬细胞）作用以及自然杀伤细胞介导的细胞毒作用。细胞免疫通常也需要体液免疫的参与，协同发挥作用，保证免疫功能的正常运作。

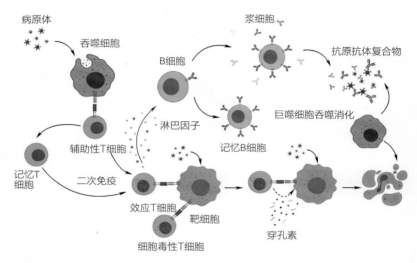

图6-2　体液免疫及细胞免疫应答过程

2. 免疫系统的组成

无论先天免疫或适应性免疫都是机体执行免疫应答及免疫功能的重要系统，该系统由免疫器官、免疫细胞和免疫因子组成。

免疫器官（Immune Organ）指实现免疫功能的器官，主要包括脾脏、胸腺、肠道、淋巴器官等（图6-3）。根据发生的时间顺序和功能差异，可分为中枢免疫器官（Central Immune Organ）和外周免疫器官（Peripheral Immune Organ）两部分。人类和哺乳动物的中枢免疫器官包括骨髓及胸腺，是免疫细胞发生、分化并最终成熟的场所。骨髓是造血干细胞生长及分化的场所，可提供各种免疫细胞的前体细胞，其中最重要的细胞为多能干细胞。多能干细胞可以分化形成髓样干细胞以及淋巴干细胞，髓样干细胞进一步分化形成红细胞系、单核细胞系、粒细胞系和巨噬细胞系，淋巴干细胞则发育形成各种淋巴细胞的前体细胞。B细胞是体液免疫的重要参与者，而T细胞则是参与细胞免疫的主要功能细胞。B细胞发育过程中，淋巴样前体细胞在向骨髓腔中心移行过程中逐渐发育成熟。胸腺是T细胞分化成熟的场所，包括皮质及髓质两部分。胸腺上皮细胞、巨噬细胞以及树突状细胞共同组成胸腺基质细胞，通过产生免疫分子或促进细胞间信息传递影响其增殖、分化及选择性发育。骨髓中的前T细胞进入胸腺后，与胸腺基质细胞接触并发生选择性分化，约5%的胸腺细胞继续分化成熟，形成不同功能的T细胞亚群，从髓质经血液循环输送至全身。

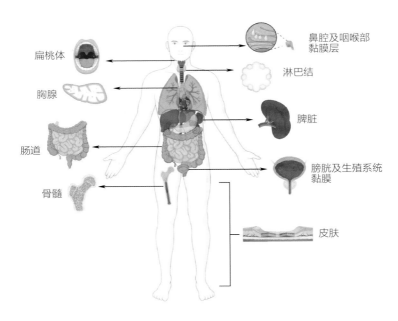

扁桃体

胸腺

肠道

骨髓

鼻腔及咽喉部黏膜层

淋巴结

脾脏

膀胱及生殖系统黏膜

皮肤

图6-3　人体免疫器官

　　外周免疫器官是机体成熟免疫细胞进行活化、增殖、分化、定居以及在抗原刺激下发生免疫应答的场所，又被称为二级免疫器官。外周免疫器官主要包括脾脏、淋巴结、黏膜相关淋巴组织，如扁桃体、阑尾、肠集合淋巴结以及在呼吸道和消化道黏膜下层的分散淋巴小结和弥散淋巴组织。其中，脾脏是人体最大的外周免疫器官，是人体血液流转的仓库，承担着过滤血液，除去死亡的血球细胞，并吞噬病毒和细菌的职能。同时，脾脏可以激活B细胞使其产生大量的抗体。而淋巴结则是聚集了数十亿白细胞的"战场"。当感染发生时，各类免疫细胞及抗原在淋巴结聚集，淋巴结肩负着过滤淋巴液、排除病毒、细菌等抗原废物的作用，参与机体淋巴细胞的再循环。黏膜相关淋巴组织，也称黏膜免疫系统，是呼吸道、胃肠道及泌尿生殖道黏膜固有层和上皮细胞下的无被膜淋巴组织，以及某些带有生发中心的器官化淋巴组织（如扁桃体、小肠的派氏集合淋巴结及阑尾），主要包括肠相关淋巴组织、鼻相关淋巴组织和支气管相关淋巴组织等。

　　免疫细胞（Immune Cell）遍布于免疫器官乃至全身各处，具有维持组织器官稳态、抵抗病原体入侵等作用。在大多数情况下，免疫细胞处于相对静息状态，但在机体遭遇感染、创伤等各类因素干扰时，免疫细胞可以迅速活化，并发挥一系列免疫效应来维持机体的相对稳态。免疫细胞包括T淋巴细胞、B淋巴细胞、巨噬细胞、树突状细胞、粒细胞、髓样来源抑制细胞、肥大细胞、自然杀伤细胞等。如表6-1所示，不同免疫细胞在免疫应答中各自扮演着不可或缺的角色，共同支撑机体免疫系统的运转。

表6-1 免疫细胞类型及功能特点

细胞类型	功能特点
初始T细胞	通过抗原刺激或树突状细胞的呈递作用，可进一步分化成效应T细胞等
细胞毒性T细胞（Cytotoxic T Lymphocyte，CTL）	分泌淋巴因子，执行细胞免疫，对部分病毒、肿瘤细胞等抗原具有杀伤作用
记忆T细胞（Memory T Cell，Tm）	抗原二次入侵时迅速激活并产生免疫应答
调节性T细胞（Regulatory Cells，Treg）	抑制正常机体内潜在的自身反应性T细胞的活化与增殖，维持机体免疫耐受，防止自身免疫性疾病的发生
B淋巴细胞	分泌抗体，执行体液免疫
M1型巨噬细胞	分泌促炎因子（如TNF-α、IL-1β、IL-6等）和一氧化氮（NO），吞噬微生物，辅助启动免疫反应
M2型巨噬细胞	分泌抗炎因子（IL-10等），免疫抑制，组织修复
树突状细胞（Dendritic Cells，DCs）	启动免疫系统，参与抗原呈递以及激活T淋巴细胞免疫应答
中性粒细胞	趋化、吞噬、杀菌，是抗感染免疫的早期效应细胞
髓样来源抑制细胞（Myeloid-Derived Suppressor Cell，MDSCs）	具有高度异质性，在病理性或慢性炎症疾病、传染病、自身免疫性疾病或败血症条件下可异常扩增并发挥免疫抑制作用
肥大细胞	表达组织相容性复合体分子及大量IgE Fc受体，介导免疫球蛋白引起的过敏性炎症及Th2型免疫反应，具有弱吞噬功能
自然杀伤细胞（Natural Killer Cell，NK）	对肿瘤细胞及病毒感染细胞具有非特异性的杀伤力，直接识别并释放细胞毒介质，如穿孔素和颗粒酶，杀死病毒感染或转化的细胞

资料来源：潘晓花，潘礼龙，孙嘉. 食品科学, 2021, 42（15）: 220-230。

　　免疫因子（Immune Factors）又被称为免疫活性物质，是指免疫细胞膜分子（如抗原识别受体、主要组织相容性复合体）、抗体、细胞因子、溶菌酶、补体、免疫球蛋白等由免疫细胞或其他细胞产生的发挥免疫作用的物质。

主要组织相容性复合体（Major Histocompatibility Complex，MHC）是免疫细胞膜分子中的重要因子，是编码动物主要组织相容性抗原的基因群的统称。人类的MHC被称为人类白细胞抗原（Human Leukocyte Antigen，以HLA-A为例，NCBI gene ID：3105），由MHC分子呈递的抗原肽能够被CD8$^+$和CD4$^+$ T细胞的抗原受体特异性识别。其他免疫细胞膜分子还包括转铁蛋白受体（Transferrin receptor，CD71，NCBI gene ID：7037）、转谷氨酰胺酶2（Transglutaminase 2，TG2，NCBI gene ID：7052）和可溶性CD89（Soluble CD89，NCBI gene ID：2204）等。

免疫球蛋白（Immunoglobulin，Ig）包括抗体和膜免疫球蛋白，其中所有抗体均具有球蛋白结构，但并非所有免疫球蛋白都表现出抗体活性。抗体（Antibody）是指机体受到抗原刺激后，由浆细胞分泌的用于鉴别并特异性标记、中和外来有害物质的大型"Y"形球蛋白，通常存在于脊椎动物的体液中以及B细胞的细胞膜表面。除抗体外，免疫球蛋白分为5类。Ig分子的单体包含两条相同的轻链（L链）和两条相同的重链（H链），通过二硫键将L链与H链连接，形成的四肽链分子即为Ig分子的单体，是构成免疫球蛋白分子的基本结构。如图6-4所示，根据H链恒定区结构的不同将免疫球蛋白分为5种：IgD、IgG、IgE、IgM和IgA。

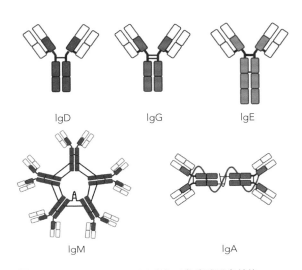

图6-4　IgD、IgG、IgE、IgM及IgA免疫球蛋白结构

细胞因子（Cytokine）是由免疫细胞及某些非免疫细胞（内皮细胞、表皮细胞、纤

维母细胞等）受到免疫原、丝裂原等的刺激后，合成并分泌的一类小分子可溶性蛋白质，具有广泛的免疫生物活性。细胞因子在通常情况下与其相应受体结合，进而调控血细胞生成、细胞生长、分化以及免疫应答，并对成体多能干细胞（Adult Pluripotent Stem Cells，APSCs）产生作用以促进损伤组织修复。细胞因子可被分为白细胞介素、干扰素、肿瘤坏死因子超家族、集落刺激因子、趋化因子、生长因子等。

生物溶菌酶是人体内的非特异性免疫因子，可提高机体的免疫力。它能够特异性识别外源微生物细胞壁多糖，通过溶解细胞壁实现抗菌、抗病毒和消炎等作用。补体系统是先天免疫防御的一部分，以酶促方式相互激活并形成蛋白酶级联。除一系列可溶性蛋白质外，补体还包括一些与膜结合的补体调节因子和受体。补体系统不仅有助于局部炎症反应、清除和杀死病原体，而且还有助于形成适应性免疫反应。

（二）免疫系统的功能

免疫系统作为人体抵御大多数疾病的一道强大防线，时刻保障人体健康。外源致病物质想要侵入人体并最终导致疾病，需要经过3道免疫防线：①由皮肤、黏膜及分泌物组成的第一道免疫防线。皮肤及黏膜首先起到屏障作用，而诸如乳酸、脂肪酸、胃酸及各类蛋白酶等黏膜分泌物及部分黏膜结构（如呼吸道黏膜上的纤毛）具备杀菌及清除异物的功能；②由体液中的杀菌物质及吞噬细胞等组成的第二道免疫防线；③由免疫细胞、免疫器官组成的第三道免疫防线，又称为特异性免疫反应。通过层层递进的3道免疫防线，免疫系统帮助机体实现了对大部分疾病的预防以及控制，其功能可以简单概括为以下3点。

（1）免疫防御　防止、识别和清除外来入侵的抗原，如病原微生物、毒素以及其他有害物质等，使人体免于由抗原诱导的疾病攻击，免患感染性疾病。

（2）免疫监视　随时识别并清除体内发生突变的肿瘤细胞或其他有害物质等"非己"成分，清除新陈代谢后的废物及免疫细胞与病毒"打仗"时遗留下来的病毒死伤尸体，该功能通常由免疫细胞实现。

（3）免疫自稳　通过自身免疫耐受及调节使免疫系统内环境保持稳定，修补受损的器官和组织，使其恢复原来的功能。人体组织细胞新陈代谢不断发生，随时随地产生大量新生细胞以及衰老或死亡细胞，免疫系统需要快速对衰老、死亡细胞进行识别并清除。

总体而言，免疫是机体的一种生理性保护反应，通常情况下对机体是有益的，但也不排除功能失调导致某些有害现象发生的可能。如图6-5所示，当自我稳定功能过高时，可能会患类风湿性关节炎；当防御保护功能过高时，会出现过敏反应，过低则会得免疫缺陷综合征；免疫监视功能过低时，可能会形成肿瘤。在免疫性疾病中，由于过度免疫反应造成的疾病通常被称为自身免疫性疾病，往往会累及人体各个系统及器官，包括心脏、肝脏、肾脏、肺等器官以及血液循环系统等。常见的自身免疫性疾病包括风湿性心脏病、自身免疫性肝炎、系统性红斑狼疮和免疫性血小板减少症等。相反，当免疫系统先天发育不全或受到病毒、辐射、免疫抑制剂等后天干预时，原发性以及继发性免疫缺陷病暴发。当免疫器官发育不全或发生基因缺失等问题，有可能导致胸腺、脾脏等发育不全，进而造成体液免疫、细胞免疫应答失衡，患有低丙种球蛋白血症（Bruton综合征，B淋巴细胞功能障碍）、迪格奥尔格综合征（Digeorge综合征，T淋巴细胞功能障碍）、重症联合免疫缺陷等疾病。继发性免疫缺陷疾病当中，最广为人知的即为艾滋病（HIV）病毒感染，导致获得性免疫缺陷综合征，最终瓦解人体免疫系统。

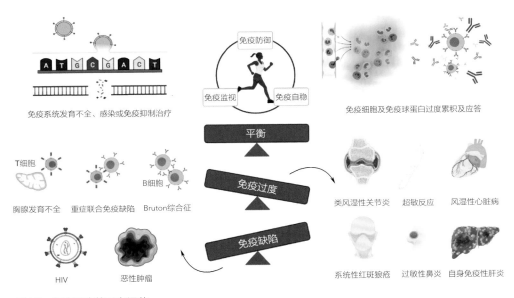

图6-5　**免疫反应的双向调节**

二、炎症

　　炎症，即通常意义上的"发炎"，在日常生活中极为普遍。组织损伤的所有诱导因素都可能导致炎症，它可以是由感染引起的感染性炎症，也可以是由非感染因素引起的非感染性炎症。其特征是免疫细胞和非免疫细胞经病原体及组织损伤等刺激激活后，通过消除病原体和促进组织修复，保护宿主免受细菌、病毒、毒素的威胁。自身免疫系统根据病原体的危险程度做出反应，威胁越大，则免疫反应越强；当免疫反应引起血管反应和局部组织细胞损伤时，形态上就表现为炎症。与特异性病原体引起的适应性免疫相比，炎症反应更为普遍，因此也被认为是人体先天免疫反应机制的一种，是一类涉及免疫细胞、血管和分子介质的保护性反应，通常包括消除细胞损伤因子、清除受损细胞和组织，并最终启动组织修复来实现机体健康调节（图6-6）。

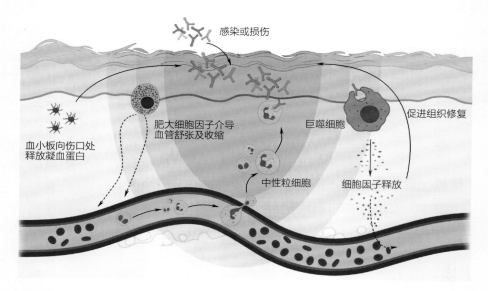

图6-6　炎症反应发生发展过程

炎症是机体应对损伤的一种防御性应激反应，在一定范围内是有益的，人们所认为的有害炎症往往指失去控制的过度炎症反应，危害机体健康，因此炎症也被认为是一柄"双刃剑"。一方面它可以清除异物，促进组织修复，维护机体平衡稳态；而另一方面，免疫细胞对病原体的作用往往不是极精准的，所释放的细胞因子、细胞毒介质也可能损伤正常组织。当人体组织坏死后，组织细胞内的核酸、内源性热休克蛋白等物质随即被释放，这些物质也会被免疫系统识别为异物，进而促进炎症反应，持续失控的炎症又会让组织损伤不断累加。同时，各类免疫细胞会产生不同的细胞因子，根据对炎症反应的激活或抑制作用分为促炎与抑炎因子两大类。促炎因子包括IL-1β（NCBI gene ID：3553）、IL-6（NCBI gene ID：3569）、IL-17（NCBI gene ID：3605）、TNF-α（NCBI gene ID：7124）、基质金属蛋白酶-1（Metal Matrix Proteinase-1，MMP-1；NCBI gene ID：4312）、趋化因子等，这些细胞因子在发挥免疫作用时又会进一步诱导炎症反应的发生与发展，如未有效加以调控即导致炎症反应的不断累积。因此，在正常情况下，机体需要对炎症反应进行精确调控，令释放的细胞因子和免疫细胞在不损伤正常健康功能的情况下清除有害刺激。

（一）炎症的分类

炎症反应根据病理持续时间可以分为急性和慢性炎症。急性炎症通常指机体对致炎因子做出对的即时反应，病程迅速且持续时间仅在几天到一个月。急性炎症发生的原因通常是机体感到感染，先天免疫细胞上表达的模式识别受体和病原体上的进化保守结构之间发生了相互作用；也可以通过损伤相关的分子模式（Damage Associated Molecular Patterns，DAMPs）激活，在细胞应激及损伤期间对物理、化学或代谢有害刺激产生响应。急性炎症以血管系统的反应为主，主要的病原微生物抵抗物，即白细胞和抗体，均通过血液输送至局部。因而，在炎症发生早期，首先发生血液动力学的改变，包括血管通透性提高、白细胞渗出明显。急性炎症以血液成分渗出作为特征，渗出液会对毒素等进行稀释，过滤局部炎症区域内的有害物质，并及时补充氧及营养物质。同时，渗出液中往往携带抗体，有利于对病原微生物进行识别清除。慢性炎症发生的根本原因是致炎因子的持续存在，对组织造成长期损伤，也可能是急性炎症反复发作进而转化而来，或机体长期受到自身累积的无法降解的潜在毒性物质刺激，如硅肺等。

（二）炎症的病理变化

感染、组织损伤等均会导致炎症的发生，有大量研究显示，许多慢性疾病、癌症等与慢性刺激、炎症关系密切。炎症的诱因多样，诸如微生物、机体代谢产物、异常免疫反应、变异损伤组织细胞、物理创伤、烧伤、烫伤等均会导致局部炎症的发生。此外，组织长时间缺氧也会诱发炎症。生活中最为常见的是物理性创伤以及微生物（细菌、病毒等）引起的感染性炎症。病毒可通过转录、翻译等手段侵入细胞，而细菌则利用其膜表面存在的脂多糖（Lipopolysaccharide，LPS）诱发炎症反应。同时，过量的氧化应激也会导致炎症。人体在正常环境下会产生大量消化酶及活性氧（如自由基等），当病原体被吞噬细胞吞噬后，会被细胞内一系列消化酶及ROS破坏，但当ROS过剩时，会诱发炎症性疾病。目前，氧化应激已被证实是动脉粥样硬化等炎症性疾病的诱因。

炎症发生时，局部炎症区域会发生炎性细胞浸润，其病灶内大多以浆细胞、巨噬细胞及淋巴细胞为主。如图6-7所示，根据不同的病理特点，炎症又可以分为变质性炎症、渗出性炎症、增生性炎症及特异性炎症。变质性炎症（Alterative Inflammation）的主要病变发生在组织细胞，常见于心、脑、肝脏、肾脏等器官实质细胞的变性坏死，进而引起相应器官功能障碍。渗出性炎症（Exudative Inflammation）的病变区域往往伴随大量渗出液，根据渗出液的主要成分及病理特点又可以分为浆液性炎症、纤维素性炎症、化脓性炎症及出血性炎症等。增生性炎症（Proliferative Inflammation）是以组织及细胞增生为主的炎症，器官实质细胞变质和局部渗出液增加的现象相对轻微。特异性炎症是与非特异性炎症相对的概念，可以明确致炎因子的炎症均可纳入其中。

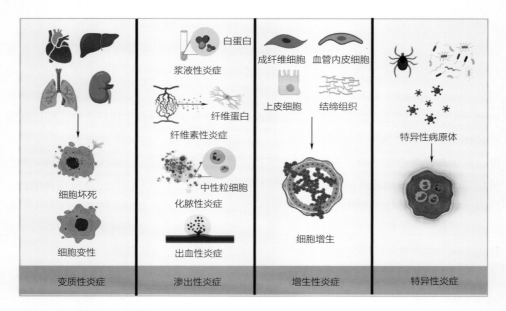

白蛋白

浆液性炎症

纤维蛋白

纤维素性炎症

成纤维细胞　血管内皮细胞

上皮细胞　结缔组织

特异性病原体

细胞坏死

细胞变性

中性粒细胞

化脓性炎症

出血性炎症

细胞增生

| 变质性炎症 | 渗出性炎症 | 增生性炎症 | 特异性炎症 |

图6-7　炎症的分类及病理变化

（三）炎症与慢性疾病

从细胞、分子层面提出的关于急性炎症免疫应答、感染和组织损伤的理论逐渐成熟，但导致局部慢性炎症浸润，尤其是慢性感染和自体免疫方面的机制阐述尚不明确。自2000年起，炎症导致的各类精神及身体健康问题成为全球人群发病率及死亡率的主导原因之一。事实上，慢性炎症疾病及其并发症已被认为是当今世界上最重要的死亡原因，超过50%的死亡可归因于炎症相关疾病，如缺血性心脏病、中风、癌症、糖尿病、慢性肾脏疾病、非酒精性脂肪肝以及自身免疫性和神经退行性疾病等（图6-8）。正常的炎症反应会在威胁消失后即刻得到缓解，但当炎症向慢性、长期性发展时就会导致自身免疫耐受的崩溃，并导致器官的炎症性衰老病变。

1. 类风湿性关节炎

类风湿性关节炎（Rheumatoid Arthritis，RA）是一种常见的自身免疫性疾病，其病理特征主要表现为关节滑膜炎症、炎性细胞浸润、滑膜成纤维状细胞异常增殖、血管翳形成以及关节软骨和骨组织损伤等。其病因包括胶原特异性辅助性T细胞的过度活化以及自身抗体水平的升高。类风湿性关节炎的发病机制是基于遗传和获得性免疫调节缺

图6-8　**全身性慢性炎症的病因及后果**

陷的复杂相互作用，使得免疫系统对病原体或生理刺激产生病理性激活。T细胞的激活使得类风湿性关节炎患者可能表现出促炎细胞因子（如IL-6和TNF-α）、趋化因子和其他免疫介质水平升高。目前对类风湿性关节炎的治疗仍然以抗炎为主。

2. 炎症性肠病

炎症性肠病（Inflammatory Bowel Disease，IBD）是一种由肠道天然免疫和获得性免疫介导的慢性炎症性疾病，溃疡性结肠炎（Ulcerative Colitis，UC）和克罗恩病（Crohn Disease，CD）是其主要的两种疾病类型。CD患者肠壁炎性组织中树突状细胞的增多和网状细胞及淋巴管中趋化因子配体CCL21（NCBI gene ID：6366）表达的升高可能导致大量成熟树突状细胞在肠壁炎症部位集中，使患者体内的自身免疫性炎症反应经久不停。

第二节　免疫与炎症的相互作用

一、免疫与炎症的关联

免疫与炎症，首先从概念上看，免疫反应是免疫学上的概念，更多指的是一个宏观过程，包括外源微生物、毒素等异物被机体识别，经过巨噬细胞、中性粒细胞或树突状细胞的加工，将抗原呈递给T细胞，进而诱导T细胞的分化。成熟的T细胞会在杀死病原微生物的同时诱导B细胞成熟，产生特异性抗体。当抗原被清除干净后，仍有一部分记忆性T、B淋巴细胞会进入休眠状态留存下来，等待抗原二次入侵时的快速激活，这一过程称之为免疫。而炎症反应更多是病理学现象，仅发生在固有免疫阶段。正常炎症过程是机体免疫系统的防御性反应，有助于清除入侵的病原体和机体衰老细胞或恶变细胞。炎症反应多指抗原进入机体后，巨噬细胞或上皮细胞分泌趋化因子，引起血管内皮细胞空隙增大、血管膨胀，大量的中性粒细胞、嗜酸性粒细胞、嗜碱性粒细胞、肥大细胞从血管中进入组织液，造成局部的红肿热痛，也就是炎症的表观病理学指征。

因此，两者在从属关系上，免疫反应包括炎症反应，可以说炎症是免疫当中的一个短暂现象。即免疫反应不一定会导致炎症反应，但炎症反应必定伴随着免疫反应。例如，当免疫系统对外源微生物进行清除时，需保持对体内固有微生物的耐受，免疫系统对这些共生生物的免疫应答并不会导致炎症反应。炎症反应通常由免疫反应介导，如病原微生物感染导致的炎症反应、物理或化学物质诱导组织损伤导致的炎症反应等。免疫细胞和免疫因子在炎症反应发生和消退过程中发挥重要作用：炎症发生部位会有大量免疫细胞（如单核/巨噬细胞、中性粒细胞、淋巴细胞等）的局部浸润，免疫细胞被激活后释放炎症因子（如TNF-α、IL-6、IL-1β等）等对抗原进行消灭，但同时也导致炎症反应加重；另一方面炎症反应的消退又需要免疫细胞释放的抗炎因子（如IL-10，NCBI gene ID：3586）。许多外源免疫抑制剂（如糖皮质激素、环孢霉素、环磷酰胺等）以及机体自身存在的许多下调免疫反应的机制（如3型天然淋巴细胞、M2型巨噬细胞、CD103$^+$、DC、Treg、Tr1等细胞，以及IL-10等细胞因子）都可以抑制过度免疫反应，起到抗炎作用。

免疫与炎症反应对于人体健康来说都是一把双刃剑，需要合理且适度的调控，当免疫反应失控时，过量产生的细胞因子将直接导致"炎症风暴"，进而产生自身免疫性炎症疾病等。"炎症风暴"又被称为"细胞因子风暴"，是人体过度免疫反应的一种，经由体循环流经全身各处，最终导致大量免疫细胞被激活，在极短时间内引起广泛炎症反应。由于免疫细胞的失控，抗原杀伤性物质在体内不断分泌，累及健康脏器，导致机体器官炎症性衰竭及内环境紊乱。

二、免疫与炎症相关信号通路

信号通路多指机体内反应的信号传导及激活途径，将胞外信号通过一系列酶促反应及磷酸化过程逐级递送，最终介导相关基因表达。炎症与免疫的经典信号通路包括NF-κB、MAPK、JAK/STAT、Toll样受体识别、B细胞抗原受体调控等。已有研究表明，牦牛骨胶原蛋白肽、鳕鱼皮胶原蛋白肽、鱼鳞胶原蛋白肽、鲢鱼皮胶原蛋白肽等可以通过影响NF-κB以及MAPK信号通路，对炎症性肠病、肥胖以及免疫进行调控。

（一）NF-κB 信号通路

NF-κB（NCBI gene ID：4790）是在真核细胞中广泛表达的核转录因子之一，包括P50（NCBI gene ID：4790）、P52（NCBI gene ID：4791）、P65（NCBI gene ID：5970）、c-Rel（NCBI gene ID：5966）、RelB（NCBI gene ID：5971）5个结构相关的蛋白质分子。NF-κB不仅能够调控细胞的生长、分化、增殖以及凋亡，而且与慢性炎症、肿瘤及神经退行性疾病密切相关。NF-κB信号通路是一条炎症经典调控通路，可被白细胞介素1β（IL-1β）、肿瘤坏死因子（TNF-α）、脂多糖（LPS）、氧化应激等多种刺激条件激活，进而产生多种细胞因子、趋化因子以及炎症介质，在免疫以及炎症反应中发挥作用。

如图6-9所示，静息状态下，NF-κB以无活性的同源或异源二聚体的形式存在于细胞质中，与其抑制性蛋白IκB（NCBI gene ID：4793）结合。当IκB激酶IKK（IκB Kinase，NCBI gene ID：9641）被激活后，首先发生IκB的磷酸化、泛素化，然后被降解，随后NF-κB二聚体释放。被释放的NF-κB二聚体会转移到细胞核中，与目的基因DNA序列结合，启动目的基因的转录。NF-κB靶定的基因包括细胞因子、趋化因子、黏附分子、一

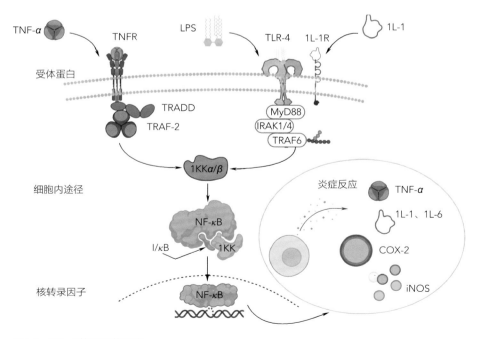

图6-9　NF-κB信号调节通路

氧化氮合酶（iNOS，NCBI gene ID：4843）和环氧化酶2（Cyclooxygenase-2，COX-2，NCBI gene ID：5743）等。

（二）MAPK 信号通路

丝裂原活化蛋白激酶（Mitogen-activated protein kinases，MAPKs）信号通路在免疫、炎症等相关疾病方面起到调控作用；MAPK属于丝氨酸/苏氨酸特异性蛋白激酶。MAPK参与介导细胞对有丝分裂原、渗透应激、热休克蛋白和促炎细胞因子释放等多种刺激的反应，调节包括基因表达、有丝分裂、增殖、分化以及凋亡等在内的细胞功能。如图6-10所示，MAPKs家族包括细胞外信号调节蛋白激酶（Extracellular-Signal Regulated Kinase，ERK，NCBI gene ID：5594）、p38 MAPK（NCBI gene ID：1432）、c-Jun N末端激酶（c Jun N Terminal Kinases，JNK，NCBI gene ID：5599）、大MAPK通路（ERK5/BMK1，NCBI gene ID：5598）这4个亚族，通过信号通路的级联反应，将相关细胞内信号扩大并最终发挥生物学调控作用。ERK3蛋白（NCBI gene ID：5597）磷酸化与MK5（NCBI gene ID：8550）的协同作用对初始CD4$^+$T细胞的活化至关重要；ERK1（NCBI gene ID：5595）和ERK2（NCBI gene ID：5594）的信号生化效应介导了CD4$^+$T细胞的增殖、分化等功能。

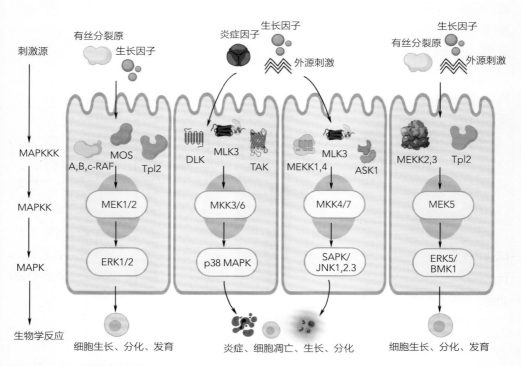

图6-10　MAPK信号调节通路

三、改善免疫与炎症疾病的评价方法

对胶原蛋白肽调节免疫、抵抗炎症等生物活性的评价可以采用细胞、动物以及人群实验等多种方式。已有研究表明，构建不同的诱导细胞模型以及动物模型，可以针对性地进行特异性调控分析。

（一）细胞实验模型

1. 体外免疫细胞实验

体外免疫细胞实验周期短，见效快，是探究胶原蛋白肽免疫调节活性的常见方法。目前，大量研究采用淋巴细胞体外增殖、腹腔巨噬细胞吞噬能力、自然杀伤细胞毒性、Raw 264.7 细胞（小鼠来源）的NO释放量以及多种免疫细胞因子的释放量等方法探究免疫调节活性。

胶原蛋白肽促进淋巴细胞体外增殖的实验大多采用四甲基偶氮唑盐（MTT）法，采用刀豆蛋白A（Con A，是淋巴细胞的一种促有丝分裂原，诱导T淋巴细胞的有丝分裂活性）诱导小鼠脾脏淋巴细胞转化。MTT可作为线粒体中琥珀酸脱氢酶的底物，当有活细胞存在时，淡黄色的MTT会被琥珀酸脱氢酶还原成紫色的甲䐶，在490nm或570nm处可测得吸光值，其吸光度与细胞数成正比，吸光值越大则说明胶原蛋白肽越有利于促进小鼠脾脏淋巴细胞增殖。

腹腔巨噬细胞吞噬能力实验选用从实验动物中提取的原代巨噬细胞，被吞噬细胞选择鸡红细胞或羊红细胞；Giemsa染色后在油镜下镜检，计算吞噬率和吞噬指数，可以反映机体非特异性免疫功能的强弱。

自然杀伤细胞活性可采用乳酸脱氢酶（Lactic Dehydrogenase，LDH，以A型为例，NCBI gene ID：3939）释放法进行测量。LDH是活细胞胞浆内含酶之一，当靶细胞受到刺激发生膜通透性的改变时被释放进入介质中。释放出来的LDH在催化乳酸生成丙酮酸的过程中，使氧化型辅酶 I（NAD^+）变成还原型辅酶 I（NADH2）；后者再通过吩嗪二甲酯硫酸盐（PMS）还原碘硝基氯化氮唑蓝（INT）或硝基氯化四氮唑蓝（NBT）形成有色的甲䐶类化合物，在490nm或570nm波长处有一高吸收峰，利用读取的吸光值，计算得NK细胞活性。对免疫低下患者而言，其NK细胞活性下降，无法实现正常的免疫功能。对NK细胞活性进行检测可以对患者固有免疫能力进行评估。

2. 体外炎症细胞实验

在胶原蛋白肽对细胞炎症的实验模型当中，将胶原蛋白肽加入培养基中培育细胞，并通过MTT法确定最适胶原蛋白肽浓度。各类细胞因子对炎症的发生发展至关重要，其中以巨噬细胞分泌量相对较多。因此，以炎症因子为监控指标的体外炎症细胞模型大多以巨噬细胞系为主，如小鼠来源Raw 264.7巨噬细胞。它可通过TNF-α或LPS进行疾病诱导，其炎症因子分泌与人体相似。在炎症性肠病相关研究中，Caco-2单层膜模型通常被用于模拟正常肠上皮结构，通过LPS诱导产生炎症，进而导致紧密连接结构、通透性等被破坏，甚至会发生细胞凋亡。添加胶原蛋白肽培养细胞一段时间后，通常采用细胞破碎仪或裂解液破碎细胞，通过各类ELISA、Western-Blot、免疫组化等方式快速分析其炎症情况以判断胶原蛋白肽对细胞炎症的影响。

（二）动物实验模型

动物实验是目前研究胶原蛋白肽生物活性常见的试验方法，在符合伦理的情况下实现对受试物的活体评价。实验动物可根据实验需要，采用不同的诱导剂建立相应模型，观察受试物对不同健康状况动物的影响。以下介绍部分免疫及炎症动物模型的建立方法。

1. 免疫缺陷小鼠模型

免疫缺陷小鼠模型可通过腹腔注射环磷酰胺的方式进行造模。环磷酰胺是一种临床化疗药物，会对DNA结构产生破坏并阻止其复制、转录，最终导致细胞凋亡。在动物模型中会表现出体重减轻和免疫器官指数下降，进而导致免疫力下降的免疫抑制作用。在黄姑鱼皮胶原蛋白肽免疫调节活性实验中（图6-11），以80mg/kg（bw）的剂量腹腔注射环磷酰胺3d以建立免疫低下小鼠模型，对照组注射等量生理盐水，发现模型组小鼠在连续注射3d环磷酰胺后，与正常组相比出现了显著的体重减轻（$P<0.05$）。

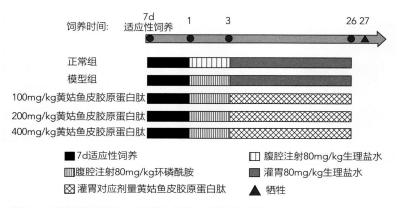

图6-11　环磷酰胺腹腔注射造模免疫低下小鼠实施方案

资料来源：Yu F, He K, Dong X, et al. Journal of Functional Foods, 2020, 68: 103888。

另一种建立免疫缺陷小鼠模型的方法是腹腔注射糖皮质激素。在探究牛骨胶原蛋白肽免疫调节活性实验中，对ICR小鼠采用每天1次、持续3d腹腔注射25mg/kg（bw）的地塞米松进行造模，对照组注射生理盐水。同样，经过造模处理的小鼠出现毛发粗糙且暗淡的现象，且实验过程中体重与正常组相比显著降低（$P<0.05$）。

2. 类风湿性关节炎动物模型

经典类风湿性关节炎动物模型可采用Ⅱ型胶原或完全弗氏佐剂诱导。在探究鸡胸软骨Ⅱ型胶原蛋白肽对大鼠类风湿性关节炎的免疫调控作用中，将Ⅱ型胶原标准品溶于0.05mol/L的醋酸中，与完全弗氏佐剂1∶1混合，最终诱导剂Ⅱ型胶原的浓度为2mg/mL；诱导剂充分乳化，在大鼠左后足跖部以200μg/只剂量注射，作为初次致敏。两周后，以100μg/只的剂量进行尾根部散点注射增强免疫反应。在猪Ⅱ型胶原与胶原蛋白肽抗关节炎实验中，于小鼠右后足底注射0.1mL乳剂（乳剂制备：2mg/mL胶原蛋白与完全弗氏佐剂等体积混合，4℃下乳化过夜）成模。采用以上方法诱导的模型可通过观察实验小鼠关节变形、红肿的程度以及小鼠活动频率进行患病等级判断。

3. 炎症性肠病动物模型

炎症性肠病模型又分为溃疡性结肠炎模型与克罗恩病模型，可分别利用葡聚糖硫酸钠（DSS）以及三硝基苯磺酸（TNBS）法进行诱导。DSS结肠炎模型的组织学特点、临床表现、发病部位和细胞因子分泌情况都与人类溃疡性结肠炎极为相似。该模型的造模条件和操作方法简单，造价便宜，重复性好，便于掌握和推广。根据实验目的调整DSS浓度和给药时间，可建立急性、慢性和急慢性交替模型。而TNBS诱导法是利用其作为化学性半抗原的特性，与体内组织蛋白结合形成完全抗原后诱发免疫反应，可采用TNBS-乙醇溶液灌肠实现造模。在金枪鱼骨胶原蛋白肽对结肠炎缓解作用实验中，作者采用含有3.5% DSS的蒸馏水自由饮用8d成模。鱼鳞胶原蛋白肽以及鱼鳞明胶抗炎活性则采用3% DSS自由饮用5d成模。对于该炎症模型是否成功，可通过观察动物粪便情况进行判断，模型小鼠会出现粪便松散、稀便以及便血的症状。

（三）人群实验

人群实验大多在通过伦理审查，筛选得到符合要求的人群，并征得受试者知情同意后，采用随机分组、双盲以及对照的方式进行活体观察。在一项关于膝骨性关节炎的临床观察中发现，口服胶原蛋白肽作为一种新型的骨健康补品，与非类固醇抗炎药作用类似，能缓解膝骨性关节炎症状，安全有效且副作用较少，说明胶原蛋白肽在骨质疏松症的预防和治疗中具有一定的发展前景。

第三节　胶原蛋白肽与免疫及炎症

一、胶原蛋白肽通过调节免疫器官及细胞调节免疫

胶原蛋白结构中含有数目较多的甘氨酸、谷氨酸、精氨酸等氨基酸残基，这些氨基酸具备一定的免疫调节活性。尤其是谷氨酸，经由肌肉合成产生谷氨酰胺后参与淋巴细胞代谢，可以提高T细胞表面受体表达率以及B细胞抗体的合成与分泌量。精氨酸能促进T细胞的增殖、分化和成熟，提高T淋巴细胞介导的细胞免疫功能，增强单核细胞和巨噬细胞的吞噬活性等。

（一）胶原蛋白肽作用于免疫器官

脾脏和胸腺是免疫系统的关键组成部分，其生理状态是否正常与机体免疫能力强弱密切相关，研究脾脏以及胸腺的质量与体重之比（免疫脏器指数）对免疫功能评价具有指示意义，是探究非特异性免疫的重要指标之一。Yu等（2020）对日本黄姑鱼皮中提取得到的小分子胶原蛋白肽的免疫活性进行评价，结果发现，相较于模型组小鼠，高、中、低剂量灌胃组均显示出良好的体重增长率。黄姑鱼皮胶原蛋白肽对免疫低下小鼠的体重改善效果以高剂量组400mg/kg最佳，说明其对免疫低下小鼠的体重改善存在剂量依赖性。在灌胃25d后，与模型组相比，不同浓度的黄姑鱼皮胶原蛋白肽治疗组小鼠胸腺指数有所改善。此外，与模型组相比，黄姑鱼皮胶原蛋白肽显著增加了脾脏指数（$P<0.05$）。基于上述结果，黄姑鱼皮胶原蛋白肽可以显著增加免疫器官指数，提高免疫低下小鼠体重，通过修复环磷酰胺诱导的免疫器官损伤来恢复免疫功能。

如图6-12所示，通过H&E染色发现，对照组脾细胞排列紧密、整齐，红髓与白髓边缘清晰可见；而模型组脾细胞边缘模糊且排列杂乱。给予黄姑鱼皮胶原蛋白肽灌胃治疗后，在组织病理学图像中，200mg/kg、400mg/kg黄姑鱼皮胶原蛋白肽组，脾细胞排列紧凑有序，且随剂量的增加，红髓与白髓的边缘逐渐清晰可见，趋于健康水平。因此，服用200mg/kg和400mg/kg剂量的黄姑鱼皮胶原蛋白肽可减轻ICR小鼠脾细胞中环磷酰胺诱导的损伤，与脾脏脏器指数结果一致。

相似的实验结果也出现在腹腔注射牛骨胶原蛋白肽、灌胃水母胶原蛋白肽以及灌胃牦牛骨胶原蛋白肽对实验动物免疫能力的调节作用实验中。如表6-2所示，与模型组相比，以上3项实验的胶原蛋白肽干预组小鼠免疫能力均有所回升，脾脏以及胸腺指数相比于模型组显著增加（$P<0.05$）。综合以上部分文献的结果，在受到免疫抑制治疗后，

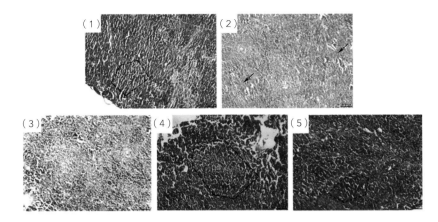

图6-12　日本黄姑鱼皮胶原蛋白肽对环磷酰胺诱导免疫低下小鼠脾脏组织的影响

注：（1）正常组；（2）模型组；（3）100mg/kg给药组；（4）200mg/kg给药组；（5）400mg/kg给药组。

资料来源：Yu F, He K, Dong X, et al. Journal of Functional Foods, 2020, 68: 103888。

实验小鼠的体重下降、免疫器官功能降低的情况可以通过摄入胶原蛋白肽得到改善。

表6-2　牛骨、水母、牦牛骨胶原蛋白肽对小鼠免疫脏器指数的影响

受试物	动物分组	胸腺指数/（mg/g）	脾脏指数/（mg/g）
腹腔注射牛骨胶原蛋白肽（ICR小鼠，腹腔注射地塞米松造模）	正常组	2.9±0.8	4.3±0.8
	模型组	1.0±0.1	2.8±0.3
	100mg/kg	1.4±0.4	3.6±0.6
	300mg/kg	1.5±0.4	3.8±0.3
	600mg/kg	1.8±0.5	4.5±0.3
灌胃水母胶原蛋白肽（ICR小鼠）	正常组	0.57±0.09	3.91±0.08
	模型组	0.38±0.10	2.95±0.09
	50mg/kg	0.56±0.18	3.77±0.59
	200mg/kg	0.59±0.15	3.82±0.44
灌胃牦牛骨胶原蛋白肽（BALB/c小鼠，腹腔注射环磷酰胺造模，预防模型）	正常组	1.872±0.15	4.402±0.32
	模型组	0.756±0.14	2.335±0.22
	50mg/kg	0.961±0.18	2.566±0.20
	100mg/kg	0.969±0.14	2.260±0.31
	200mg/kg	0.917±0.28	2.435±0.24

资料来源：Gao S, Hong H, Zhang C, et al. Journal of Functional Foods, 2019, 60: 103420;
司少艳, 刘俊丽, 郭燕川, 等. 细胞与分子免疫学杂志, 2014, 30（6）: 608-610;
Fan J, Zhuang Y, Li B. Nutrients, 2013, 5（1）: 223-233。

（二）胶原蛋白肽作用于免疫细胞

淋巴细胞是获得性免疫系统中发挥作用的重要细胞，对免疫系统而言，淋巴细胞的增殖直接关系到免疫系统的激活与调节，其增殖与转化速率是反映机体免疫能力的直观指标。自然杀伤细胞是先天免疫的组成部分，对多种细胞起调节作用，尤其是淋巴细胞。自然杀伤细胞可以不受主要组织相容性复合体的限制介导细胞裂解，是机体抗肿瘤、病毒的重要手段，且与自身免疫性疾病相关。作为机体内部杀伤作用最早的一类效应细胞，增强自然杀伤细胞活性对免疫调节具有重要意义。

Yu等（2020）研究发现日本黄姑鱼皮胶原蛋白肽可以显著提高脾细胞增殖能力（图6-13）并缓解免疫器官损伤带来的免疫力下降，最终恢复体液免疫功能，并呈现出正向剂量效应关系。

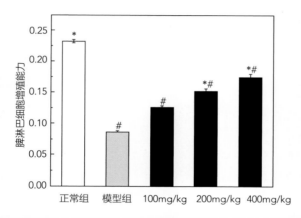

图6-13　不同剂量日本黄姑鱼皮胶原蛋白肽对环磷酰胺诱导免疫低下小鼠脾淋巴细胞增殖的影响
注：#表示与正常对照组相比，$P<0.05$；＊表示与模型组比较，$P<0.05$。
资料来源：Yu F, He K, Dong X, et al. Journal of Functional Foods, 2020, 68: 103888。

同样，在一项对牦牛骨胶原蛋白肽的实验中，研究人员发现该胶原水解物能够有效保护胸腺及脾脏免受环磷酰胺诱导的影响。木瓜蛋白酶水解牦牛骨胶原蛋白3h后得到的产物能够明显提升小鼠体外脾淋巴细胞增殖率；如图6-14所示，在样品浓度为1000μg/mL时，相比未处理组，体外脾淋巴细胞增殖率达到了（4.91±0.70）%（$P<0.01$）。同时，胰蛋白酶酶解牦牛骨胶原蛋白的产物在500μg/mL浓度下对脾淋巴细胞也有较好的增殖效果，增殖率为（3.21±1.34）%（$P<0.05$）。

在牦牛骨胶原蛋白肽对BALB/c小鼠免疫低下疾病的预防以及治疗实验中，经灌胃给药30d后，小鼠脾淋巴细胞增殖刺激指数以及自然杀伤细胞活性结果如图6-15所

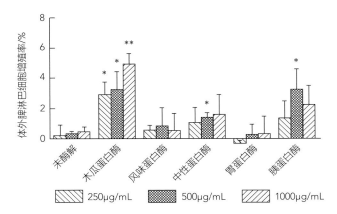

图6-14　不同酶水解3h牦牛骨胶原蛋白肽产物对脾淋巴细胞增殖的影响

注：* 表示相比未酶解组P<0.05；** 表示相比未酶解组P<0.01。
资料来源：Gao S，Hong H，Zhang C，et al. Journal of Functional Foods，2019，60：103420。

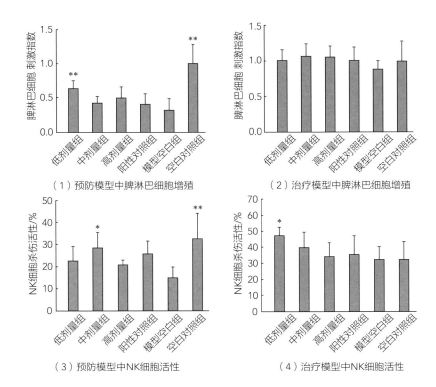

图6-15　不同剂量木瓜蛋白酶水解牦牛骨胶原蛋白肽对环磷酰胺诱导免疫低下小鼠（预防及治疗）脾淋巴细胞增殖以及自然杀伤细胞（NK细胞）活性影响

注：低剂量组：50mg/kg木瓜蛋白酶水解牦牛骨胶原蛋白肽；中剂量组：100mg/kg木瓜蛋白酶水解牦牛骨胶原蛋白肽；高剂量组：200mg/kg木瓜蛋白酶水解牦牛骨胶原蛋白肽；阳性对照组：25mg/kg盐酸左旋咪唑；模型空白组：生理盐水；空白对照组：生理盐水。* 表示与模型空白相比出现显著性差异，P<0.05；** 表示与模型空白相比出现极显著性差异，P<0.01。
资料来源：Gao S，Hong H，Zhang C，et al. Journal of Functional Foods，2019，60：103420。

示。预防模型中，灌胃50mg/kg低剂量的木瓜蛋白酶水解牦牛骨胶原蛋白肽组，小鼠脾淋巴细胞体外增殖刺激指数（SI=0.63±0.11，$P<0.01$）相比免疫低下组出现了明显的回升（SI=0.31±0.16），有效抵抗了环磷酰胺对小鼠脾淋巴细胞活力的抑制作用。灌胃100mg/kg剂量的木瓜蛋白酶水解牦牛骨胶原蛋白肽组中，小鼠自然杀伤细胞的活性［细胞毒性=（28.43±7.21）%，$P<0.05$］显著高于模型组［细胞毒性=（15.17±4.67）%］。在治疗模型中，50mg/kg木瓜蛋白酶水解牦牛骨胶原蛋白肽剂量组［细胞毒性=（47.42±4.80）%，$P<0.05$］也表现出比模型组［细胞毒性=（31.80±8.27）%］显著增强的自然杀伤细胞活性。

与牦牛骨胶原蛋白肽类似，有研究发现给小鼠灌胃高剂量（3.0g/kg）的鱼皮胶原蛋白肽可以显著提高小鼠自然杀伤细胞活性。王凤林等（2011）利用暹罗鳄鱼鳞胶原蛋白肽作为环磷酰胺诱导免疫低下小鼠的营养强化剂，结果发现灌胃暹罗鳄鱼鳞胶原蛋白肽对环磷酰胺诱导免疫低下小鼠的T淋巴细胞增殖功能、自然杀伤细胞杀伤活性均有提升效果（$P<0.05$）。800mg/kg剂量灌胃组小鼠的T淋巴细胞增殖能力以及自然杀伤细胞活性分别是模型组的2.61和1.71倍。

同时，在腹腔注射牛骨胶原蛋白肽对糖皮质激素诱导免疫低下小鼠的影响实验中发现，胶原蛋白肽可以通过改善小鼠外周白细胞、淋巴细胞以及中性粒细胞的分布调控免疫。与模型组相比，600mg/kg腹腔注射组，小鼠的淋巴细胞百分比显著上升，而中性粒细胞百分比显著降低（$P<0.05$），说明实验小鼠免疫力有所上升，且由于造模带来的炎症反应引起的中性粒细胞上升情况有所缓解，体内炎症水平降低。小鼠体内T淋巴细胞主要分为$CD4^+$ T细胞和$CD8^+$ T细胞2个亚群；$CD4^+$ T细胞主要是辅助性T细胞，$CD8^+$ T细胞则包括细胞毒性T细胞和抑制辅助性T细胞活性的抑制性T细胞。$CD4^+/CD8^+$比值在正常状态下通常维持动态平衡，以保证机体免疫功能稳定。当比值上升时，表示机体免疫应答正调节占优势，而比值下降甚至比例倒置时，则表明机体处于免疫功能低下甚至免疫抑制状态。在该实验中，600mg/kg高剂量给药组$CD4^+/CD8^+$比值显著提高，趋于与对照组一致。

在对胶原蛋白肽与巨噬细胞吞噬能力的实验中发现，如图6-16所示，加入胶原蛋白多肽-Cr^{3+}（CPCC）螯合物可以显著缓解由四氧嘧啶造成的吞噬细胞吞噬能力破坏。口服水母胶原蛋白肽同样能够保护小鼠非特异性免疫功能。在羊骨胶原蛋白肽对大鼠腹腔巨噬细胞免疫能力的影响实验中，张慧琴等（2021）发现羊骨胶原蛋白肽作用于正常状态的巨噬细胞，可提高其代谢活力，吞噬活性及NO、TNF-α（NCBI gene ID：21926）、IL-6（NCBI gene ID：16193）分泌量，上调TLRs（Toll-Like Receptors）通路相关基因表达量，并下调该通路负性调控因子SIGIRR mRNA（NCBI gene ID：

24058）的表达量。羊骨胶原蛋白肽作用于LPS活化的巨噬细胞时，可抑制其代谢活力，以10^2μg/mL 效果最佳；对吞噬活性及NO、TNF-α、IL-6分泌量的抑制则以10^3μg/mL最佳；同时能够下调TLRs通路相关基因表达量且上调SIGIRR mRNA的表达量，防止免疫系统过度活化。由此得出结论，羊骨胶原蛋白肽通过TLRs信号通路对炎症免疫反应发挥双向调节作用。针对正常巨噬细胞，剂量为10~10^4μg/mL时可增强免疫能力，10^5μg/mL 时可诱导释放大量炎症介质。而针对LPS诱导的巨噬细胞炎症反应，羊骨胶原蛋白肽各剂量组均具有抑制作用。

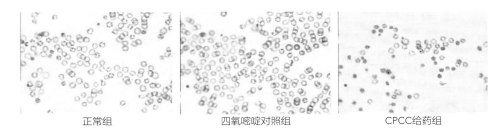

正常组　　　　　　　　四氧嘧啶对照组　　　　　　　　CPCC给药组

图6-16　灌胃胶原蛋白多肽-Cr^{3+}（CPCC）螯合物对小鼠巨噬细胞吞噬羊红细胞能力影响
　　　　资料来源：刘安军，张旭，张国蓉，等. 现代食品科技，2008（5）：401-404。

（三）胶原蛋白肽作用于体液免疫及作为趋化因子的能力

　　血清溶血素水平是机体非特异性免疫的主要表征之一，溶血值的测定可以反映B细胞的增殖分化能力，以及结合补体后向体液中分泌溶血素的能力。在黄姑鱼皮胶原蛋白肽对免疫低下小鼠的治疗实验中，图6-17所示，模型组血清溶血素水平明显低于对照组（$P<0.05$），但黄姑鱼皮胶原蛋白肽灌胃组在3种剂量下的血清溶血素水平均显著升高（$P<0.05$）。此外，200mg/kg和400mg/kg组与对照组相比无统计学显著差异，表明小分子黄姑鱼皮胶原蛋白肽可以提高血清补体的溶血活性，增强体液免疫。同时，血清免疫球蛋白也是体液免疫的重要组成部分。在该研究中，对于免疫球蛋白的检测表明黄姑鱼皮胶原蛋白肽可以通过增加免疫球蛋白的产生来增强体液免疫反应，并逆转免疫紊乱来维持稳态。

　　人血单核细胞是宿主防御和免疫系统的重要影响细胞，可以分化为巨噬细胞。单核细胞首先被一个或多个趋化刺激吸引到炎症区域进而发挥作用。人体内的趋化因子主要由淋巴细胞产生，也包括如过敏毒素C5a（NCBI gene ID：727），激肽释放酶（NCBI gene ID：3816），纤溶酶原激活物（组织型，NCBI gene ID：5327）等内源因素。而Postlethwaite等（1976）的研究表明，胶原蛋白及其肽水解物可以作为外源趋化因子被人血单核细胞识别，并诱导其发生分化从而促进免疫过程。

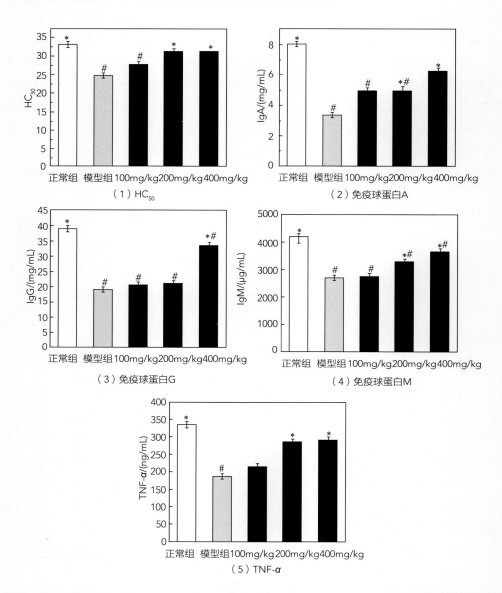

图6-17　日本黄姑鱼皮胶原蛋白肽对环磷酰胺诱导免疫低下小鼠血清溶血素（HC）及免疫球蛋白A、免疫球蛋白G、免疫球蛋白M、TNF-α含量的影响

注：#表示与正常对照组相比，$P<0.05$；* 表示与模型组比较，$P<0.05$。

资料来源：Yu F, He K, Dong X, et al. Journal of Functional Foods, 2020, 68: 103888。

二、胶原蛋白肽通过信号通路调节炎症与免疫

（一）胶原蛋白肽作用于NF-κB信号通路

NF-κB通路是典型的炎症通路，可在TNF-α或IL-6的诱导下激活，进而产生大量促炎性细胞因子，结肠炎的发生与发展与该通路关系密切。利用金枪鱼骨胶原蛋白肽及鱼鳞胶原蛋白水解物对DSS诱导结肠炎小鼠进行灌胃后发现，受试组相对于模型组，结肠炎症性萎缩得到缓解，隐窝结构及杯状细胞得到保护，腺体排列相对齐整；结肠组织切片显示其结构良好，炎性细胞浸润减少。如图6-18所示，运用免疫组化法对NF-κB在炎症性肠病中的表达进行分析，发现灌胃鱼鳞胶原蛋白肽的炎症性肠病小鼠，其肠道NF-κB

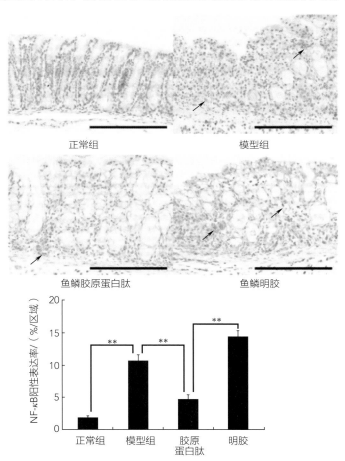

图6-18　**鱼鳞胶原肽及鱼明胶对炎症性肠病中NF-κB的表达影响**

注：箭头指向NF-κB阳性区域，比例尺=100mm。** 表示组间差异极显著，*P*<0.01。

资料来源：Azuma K, Osaki T, Tsuka T, et al. Pharma Nutrition, 2014, 2（4）: 161-168。

阳性表达率显著低于（*P*<0.05）模型组以及鱼鳞明胶灌胃组，说明鱼鳞胶原蛋白肽对DSS诱导的小鼠结肠炎起到了一定缓解作用。

同样在炎症性肠病研究中，针对Caco-2单层膜模型，探究了阿拉斯加狭鳕鱼皮胶原蛋白对NF-*κ*B p65激活的影响，并观察了NF-*κ*B下游紧密连接调控通路的变化。结果表明，摄入狭鳕鱼皮胶原蛋白肽可以通过抑制NF-*κ*B通路的激活，降低肌球蛋白轻链激酶（Myosin Light-Chain Kinase，MLCK，NCBI gene ID：4638）调控通路的激活，保护紧密连接蛋白的正常表达及其紧密连接结构，缓解肠上皮炎症性损伤导致的肠黏膜屏障损坏。Woo等（2020）通过研究发现，鳐鱼皮胶原蛋白肽可以减少肥胖小鼠体内的氧化应激并作用于NF-*κ*B（NCBI gene ID：19697），如图6-19所示，使NF-*κ*B磷酸化水平下降并最终缓解由于肝脏炎症反应导致的胰岛素抵抗。同时，对于环氧化酶2（COX-2，

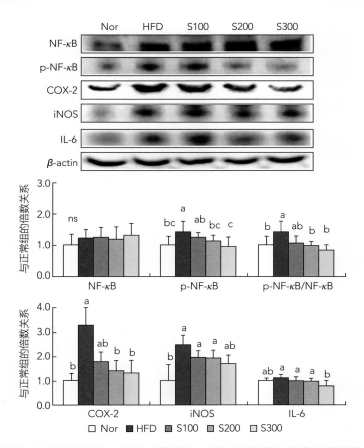

图6-19　鳐鱼皮胶原蛋白对高脂小鼠肝脏NF-*κ*B信号通路蛋白及炎症因子的影响

注：Nor：正常组；HFD：高脂模型组；S100：100mg/kg；S200：200mg/kg；S300：300mg/kg。
柱形图均表示实验组与对照组相应指标间的倍数关系，图中字母不同表示存 在显著性差异，*P*<0.05。
资料来源：Woo M, Seol BG, Kang K, et al. Food & Function, 2020, 11（3）：217-225。

NCBI gene ID：19225）这一促炎因子而言，鳐鱼皮胶原蛋白肽可以抑制它的表达。

（二）胶原蛋白肽作用于MAPK信号通路

在前面的介绍中已经提及，MAPK信号通路作为炎症经典通路，当其发生磷酸化激活后，会导致促炎因子分泌，从而影响炎症的发生发展。以ERK为例，ERK的磷酸化介导了c-Fos（NCBI gene ID：2353）和c-Jun（NCBI gene ID：3725）的激活，它们会形成AP-1，并进一步诱导促炎因子基质金属蛋白酶的表达。在Lu等（2017）的实验中，对从鳕鱼皮胶原蛋白水解物中获得的M1和M2肽段，利用小鼠成纤维细胞进行MAPK（NCBI gene ID：26413）及MMP-1（NCBI gene ID：300339）表达抑制活性验证。结果表明，对于受到紫外线损伤的成纤维细胞而言，鳕鱼皮特定胶原蛋白肽段可以有效降低MAPK通路相关蛋白质的表达（图6-20），进而降低基质金属蛋白酶的表达，并抑制其酶活（图6-21），从而实现对紫外线引起的成纤维细胞的氧化损伤进行保护。

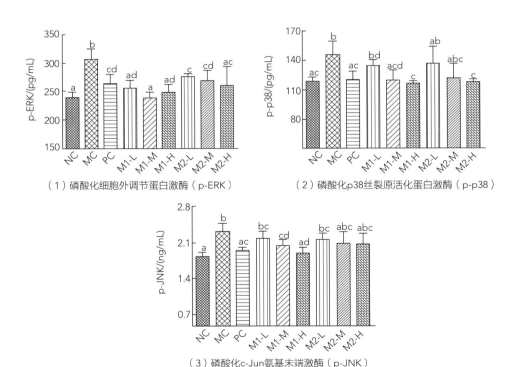

（1）磷酸化细胞外调节蛋白激酶（p-ERK）　　　（2）磷酸化p38丝裂原活化蛋白激酶（p-p38）

（3）磷酸化c-Jun氨基末端激酶（p-JNK）

图6-20　**鳕鱼皮胶原蛋白肽对成纤维细胞中MAPK相关蛋白质表达的影响**

注：NC：正常组；MC：模型组；PC：阳性对照组；M1-L：M1肽段低剂量组，12.5μg/mL；M1-M：M1肽段中剂量组，50μg/mL；M1-H：M1肽段高剂量组，200μg/mL；M2-L：M2肽段低剂量组，12.5μg/mL；M2-M：M2肽段中剂量组，50μg/mL；M2-H：M2肽段高剂量组，200μg/mL。
图中字母不同表示存在显著性差异，$P<0.05$。
资料来源：Lu J, Hou H, Fan Y, et al. Journal of Functional Foods, 2017, 33: 251-260。

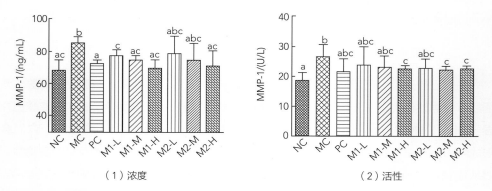

（1）浓度　　　　　　　　　　　（2）活性

图6-21　鳕鱼皮胶原蛋白肽对成纤维细胞中基质金属蛋白酶浓度及活性的影响

注：NC：正常组；MC：模型组；PC：阳性对照组；M1-L：M1肽段低剂量组，12.5μg/mL；M1-M：M1肽段中剂量组，50μg/mL；M1-H：M1肽段高剂量组，200μg/mL；M2-L：M2肽段低剂量组，12.5μg/mL；M2-M：M2肽段中剂量组，50μg/mL；M2-H：M2肽段高剂量组，200μg/mL。
图中字母不同表示存在显著性差异，$P<0.05$。
资料来源：Lu J, Hou H, Fan Y, et al. Journal of Functional Foods, 2017, 33: 251-260。

（三）胶原蛋白肽通过抑制氧化应激缓解炎症

氧化代谢作为机体必要的生理生化过程，其产生的自由基与活性氧为正常的免疫及炎症反应所需，但当其产生过多导致体内自由基代谢失衡，氧化应激不断累积时，就会导致细胞损伤的出现，伴随而来的是免疫性疾病以及急、慢性炎症。同时，抗氧化与器官衰老、皮肤状况以及伤口愈合、慢性心脑血管疾病等均有所关联。因此，寻找合适的抗氧化肽并开发保健类产品逐渐成为市场热点。抗氧化肽的活性与疏水性结构有关，据报道，含有Gly，Glu、Lys、Thr、Asp、Tyr、Leu、Ala和Pro的肽表现出较强的抗氧化能力。

胶原蛋白结构当中含有大量的Gly、Pro和Hyp，而这3类氨基酸被大量研究证实具备较好的抗氧化活性。而当胶原蛋白被酶水解后，其功能肽段从母体脱落，进而显示出活性，也就意味着更多的活性氨基酸暴露，一定程度上赋予了胶原蛋白肽抗氧化活性的潜能。而胶原蛋白肽抗氧化效果相关实验也证明，东海海参胶原蛋白酶解物对超氧自由基、羟基自由基和DPPH自由基具有较好的清除作用，且与浓度呈剂量依赖关系。酶解产物清除上述3种自由基的IC_{50}值分别为34、25、24mg/mL。用胰蛋白酶水解的海参胶原多肽以及来源于金枪鱼骨胶原的GPAGPAGQQEG、VKAGFAWTANQQLS肽段中含有大量的Gly、Ala、Glu、Pro和Hyp，表现出了优越的自由基清除活性。Jeevithan等（2015）从鲸鲨软骨组织中提取得到的酸溶性胶原蛋白肽以及酶溶性胶原蛋白肽对DPPH自由基的清除率分别为15.83%和19.70%，具备一定抗氧化能力。海蜇胶原蛋白肽可以显著提高小鼠肝脏组织中超氧化物歧化酶和谷胱甘肽过氧化物酶活性，并降低丙二醛含量。

第四节　结语

目前，研究人员已经开展了大量关于胶原蛋白肽的免疫调控以及抗炎活性研究，从不同物种来源（如动物骨骼、皮肤、鱼鳞等）以及病理学改善等各方面，对胶原蛋白肽潜在的提高免疫、缓解炎症的活性进行分析。但具备免疫、抗炎活性的胶原蛋白肽正式进入商业使用仍然有大量困难需要克服。具体来说，不同来源的胶原蛋白肽免疫及抗炎活性已经从细胞因子、信号转导通路、免疫器官、免疫细胞等各方面得到研究，它可以通过调节免疫器官生长发育、改善免疫细胞活性、调整细胞因子分泌来调控机体免疫与炎症反应。但这些活性肽的分子靶标尚未完全阐明，其作用机制仍然需要从分子生物学的角度进行验证。且活性肽的功能与它的氨基酸组成关系密切，单个氨基酸的差异即可能带来活性的变化，这也是活性肽制备的挑战之一。未来，关于胶原蛋白肽与免疫、炎症的关系研究应更贴近基础生物医学，运用基因解析、组学、生物信息学等现代科技手段，对胶原蛋白肽如何提高免疫力、缓解炎症的分子机制进行探究。此外，临床观察实验也应重视，使用更为严谨的药代动力学评估胶原蛋白肽的适宜摄入量及潜在毒性。

总的来说，胶原蛋白肽所具有的免疫调节、抗炎、抗氧化活性使其具有成为功能因子的潜力，并可以在化妆品、保健品甚至药品中加以使用。在后续的发展中，应当聚焦于探究胶原蛋白肽的活性构效关系、提高制备效率、扩大来源及行业应用，使得免疫调节、抗炎肽能够更好投入实际生产应用。

参考文献

[1] 曹慧，张忠慧，许时婴. 鸡胸软骨酶解产物的表征及对类风湿关节炎大鼠的免疫调节作用 [J]. 食品科学, 2012, 33 (3): 243-247.
[2] 褚风云. MAPK4/MK5通路调控CD4⁺ T细胞体外活化及功能的研究 [D]. 遵义: 遵义医学院, 2018.
[3] 丁进锋，苏秀榕，李妍妍，等. 海蜇胶原蛋白肽的免疫活性的研究 [J]. 水产科学, 2011, 30 (6): 359-361.
[4] 杜芳瑜，薛盖君，刘中博，等. 细胞因子风暴及其治疗方法的研究进展 [J]. 中国药物化学杂志, 2021, 31 (1): 39-54.
[5] 蒋挺大. 胶原与胶原蛋白 [M]. 北京: 化学工业出版社, 2006.

［6］ 刘安军，张旭，张国蓉，等. 胶原蛋白多肽-铬（Ⅲ）螯合物对小鼠的免疫调节作用［J］. 现代食品科技，2008（5）：401-404.

［7］ 罗永康. 生物活性肽功能与制备［M］. 北京：中国轻工业出版社，2019.

［8］ 马俪珍，甄润英，张建荣，等. 具免疫活性的鲶鱼胶原多肽酶解工艺研究［J］. 食品工业科技，2008（4）：152-155.

［9］ 潘晓花，潘礼龙，孙嘉. 营养调控对免疫细胞代谢重编程的研究进展［J］. 食品科学，2021，42（15）：220-230.

［10］ 司少艳，刘俊丽，郭燕川，等. 腹腔注射胶原蛋白肽增强糖皮质激素免疫抑制模型小鼠的免疫功能［J］. 细胞与分子免疫学杂志，2014，30（6）：608-610.

［11］ 王凤林，万林春，李谨谨，等. 暹罗鳄鱼鳞胶原蛋白多肽对小鼠免疫功能的影响［J］. 中国医药科学，2011，1（24）：34-35.

［12］ 许淼. G蛋白偶联受体MrgprD促进脂多糖（LPS）诱发炎性痛的作用及机制研究［D］. 南京：南京师范大学，2018.

［13］ 于平，易明花，黄星星，等. 东海海参胶原蛋白酶解物的制备与抗氧化活性及其对神经细胞损伤的保护作用［J］. 中国食品学报，2018，18（12）：89-98.

［14］ 张慧琴，霍乃蕊，冀霞，等. 羊骨胶原肽对大鼠腹腔巨噬细胞免疫能力的影响［J］. 中国实验动物学报，2021，29（2）：176-182.

［15］ 张慧芸，陈俊亮，康怀彬，等. 猪皮胶原蛋白水解物体外抗氧化作用模式初探［J］. 食品与发酵工业，2012，38（9）：54-58.

［16］ 张倩倩，柴向斌. 趋化因子配体CCL21与慢性炎症性疾病的关系［J］. 中华临床免疫和变态反应杂志，2021，15（2）：207-212.

［17］ 赵芹. 海参胶原蛋白多肽抗氧化活性的研究［D］. 青岛：中国海洋大学，2008.

［18］ 赵尚军，杨占君，高黎明，等. 胶原蛋白肽治疗膝骨关节炎的临床疗效观察［J］. 中国农村卫生，2020，12（12）：93-94.

［19］ Aust S, Felix S, Auer K, et al. Absence of PD-L1 on tumor cells is associated with reduced MHC Ⅰ expression and PD-L1 expression increases in recurrent serous ovarian cancer［J］. Scientific Reports, 2017, 7（1）: 42929.

［20］ Azuma K, Osaki T, Tsuka T, et al. Effects of fish scale collagen peptide on an experimental ulcerative colitis mouse model［J］. Pharman Nutrition, 2014, 2（4）: 161-168.

［21］ Buck MD, O Sullivan D, Pearce EL. T cell metabolism drives immunity［J］. The Journal of Experimental Medicine, 2015, 212（9）: 1345-1360.

［22］ Chalamaiah M, Dinesh Kumar B, Hemalatha R, et al. Fish protein hydrolysates: Proximate composition, amino acid composition, antioxidant activities and applications: A review［J］. Food Chemistry, 2012, 135（4）: 3020-3038.

［23］ Chaplin DD. Overview of the immune response［J］. Journal of Allergy & Clinical Immunology, 2003, 111（2）: S442-S459.

［24］ Chen QR, Chen O, Isabela M, et al. Collagen peptides derived from Alaska pollock skin protect against TNFα-induced dysfunction of tight junctions in Caco-2 cells［J］. Food & Function, 2016, 8（3）: 1144-1151.

［25］ Chi C, Wang B, Hu F, et al. Purification and identification of three novel antioxidant peptides from protein hydrolysate of bluefin leatherjacket（*Navodon septentrionalis*）skin［J］. Food Research International, 2015, 73: 124-129.

［26］ Delgado-Ortega M, Marc D, Dupont J, et al. SOCS proteins in infectious diseases of mammals [J] . Veterinary Immunology & Immunopathology, 2013, 151（1-2）: 1-19.

[27] Deng C, Tang LH , Chen W, et al. Effects of collagen peptide from *Cyanea nozakⅡ* on mouse immune function [J] . Agricultural Science & Technology, 2009, 10（2）: 118-121.

[28] Fan J, Zhuang Y, Li B. Effects of collagen and collagen hydrolysate from jellyfish umbrella on histological and immunity changes of mice photoaging [J] . Nutrients, 2013, 5（1）: 223-233.

[29] Furman D, Campisi J, Verdin E, et al. Chronic inflammation in the etiology of disease across the life span [J] . Nature Medicine, 2019, 25（12）: 1822-1832.

[30] Gao S, Hong H, Zhang C, et al. Immunomodulatory effects of collagen hydrolysates from yak（*Bos grunniens*）bone on cyclophosphamide-induced immunosuppression in balb/c mice [J] . Journal of Functional Foods, 2019, 60: 103420.

[31] Godding V, Sibille Y, Massion PP, et al. Secretory component production by human bronchial epithelial cells is upregulated by interferon gamma [J] . European Respiratory Journal, 1998, 11（5）: 1043-1052.

[32] Herrington CS, Hall PA. Molecular and cellular themes in inflammation and immunology [J] . The Journal of Pathology, 2008, 214（2）: 123-125.

[33] Hoang P, Dehennin JP, Li L, et al. Human colonic intraepithelial lymphocytes regulate the cytokines produced by lamina propria mononuclear cells [J] . Mediators of Inflammation, 1997, 6（2）: 105-109.

[34] Holmskov U, Thiel S, Jensenius JC. Collectins and ficolins: Humoral lectins of the innate immune defense [J] . Annual Review of Immunology, 2003, 21（1）: 547-548.

[35] Jancso N. Inflammation and the inflammatory mechanisms [J] . Journal of Pharmacy and Pharmacology, 1961, 13（1）: 577-594.

[36] Je J, Qian Z, Byun H, et al. Purification and characterization of an antioxidant peptide obtained from tuna backbone protein by enzymatic hydrolysis [J] . Process Biochemistry, 2007, 42（5）: 840-846.

[37] Jeevithan E, Jingyi Z, Wang N, et al. Physico-chemical, antioxidant and intestinal absorption properties of whale shark type-Ⅱ collagen based on its solubility with acid and pepsin [J] . Process Biochemistry, 2015, 50（3）: 463-472.

[38] Keppel MP, Saucier N, Mah AY, et al. Activation-specific metabolic requirements for NK cell IFN-gamma production [J] . The Journal of Immunology , 2015, 194（4）: 1954-1962.

[39] Lauridsen C. From oxidative stress to inflammation: Redox balance and immune system [J] . Poultry Science, 2019, 98（10）: 4240-4246.

[40] Li D, Gao Y, Wang Y, et al. Evaluation of biocompatibility and immunogenicity of micro/nanofiber materials based on tilapia skin collagen [J] . Journal of Biomaterials Applications, 2019, 33（8）: 1118-1127.

[41] Liang J, Pei XR, Wang N, et al. Marine collagen peptides prepared from chum salmon（*Oncorhynchus keta*）skin extend the life span and inhibit spontaneous tumor incidence in sprague-dawley rats [J] . Journal of Medicinal Food, 2010, 13（4）: 757-770.

[42] Liu J, Huang Y, Y Tian. Purification and identification of novel antioxidative peptide released from black-bone silky fowl（*Gallus gallus domesticus Brisson*）[J] . European Food Research & Technology, 2013, 237（2）: 253-263.

[43] Lu J, Hou H, Fan Y, et al. Identification of MMP-1 inhibitory peptides from cod skin

gelatin hydrolysates and the inhibition mechanism by MAPK signaling pathway [J] . Journal of Functional Foods, 2017, 33: 251-260.

[44] Lubbers R, van Essen MF, van Kooten C, et al. Production of complement components by cells of the immune system [J] . Clinical & Experimental Immunology, 2017, 188 (2): 183-194.

[45] Luster AD, Alon R, Andrian UV. Immune cell migration in inflammation: Present and future therapeutic targets [J] . International Congress, 2005, 1271 (12): 135-138.

[46] Medzhitov R. Recognition of microorganisms and activation of the immune response[J] . Nature, 2007, 449 (7164): 819-826.

[47] Netea MG, Balkwill F, Chonchol M, et al. A guiding map for inflammation [J] . Nature Immunology, 2017, 18 (8): 826-831.

[48] Ngo D, Qian Z, Ryu B, et al. In vitro antioxidant activity of a peptide isolated from nile tilapia (Oreochromis niloticus) scale gelatin in free radical-mediated oxidative systems [J] . Journal of Functional Foods, 2010, 2 (2): 107-117.

[49] Offengenden M, Chakrabarti S, Wu J. Chicken collagen hydrolysates differentially mediate anti-inflammatory activity and type I collagen synthesis on human dermal fibroblasts [J] . Food Science and Human Wellness, 2018, 7 (2): 138-147.

[50] Postlethwaite AE, Kang AH. Collagen-and collagen peptide-induced chemotaxis of human blood monocytes [J] . The Journal of experimental medicine, 1976, 143 (6): 1299-1307.

[51] Sjöberg AP, Trouw LA, Blom AM. Complement activation and inhibition: A delicate balance [J] . Trends in Immunology, 2009, 30 (2): 83-90.

[52] Stuart LM, Ezekowitz R. Phagocytosis: Elegant complexity[J]. Immunity, 2005, 22(5): 539-550.

[53] Swamy M, Pathak S, Grzes KM, et al. Glucose and glutamine fuel protein O-GlcNAcylation to control T cell self-renewal and malignancy [J] . Nature Immunology, 2016, 17 (6): 712-720.

[54] Weng W, Tang L, Wang B, et al. Antioxidant properties of fractions isolated from blue shark (Prionace glauca) skin gelatin hydrolysates [J] . Journal of Functional Foods, 2014, 11: 342-351.

[55] Woo M, Seol BG, Kang K, et al. Effects of collagen peptides from skate (Raja kenojei) skin on improvements of the insulin signaling pathway via attenuation of oxidative stress and inflammation [J] . Food & Function, 2020, 11 (3): 217-225.

[56] Yu F, He K, Dong X, et al. Immunomodulatory activity of low molecular-weight peptides from Nibea japonica skin in cyclophosphamide-induced immunosuppressed mice [J] . Journal of Functional Foods, 2020, 68: 103888.

[57] Yu F, Zhang Z, Ye S, et al. Immunoenhancement effects of pentadecapeptide derived from cyclina sinensis on immune-deficient mice induced by cyclophosphamide [J] . Journal of Functional Foods, 2019, 60: 103408.

[58] Zeng H, Chi H. Metabolic control of regulatory T cell development and function [J] . Trends in Immunology, 2015, 36 (1): 3-12.

[59] Zhang Y, Duan X, Zhuang Y. Purification and characterization of novel antioxidant peptides from enzymatic hydrolysates of tilapia(Oreochromis niloticus)skin gelatin [J] . Peptides, 2012, 38 (1): 13-21.

第七章

胶原蛋白肽与降血脂

第一节 ▶ 血脂及脂蛋白

一、血脂概述

血液中所含的脂质统称为血脂，通常由血浆中的中性脂质（甘油三酯）和类脂（以胆固醇为主，另外还有磷脂、糖脂等）组成。临床上血脂通常是甘油三酯和总胆固醇的合称，也是血脂代谢的重要检测指标。血浆中脂质总量为5~7g/L，虽然血浆脂质含量只占全身脂质总量的小部分，但外源性和内源性脂类物质都需经血液转运于各组织之间。甘油三酯（Triglyceride，TG）是甘油与三分子长链脂肪酸形成的脂肪分子，化学式为（RCOO）$_3$C$_3$H$_5$，结构如图7-1（1）所示。通常，TG的3个脂肪酸分子的链长是不同的，但大多数都包含16、18或20个碳原子。体内的甘油三酯具有多种功能，包括：通过氧化代谢为人体提供充足的热量、维持正常体温、保护机体脏器免受外力伤害、调节内分泌以及帮助机体进行碳水化合物和蛋白质的吸收等。胆固醇（Cholesterol）是一种环戊烷多氢菲的衍生物，化学式为C$_{27}$H$_{46}$O，结构如图7-1（2）所示。早在18世纪，人们已从胆石中发现了胆固醇；1816年，化学家本歇尔将这种具有脂类性质的物质命名为胆固醇。胆固醇广泛存在于动物体内，尤以脑及神经组织中最为丰富。其溶解性与脂肪类似，不溶于水，易溶于乙醚、氯仿等有机溶剂。胆固醇是动物组织细胞中不可缺少的重要物质，它不仅参与形成细胞膜，而且是合成维生素D和类固醇激素的原料。胆固醇经代谢还能转化为胆汁酸、类固醇激素、7-脱氢胆固醇，调节机体的生命活动。血液中的总胆固醇（Total Cholesterol，TC）包括游离胆固醇（Free Cholesterol，FC）和胆固醇酯（Cholesteryl Ester，CE；游离胆固醇与长链脂肪酸结合）两部分，其中主要以胆固醇酯的形式存在。

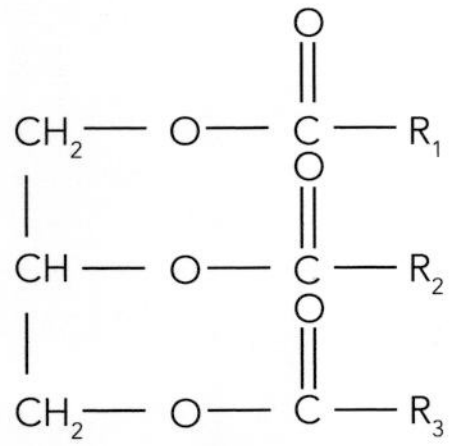

（1）甘油三酯 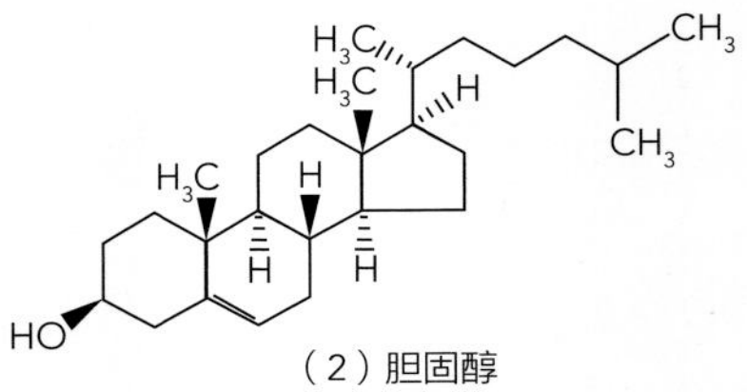　　　　　　（2）胆固醇

图7-1　甘油三酯（1）和胆固醇（2）结构式

　　人体内的TC和TG主要有两种来源：①外源性：摄入的食物中含有的TC和TG在胆汁酸、酯酶等协同作用下被小肠上皮细胞吸收，形成乳糜微粒后经淋巴循环进入血液循环，进而输送到各个组织器官。②内源性：内源的TG合成主要发生在肝脏或脂肪组织，通过酯化反应将甘油与特定脂肪酸分子结合。除了肝脏本身的甘油和脂肪酸原料，脂肪组织中的甘油三酯会部分代谢为甘油和脂肪酸后运输到肝脏，参与TG内源合成途径。TC的内源合成主要发生在肝脏部位，也有部分发生在小肠组织，过程如图7-2所示。体内合成从甲羟戊酸途径开始；在该途径中，两个乙酰基CoA分子聚合形成乙酰-乙酰基CoA。随后在乙酰基CoA和乙酰-乙酰基CoA之间进行第二次缩合，以形成3-羟基-3-甲基戊二酰基CoA（HMG-CoA）。然后，通过HMG-CoA还原酶将该分子还原为甲羟戊酸酯。甲羟戊酸酯的产生是胆固醇合成中的限速和不可逆的步骤，并且HMG-CoA还原酶是他汀类药物联合辅酶（辅酶Q10）治疗方案的作用靶点。甲羟戊酸酯最终通过两个磷酸化步骤和一个需要ATP的脱羧步骤转化为异戊烯基焦磷酸酯（IPP）。随后，IPP的3个分子通过香叶基转移酶的作用缩合形成法尼基焦磷酸酯（FP）。在内质网角鲨烯合成酶的作用下，两分子FP缩合成角鲨烯。氧化角鲨烯环化酶将角鲨烯环化形成羊毛固醇。最终，羊毛固醇通过两种途径（Block途径或者Kandutsch-Russell途径）转化为成熟胆固醇。

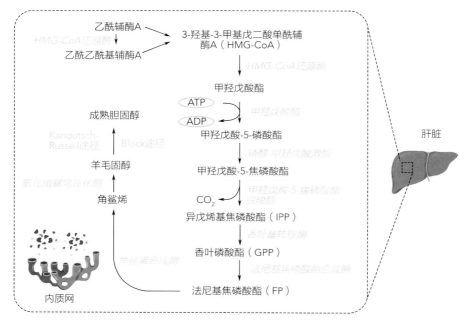

图7-2　肝脏内源胆固醇合成途径示意图

二、脂蛋白

（一）脂蛋白组成及功能

血液中的脂质均不溶或微溶于水，因此血液中的TC和TG必须与蛋白质结合以脂蛋白形式存在，才能在血液循环中运转。脂蛋白（Lipoprotein）是一类由疏水性内核（富含胆固醇酯、甘油三酯）和磷脂-蛋白质外壳构成的球状微粒，如图7-3所示。脂蛋白中脂质与载脂蛋白质之间没有共价键结合，多数是通过脂质的非极性部分与蛋白质组分之间以疏水性相互作用而结合在一起。脂蛋白在血脂代谢中发挥了重要作用，同时它也与心血管代谢疾病有密切联系。人体中的脂蛋白按照密度及其组成成分的差异主要分为5类：乳糜微粒（Chylomicron，CM），极低密度脂蛋白（Very Low-Density Lipoproteins，VLDL）、中间密度脂蛋白（Intermediate Density Lipoproteins，IDL）、低密度脂蛋白（Low Density Lipoproteins，LDL）和高密度脂蛋白（High Density Lipoproteins，HDL）。各类脂蛋白的性质及组成如表7-1所示。

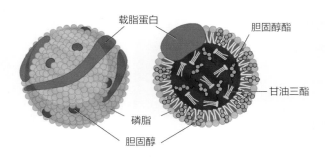

图7-3　脂蛋白结构及组成示意图

表7-1 ▶ 各种类型脂蛋白的性质及组成

类型	密度/ （g/mL）	直径/ nm	蛋白质 占比/%	胆固醇 占比/%	甘油三酯 占比/%
CM	< 0.95	100~1000	< 2	8	84
VLDL	0.95~1.006	30~80	10	22	50
IDL	1.006~1.019	25~50	18	29	31
LDL	1.019~1.063	18~28	25	50	8
HDL	> 1.063	5~15	33	30	4

资料来源：Satyanarayana, Chakrapani U. India：Elsevier，2013。

1. 乳糜微粒（CM）

CM是最大的脂蛋白，主要在小肠上皮细胞内合成，主要功能是将食物中吸收的TC和TG运送到外周组织和肝脏。脂质成分主要以TG为主，其载脂蛋白以apoB48为主要代表。

2. 极低密度脂蛋白（VLDL）

VLDL主要在肝脏中合成，是肝脏源合成脂质的起点，负责转运内源性脂质，即将脂质成分从肝脏运送至外周组织器官。以apoB100为代表性载脂蛋白。

3. 中密度脂蛋白（IDL）

IDL主要由CM经脂蛋白酯酶（Lipoprotein lipase，LPL，NCBI gene ID：4023）水解得到。极低密度脂蛋白在血液中不稳定，在血液中常检测不到它们的存在。IDL主要功能为转运内源性胆固醇，经细胞膜受体介导传递至肝细胞内水解，并转化为低密度脂蛋白。以apoB100为代表性载脂蛋白。

4. 低密度脂蛋白（LDL）

LDL是携带胆固醇最多的脂蛋白，由IDL进一步经肝酯酶/肝甘油三酯脂肪酶（Hepatic triglyceride lipase，HTGL，NCBI gene ID：3990）水解得到。其主要功能是转运内源性的胆固醇酯，由细胞膜受体介导至肝和其他组织细胞内水解。由于LDL吸收的动力学很慢，因此LDL颗粒在大多数人中构成了主要的胆固醇携带颗粒。

5. 高密度脂蛋白（HDL）

HDL被认为是体内"好"的脂蛋白，主要负责将机体外周组织的胆固醇运送至肝脏进行代谢，有助于减少血液中胆固醇的浓度。其代表脂蛋白为apoA-I，肝脏和小肠均可合成apoA-I；合成的apoA-I蛋白从外周组织处通过ATP结合盒转运体A1（ABCA1，NCBI gene ID：19）获得TC后逐渐修饰形成成熟的HDL；成熟的HDL从外周组织细胞膜表面的ATP结合盒转运体G1（ABCG1，NCBI gene ID：9619）获得胆固醇运送到肝脏进行代谢。HDL除了在胆固醇逆转运过程中发挥重要作用外，还具有抑制LDL氧化、减少血小板聚集、提高纤维蛋白原的溶解作用及减少血管炎症等功能。

（二）载脂蛋白功能及分布

血浆脂蛋白中的蛋白质部分称为载脂蛋白（Apolipoprotein），是能够结合和运输血脂到机体各组织进行代谢及利用的蛋白质。常见的载脂蛋白主要分A、B、C、D、E

5类。基本功能是运载脂类物质及稳定脂蛋白的结构，某些载脂蛋白还有激活脂蛋白代谢酶、识别受体等功能。载脂蛋白主要在肝（部分在小肠）合成，其中ABC系统命名的各类又可细分几个亚类，以罗马数字表示，分别为apoA-Ⅰ/Ⅱ/Ⅳ、apoB-48/100、apoC-Ⅰ/Ⅱ/Ⅲ。apoA主要存在于HDL中，而apoB存在于CM及VLDL中。表7-2展示了不同载脂蛋白的特性。

表7-2 各种载脂蛋白特征、分布及生理功能

载脂蛋白	合成场所	脂蛋白中分布	生理功能
apoA-Ⅰ	肝脏、小肠	HDL、CM	激活LCAT；识别HDL受体
apoA-Ⅱ	肝脏、小肠	HDL、CM	激活HTGL；抑制LCAT
apoA-Ⅳ	肝脏、小肠	HDL、CM	参与胆固醇逆转运；辅助激活LCAT
apoB-48	小肠	CM	参与组装CM及CM代谢
apoB-100	肝脏	VLDL、IDL、LDL	参与VLDL代谢；识别LDL受体
apoC-Ⅰ	肝脏	CM、VLDL、HDL	激活LCAT
apoC-Ⅱ	肝脏	CM、VLDL、HDL	激活LPL
aopC-Ⅲ	肝脏	CM、VLDL、HDL	抑制与肝细胞受体结合
apoD	肝脏	HDL	参与胆固醇逆向转运
apoE	肝脏	CM、VLDL、IDL、HDL	识别LDL受体及VLDL受体

注：LCAT：卵磷脂胆固醇酯酰转移酶；HTGL：肝酯酶/肝甘油三酯脂肪酶；LPL：脂蛋白脂肪酶。
资料来源：赵水平. 上海：上海交通大学出版社，2009。

第二节 血脂代谢与高血脂疾病

一、血脂代谢

体内的血脂代谢实际上就是脂蛋白的代谢过程，血脂代谢可以分为内源性起点和外源性起点两个方面，涉及的主要代谢器官包括肠道、肝脏和外周组织等。外源主要指食物中的脂质成分在小肠部位与胆汁酸、酯酶等结合后被小肠上皮细胞吸收，TC和TG在肠道内通过微粒体三酰甘油转移蛋白（Microsomal triacylglycerol transfer protein，MTP，NCBI gene ID：4547）途径组装成乳糜微粒通过小肠基底侧进入淋巴循环，这些

新生的乳糜微粒绕过肝脏循环并且通过胸导管排放到血流之中，经过脂蛋白酯酶一步步水解形成乳糜微粒残体（Chylomicron Remnant，CMR）后被肝脏的低密度脂蛋白受体相关蛋白（Low-Density Lipoprotein Receptor-Related Protein，LRP，NCBI gene ID：4035/4041）识别并摄取，LPL水解掉的脂肪酸被用来为机体细胞提供能量。小肠中未被吸收的TC和TG会通过上皮侧的ATP结合盒转运体G5/8复合体（ATP Binding Cassette Subfamily G Member 5/8，ABCG5/8，NCBI gene ID：64240/64241）外排入肠腔后随粪便排出。内源性途径主要始于肝脏（具体合成途径见血脂概述部分），肝脏通过甲羟戊酸途径在HMG-CoA还原酶的作用下内源性合成VLDL并分泌到血液循环中。一方面，VLDL水解生成IDL；IDL极不稳定，最终水解为LDL。由于TC水解的作用使得LDL的胆固醇含量相对较高，是血液中往外周组织运输胆固醇的主要脂蛋白种类，血液中的LDL被外周细胞表面或肝脏上的LDL受体（LDL Receptor，也称apoB/E受体，NCBI gene ID：3949）识别并摄取；另一方面，VLDL通过胆固醇酯转移蛋白（Cholesteryl Ester Transfer Protein，CETP，NCBI gene ID：1071）与HDL进行TC和CE的交换。与此同时，内源性脂蛋白代谢还包含了HDL介导的逆转运进程：小肠和肝脏在合成apoA-Ⅰ蛋白后，经过与CE和TC的融合形成成熟的HDL，HDL携带大量外周组织中的胆固醇转运回肝脏，被肝脏的清道夫受体B1（Scavenger Receptor Class B Member 1，SR-B1，NCBI gene ID：949）识别并摄取，HDL是降低血液胆固醇浓度的关键因子。体内的脂蛋白代谢进程如图7-4所示。

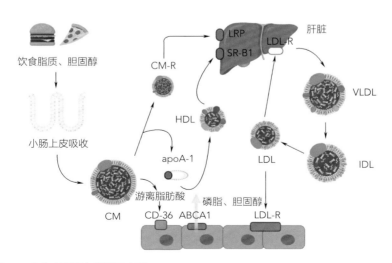

图7-4　人体内脂蛋白代谢示意图

注：CM：乳糜微粒；CM-R：乳糜微粒残基；apoA-I：载脂蛋白A-I；HDL：高密度脂蛋白；LDL：低密度脂蛋白；IDL：中密度脂蛋白；VLDL：极低密度脂蛋白；LRP：低密度脂蛋白受体相关蛋白；LDL-R：低密度脂蛋白受体；SR-B1：清道夫受体B1；CD-36：脂肪酸转运受体；ABCA1：ATP结合盒转运体A1。

二、高脂血症

上面我们提到，外源性和内源性的脂质都需经血液运转于各组织之间。因此，血脂含量可以反映体内脂类代谢的情况。正常情况下，外源性血脂和内源性血脂相互制约，二者此消彼长，共同维持着人体的血脂代谢平衡。当人体从食物中摄取了脂类物质后，肠道对于脂肪的吸收量便会随之增加，此时血脂水平就会有所升高；但由于外源性血脂水平的升高，肝脏内的脂肪合成便会受到一定的抑制，从而使内源性血脂分泌量减少。反之亦然，正是由于这种制约关系的存在，人体的血脂水平才能够良好地维持在稳定状态。但若机体存在自身基因缺陷或是长期受到不良因素的影响，如摄入高脂肪、高热量饮食等，则会造成血脂代谢紊乱，血脂水平升高，诱发典型的高脂血症。随着生活节奏加快，人类饮食和工作模式架构的变化也一定程度上加速了高血脂人群的产生。

高脂血症（Hyperlipidaemia，HPL）也称高脂蛋白血症，是由于脂肪代谢或运转异常使血清或血浆中一种或几种脂质高于正常的疾病。一般可表现为高胆固醇血症、高甘油三酯血症和两者兼有的混合型高脂血症。严格意义上讲，HPL的定义应该为血脂紊乱或血脂异常，是指人体内血清（浆）脂质的浓度超出了正常范围。临床上，HPL主要指总胆固醇水平高于220~240mg/dL、LDL-C水平高于160mg/dL、甘油三酯水平高于150~199mg/dL的一种病症。高脂血症根据发病类型分为原发性（家族性）和继发性两大类。前者主要由于遗传基因型缺陷引起，按照WHO推荐的Fredrickson分类法则共分为5类（Type Ⅰ~Ⅴ），主要是基于超离心法获得的不同脂蛋白模式进行分类（具体特征见表7-3）。后者主要是由于外源饮食（如高脂高糖饮食、摄入过多饱和脂肪酸和反式脂肪酸等）或其他慢性疾病（如慢性炎症类疾病、高血压、胰腺炎等）导致的继发性血脂代谢异常。高脂血症也可能与激素疾病有关，例如糖尿病、甲状腺功能减退（甲状腺激素过少）、肾脏疾病、肝病和库欣综合征（皮质醇过多，有时被称为"压力激素"）。某些药物可能会使高脂血症恶化，如雌激素、噻嗪类利尿剂（水丸）、Beta-阻滞剂和类固醇等。

表7-3 Fredrickson分类的高脂血症及其特征

类型	升高的脂蛋白	血浆脂质	血浆载脂蛋白	血浆外观
Ⅰ型	CM	TC正常或轻微升高；TG显著升高	apoB-48/A/C升高	奶油上层，下层透明
Ⅱa型	LDL	TC升高；TG正常	apoB-100升高	透明或轻度混浊

续表

类型	升高的脂蛋白	血浆脂质	血浆载脂蛋白	血浆外观
Ⅱb型	VLDL、LDL	TC、TG均升高	apoB-100/C-Ⅱ/C-Ⅲ升高	少有混浊
Ⅲ型	IDL	TC、TG显著升高	apoC-Ⅱ/C-Ⅲ/E升高	奶油上层，下层混浊
Ⅳ型	VLDL	TC正常或升高；TG显著升高	apoC-Ⅱ/C-Ⅲ升高	整体混浊
Ⅴ型	CM、VLDL	TC、TG显著升高	apoC-Ⅱ/C-Ⅲ/E升高	奶油上层，下层混浊

资料来源：Fredrickson DS，Lees RS. Circulation. 1965，31（3）：321-327。

　　血脂异常主要通过临床的检查及常规健康体检来发现。《中国成人血脂异常防治指南（2016年修订版）》建议20~40岁成年人每5年测量1次血脂（包括TC、TG、LDL-C、HDL-C）；建议40岁以上的男性和绝经后妇女每年进行血脂检查；而对心血管疾病和心脏疾病的高危人群，则每3~6个月测定1次血脂。表7-4为健康人群各项血脂指标的参考值。

表7-4 各项血脂指标的正常参考值

血脂正常参考值	
总胆固醇	小于200mg/dL
高密度脂蛋白胆固醇	·男性：大于40mg/dL ·女性：大于50mg/dL
低密度脂蛋白胆固醇	·对于大多数而言，低于130mg/dL ·对于高血压或糖尿病患者，应低于100mg/dL ·对于心脏病或中风或者，应低于70mg/dL
甘油三酯	小于150mg/dL

资料来源：中国成人血脂异常防治指南制订联合委员会. 中华心血管病杂志，2016，19（5）：4-14。

三、动脉粥样硬化

　　持续的高血脂状态会对动脉血管造成不可逆损伤，因此高脂血症容易继发引起各种心血管类疾病，其中最直接的就是引发动脉粥样硬化。动脉粥样硬化（Atherosclerosis，AS）是一种发生于动脉管壁的慢性炎症性疾病，也是血管病变中最常见、最重要的一种，是冠心病、脑梗死、中风等的重要诱因。其特征主要包括：动脉血管壁增厚、弹性降低、管腔狭窄。病变往往始于受累动脉的内膜，先后有多种病变同时存在，包括脂质和复合糖类积聚、出血及血栓形成、纤维组织增生及钙质沉着，以及动脉中层的逐渐蜕变和钙化，使动脉弹性降低、管腔变窄甚至堵塞动脉，致使动脉所供应的组织或器官缺血坏死。如此还可继发多种病变，如斑块内出血、斑块破裂及局部血栓形成。由于在动脉内膜积聚的脂质外观呈黄色粥样，因此被称为动脉粥样硬化。持续的高血脂状态一方面对冠状动脉处的血液流变学造成影响，使血液内皮血管的剪切应力发生变化，刺激内皮细胞产生炎症和氧化因子，造成内皮通透性变化。血液中积累的LDL-C在氧化因子作用下形成氧化型低密度脂蛋白（oxidized low density lipoprotein，ox-LDL），迁徙至内皮下层。同时，内皮细胞分泌黏附因子募集单核巨噬细胞吞噬ox-LDL形成泡沫细胞。泡沫细胞凋亡后形成脂质沉积，即早期AS斑块的脂质条纹。富含氧化修饰脂蛋白的巨噬细胞能够合成并分泌很多因子，如成纤维细胞生长因子、血小板源生长因子（Platelet-Derived Growth Factor，PDGF）、白介素-1、肿瘤坏死因子-α 等。血管平滑肌细胞（Vascular Smooth Muscle Cell，VSMCs）在PDGF和FGF的作用下大量增殖并移行，VSMCs 由血管壁的中膜移行至内膜，并通过其表面的清道夫受体，摄取并吞噬ox-LDL，变成平滑肌来源的泡沫细胞。VSMCs在凝血酶作用下大量增殖活化，合成、分泌大量胶原纤维、弹性纤维和蛋白多糖，构成斑块基质。在上述因子作用下，AS 斑块由最初的脂质条纹逐渐变为纤维脂肪病变和纤维斑块。随着AS的不断发展，脂质的沉积、大量炎性细胞的浸润，使纤维斑块的纤维帽变薄，斑块变得不稳定，不稳定的斑块出现裂缝、糜烂甚至破裂，形成血栓。血栓随着血液循环流动，可诱发严重的急性心脑血管堵塞，其病理进程如图7-5所示。

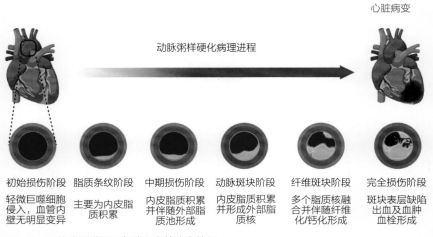

图7-5 AS的病理进程及各阶段血管病变特征

　　目前，多数研究表明，AS是一种由多因素多基因所引起的复杂病理反应，高脂血症作为AS的重要危险因子早已被公认。始动因素即为脂质成分在动脉内膜的沉积，发病过程主要涉及损伤的内皮细胞、平滑肌细胞和巨噬细胞之间的相互作用，以及局部产生的大量黏附因子、趋化因子及生长因子等的网络调控。血脂异常是慢性心血管疾病及动脉粥样硬化的重要诱因。正常情况下，细胞中胆固醇稳态靠内质网蛋白胆固醇调节元件结合蛋白2（SREBP-2，NCBI gene ID：6721）进行调节。如图7-6所示，在内质网膜上，SREBP-2的调节结构域（RD）与SREBP碎片激活蛋白（SCAP）的SREBP绑定结构域（SBD）相连接。当胆固醇含量高时，SCAP的固醇感应结构域（SSD）与胆固醇和内质网滞留蛋白（Insig）绑定。当胆固醇含量下降时，Insig会从SSD上脱落，使得SREBP/SCAP转移到高尔基体中。在高尔基体中，蛋白酶会切断并释放SREBP-2上的活性转录因子结构域（TFD），TFD转移入细胞核后绑定在固醇调节元件区域，激活固醇相关调节基因的表达。

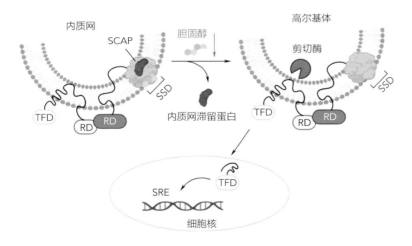

图7-6　胆固醇调节元件结合蛋白2（SREBP-2）的对胆固醇稳态的调节机制

注：TFD：活性转录因子结构域；RD：调节结构域；SSD：固醇感应结构域；SCAP：SREBP碎片激活蛋白。

　　上面我们提到，血液脂质主要来源于外源吸收及肝脏合成，而内源合成代谢的失衡是导致高脂血症的主要原因。内源TC合成主要是甲羟戊酸途径，代谢主要是胆汁酸循环途径。其中，β-羟基-β-甲戊二酸单酰辅酶A还原酶（HMG-CoAR，NCBI gene ID：100125499）和胆固醇7α-羟化酶（Cyp7a1，NCBI gene ID：1581）分别是两个途径的主要限速酶。HMG-CoAR的催化过程如图7-7所示，目前很多研究也发现他汀类药物联合辅酶（辅酶Q10）治疗方案可以通过抑制HMG-CoAR酶活来降低内源胆固醇的合成，从而改善AS。TG代谢主要涉及肝脏和脂肪组织两个部位，涉及脂肪酸合成和氧化降解途径。合成过程主要受固醇转录元件蛋白1c（SREBP1c，NCBI gene ID：6720）和糖类应答元件结合蛋白（ChREBP，NCBI gene ID：51085）调节，下游主要激活脂肪酸合成酶（FAS，NCBI gene ID：887704）、硬脂酰CoA去饱和酶（SCD1，NCBI gene ID：20249）和乙酰辅酶A羧化酶（ACC，NCBI gene ID：31）。脂肪酸的β-氧化进程主要是由蛋白激酶（AMPK，NCBI gene ID：5562）和过氧化物酶体增殖物受体（PPAR，NCBI gene ID：5465）共同调节。Luo等（2020）的研究发现，在外源胆固醇吸收方面，尼曼匹克C1样蛋白1（NPC1L1，NCBI gene ID：29881）-胆固醇酰基转移酶（ACAT1，NCBI gene ID：38）-微粒体甘油三酯转运蛋白（MTP，NCBI gene ID：4547）通路参与了主要的调控过程，通过抑制通路因子可以有效降低过多的胆固醇摄入。另外，高胆固醇血症除了造成血液黏滞及冠状动脉处的扰流之外，LDL-C含量的升高更使得血液中产生大量的ox-LDL，从而引起血管内皮细胞损伤并引发后来的炎症反应。长期脂质代谢异常作用下，血浆中的低密度脂蛋白通过受损的内膜进入血管壁的内膜下并被氧化，形成氧化型低密度脂蛋白，对内膜进一步造成损伤；单核细胞和淋巴细胞表面特征型发生变化，内皮黏附因子表达增加，促使单核细胞、淋巴细胞大量黏附于血管内皮细胞，并促使单核细胞由内皮细胞之间移行到内膜下并分化成为巨噬细胞；巨噬细胞通过表面的清道夫受体识别并吞噬ox-LDL，成为泡沫细胞；大量泡沫细胞堆积，形成早期粥样硬化病变的脂质条纹，泡沫细胞最终死亡并进一步传播炎症过程。

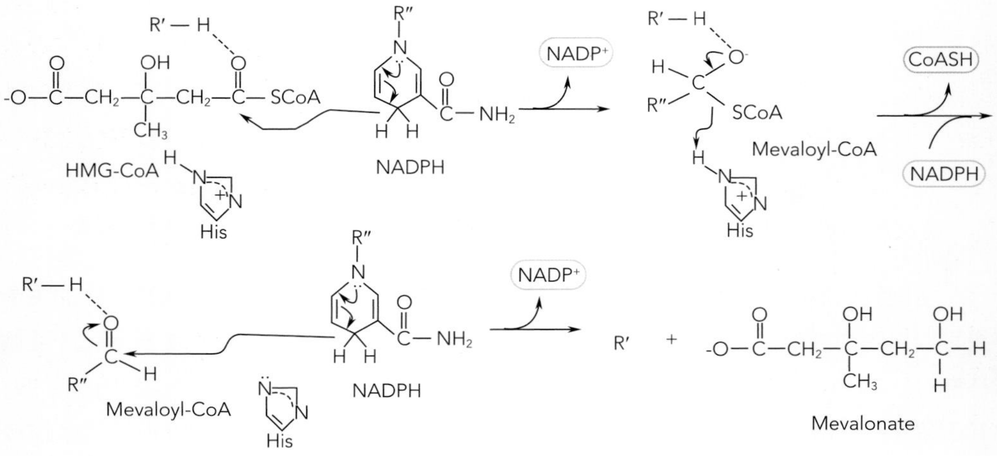

图7-7   HMG-CoA酶的催化反应过程

注：HMG-CoA：β-羟基-β-甲戊二酸单酰辅酶a；NADPH：还原型烟酰胺腺嘌呤二核苷酸磷酸；Mevaloyl-CoA：甲戊二羟酸辅酶a；Mevalonate：甲羟戊酸。

低密度脂蛋白能被巨噬细胞氧化修饰，形成过氧化物、超氧化物离子。持续的氧化应激主要是由于体内活性氧（Reactive Oxygen，ROS）和活性氮（Reactive Nitrogen，RNS）产生及消除的动态平衡被打破，主要表现为ROS和RNS产生体系被过度激活或者自身抗氧化防御体系（抗氧化酶系）的瓦解。活性氧自由基过度积累后造成细胞损伤，蛋白质、脂质氧化，DNA聚集，从而引发细胞凋亡或引起相应器官代谢功能的紊乱。而在AS中，氧化应激几乎参与了所有的病理发展的环节，包括内皮功能紊乱、血管增殖、内皮凋亡、纤维基质降解、血栓形成等。高脂血症患者冠状动脉的血流扰动及血液中过多的LDL-C会刺激内皮细胞中NADPH氧化酶、黄嘌呤氧化酶（XO）的激活及促进一氧化氮合成酶（eNOS）的解偶合，产生活性氧自由基，同时NO含量下降，血管舒张性下降。积累的活性氧自由基将过多的LDL氧化为ox-LDL，其对内皮细胞产生明显的细胞毒性，从而进一步诱导内皮通透性变大，脂质迁移至底层后内皮分泌黏附因子募集巨噬细胞吞噬，形成泡沫细胞并进一步诱导炎症，产生初期脂质斑块。而内皮成纤维细胞的迁移也源于氧化应激因子和炎症因子的共同作用，从而包裹斑块形成纤维类基质。血液中的超氧阴离子（$O_2^- \cdot$）及过氧亚硝酸盐（$ONOO^-$）在AS后期特别是不稳定斑块的破碎、纤维基质的降解（基质金属蛋白酶发挥主要作用）以及血栓的形成方面也发挥了促进作用，加重AS的病理危害。另外，在巨噬细胞氧化层面，巨噬细胞内源氧化稳态的失衡包括7-氢过氧化物（7-OOH）的升高、自噬调节蛋白-5（ATG-5）的下降及硫醇内源氧化的发生也加速了动脉粥样硬化斑块的发展。

根据《中国心血管健康与疾病报告2019》显示，我国心血管疾病的患病人数仍逐年递增。截至2019年，心血管患病人数已达3.32亿人次，其中血脂异常的比例已达到45.6%，心血管疾病死亡率仍居首位，每5例疾病性死亡中就有2例死于心血管病；因AS引起的心脏疾病死亡率也达到了30.19%（城市）和39.24%（农村）。世界范围而言，根据WHO 2020年统计报告显示，全世界有2520万人死于非传染性疾病，所有死亡人群中有71%（约1790万人）死于心血管疾病，是癌症死亡人数的两倍，约占全球总死亡人数的三分之一。预计到2030年，全球心血管疾病死亡人数将达到2360万。

第三节　胶原蛋白肽与血脂疾病的改善

目前对于高脂血症及动脉粥样硬化的预防措施主要是饮食与运动相结合的方式。减少饱和脂肪、反式脂肪和胆固醇的摄入，提高水果、蔬菜、全谷类及鱼类的摄入，另外，进行适度的中等强度有氧运动等都能够预防血脂升高的趋势。而对于已经形成的高血脂状态及动脉粥样硬化的斑块进展期，治疗措施目前主要集中在药物（如他汀类、贝特类药物、烟酸、阿司匹林等）和手术方面（如经皮冠状动脉微镜、冠状动脉搭桥手术、颈动脉内膜切除术等）。当然，药物的长期干预会引起机体的其他病变，副作用明显；而血管类手术操作复杂，成本昂贵且复发风险较高。因此，开发无毒副作用的具有降血脂及抗AS功能的食源性功效因子具有重要意义。生物活性肽是由2~20个氨基酸组成的具有多种功能的化合物，是一类重要的功能因子。以蛋白质为底物通过酶解的方法获得的生物活性肽是目前生产肽类制品的主要方法。目前，关于生物活性肽特别是胶原蛋白肽在血脂调控方面的研究已有所报道，不同的评价方法也应运而生。

一、具有降血脂功能肽的评价方法

前面的内容我们提到了AS的病理进程受到复杂的网络调控，很多研究也发现胆固醇代谢失衡、氧化应激、炎症反应、免疫反应、血栓及凝血因素及各种细胞因子等都在整个调控过程中发挥了重要作用。现阶段关于生物活性肽对AS研究也衍生出了多种评价方法，包括体外化学方法、体外细胞实验及体内动物模型等。

（一）体外化学实验模型

1. 体外胆固醇胶束溶解性测定

食物中摄入的胆固醇，在达到小肠后需要与胆汁酸、胆盐、磷脂等形成混合微胶束后才能被小肠上皮细胞通过NPC1L1吸收。因此，胆固醇在胶束中的充分溶解是其吸收入体内的关键。日本Nagaoka团队（Nagaoka等，1997）最早在1996年建立了体外胆固醇胶束溶解性的实验模型来评价大豆蛋白水解物对胆固醇在胶束中的溶解特性的影响。胶束主要成分包括：0.5mmol/L胆固醇、1mmol/L油酸、0.5mmol/L油酸单甘油酯、2.4mmol/L卵磷脂和6.6mmol/L牛磺胆酸盐。结果显示，分子质量小于3000u的活性肽组分能够显著降低胆固醇在胶束中的溶解性。

2. 体外胆酸盐绑定实验

胆汁酸对于胆固醇的吸收有重要作用，同时肠-肝之间的胆汁酸循环也是影响内源胆固醇降解代谢的重要因素。考来烯胺（消胆胺）和考来替泊（降胆宁）等碱性阴离子交换树脂就是通过对初级和次级胆汁酸的绑定从而使其从粪便中排出，减少胆囊中胆盐的储存量，促进肝脏对血液中胆固醇的摄取及降解，从而起到降血脂的作用。因此，体外的胆酸盐绑定实验模型也是评价体外降胆固醇的一个重要方法。Ma等（2009）的研究发现荞麦蛋白的模拟消化产物能够与初级（甘氨鹅脱氧胆酸）和次级胆汁酸（甘氨脱氧胆酸）结合，抑制其重吸收作用，降低血液胆固醇含量。

3. 体外脂类代谢酶抑制实验

研究较多的脂质代谢酶类主要有3-羟基-3-甲基戊二酸单酰辅酶A还原酶（HMG-CoAR）、脂肪酶（Lipase）、卵磷脂胆固醇酰基转移酶（ACAT）等。

HMG-CoAR是胆固醇内源性合成的主要限速酶，主要在肝脏部位表达，在第一节我们提到过HMG-CoAR通过甲羟戊酸途径合成内源胆固醇并以VLDL的形式参与体内的血脂代谢。因此，抑制HMG-CoAR活性被认为能够有效降低高血脂患者的血液胆固醇浓度，目前他汀类药物（如普伐他汀、辛伐他汀等）联合辅酶Q10治疗方案降血脂的主要原理就是通过抑制HMG-CoAR活性来实现。用于HMG-CoAR抑制活性研究的方法主要有分光光度法、同位素标记法、薄层层析法和高效液相色谱法等。生物活性肽作为HMG-CoA的抑制剂已经有广泛的研究。Lammi等（2018）从羽扇豆胰蛋白酶水解物中获得了具有体外HMG-CoAR抑制活性的多肽YDFYPSSTKDQQS（P3），100μmol/L浓度下抑制率高达82.73%，同时在HepG2细胞脂代谢层面也得到了相似的结果。

脂肪酶抑制剂筛选已成为降血脂和减肥药物筛选的重要方向。其主要原理是通过与胃或胰脂肪酶活性部位丝氨酸残基共价结合后使其失活，抑制甘油三酯水解，并使单甘油酯和游离脂肪酸的摄入减少。稳定的脂肪酶活性测定方法需要稳定的底物，现阶段常用底物有对硝基苯酚棕榈酸酯、三油酸甘油酯、橄榄油、亚麻油和月见草油等。Prados等（2018）的研究从橄榄籽水解物中鉴定了10种新型的多肽，均具有显著的体外抑制脂肪酶活力的作用，其中EELVE、AVFDDTLQE和FDDTLEQ的效果最为显著。ACAT主要将细胞中游离的胆固醇酯化形成胆固醇酯，脂蛋白中大部分的胆固醇以稳定的CE形式存在，ACAT对于胆固醇的吸收、VLDL的形成以及胆固醇在AS病变中的蓄积起关键作用。ACAT的抑制剂可以抑制小肠和肝脏的ACAT酶活性，降低血浆总胆固醇及低密度脂蛋白胆固醇的水平，减少CE在动脉壁的积累。Mudgil等（2019）的研究发现骆驼乳蛋白水解物能够显著抑制ACAT酶活，从中鉴定出了10条多肽，进一步的分子对接实验表明，WPMLQPKVM，CLSPLQMR，MYQQWKFL和CLSPLQFR具有更强的结合能力和显著的抑制作用。

（二）细胞实验模型

1. 脂质经上皮吸收模型

Caco-2单层膜是目前一种用来研究和预测药物在人体小肠吸收转运的体外标准化

筛选工具，通过此模型可以进行体外胆固醇吸收实验的研究。通常向诱导分化的Caco-2单层膜中添加一定含量的放射性同位素标记的胆固醇胶束溶液，培养一定时间后收集细胞裂解物及下室产物，放射性定量检测摄入和吸收的胆固醇情况。日本科学家Nagaoka等（2001）通过此方法报道了乳球蛋白多肽 II AEK可以显著降低Caco-2细胞对于^{3}H标记的胆固醇的吸收，并且证明了这种作用是与体外胆汁酸绑定和降低胆固醇胶束溶解性协同发挥作用的。Jiang等（2020）的报道发现酪蛋白来源肽能够显著抑制TC经分化的Caco-2细胞吸收进程，抑制乳糜微粒的合成和基底侧apoB蛋白的分泌。

2. 胆固醇逆转运模型

细胞内胆固醇代谢包括重要的逆转运途径，即胆固醇外流途径。细胞内胆固醇外流对于维持细胞胆固醇平衡、促进外排及抗AS都有非常重要的作用。外周细胞依托于apoA- I（由ABCA1介导）和HDL（由ABCG1介导）为接收体来促进胆固醇外流，主要涉及巨噬细胞、脂肪细胞、内皮细胞及血管平滑肌细胞等。以血管平滑肌细胞为模型，生物活性肽、姜黄素、活性多糖等的干预可以有效降低胞内总胆固醇、游离胆固醇和胆固醇酯的含量。Jojima等（2017）的研究利用利拉鲁肽干预ox-LDL处理的血管平滑肌细胞后能够显著降低VSMCs中的脂质（LDL-C、TG）沉积，促进逆转运蛋白ABCA1的表达，同时在apoE$^{-/-}$小鼠体内发现其能抑制VSMCs增殖，减缓AS斑块的形成。而以Raw264.7细胞（标明细胞来源）为模型，Narasimhulu团队（Narasimhulu等，2014）的研究发现了3种不同来源的阳离子肽可以显著降低巨噬细胞内胆固醇浓度，促进胆固醇外排，而机制方面主要涉及ABCA1/G1相关因子的表达及miRNA组学代谢通路。

（三）动物实验模型

1. 小鼠模型

载脂蛋白E缺陷（apoE$^{-/-}$）和低密度脂蛋白受体缺陷（LDLR$^{-/-}$）的小鼠模型是AS中常用的两种模型。载脂蛋白E能特异性结合CM和VLDL受体，apoE缺失后血液中的VLDL数量和LDL-C浓度会因其缺失而大量积累。同样地，LDLR的缺失会导致血液中LDL-C不能被肝脏识别并清除，因此二者都会自发形成高胆固醇血症。apoE$^{-/-}$小鼠普通饮食即可形成斑块，高脂饮食会加快模型的建立，而LDLR$^{-/-}$则需要通过添加了一定比例胆固醇的高脂饲料来诱导模型建立。与apoE$^{-/-}$小鼠相比，LDLR$^{-/-}$小鼠能更好地模拟人类AS的病理状态。目前有很多研究通过单纯高脂饮食来诱导WT小鼠产生AS，这种方法周期长且并不能反映有实际临床意义的进展性AS斑块。Parolini等（2014）利用apoE$^{-/-}$小鼠模型发现三文鱼蛋白水解物能够显著改善血液及肝脏脂质谱，减缓脂质斑块的进展。同时，

Tung等（2020）在apoE$^{-/-}$小鼠模型中发现，干预不同剂量的Kefir肽能够通过减缓血管氧化应激及巨噬细胞脂质积累来改善动脉粥样硬化状态。Averill等（2014）利用LDLR$^{-/-}$小鼠模型研究了apoA-Ⅰ模拟肽对AS改善作用，发现只有高剂量组的肽具有明显的效果。另外，ob/ob小鼠和db/db小鼠虽都无瘦素活动，但能发生肥胖、内皮功能障碍和高TG血症，主要用于脂代谢和糖代谢异常机制研究。这两类小鼠中涉及的机制主要包括脂肪酸合成代谢和脂肪酸氧化降解直接的失衡。Bjørndal等（2013）利用此模型系统研究了鳕鱼肉蛋白水解物对肥胖小鼠高血脂及炎症的改善效果，而这种效果是由于肝脏及脂肪组织的脂肪酸代谢途径发生改变而产生的。

2. 大鼠模型

通常采用Wistar或SD大鼠。大鼠模型一般通过饲料诱导的方法来建模。但是，大鼠有较强的抗AS特性且无胆囊，对外源性胆固醇吸收较低，所以单纯高脂饮食难以致AS。Wilgram等（1958）先用维生素D$_2$（VD$_2$）连续灌胃4d，然后用15g/L胆固醇饮食（5g/L 胆酸+2g/L 丙硫氧嘧啶）喂养6周，大鼠出现显著的AS病变。因为VD$_2$损伤血管内皮细胞可促进脂质及钙对血管内壁的侵入和沉积，从而促进血管钙化参与AS进程。大鼠模型目前在生物活性肽领域研究较少，主要应用在降脂类合成药（吡格列酮、阿昔莫司等）和中药配伍（清肝化浊方、糖脉通等）的筛选方面，因此凭借该模型取材优势，未来其在肽方面的研究具有很大的潜力。另外，有研究发现cp/cp大鼠的动脉中在14周出现广泛的AS病变，但目前该模型主要用于2型糖尿病的研究，尚无聚焦于AS斑块及血脂代谢的研究报道。

3. 兔模型

现阶段，自发的LDLR$^{-/-}$兔模型（WHHL兔）和自发高TG品系（STH兔），其脂代谢与人类有相似之处，且兔对外源性胆固醇吸收率高，对高血脂清除率低。另外，国内的一项研究发现采用10g/L高胆固醇饮食喂养STH兔2周，在普食喂养4周后，行腹主动脉球囊剥脱术：右股动脉搏动处剪一小口，植入球囊，充入生理盐水，向下拉球囊三次，会出现显著的AS病变。高脂饮食联合球囊剥脱法能复制典型的兔AS模型，加之饲养方便、易获得且成本低，是目前兔中复制AS的常用模型。除此之外，高脂饲料喂养加空气干燥内膜损伤法的兔AS模型已成功建立，研究发现并分别在实施空气干燥的第3天、第7天、第14天和第28天处死兔后发现，其内膜增厚的程度随时间增加而增加，同时脂质沉积加重并伴随了纤维斑块和血栓的形成。兔模型优点在于成模快，周期短，在内皮损伤领域更具有针对性，但其病理特征方面与人体的发病机制并不完全一致，特别是纤维斑块的形成方面。

二、胶原蛋白肽与血脂健康

　　胶原蛋白主要存在于陆生或水生动物的结缔组织，如皮肤、软骨、肌腱等，含有三螺旋结构区域。胶原蛋白在动物体内约占总蛋白量的25%，是一类分布广泛的、优质的蛋白质。胶原蛋白肽是以胶原蛋白为底物通过不同水解方式获得的生物活性肽，已被报道具有多种生物活性，如抗氧化、抗炎、抗菌、抗疲劳及增强免疫力等。值得注意的是，胶原蛋白肽对血脂异常和AS的调控作用也已经成为一个重要的研究热点。近些年来，国内外学者从不同来源的胶原蛋白中制备得到具有调控血脂和改善AS功能的胶原蛋白肽，并对其作用机制等进行了研究，为高脂血症及AS的改善提供了新的方向，也为胶原蛋白肽的开发提供了新的理论依据。

（一）胶原蛋白肽的降血脂作用

　　血脂异常被广泛认为是AS的始动因素。目前，海洋资源、动物骨来源的胶原蛋白肽已被报道具有明显的血脂调节功效。鱼皮含有丰富的胶原蛋白，是生产胶原蛋白肽的重要来源。Saito等（2009）以三文鱼和鳟鱼鱼皮为原料分别制备得到胶原蛋白水解物，测定了其对血脂代谢的影响：①即时血脂吸收：首先测定其对即时血脂的影响，以SD大鼠为实验对象，高脂组通过灌胃给予1%体重的大豆油，干预组在摄入大豆油基础上再分别给予三文鱼胶原水解物（SH）和鳟鱼胶原水解物（TH）。摄入2h后，通过药代动力学方法分析发现，SH组和TH组大鼠甘油三酯的吸收参数及血脂含量显著低于高脂组（$P<0.05$）。②长期血脂代谢水平：高脂组小鼠饲喂单纯的AIN-93G高脂饲料，干预组饲料为两种含有0.17%胶原蛋白肽的高脂饲料。干预10周后发现，尽管体重、摄食量和脏器比没有差异，但是干预组血液总脂质、TC、TG、LDL-C水平显著降低，而HDL水平显著升高。以上结果也说明SH和TH均能够显著改善大鼠的异常高血脂状态，机制方面主要是通过降低外源脂质吸收的过程来实现的。另一项研究发现，鳕鱼皮来源的胶原蛋白水解物（CP）能够通过对肝脏脂代谢基因的影响，显著降低高脂小鼠的血脂水平，其相关机制如图7-8所示。该研究利用AIN-93M诱导Balb/c小鼠高血脂状态，饲料中干预4%的鱼皮胶原蛋白肽后发现，其能够显著降低高脂小鼠血液中游离胆固醇和胆固醇酯的含量，而TG含量没有显著变化。进一步对肝脏组织的DNA微阵列分析表明，脂代谢进程相关的PPAR通路因子在CP干预后显著抑制，主要涉及Cyp7a1、Cyp8b1（NCBI gene ID：1582）等TC分解因子（在肝脏中将胆固醇降解为胆汁酸）；脂肪酸

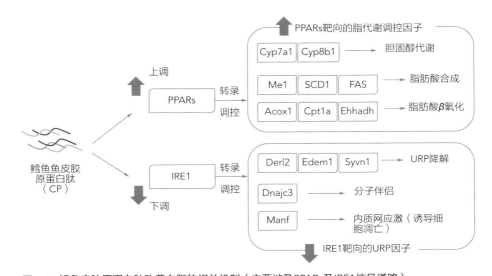

图7-8　**鳕鱼皮胶原蛋白肽改善血脂的相关机制（主要涉及PPARs及IRE1信号通路）**

注：PPARs：氧化物酶体增殖物激活受体；IRE1：肌醇酶1；Cyp7a1：细胞色素P450家族7蛋白亚族a型多肽1；Cyp8b1：细胞色素P450家族8蛋白亚族b型多肽1；Me1：苹果酸脱氢酶1；SCD1：硬脂酰CoA去饱和酶1；FAS：脂肪酸合成酶；Acox1：酰基辅酶a氧化酶1；Cpt1a：肉碱棕榈酰基转移酶1a；Ehhadh：烯酰辅酶a，水合酶/3-羟基辅酶a脱氢酶；Derl2：Der样结构蛋白家族2；Edem1：具有内质网降解增强a功能的甘露糖苷酶α1；Syvn1：滑膜细胞凋亡抑制剂1；Dnajc3：DnaJ（Hsp40）同源C家族蛋白3；Manf：中脑星形胶质细胞源性神经营养因子。

资料来源：Tometsuka C, Koyama Y, Ishijima T, et al. British Journal of Nutrition, 2017, 117（1）: 1-11。

合成及分解相关因子皆表现出升高趋势，因此TG水平未有显著影响。另外，未折叠蛋白（URP）在mRNA水平上显著降低，URP与内质网应激有密切联系。同时，磷酸化肌醇酶1在干预CP后也显著降低。以上结果表明，鳕鱼皮胶原蛋白肽能够通过影响脂代谢和内质网应激两个途径来改善高血脂状态。

　　海参体壁富含胶原蛋白，是海参营养元的重要组分之一。中国海洋大学王玉明团队（Hu等，2012）的一项研究发现，海参来源的胶原蛋白木瓜蛋白酶水解物（SCP）干预高血脂SD大鼠28d后，血液中TG含量显著降低，TC没有显著变化；而对肝脏脂肪含量的分析显示，SCP能够显著降低肝脏TC及TG的含量。这说明海参胶原蛋白肽对于肝脂积累有明显的改善作用，具有潜在的降血脂及脂肪肝防护功效。同样，海蜇胶原蛋白肽的降血脂功效也有广泛报道。宁波大学苏秀榕团队（丁进锋等，2012）以海蜇胶原蛋白为原料，经酶解得到海蜇胶原蛋白肽，通过高脂饲料喂养ICR小鼠，建立高脂血症模型，探究了胶原蛋白肽对小鼠肝脂系数及血脂等的影响。结果表明（表7-5），海蜇胶原蛋白肽能显著降低小鼠肝系数和脂肪系数、血清总胆固醇（TC）、低密度脂蛋白胆固醇、动脉硬化指数（LDL-C/HDL-C）水平，升高高密度脂蛋白胆固醇和抗动脉粥样硬化因子（HDL-C/TC）。Liu等（2012）通过胃蛋白酶和木瓜蛋白酶复合酶解获得海蜇胶原蛋白肽，并通过超滤获得小于2000u的组分。该组份具有很强的降血压及降血脂活性，ACE抑制IC_{50}值为1.28mg/mL，并且在干预高脂SD大鼠15d后，能显著降低血液TC、TG含量，同时提高HDL的含量。通过组成分析发现水解物中高含量的甘氨酸、脯氨酸、天冬氨酸和丙氨酸与其ACE抑制及脂质调节活性有密切联系。

表7-5 海蜇胶原蛋白肽对小鼠血脂的影响（$n=10$）

组别	正常对照组	高脂模型组	低剂量组	中剂量组	高剂量组
TG	0.87 ± 0.22b	1.10 ± 0.17	0.96 ± 0.27	0.86 ± 0.23	0.84 ± 0.16a
TC	1.89 ± 0.48b	3.42 ± 0.57	3.05 ± 0.50	2.57 ± 0.31b	2.25 ± 0.46b
HDL-C	2.16 ± 0.42b	1.23 ± 0.26	1.95 ± 0.41b	1.95 ± 0.67a	1.83 ± 0.61a
LDL-C	1.95 ± 0.36b	3.01 ± 0.71	2.32 ± 0.62a	2.31 ± 0.58a	2.07 ± 0.67a
AS指数	1.01 ± 0.17b	2.23 ± 0.64	1.45 ± 0.31b	1.35 ± 0.29b	1.38 ± 0.28a
抗AS指数	1.14 ± 0.18b	0.43 ± 0.20	0.65 ± 0.17a	0.72 ± 0.15b	0.87 ± 0.13b

注：a，$P<0.05$；b，$P<0.01$，与高脂模型组比较。
资料来源：丁进锋，苏秀榕，李妍妍，等. 天然产物研究与开发，2012, 24: 362-365。

骨胶原蛋白肽在目前胶原蛋白肽市场的比重越来越大。骨胶原蛋白水解肽也被报道具有改善血压和血脂的功效。甄润英等（2008）经口服给予SD大鼠一氧化氮合酶抑制剂（L-NAME）建立高血压高血脂模型，同时样本组给予羊骨胶原蛋白肽（SBCP）后发现，相对于模型组，大鼠的血压在第二周开始回落，同时总血脂含量下降并趋于稳定，TC、TG水平与空白对照组相当。

当然，除了细胞及动物实验层面，降血脂胶原蛋白肽在临床层面也有研究。日本的Tomosugi等（2016）选择了32名健康志愿者（16名男性，16名女性）和32名高血脂患者（16名男性，16名女性），对他们连续进行口服干预胶原三肽Gly-Pro-Hyp（每日2次，早晚各一次，共计16g）3个月，在起始和结束时分别检测相关指标来评价胶原三肽对健康人体和高血脂人群血脂状态和AS病理进展的影响。如图7-9所示，结果表明，相较于第0d，干预Gly-Pro-Hyp 3个月后，健康人群的血脂水平明显低于对照组，但毒性晚期糖基化终产物值（TAGE）、心-踝血管指数（CAVI，一种新型的临床AS评价指标）和肝脏指数等没有明显差异。而对于高血脂患者，Gly-Pro-Hyp的摄入能够显著降低LDL-C/HDL-C的比例，同时所有个体中TAGE（$P=0.031$）和CAVI（$P=0.024$）数值均显著降低。这提示胶原三肽具有在人体中改善高血脂状态和预防AS的潜力。另外的一项临床研究发现，野生海鱼来源的胶原蛋白肽（MFCP）在糖尿病引起的血脂代谢紊乱中具有良好的降血脂活性。该研究募集了50名健康志愿者和100名2型糖尿病患者（T2DM，其中50名为作为疾病对照，另外50名每日口服干预MFCP 13g持续3个月），对其机体参数（BMI/

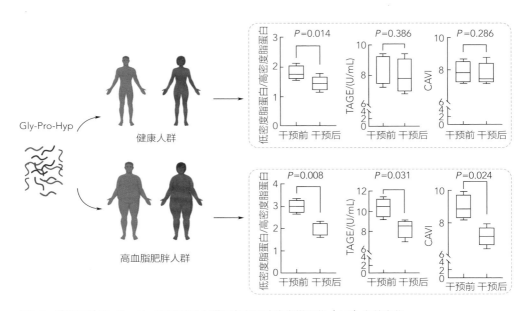

图7-9　胶原三肽Gly-Pro-Hyp干预不同人群后血脂及动脉粥样硬化（AS）参数变化

资料来源：Naohisa T，Shoko Y，Masayoshi T，et al. Journal of Atherosclerosis & Thrombosis，2017，24（5）：530-538。

WHR）、血生化指标、血清调节因子等进行了测定。结果发现，干预3个月后，较模型对照组相比，MFCP组患者的空腹血糖和胰岛素敏感水平明显下降，血脂水平（TC、TG、LDL-C、FFA）降低；另外，血液中血糖血脂相关调节因子的如hs-CRP、缓激肽、环前列腺素和脂联素的表达也显著下降。这提示MFCP能够显著改善T2D患者的异常高血脂状态，而这种作用主要得益于MFCP对胰岛素的调节及对脂质代谢因子通路的调控。

（二）胶原蛋白肽的抗氧化作用

前面提到，血管过度的氧化应激在AS各个病理阶段都发挥了促进作用，对血管内皮完整性和血管舒张性能造成不可逆影响。抗氧化剂的干预能够有效改善血管内皮的状态。鱼皮胶原蛋白水解物具有良好的抗氧化活性，Mendis等（2005）通过3种商业蛋白酶水解获得长尾鳕鱼皮胶原水解物，测定了其体外抗氧化活性，发现胰蛋白酶水解产物（T-FSGH）体外自由基清除能力最强（特别是能够引起血管病变的超氧阴离子及过氧亚硝酸）。进一步在肝脏细胞中的研究发现，干预T-FSGH后，细胞氧化应激状态得到显著改善，同时胞内抗氧化酶体系包括SOD、GSH-Px的活力显著升高。其中，小于1000u组分的效果最为明显；通过液质鉴定得到了主要作用肽段为His-Gly-Pro-Leu-Gly-Pro-Leu（797u）。另外，一项针对鲢鱼皮胶原蛋白肽（SSCP）的研究显示；高脂饲料诱导的肥胖小鼠在干预不同剂量的SSCP 8周后，小鼠的体重显著降低，并有一定的剂量效应关系；血液的脂质水平（TG、LDL-C）和胰岛素抵抗指标（HOMA-IR）显著降低。如图7-10所示，这主要是肝脏磷酸化的胰岛素受体蛋白、磷酸化磷脂酰肌醇3和磷酸化蛋白激酶B表达量显著升高，从而抑制了肝脏的氧化应激通路（Nrf2-Keap1-HO-1相关因子），维

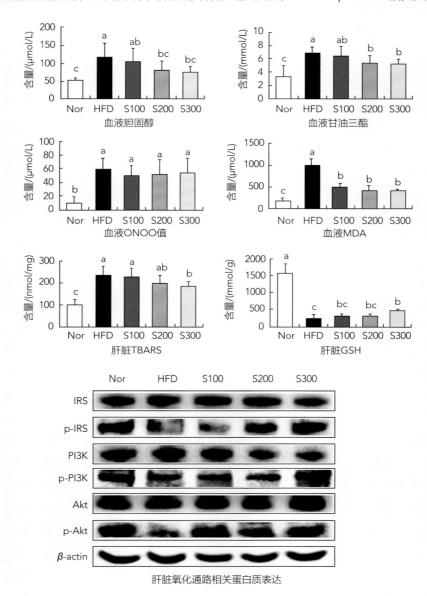

肝脏氧化通路相关蛋白质表达

图7-10   不同剂量鳀鱼皮胶原蛋白肽对高脂小鼠血脂及血液、肝脏氧化因子的影响

注：Nor：正常组；HFD：高脂组；S100、S200、S300：100、200、300mg/kg（bw）的鳀鱼皮胶原蛋白肽。a~c不同字母代表有显著性 差异（$P<0.05$，采用One-Way ANOVA及邓肯分析）。
资料来源：Woo M, Seol B G, Kang K H, et al. Food & Function, 2020, 11（3）: 2017-2025。

持了肝脏的脂代谢平衡。丁进锋等（2012）的研究发现，海蜇胶原蛋白肽在高脂诱导的大鼠模型中具有良好的降血脂作用，这主要得益于胶原蛋白肽对肝脏组织SOD和GSH-Px活力的提升，从而有效减少肝脏MDA含量，稳定肝组织的正常脂质合成状态。

（三）胶原蛋白肽的抗炎作用

动脉粥样硬化是病理状态下固有免疫和适应性免疫介导的炎性疾病，血管炎症、泡沫细胞及其产生的细胞因子可导致动脉粥样硬化或粥样斑块形成，斑块在金属蛋白酶作用下破裂而引发缺血性卒中或心肌梗死。有研究显示，炎性细胞因子可介导动脉粥样硬化的所有阶段，相关的促炎因子包括C反应蛋白、肿瘤坏死因子、白介素家族、细胞黏附因子和单核细胞趋化因子。其中，肿瘤坏死因子α（TNF-α）能有效上调ox-LDL跨内皮细胞的细胞转运，并促进ox-LDL在血管壁滞留，进而加速动脉粥样硬化的发生发展，且该过程是由核因子NF-κB和过氧化物酶体增殖物激活受体γ（PPAR-γ）相互作用的结果。

Zhang等（2010）通过复合蛋白酶水解获得鸡皮胶原蛋白肽（CCH），采用高脂CE-2饲料诱导的apoE$^{-/-}$小鼠为模型，探究了其对小鼠血-肝脂质代谢及血管动脉粥样硬化的影响。如图7-11所示，与高脂组相比，干预了CCH组的小鼠血液胆固醇、肝脏总胆固醇及甘油三酯分别下降了14.4%（$P < 0.05$）、24.7%（$P < 0.01$）和42.8%（$P < 0.01$）。而组织学切片显示，肝脏的侵入型脂滴和脂质液泡含量显著降低。机制分析研究指出，血脂和肝脂的降低主要是由于血液中促炎因子和黏附因子表达的下降引起的，其中IL-6、sICAM-1和TNF-α分别下降了43.4%（$P < 0.01$）、17.9%（$P<0.01$）和24.1%（$P<0.01$）。Woo等（2018）的研究发现鲼鱼皮胶原蛋白水解物除了能够通过抗氧化作用减少肝脏损伤外，还能够抑制高脂小鼠肝脏中NF-κB介导的炎症因子（COX-2、iNOS和IL-6）表达来改善局部炎症反应，降低肝部募集巨噬细胞的趋势，从而减少血管中巨噬细胞的输送浓度，有利于改善血管内皮细胞的应激状态。

（四）胶原蛋白肽对机体肥胖的改善作用

机体肥胖与血脂和肝脂异常代谢有着密切联系。机体肥胖主要表现在脂肪组织和肝脏组织脂滴过度积累，从而募集巨噬细胞形成局部组织的慢性炎症浸润微环境；炎症因子进一步促进了巨噬细胞集落刺激因子的分泌，从而形成恶性循环，加重组织炎症反应；而长期炎症的刺激会导致脂肪组织过度肥大，肝脏损伤、纤维化以及肝脏脂代谢紊乱等。同时，脂质代谢的异常和炎症因子的输送也导致血管内皮应激损伤，通透性变化，加速ox-LDL和血管成纤维细胞侵入，加速动脉粥样硬化脂质斑块的形成。

对照组 　　　　　　　　10%鸡皮胶原肽组

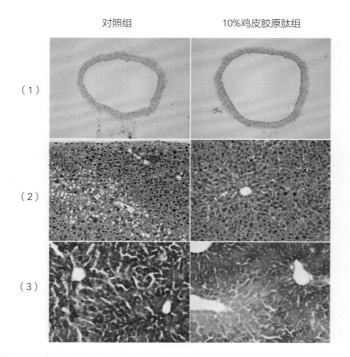

图7-11　不同鸡皮胶原蛋白肽组小鼠血管及肝脏组织学成像
注：（1）冠状血管横切；（2）肝脏HE染色；（3）肝脏油红O染色。
资料来源：Zhang Y, Kouguchi T, Shimizu K, et al. Journal of Nutritional Science and Vitaminology, 2010, 56（3）: 208-210。

　　鱼皮胶原蛋白肽在改善机体肥胖和脂质代谢层面表现出良好的功效。Lee等（2017）采用亚临界水解的方式获得金枪鱼胶原蛋白水解物（SWFCP），并在体外和体内分别评价了其对脂代谢的调节作用。部分结果如图7-12所示，发现SWFCP的干预能够显著抑制前脂肪细胞分化过程中脂滴的积累，这个过程也伴随了相关基因如CEBP-α、PPAR-γ和aP2表达的下降。进一步的动物实验显示，SWFCP能够降低HFD高脂饮食诱导的肥胖小鼠体重及脏体比的下降，对摄食量没有显著影响。与前面细胞研究的结果相一致，SWFCP能够减小脂肪组织的尺寸，降低脂滴数量，抑制脂肪组织CEBP-α、PPAR-γ和aP2表达。同时，血液中TC、TG和LDL-C的量显著减少，HDL含量显著上升。这提示SWFCP能够显著改善高脂小鼠的肥胖状态，降低血脂及相关代谢紊乱并发症。鳕鱼皮来源的胶原蛋白肽也被报道具有改善机体肥胖的功效。韩国的一项研究发现，不同分子质量的鳕鱼皮胶原蛋白水解物在db/db小鼠体内表现出不同的脂质调节活性，其中小于3000u组分产物能够更显著地降低肥胖小鼠的血脂和肝脂水平，同时其脂肪组织显著减小。进一步的机制分析发现，小分子质量胶原蛋白肽组分能够显著降低小鼠脂肪和肝脏组织中SREBP-2、FAS和ACCα的表达。Woo等（2018）的另一项关于鳐鱼皮胶原蛋白肽的研究则发现鳐鱼皮来源的胶原蛋白肽能够显著降低HFD诱导的肥胖小鼠血液TC、TG和LDL-C水平，减少体脂比和肝脏的脂滴积累。其主要作用机制是通过激活了肝脏和脂肪组织中由PPAR-γ介导的脂肪酸β氧化降解通路（SREBP-2-CPT-1）和胆固醇代谢通路（HMG-CoA-Cyp7a1）来实现的。除了鱼皮胶原蛋白肽之外，Tometsuka等（2017）发现长期摄入（>10 周）由生姜蛋白酶水解得到的牛骨胶原蛋白肽能够降低高脂诱导的肥胖BALB/c小鼠血脂含量，减少脂肪组织中脂滴的积累，机制因子主要涉及脂肪组织中Acaca、Fasn和SCD-1表达的下降，而短期的干预却没有理想的降脂效果。

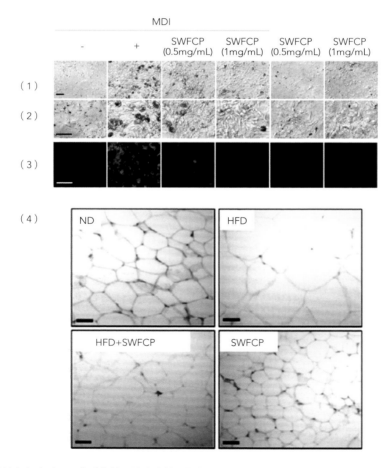

图7-12　金枪鱼鱼皮胶原蛋白肽体外和体内改善脂代谢的研究

注：（1）/（2）SWFCP对前脂肪细胞脂滴形成的影响（油红O染色）；（3）SWFCP对前脂肪细胞脂滴形成的影响（荧光标记成像）（4）SWFCP对高脂小鼠脂肪组织形态学的影响。

资料来源：Lee E J, Hur J, Ham S A, et al. International Journal of Biological Macromolecules, 2017, 104：281-286。

第四节 结语

一、降血脂胶原蛋白肽的发展现状

近几年，心血管疾病已严重威胁着人类生命健康。异常高血脂状态及继发的动脉粥样硬化都是各种心血管疾病的主要诱因。由于高脂血症涉及多个系统的复杂病理机制，普通药物难以获得令人满意的结果，且副作用较大。因此，食源性活性物质由于高效率和低毒性等优势，在高脂血症的预防和治疗中具有巨大潜力。胶原蛋白肽作为一类重要的功效因子，近些年在血脂改善的功效方面逐渐崭露头角。目前，海洋动物（包括鱼类、甲壳类和腔肠动物等）来源和陆生动物骨胶原来源的胶原蛋白肽表现出良好的降血脂活性，如鱼皮胶原蛋白肽、海蜇水母类胶原蛋白肽、海参胶原蛋白肽、牛骨胶原蛋白肽等。其降血脂机制方面主要涉及肝脏、脂肪组织的脂质代谢，从而影响血液脂质水平。同时，胶原蛋白肽自身表现出的抗氧化及抗炎活性也能从旁系支路影响肝脏、脂肪等的正常代谢状态。这些胶原蛋白肽主要通过蛋白酶水解获得，安全性较高，其氨基酸组成较为多样，对降血脂活性的影响也不尽相同。其中部分降血脂胶原蛋白活性肽的功效也已经在临床上得到了证明，为降血脂新功效因子的开发开辟了一条新的道路。

二、降血脂胶原蛋白肽的发展趋势

近些年来，国内外学者也正在不断开拓胶原蛋白肽的获取途径，以期获得更多、更高功效的降血脂胶原蛋白多肽。同时，随着基因工程技术及QSAR体系模型的不断进步，通过体外修饰、编辑等手段来延长降血脂胶原蛋白多肽的体内半衰期、提高抗消化酶水解活性及降低致敏性等技术也逐渐成熟。这使得胶原蛋白肽产品的开发具有巨大的潜力。但是，目前胶原蛋白肽降血脂的临床研究仍然较少，其改善血脂的详细机制及构效关系（如氨基酸组成及本身构型等）和最佳有效剂量等问题仍然需要进一步明确。同时，由于心血管健康水平受到如血压、血糖、血脂等多种因素的影响，单一作用的活性肽其实际效果相比临床一线药物仍然有一定差距。因此，开发具备多种功效的胶原蛋白肽将会成为今后的一个研究热点。

参考文献

[1] 丁进锋，苏秀榕，李妍妍，等.海蜇胶原蛋白肽的降血脂及抗氧化作用的研究［J］.天然产物研究与开发，2012，24：362-365.

[2] 蒋挺大.胶原与胶原蛋白［M］.北京：化学工业出版社，2006.

[3] 罗永康.生物活性肽功能与制备［M］.北京：中国轻工业出版社，2019.

[4] 孙青.大豆肽对大鼠血脂代谢的影响及其抗动脉粥样硬化机理研究［D］.济南：山东大学，2013.

[5] 田光晶.亚麻油对动脉粥样硬化改善作用及其机制研究［D］.北京：中国农业科学院，2017.

[6] 王迪，王毅.动脉粥样硬化动物模型及其进展［J］.心脏杂志，2018，30（4）：490-493.

[7] 王新，李春阳，苏立平，等.动脉粥样硬化发病机制及治疗的研究进展［J］.实用心脑肺血管病杂志，2017，25（2）：1-4.

[8] 赵水平.血脂异常［M］.上海：上海交通大学出版社，2009.

[9] 甄润英，马俪珍，姜帆，等.羊骨胶原肽对实验性高血压大鼠血压和血脂的影响［J］.营养学报，2008，30（5）：512-514.

[10] 中国成人血脂异常防治指南制订联合委员会.中国成人血脂异常防治指南［J］.中华心血管病杂志，2016，19（5）：4-14.

[11] 中国心血管健康与疾病报告2019编写组.《中国心血管健康与疾病报告2019》要点解读［J］.中国心血管杂志，2020，25（5）：401-410.

[12] Averill MM，Kim EJ，Goodspeed L，et al. The apolipoprotein-AI mimetic peptide L4F at a modest dose does not attenuate weight gain，inflammation，or atherosclerosis in LDLR-null mice［J］. PLoS One，2014，9（10）：e109252.

[13] Betteridge D. Genetic disorders of lipoprotein metabolism［J］. Clinical Molecular Medicine，2020：245-265.

[14] Bjørndal B，Berge C，Ramsvik MS，et al. A fish protein hydrolysate alters fatty acid composition in liver and adipose tissue and increases plasma carnitine levels in a mouse model of chronic inflammation［J］. Lipids in Health and Disease，2013，12（1）：1-11.

[15] Boachie R，Yao S，Udenigwe CC. Molecular mechanisms of cholesterol-lowering peptides derived from food proteins［J］. Current Opinion in Food Science，2018，20：58-63.

[16] Chakrabarti S，Jahandideh F，Wu J. Food-derived bioactive peptides on inflammation and oxidative stress［J］. BioMed Research International，2014，e608979.

[17] Drummond KE，Brefere LM. Nutrition for foodservice and culinary professionals 8th edition［M］. Hoboken：John Wiley & Sons，2014.

[18] Fredrickson DS，Lees RS. A system for phenotyping hyperlipoproteinemia［J］. Circulation，1965，31（3）：321-327.

[19] Howard A, Udenigwe CC. Mechanisms and prospects of food protein hydrolysates and peptide-induced hypolipidaemia [J] . Food & Function, 2013, 4 (1): 40-51.

[20] Hu XQ, Xu J, Xue Y, Effects of bioactive components of sea cucumber on the serum, liver lipid profile and lipid absorption [J] . Bioscience, Biotechnology and Biochemistry, 2012, 76 (12): 2214-2218.

[21] IUPAC-IUB Commission on biochemical nomenclature (CBN) [Z] . Nomenclature of Lipids, 2007-03-08.

[22] Iwaniak A, Minkiewicz P, Pliszka M, et al. Characteristics of biopeptides released in silico from collagens using quantitative parameters [J] . Foods, 2020, 9 (7): 965-972.

[23] Jiang X, Pan D, Zhang T, et al. Novel milk casein-derived peptides decrease cholesterol micellar solubility and cholesterol intestinal absorption in Caco-2 cells [J] . Journal of Dairy Science, 2020, 103 (5): 3924-3936.

[24] Jojima T, Uchida K, Akimoto K, et al. Liraglutide, a GLP-1 receptor agonist, inhibits vascular smooth muscle cell proliferation by enhancing AMP-activated protein kinase and cell cycle regulation, and delays atherosclerosis in ApoE deficient mice [J] . Atherosclerosis, 2017, 261: 44-51.

[25] Lammi C, Zanoni C, Arnoldi A, et al. YDFYPSSTKDQQS (P3), a peptide from lupin protein, absorbed by Caco-2 cells, modulates cholesterol metabolism in HepG2 cells via SREBP-1 activation [J] . Journal of Food Biochemistry, 2018, 42 (3): 1-8.

[26] Lecerf JM, de Lorgeril M. Dietary cholesterol: From physiology to cardiovascular risk [J] . The British Journal of Nutrition. 2011, 106 (1): 6-14.

[27] Lee EJ, Hur J, Ham SA, et al. Fish collagen peptide inhibits the adipogenic differentiation of preadipocytes and ameliorates obesity in high fat diet-fed mice [J] . International Journal of Biological Macromolecules, 2017, 104: 281-286.

[28] Liu X, Zhang M, Zhang C, et al. Angiotensin converting enzyme (ACE) inhibitory, antihypertensive and antihyperlipidaemic activities of protein hydrolysates from Rhopilema esculentum [J] . Food Chemistry, 2012, 134 (4): 2134-2140.

[29] Luo J, Yang H, Song BL. Mechanisms and regulation of cholesterol homeostasis [J] . Nature Reviews Molecular Cell Biology, 2020, 21: 225-245.

[30] Ma Y, Xiong Y L. Antioxidant and bile acid binding activity of buckwheat protein in vitro digests [J] . Journal of Agricultural and Food Chemistry, 2009, 57 (10): 4372-4380.

[31] Mendis E, Rajapakse N, Kim SK. Antioxidant properties of a radical-scavenging peptide purified from enzymatically prepared fish skin gelatin hydrolysate [J] . Journal of Agricultural and Food Chemistry, 2005, 53 (3): 581-587.

[32] Mudgil P, Baby B, Ngoh YY, et al. Identification and molecular docking study of novel cholesterol esterase inhibitory peptides from camel milk proteins [J] . Journal of Dairy Science, 2019, 102 (12): 10748-10759.

[33] Nagaoka S, Awano T, Nagata N, et al. Serum cholesterol reduction and cholesterol absorption inhibition in Caco-2 cells by a soyprotein peptic hydrolyzate [J] .

Bioscience，Biotechnology and Biochemistry，1997，61（2）：354-356.

[34] Nagaoka S, Futamura Y, Miwa K, et al. Identification of novel hypocholesterolemic peptides derived from bovine milk β-lactoglobulin [J]. Biochemical and Biophysical Research Communications，2001，281（1）：11-17.

[35] Nagaoka S. Structure-function properties of hypolipidemic peptides [J]. Journal of Food Biochemistry，2019，43（1）：e12539.

[36] Naohisa T, Shoko Y, Masayoshi T, et al. Effect of collagen tripeptide on atherosclerosis in healthy humans [J]. Journal of Atherosclerosis & Thrombosis，2017，24（5）：530-538.

[37] Narasimhulu CA, Selvarajan K, Brown M, et al. Cationic peptides neutralize ox-LDL, prevent its uptake by macrophages, and attenuate inflammatory response [J]. Atherosclerosis，2014，236（1）：133-141.

[38] Parolini C, Vik R, Busnelli M, et al. A salmon protein hydrolysate exerts lipid-independent anti-atherosclerotic activity in ApoE-deficient mice [J]. PLoS One，2014，9（5）：e97598.

[39] Prados IM, Marina ML, García MC. Isolation and identification by high resolution liquid chromatography tandem mass spectrometry of novel peptides with multifunctional lipid-lowering capacity [J]. Food Research International，2018，111：77-86.

[40] Sadava D, Hillis DM, Heller HC, et al. Life：The science of biology [M]. 9th ed.San Francisco：Freeman，2011.

[41] Saito M, Kiyose C, Higuchi T, et al. Effect of collagen hydrolysates from salmon and trout skins on the lipid profile in rats [J]. Journal of Agricultural and Food Chemistry，2009，57（21）：10477-10482.

[42] Satyanarayana U, Chakrapani U. Biochemistry [M]. 2nd ed. India：Elsevier，2013.

[43] Tometsuka C, Funato N, Mizuno K, et al. Long-term intake of ginger protease-degraded collagen hydrolysate reduces blood lipid levels and adipocyte size in mice [J]. Current Research in Food Science，2021（4）：175-181.

[44] Tometsuka C, Koyama Y, Ishijima T, et al. Collagen peptide ingestion alters lipid metabolism-related gene expression and the unfolded protein response in mouse liver [J]. British Journal of Nutrition，2017，117（1）：1-11.

[45] Tomosugi N, Yamamoto S, Takeuchi M, et al. Effect of collagen tripeptide on atherosclerosis in healthy humans [J]. Journal of Atherosclerosis and Thrombosis，2017，24（5）：530-538.

[46] Tung MC, Lan YW, Li HH, et al. Kefir peptides alleviate high-fat diet-induced atherosclerosis by attenuating macrophage accumulation and oxidative stress in ApoE knockout mice [J]. Scientific Reports，2020，10（1）：1-15.

[47] Wilgram GF. Dietary method for induction of atherosclerosis, coronary occlusion and myocardial infarcts in rats [J]. Bulletin of Experimental Biology and Medicine，1958，99（2）：496-499.

[48] Woo M, Noh JS. Regulatory effects of skate skin-derived collagen peptides with different molecular weights on lipid metabolism in the liver and adipose tissue [J] . Biomedicines, 2020, 8 (7): 187-195.

[49] Woo M, Seol BG, Kang KH, et al. Effects of collagen peptides from skate (*Raja kenojei*) skin on improvements of the insulin signaling pathway via attenuation of oxidative stress and inflammation [J] . Food & Function, 2020, 11 (3): 2017-2025.

[50] Woo M, Song Y O, Kang K H. Anti-obesity effects of collagen peptide derived from skate (*Raja kenojei*) skin through regulation of lipid metabolism [J] . Marine Drugs, 2018, 16 (9): 306-314.

[51] Zhang Y, Kouguchi T, Shimizu K, et al. Chicken collagen hydrolysate reduces proinflammatory cytokine production in C57BL/6 KOR-ApoEshl mice [J] . Journal of Nutritional Science and Vitaminology, 2010, 56 (3): 208-210.

[52] Zhao J, Cao Q, Xing M, et al. Advances in the study of marine products with lipid-lowering properties [J] . Marine Drugs, 2020, 18 (8): 390-398.

[53] Zhu CF, Li GZ, Peng HB, et al. Treatment with marine collagen peptides modulates glucose and lipid metabolism in Chinese patients with type 2 diabetes mellitus [J] . Applied Physiology, Nutrition and Metabolism, 2010, 35 (6): 797-804.

第八章

胶原蛋白肽与降血压

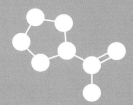

一、高血压

（一）疾病定义与类型

随着社会经济的持续发展，国民生活方式发生了深刻变化。尤其是人口老龄化及城镇化进程的加速，使得中国心血管疾病危险因素流行趋势更加明显，心血管疾病的发病人数持续增加，且预计未来10年我国心血管疾病患病人数仍将持续增长。如图8-1所示，1990—2017年中国城乡居民心血管病死亡率始终居于首位，高于肿瘤及其他疾病，至2017年；农村和城市心血管病死亡率分别达到了311.88/10万和268.19/10万。

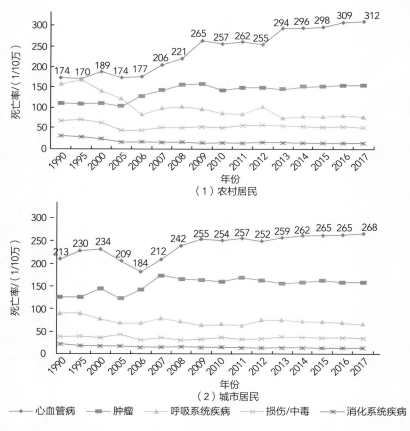

（1）农村居民

（2）城市居民

图8-1　1990—2017年中国农村居民与城市居民主要疾病死亡率变化

资料来源：《中国心血管健康与疾病报告2019》概要。

高血压（Hypertension）是以体循环动脉血压（收缩压和/或舒张压）增高为主要特征，可同时伴有视网膜、心、脑、肾等器官的功能或器质性损害的一种临床综合征，是心血管疾病最主要的危险因素，已经成为世界及中国的第一大慢性疾病，正影响着全球10亿人的健康。尽管目前对于高血压的药物治疗及包括饮食习惯在内的生活方式的改善的研究都有了很多进展，但是高血压的发病及发展趋势仍然不断增加。根据《中国心血管健康与疾病报告2019》显示，我国推算心血管病现患人数3.30亿，其中高血压患病人数为2.45亿，显著高于脑卒中、冠心病等其他心血管疾病。此外，据估计，顽固性高血压（对降压药具有抵抗作用的高血压）已经占到了高血压人群的10%~15%。

临床上可将高血压分为原发性高血压（Essential hypertension）和继发性高血压（Secondary Hypertension）两类，其中原发性高血压占所有高血压患者的90%以上。《2020国际高血压学会全球高血压实践指南》将高血压定义为非同日多次重复测量后，诊室收缩压（Systolic Blood Pressure，SBP）≥140mmHg和（或）诊室舒张压（Diastolic Blood Pressure，DBP）≥90mmHg（表8-1）。该定义适用于所有年满18岁的成年人。确诊为2级高血压的患者，应考虑服用降压药；对于1级高血压患者，可先进行生活方式干预，若干预数周后，其血压仍高于140/90mmHg，再开始采用降压药物治疗。

表8-1▶ 基于真实血压的高血压分类

分类	收缩压/mmHg	舒张压/mmHg
正常血压	＜130	＜85
正常高值血压	130~139	85~89
1级高血压	140~159	90~99
2级高血压	≥160	≥100

资料来源：《2020国际高血压学会全球高血压实践指南》。

（二）高危影响因素

高血压的发病与众多因素有关。流行病学数据发现，在人群中，随着危险因素的数目和严重程度增加，血压水平呈现升高的趋势，患高血压的可能性也会增大。我国人群高血压发病的重要危险因素包括高钠低钾膳食、超重和肥胖、饮酒、精神紧张等。

1.高钠低钾膳食

人体血压水平以及高血压患病率与钠盐（氯化钠）摄入量呈正相关，与钾盐摄入量呈负相关。膳食钠/钾比值与血压的相关性甚至更强。根据我国14组人群研究表明，膳食钠盐摄入量平均每天增加2g，收缩压和舒张压分别升高2.0mmHg和1.2mmHg。

高钠低钾膳食是我国大多数高血压患者发病的主要危险因素之一。我国大部分地区，人均每天盐摄入量在12~15g，超过WHO每日推荐摄入量（5.6g）一倍以上。在盐与血压相关性的国际协作研究（INTERMAP）中，我国人群的24h尿钠/钾比值（反映膳食钠/钾量）在6以上，而西方人群仅为2~3。

2. 超重和肥胖

身体脂肪含量与血压水平呈正相关，人群中体重指数（BMI）与血压水平亦呈正相关。BMI=体重（kg）/身高^2（m^2）；BMI每增加3kg/m^2，4年内发生高血压的风险，男性增加50%，女性增加57%。根据我国24万成人随访资料的汇总分析显示，BMI≥24kg/m^{2}者发生高血压的风险约为体重正常者的3~4倍。

此外，身体脂肪的分布与高血压发生也有一定关联。腹部脂肪聚集越多，血压水平就越高。男性腰围≥90cm或女性腰围≥85cm，发生高血压的风险是腰围正常者的4倍以上。随着社会经济发展和生活水平提高，我国超重和肥胖人群的比例显著增加。在城市中年人群中，超重者的比例已经达到25%~30%。超重和肥胖已然成为我国高血压患病率增长的又一重要危险因素。

3. 饮酒

过量饮酒也是诱发高血压的一大危险因素，人群高血压患病率随饮酒量的增加而升高。虽然少量饮酒后短时间内血压会有所下降，但长期少量饮酒可造成血压轻度升高；过量饮酒则使血压明显升高。如果每天平均饮酒＞3个标准杯（1个标准杯相当于12g酒精，约合360g啤酒，或100g葡萄酒，或30g白酒），收缩压与舒张压分别平均升高3.5mmHg与2.1mmHg，且血压上升幅度随着饮酒量增加而增大。我国饮酒人数众多，部分男性高血压患者有长期饮酒嗜好和饮高度酒的习惯，因此应重视长期过量饮酒对高血压发病的影响。同时，饮酒还会降低降压治疗的疗效。过量饮酒还可能诱发急性脑出血或心肌梗死。

4. 精神紧张

长期精神过度紧张或焦虑也是高血压发病的危险因素。长期从事高度精神紧张工作或长期受噪声、不良视觉等因素刺激的人群以及患抑郁症人群高血压患病率增加。

5. 其他危险因素

高血压发病的其他危险因素还包括年龄、高血压家族史、缺乏体力活动、吸烟等。

总体说来，在引起高血压发病的众多危险因素中，有很多都能够通过日常生活方式的改变而避免。坚持戒烟戒酒、均衡饮食、适当体育锻炼、控制体重、放松心情等健康的生活方式，对于血压正常者，能够降低患高血压的可能性，对于高血压患者，也有利于血压控制。

二、体内血压调节机制

高血压是多因素、多环节、多阶段的复杂进行性疾病，其发病机制包含遗传因素、环境因素和神经内分泌体液因素等，详细的发病机制十分复杂，至今仍未完全阐明。但各国学者对人体内各个血压调节系统已有较多研究，图8-2描述的是几种血压调节机制。

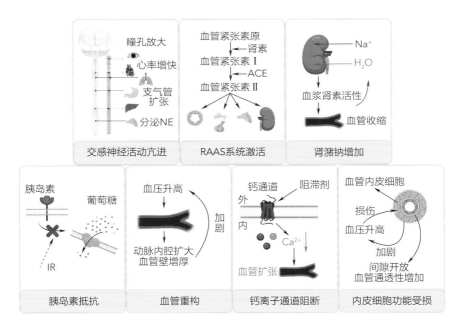

图8-2　血压调节机制

注：RAAS，肾素-血管紧张素-醛固酮系统；IR，胰岛素抵抗；NE，去甲肾上腺素。

（一）交感神经活动亢进

交感神经系统属于自主神经系统，主要分布在内脏、心血管和各种腺体中，通过释放各种交感神经递质直接参与血管正常生理功能的调节，对维持血管稳态具有重要作用。近年来，越来越多的研究表明，交感神经及其神经递质和受体的改变会打破血管的稳态，并导致高血压、动脉粥样硬化等心血管疾病。

　　血管周围交感神经受刺激可诱导血管活性介质的释放，包括引起血管收缩的去甲肾上腺素（Norepinephrine，NE）、三磷酸腺苷（Adenosine Triphosphate，ATP）和神经肽Y（Neuropeptide Y，NPY）。NE是从交感神经末端释放的主要内源性神经递质，可以作用于不同的肾上腺素受体。NE在刺激下从突触囊泡释放，激活平滑肌α1肾上腺素受体导致平滑肌细胞收缩，从而引起血管收缩，导致血压升高（图8-3）。ATP作为交感神经的共递质，与NE共同储存在交感神经的膨体中，当交感神经兴奋时被释放。ATP及其水解产生的ADP、AMP和腺苷在控制血管张力和血管重构中起重要作用。NPY是一种广泛分布于中枢神经和周围神经的氨基酸神经肽，可显著增强血管紧张素Ⅱ或NE诱导的血管收缩反应。

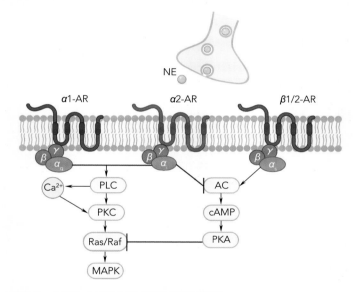

图8-3　血管中去甲肾上腺素参与的信号通路

注：PLC：磷脂酶C；PKC：蛋白激酶C；Ras/Raf：GTP结合蛋白；MAPK：丝裂原活化蛋白激酶；
AC：腺苷酸环化酶；cAMP：环磷酸腺苷；PKA：蛋白激酶A。

　　肾脏是血压调节中的重要靶器官，肾交感神经对肾脏起到支配作用。在原发性高血压和大多数其他形式的高血压（如肾性高血压等）中，肾交感神经活性（Renal Sympathetic Nerve Activity，RSNA）升高，既可明显增加肾去甲肾上腺素溢出，调节肾血管的阻力和肾血流，从而影响血压，又可削弱肾排钠的能力，最终导致血压升高。

（二）肾素-血管紧张素-醛固酮系统激活

肾素-血管紧张素-醛固酮系统（Renin-Angiotensin-Aldosterone System，RAAS）

是机体重要的激素系统（图8-4），对于包括高血压在内的各种心血管疾病的发生发展具有一定的调节作用。近年来发现很多组织，例如血管壁、心脏、中枢神经、肾脏及肾上腺等，都含有RAAS系统的各种组成成分，共同调节机体血压并维持体液平衡。

　　RAAS系统含有2种重要的蛋白酶，即肾素（Renin）和血管紧张素转换酶（Angiotensin-Converting Enzyme，ACE，NCBI gene ID：1636）。肾素可以特异性地水解血管紧张素原（AGT，NCBI gene ID：183）生成血管紧张素Ⅰ（AngiotensinⅠ，AngⅠ，NCBI gene ID：283）。而AngⅠ在ACE的作用下从C末端脱去2个氨基酸残基，从而转化为血管紧张素Ⅱ（AngiotensinⅡ，AngⅡ）。AngⅡ是一种强效血管收缩剂，可以与血管壁上的血管紧张素受体（AT_1）结合，造成周围小动脉血管平滑肌收缩，同时还能刺激肾上腺皮质的球状带细胞合成分泌醛固酮。醛固酮可以促进人体肾脏曲小管和集合管对钾离子的排出和对钠离子、氯离子及水的重吸收，从而导致血容量和钠贮量增加。AngⅡ也可以刺激肾上腺髓质和交感神经末梢释放儿茶酚，使得机体血压升高。因此，通过抑制ACE的活性可以减少血管紧张素Ⅱ的形成，从而对高血压起到治疗作用。另外，肾素抑制剂也可作为控制血压的治疗剂，且可以避免ACE抑制剂引起的各种副作用。目前，降压肽的筛选多采用ACE抑制活性来评价。

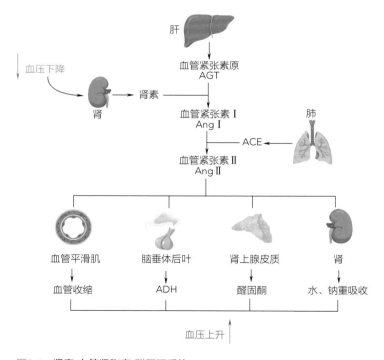

图8-4　**肾素-血管紧张素-醛固酮系统**

（三）肾潴钠增加

肾脏通过调节皮质集合管对钠、水的重吸收作用，从而保持机体水盐平衡，在诱导高血压的发病中起到核心作用。作为机体调节钠盐的最主要器官，肾脏潴留过多的钠盐就会引起机体血压升高。从与肾脏有关的发病机制角度看，高血压可被分为肾素依赖型和水钠依赖型两大类。肾素依赖型的典型例子为急进型恶性高血压和肾血管性高血压，表现为血压升高，血浆肾素活性（Plasma Renin Activity，PRA）水平升高，全身血管处于广泛收缩状态；水钠依赖型在高血压中更为常见，不仅多见于各种肾实质性疾病所致的高血压中，而且在原发性高血压患者中占了很高的比例。由于个体对钠盐的敏感程度存在显著差异，根据盐负荷后诱发高血压的状况，可将高血压人群分为盐敏性和盐耐性两类，摄入钠盐后平均动脉压显著上升者称为盐敏性高血压患者。这也可以解释为什么过多的钠盐仅使一部分人产生明显升压反应。

现代高盐饮食的生活方式加上遗传性或获得性肾脏排钠能力的下降是许多高血压病人的重要致病因素。同时，还有很多因素可引起肾性水、钠潴留，例如亢进的交感神经活性使肾血管阻力增加；肾小球有微小结构病变；肾脏排钠激素（前列腺素、激肽酶、肾髓质素）分泌减少，肾外排钠激素（内源性类洋地黄物质、心房肽）分泌异常，或者潴钠激素（18-羟去氧皮质酮、醛固酮）释放增多等。另外，低出生体重儿也可能通过肾脏机制导致高血压。

（四）胰岛素抵抗

胰岛素抵抗（Insulin Resistance，IR）是指机体组织的靶细胞对胰岛素作用的敏感性和（或）反应性降低的一种病理生理反应（图8-5）。原发性高血压患者中约半数存在不同程度的胰岛素抵抗现象，在肥胖、血液甘油三酯升高、高血压及糖耐量减退同时并存的四联症病人中最为明显。IR的结果是胰岛素在促进葡萄糖摄取和利用方面的作用明显受损，一定量的胰岛素所产生的生物学效应低于预计水平，导致代偿性胰岛素分泌增加，发生继发性高胰岛素血症（高胰岛素原或其分子片段血症）。继发性高胰岛素血症又会使电解质代谢发生障碍，引起一系列变化，如肾脏水、钠重吸收增强，并进一步促进Ang Ⅱ刺激醛固酮的产生，导致钠潴留；使血管对体内升压物质反应增强，血液中儿茶酚胺水平增加，血管张力升高；影响跨膜阳离子转运，使细胞内钙含量升高，加强血管收缩作用；增加内皮素释放，减少具有扩张血管作用的前列腺素的合成，从而影响血管舒张功能；使交感神经系统活性亢进，动脉弹性减退，从而使血压升高。上述这些改变不仅能促使血压升高，还有可能诱发动脉粥样硬化病变。

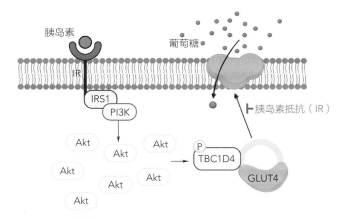

图8-5 **胰岛素抵抗**

注：IRS1：胰岛素受体底物1；PI3K：磷脂酰肌醇3-激酶；Akt：一种丝氨酸/苏氨酸蛋白激酶；TBC1D4：分子质量为160ku的Akt底物，也称AS160；GLUT4：葡萄糖转运蛋白4。

（五）血管重构

大动脉和小动脉结构与功能的变化，即为血管重构；血管重构既是高血压所致的病理变化，又是高血压维持和加剧的结构基础。血管壁具有感受和整合急性、慢性刺激并做出反应的能力，其结构处于持续变化的状态。覆盖在血管壁内表面的内皮细胞能生成、激活和释放各种血管活性物质，如一氧化氮、前列环素（Prostacyclin，PGⅠ₂）、内皮素（Endothelin-1，ET-1）、内皮依赖性血管收缩因子（Endothelium-derived contracting Factor，EDCF）等，这些活性物质具有调节心血管功能的作用。年龄增长和各种心血管危险因素，例如血脂异常、血糖升高、吸烟、高同型半胱氨酸症等，会导致血管内皮细胞功能异常，造成氧自由基产生增加，NO灭活增强，引起血管炎症、氧化应激等反应，最终影响血管的弹性功能和结构。高血压伴生的血管重建包括动脉内腔扩大、动脉壁增厚、血管壁腔比增加及血管功能异常。血管壁增厚有两方面的原因，一是内膜下间隙与中层的细胞总体积以及细胞外基质的增加；二是血管总体积不变但组成成分重新排布导致血管内外径缩小。高血压造成的血管重构包括上述这两个过程。血压因素、血管活性物质和生长因子以及遗传因素共同参与了高血压血管重构过程。

（六）钙离子通道阻断

钙离子通道的化学本质是蛋白质（图8-6），高电位激活的钙通道在可兴奋细胞如心肌细胞、平滑肌细胞、神经元中起重要作用，例如参与肌细胞的收缩、神经元电兴奋、激素及神经递质的调节和释放。钙离子通道阻滞剂通过与血管壁和心肌细胞中的电压门控钙通道（Voltage-Gated Calcium Channels，VGCC）相互作用，减少细胞内钙离子含量，从而引起血管扩张。1987年，Olivera等从僧袍芋螺毒液中纯化的两个肽均显示出阻断钙离子通道的能力。此后，各种具有钙离子通道阻断作用的生物活性肽被广泛研究。

Kawasaki等（1998）从沙丁鱼肌肉水解物中分离纯化出二肽VY，发现其对轻度高血压患者和原发性高血压大鼠（SHR）均显示出显著的降血压作用，并且没有检测到不良反应。除了二肽外，通过胃肠道肽酶作用获得的螺旋藻多肽LDAVNR和MMLDF通过干扰钙依赖性信号通路来降低细胞内钙的升高。

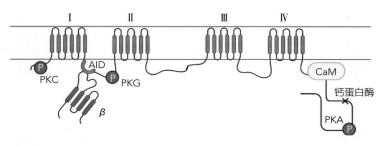

图8-6　L型钙离子通道结构示意图

注：PKC：蛋白激酶C；PKG：蛋白激酶G；CaM：钙调蛋白；PKA：蛋白激酶A。

（七）内皮细胞功能受损

血管管腔的表面均覆盖着内皮组织，其细胞总数几乎和肝相当，可看作人体内最大的脏器之一。内皮细胞不仅是一种屏障结构，而且具有调节血管舒缩功能、血流稳定性和血管重建等重要作用。血压升高使血管壁剪切力和应力增加，去甲肾上腺素和AngⅡ等血管活性物质增多，均可明显损害血管内皮及其功能。内皮受损后，细胞变性、增大；内皮细胞的间隙开放使血管通透性增加，血流中大分子物质如低密度脂蛋白、胰岛素以及各种细胞生长因子可进入血管壁；NO与前列环素释放减少，而具有强力缩血管作用的内皮素和血栓素（Thromboxane，TXA$_2$）释放增加，导致血管舒张减弱和收缩增强；黏附分子的表达增多造成白细胞、血小板在血管壁黏附、聚集和释放，单核细胞穿入内皮下层；白细胞黏附在血管壁后使血流从层流变为涡流；白细胞的激活则可释放多种细胞因子如氧自由基、白介素、肿瘤坏死因子等；此外，内皮的抗血栓形成能力亦明显减弱。这些改变继发于血压升高，系高血压的必然结果，但又促进了动脉粥样硬化的发生和发展。白细胞的黏附和迁移可视为动脉粥样硬化的最早期病理改变。因此，内皮功能障碍可能是高血压导致靶器官损害及其并发症的重要原因。

三、胶原蛋白肽与降血压

　　胶原蛋白是生物体内的重要蛋白质，主要存在于动物的骨、腱、肌鞘、韧带、肌膜、软骨和皮肤，是结缔组织中极其重要的结构蛋白质，具有支撑器官和保护肌体的功能，也是组成细胞间质最重要的功能蛋白质。胶原蛋白的原生形式没有生物活性，其生物活性作用通常通过酶解或热水解来实现。目前，已有众多研究表明胶原蛋白水解后得到的肽段具有多种生物活性功能，包括对血管紧张素转换酶的抑制作用。

　　血管紧张素转换酶（Angiotensin-Converting Enzyme，ACE）是一种含Zn^{2+}辅基的二肽羧肽酶，属二价金属酶一族，需由Zn^{2+}和Cl^-激活。作为一种糖蛋白，其分子质量为120~150ku，主要存在于肺、脑、肾、眼球和胎盘等各种组织内皮细胞内，上皮细胞、血浆和尿液中也有存在，正常情况下，肺组织含量最高。ACE含两个具有一定独立性的活性区域，分别被称为C区和N区，每个区域都保存有锌离子结合的活性位点。即使将ACE分子从中间断开，这两端仍具有活性。其中，C区是显性血管紧张素转换位点，在控制血压和心血管功能方面更加必要。ACE三维结构如图8-7所示。已有的研究结果表明，ACE的活性中心含有一个锌离子、一个质子化的精氨酸和一个疏水空腔。已证实ACE有较广泛的底物专一性，重要的天然底物包括Ang I和缓激肽；此外，也可以与C末端含不同氨基酸的肽作用，如脑啡肽等。但另一方面，ACE具有肽键专一性，需要阴离子催化，其中Cl^-是最有效的激活剂。在RAAS系统中，ACE通过将Ang I转换为血管收缩剂Ang II引起血压升高，因此使用ACE抑制剂是目前临床上治疗高血压的有效途径。但一些人工合成的ACE抑制剂类药物具有较多不良副作用，如咳嗽、高血钾、低血糖、味觉障碍、肾功能损伤、皮疹及血管神经性水肿等；而食源性ACE抑制肽是天然的降血压物质，更为安全温和，是良好的ACE抑制剂来源。

　　ACE抑制肽是一种对ACE活性具有抑制作用的多肽类物质，它可以竞争性地与ACE结合，从而阻断具有血管收缩剂功能的Ang II的生成，起到降低血压

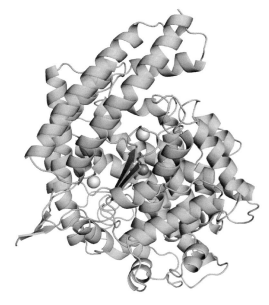

图8-7　ACE三维结构图

的作用。相较于化学合成的降压药物，食源性ACE抑制肽因其安全、无毒副作用、降压
效果显著等优点受到了人们的广泛关注。目前，研究人员已经从各不同类别的食物中分
离得到了ACE抑制肽，如植物源蛋白、乳源蛋白及鱼贝类蛋白等。许多具备ACE抑制活
性的食源蛋白酶解物经过动物实验以及临床试验口服或静脉注射验证后，都表现出明显
的降低血压的功效。

第二节　胶原蛋白肽抗高血压活性的评价方法

一、体外实验

　　体外活性检测是评估多肽抗高血压活性最常用的方法，具有简便、快速的优点。检
测方法包括ACE活性抑制测定和肾素活性抑制测定。

　　ACE活性抑制测定有很多，如分光光度法、荧光测定法、放射性同位素法、高效液
相色谱法以及毛细管电泳法等。早期的检测方法以放射色谱法、比色法或放射免疫法等
为主，主要是以缓激肽或ACE的天然底物Ang I 作为底物进行测定，操作过程复杂，干
扰因素较多，且底物价格较高。现代使用较多的是紫外分光光度法、液相色谱法和可见
光分光光度法3种。

　　第一种是Cushman等（1971）建立的以Ang I 的模拟物：马尿酰-组氨酰-亮氨酸
（N-Hippuryl-His-Leu，HHL）为底物的紫外分光光度法。ACE可在37℃、pH 8.3的条件
下催化分解HHL水解产生His-Leu（HL）和马尿酸（Hippuric Acid）。该物质经乙酸乙酯
萃取后可溶于水，在228 nm处具有特征吸收峰，因此可使用分光光度计在228 nm处测
量吸光值得到游离马尿酸的含量。当加入ACE抑制剂时，ACE对HHL的催化分解作用受
到抑制，马尿酸生成量减少，通过测定加入抑制剂前后马尿酸的紫外吸光值的差异即可
以计算抑制剂抑制活性的大小。该方法的缺点在于对实验操作要求很高，过程中极易产
生实验误差，耗时久，重复性差，且由于产物中往往仍含有少量未反应的HHL，从而可
能导致测得的结果即ACE活性值偏高。

　　第二种是液相色谱法，此方法也以HHL为底物，反应原理与紫外分光光度法相同，
但不经过乙酸乙酯抽提马尿酸的烦琐过程，而是通过高效液相色谱直接对马尿酸进行定
性定量分析。该法准确度高，检测时间短，但测定成本较高。

　　第三种是可见光分光光度法，此方法采用的Ang I 的模拟底物是N-［3-（2-呋喃

基）丙烯酰]-L-苯丙氨酰-甘氨酰-甘氨酸｛N-[3-（2-furyl）-Acryloyl]-Phe-Gly-Gly，FAPGG｝。FAPGG约在340 nm处有特征吸收峰。在ACE的作用下，FAPGG水解产生N-[3-（2-呋喃基）丙烯酰]-L-苯丙氨酰酸（FA-Phe）和二肽甘氨酰-甘氨酸（G-G），反应液在特征吸收波长下的吸光值线性下降。以单位时间内吸光值的改变表示酶活力或反应速率，测定加入抑制剂与未加入抑制剂时酶活力的差别来判断ACE抑制肽活性；也可将混合物直接注射到反相高效液相色谱柱上并在305nm处检测定量释放的FA-Phe。该方法是一种连续测定的方法，所需时间短，参与反应的物质少，干扰因素少，因此比前两种方法更加方便。

目前肾素检测存在两种方法：直接检测血浆肾素浓度（Plasma Renin Concentration，PRC）和检测血浆肾素活性（Plasma Renin Activity，PRA）。PRA可以间接反映血浆中的活性肾素的水平，即血浆样本内的肾素在一定pH和时间内，将样本中的血管紧张素原转化为血管紧张素I，然后根据单位时间内生成血管紧张素I浓度的不同，来计算样本中肾素的活性。这是肾素检测的传统方法，在国内使用多年。但是，由于PRA检测为一种酶促反应，不仅受肾素浓度影响，还受底物血管紧张素原浓度影响；而不同病理生理条件下，血管紧张素原浓度会有差异。例如，在肝硬化、充血性心力衰竭和1型糖尿病患者中，因血管紧张素原水平下降而导致PRA降低；相反，雌激素和糖皮质激素可以增加血管紧张素原水平而使PRA升高，在这些状态下测定的PRA有可能导致继发性高血压筛查指标血浆醛固酮肾素比值ARR出现假阳性和假阴性。另外，PRA实验操作复杂、检测时间过长（常需过夜）、重复性差。检测过程中，血浆标本的孵育时间、缓冲液pH及血浆稀释的倍数，不同试剂盒间和实验室间并不一致。这些因素影响了PRA的重复性和稳定性，使得不同实验室结果缺乏可比性，难以标准化。这些问题限制了肾素检测的临床推广及使用。随着单克隆抗体技术的发展，肾素检测逐步从传统的血浆肾素活性的间接检测转变为肾素浓度的直接检测；后者灵敏、快速、可自动化，且不涉及放射性标记，无须特殊防护，更重要的是不受pH、时间及血管紧张素原水平的影响，结果稳定，重复性好。

这些检测方法各有其优缺点，但都在一定程度上缩短了检测时间，提高了检测准确性，在探究抗高血压肽的体外降压活性方面起着相当重要的作用。

二、动物实验

食源性降血压肽的安全性和降血压功效可利用高血压动物模型进行评估。高血压动物模型可分为试验型与自发型两种。

试验型高血压模型是经过一定手段处理得到的大鼠模型，如手术、化学物质诱导等，因与人类高血压疾病的临床表现不完全一致，一般仅用于筛选对高血压发病机制中某些特定因素有功效的物质。

自发型大多采用的是原发性高血压大鼠（Spontaneously Hypertensive Rats，SHR）模型。SHR的高血压发病缘于遗传因素，与人类的原发性高血压的发病过程和并发症类似，早期无明显器质性变化，成年后也可能患有高血脂和高血糖，且SHR寿命较长，无论是否接受抗高血压治疗均可存活长达66周，因此SHR被认为是用来研究人类高血压的最佳动物模型。由于生长差异，雄性SHR大鼠比雌性更适合测试抗高血压化合物的功效。因为雄性SHR在15周内体重可增至300g左右，而雌性最大体重只能达到200g；雄性SHR收缩压和舒张压可达到203mmHg和176mmHg，而雌性收缩压和舒张压仅为191mmHg和154mmHg。不过，也有研究采用两肾一夹型肾血管高血压大鼠模型来评价ACE抑制肽的降压效果。

实验可采用静脉注射或口服灌胃的方式进行给药，根据给药次数可分为短期实验和长期实验两种。短期实验一次给药，测量给药后几个小时内血压的变化；长期实验每日一次，连续给药，观察大鼠收缩压的变化。在实验开始前，SHR大鼠需要适应环境饲养一周左右，随后进行空白实验和样品实验，可采取尾套方法测定SHR收缩压、舒张压和心率，同时监测体重变化。通过比较两组实验结果来判断样品ACE抑制活性的大小。这种方法的缺点在于持续时间长、环境要求高，且费用相对较高。

三、人群实验

根据国家食品药品监督管理局颁布的《药物临床试验质量管理规范》中对临床试验的定义，临床试验是指任何在人体（病人或健康志愿者）进行药物的系统性研究，以证实或揭示试验药物的作用、不良反应及/或试验药物的吸收、分布、代谢和排泄，目的是确定试验药物的疗效与安全性。进行临床试验必须符合伦理要求。在产品开发上市前，通过临床试验评估食源性降血压肽在人体中的功效十分必要，但目前相关研究还十分缺少。1992年，Souichiro等首次通过人体试验证明，高血压患者每日摄入20g酪蛋白水解物可显著降低收缩压和舒张压。1996年，Hata等通过双盲试验证明，中度高血压患者每日服用95mL的发酵乳饮料Calpis 8周后，收缩压和舒张压分别下降14.1mmHg和6.9mmHg，停止服用后血压值能维持4周不上升。

第三节　抗高血压胶原蛋白肽定量构效关系

多肽的结构特征是影响其生物活性的主要因素，以往对抗高血压胶原蛋白肽和ACE抑制活性之间的定量构效关系研究已经揭示了多肽序列的氨基酸结构与其抑制作用之间存在相互关系。

一、抗高血压胶原蛋白肽来源及其结构特征

关于胶原蛋白衍生肽的抗高血压活性研究大多数都集中在对ACE的活性抑制上。大量报道指出，胶原蛋白肽对ACE的抑制特性似乎与其独特的氨基酸组成及序列有关。一般来说，具有ACE抑制活性的胶原蛋白肽多为短肽，序列包含2~15个氨基酸残基，这是因为ACE的催化位点会限制长肽的进入。根据图8-8可知，约有超过57%的ACE抑制肽是二肽和三肽，而只有大约25%的肽序列多于5个氨基酸。同时，有研究表明，在C末端含有Pro或Hyp残基的多肽，如Gly-Pro-Hyp-Gly-Thr-Asp-Gly-Ala-Hyp、Gly-Pro-Pro-Gly-Ala-Hyp、Gly-Pro-Pro-Gly-Ala-Hyp、Gly-Ala-Hyp和Gly-Phe-Hyp-Gly-Pro，具有很强的ACE抑制活性（半抑制浓度从8.6到200μmol/L）。Saadi等（2015）研究证明抗高血压肽中显著的氨基酸是N端的Gly、Asn、Met、Arg和Tyr，以及C端的Leu、Pro、Asp和Phe。同时，他们也证明了二肽和三肽是强ACE抑制肽中最常见的多肽长度。O'Keeffe等（2017）以猪皮为原料，得到的胶原蛋白肽大部分（85.5%）的分子质量≤1000u。猪皮水解液的ACE半抑制浓度值为（220.2±143.1）mg/mL。经过MS/MS分析后发现，在所鉴定出的79条肽段中，肽的C末端59%有Pro残基，9%有Ala、Leu或Ile，7.5%有Gly，另外，4%有Gln，最有效的肽段为Met-Gly-Pro［ACE半抑制浓度为（51.11±1.14）μmol/L］。

鸡的各种加工副产物，如鸡皮、骨等，是生产具有ACE抑制活性的胶原蛋白肽的良好来源，在体内体外的抗高血压活性均得已到证明。以鸡胶

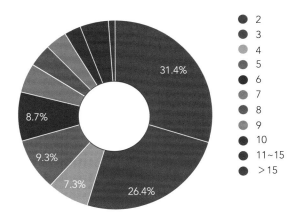

图8-8　抗高血压肽的大小分布

资料来源：BIOPEP数据库。

原蛋白水解物喂食心血管损伤模型大鼠，4周后，大鼠收缩压的升高被显著抑制。在8周时，胸主动脉的血管舒张显著增加，心血管损伤得到改善。鸡腿骨胶原蛋白水解液在体外也具有良好的ACE抑制活性，其半抑制浓度为0.545mg/mL。

从各种水产副产物中也分离鉴定出多种ACE抑制肽（表8-2）。Guo等（2015）以黄线狭鳕（明太鱼）皮肤和阿拉斯加红参（大红海参）为原料获得的胶原蛋白都表现出了ACE抑制活性。Alemán等（2013）从鱿鱼皮肤胶原蛋白中也获得了ACE抑制肽，这些胶原蛋白经水解后，根据分子质量的不同被分离成3个不同的部分，分别为3~10ku、1~3ku和小于1ku的部分，其中低分子质量的肽段表现出了最高的ACE抑制活性。Zhuang等（2012）以水母为原料得到的胶原蛋白水解物和肽段可有效抑制ACE，其半抑制浓度为43μg/mL。Lin等（2012）的研究表明，鱿鱼皮肤明胶消化性水解液中小于2ku部分的ACE抑制半抑制浓度为330mg/mL，而巨型鱿鱼明胶的钙酶水解液显示340mg/mL的ACE抑制半抑制浓度。Byun等（2001）通过水解阿拉斯加青鳕的鱼皮，从水解物中分离出相对分子质量介于900~1900u的肽片段，具有显著ACE抑制活性，纯化出氨基酸组成分别为Gly-Pro-Leu、Gly-Pro-Met的肽片段，其IC_{50}值分别为2.6μmol/L和17.13μmol/L。Fahmi等（2004）水解海鲷鱼鱼鳞胶原蛋白，所得的肽混合物具有ACE抑制活性，其IC_{50}值为0.57mg/mL。原发性高血压大鼠每日口服300mg/kg这种混合肽后，血压显著降低（$P<0.05$）。用色谱法从此混合肽中分离出4种ACE抑制活性较高的肽，其氨基酸序列分别为Gly-Tyr、Val-Tyr、Gly-Phe、Val-Ile-Tyr。这些研究都表明，从水产品副产物中获得的胶原蛋白肽有助于血压控制。

表8-2 不同来源胶原蛋白水解物的ACE抑制活性

来源	多肽序列	半抑制浓度（IC_{50}）	参考文献
鲑鱼	AP VA	IC_{50} = 0.060mg/mL IC_{50} = 0.332mg/mL	Gu等，2011
刺鱼	FQPSF LKYPI	IC_{50} =12.56μmol/L IC_{50} = 27.07μmol/L	Lassoued等，2016
鱿鱼	混合肽<2mol/L	IC_{50} = 0.33mg/mL	Lin等，2012
大头鳕	GASSGMPG LAYA	IC_{50} = 6.9μmol/L IC_{50} = 14.5μmol/L	Ngo等，2016
鲑鱼	YP	IC_{50} = 5.21μmol/L	Neves等，2017
海参	EVSQGRP VSRHFASYAN CRQNTLGHNTQTS IAQ	IC_{50} = 0.05mmol/L IC_{50} = 0.21mmol/L IC_{50} = 0.08mmol/L	Forghani等，2016

续表

来源	多肽序列	半抑制浓度（IC_{50}）	参考文献
牛肉	VLAGTL	IC_{50}=23.2μg/mL	Jang等，2005
牛皮	GPL GPV	IC_{50}=2.55μmol/L IC_{50}=4.67μmol/L	Kim等，2001
鳀鱼	FQPSF LKYPI	IC_{50} =12.56μmol/L IC_{50} =27.07μmol/L	Lassoued等，2016
鸡	GAHGLHGP	IC_{50} =29μmol/L	Saiga等，2008

二、定量构效关系模型与分子对接

随着计算机技术的高速发展，定量构效关系（Quantitative Structure-Activity Relationship，QSAR）作为一种经济有效的方法，被广泛应用于各个领域的化学结构与生物活性、化学结构与性质关系的研究中。QSAR是在化学、物理学、数学等多门学科的理论支持下，分析小分子化合物的结构特征，并与活性参数构建定量的数学模型，是化学计量学的一个重要领域，对于化合物设计和筛选以及阐明化合物的作用机制等具有指导作用，因而，利用QSAR模型确定降压肽的分子结构与其活性之间的关系，对于设计及开发高效降压肽具有重要意义。

近年来，已知的活性肽序列数量不断增加而具有相同生物活性的肽类通常具有不同的氨基酸组成和氨基酸数量，如苦味肽（Bitter Peptides，BT）、ACE抑制肽和抗氧化肽等。目前，对于降压肽的定量构效关系研究较多的靶点为ACE。生物活性肽主要通过竞争模式、非竞争模式和反竞争模式抑制ACE的活性（图8-9）。在竞争性抑制中，肽通过占据ACE的生物活性位点来阻断ACE的活性；而在非竞争机制中，肽能够与ACE结合位点以外的位点结合，此时，无论底物分子是否与ACE结合，ACE都无法再催化底物。当肽的氨基酸组成发生改变、甚至同分异构体之间的ACE抑制活性都会表现出较大差异。氨基酸残基的键长、疏水性、分子电荷和侧链蓬松度等均对肽活性产生一定的影响。

例如，Matsufuji等1994年从沙丁鱼中鉴定了9个具有ACE抑制活性的短肽序列（Met-Phe、Arg-Tyr、Met-Tyr、Leu-Tyr、Tyr-Leu、Ile-Tyr、Val-Phe、Lys-Trp、Arg-Val-Tyr），半抑制浓度值均低于100μmol/L。根据Lineweaver-Burk图，所识别的肽大部分均竞争性抑制ACE，但Met-Tyr表现出非竞争性抑制。根据Ahhmed和Muguruma（2010）的研究，在C末端有Pro、Trp、Tyr或Phe的肽和N末端有支链脂肪族氨基酸的肽更适合竞争性的抑制途径。在此前提下，Ghassem等（2014）证明，从蛇头鱼中分离纯化的多肽

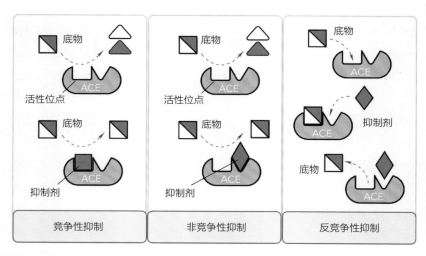

图8-9　ACE抑制肽作用机制

LYPPP和YSMYPP对ACE表现出竞争抑制机制，类似于卡托普利，其中LYPPP对ACE的抑制效果更好。此外，Li等（2005）证明，根据Lineweaver-Burk图，从蛏子的酶解物中纯化的三肽VQY（IC_{50}=9.8μmol/L）可竞争性抑制ACE的活性。各种来源的非竞争性ACE抑制肽也有报道。Kohama等1989年就在金枪鱼水解液中发现Pro-Thr-His-Ile-Lys-Trp-Gly-Asp对ACE表现出非竞争性的抑制。随后，Qian等（2007）从大眼金枪鱼的水解液中发现含有非竞争性抑制ACE活性的抑制肽WPEAAELMMEVDP，其半抑制浓度为21.6μmol/L。源自鳐鱼和太平洋鳕鱼皮的胶原蛋白肽也表现出非竞争性的ACE抑制机制。Lee等（2001）从鳐鱼皮分离纯化得到PGPLGLTGP和QLGFLGPR两条肽段，其IC_{50}分别为95μmol/L和148μmol/L。

　　事实上，大多数研究人员都是通过提供有关催化反应的新见解来了解催化系统所涉及的关键参数。以往的研究曾试图指出ACE抑制肽的结构特征，以便使用不同的建模软件预测多肽与ACE之间的定量构效关系，以及其作用机制。ACE包含C端和N端2个活性位点，其中C端在血压调节方面发挥重要作用，是最有前景而无副作用的降压药理学靶点。Lunow等（2014）报道含有Trp的二肽能选择性抑制ACE的C端。Wu等（2016）用基于偏最小二乘回归分析生物活性肽和ACE抑制活性之间的构效关系；结果表明，C端包含芳香族氨基酸，N端含有疏水性氨基酸，中间有带正电荷官能团的生物活性肽是潜在的ACE抑制剂；包含4~10个氨基酸残基的多肽C端的4个氨基酸是影响ACE抑制活性的关键结构。Huang等（2014）通过研究ACE抑制三肽的定量构效关系发现C端的Pro决定着其ACE抑制活性。也有研究表明，五肽的氨基酸组成为C_1（Gly、Leu、Ala、Val、

Ile）、C$_2$（Arg、Val、Thr）、C$_3$（Asp、Asn、Lys）、C$_4$（Trp、Tyr、Cys）、C$_5$（Val、Ile）具有较高的ACE抑制活性。Wu等（2016）基于文献已报道的168个二肽和140个三肽组成的多肽数据库研究ACE抑制肽的定量构效关系；结果显示，对于三肽来说，最有利抑制活性的是C末端为芳香族氨基酸，中间位置为带正电荷的氨基酸，N末端为疏水性氨基酸。孔静静（2012）以天然ACE抑制肽KVLPVP和YKSFIKGYPVM为肽骨架设计了17种类似物，以研究ACE抑制肽的构效关系，结果发现：肽的C端或N端为芳香族的氨基酸残基、疏水性的氨基酸残基的多肽ACE抑制活性更高；具有相似氨基酸残基序列的多肽，随着肽链的缩短，ACE抑制活性会有一定程度的降低；C端连有带电荷的氨基酸残基会增强ACE抑制活性；多肽的ACE抑制活性与Pro残基位于多肽的C端的不同位置有关。

　　分子对接是通过受体的特征以及受体和化合物分子之间的相互作用方式来进行设计的方法。主要研究分子间（如配体和受体）的相互作用，并预测其结合模式和亲和力。分子对接是一种研究化合物结构与生物活性关系的有效方法，亦可用来研究ACE抑制剂结构与活性的关系。最常见的商用ACE抑制剂卡托普利和赖诺普利，对ACE表现出不同的结合行为，基于对接计算，赖诺普利与ACE的C端具有更高的亲和力，而卡托普利在ACE的N端和C端表现出相同的亲和力。Li等（2005）预测水母肽（VKP和VKCFR）通过与ACE的活性位点Zn（Ⅱ）原子配位来抑制ACE；分子对接结果表明，VKP可能与His513、His353、Lys511、Tyr520、Tyr523和Ala354形成氢键，与His383和His387产生疏水相互作用。VKCFR可以与Gln281、Ala354、Ser355、Ala356、Asp377、Glu384、His410、Lys511和His513形成氢键，与Tyr523和Trp357产生疏水相互作用，与Tyr523和His353形成二硫键。基于相同的计算建模工具，Ko等（2016）研究表明，从比目鱼肌肉水解液中鉴定出的肽表现出不同的抑制模式，MEVFVP（IC_{50}=79μmol/L）竞争性抑制ACE，而VSQLTR（IC_{50}=105μmol/L）为非竞争性抑制，这可以通过分子对接证实。三维结构结果表明，MEVFVP能够通过金属离子相互作用（Zn701）、H-结合相互作用（Glu411、Arg522、Asn66）和Pi相互作用（Tyr523）结合ACE活性位点。VSQLTR没有与ACE的催化位点结合，而是利用氢键与ACE分子中的Glu131、Glu202和Leu210产生相互作用，这解释了其非竞争性抑制模式。Zhang等（2018）从水母水解液中鉴定出ACE抑制双肽SY，其半抑制浓度为1164.179μmol/L，能够与ACE的C端相互作用。SY的苯基伸入到由Phe391和Ala365组成的疏水区域，形成稳定的疏水结合，同时羧基与锌离子形成两个氢键，进而与His383、His387和Glu411相互作用。这些结果，连同Lineweaver-Burk图，表明SY能够与ACE分子结合，产生一个末端复合物，从而非竞争性抑制ACE的活性。

第四节　结语

　　高血压是导致心血管疾病和中风的主要危险因素，威胁着全球近10亿人的健康，为了应对这一全球性健康问题，各国学者对于具有抗高血压效果的蛋白质或肽开展了大量的研究工作，以期将其应用于高血压的辅助治疗中，减轻传统高血压治疗药物的副作用。食源性胶原蛋白肽不仅来源安全可靠，且除了抗高血压作用外往往还具有一些其他的生物活性，如抗菌、抗氧化、抗衰老、抗癌等，同时还能解决畜禽、水产品加工中胶原蛋白副产物的浪费。

　　除前文所介绍的抗高血压胶原蛋白肽以外，还有大量该方向研究，不仅涉及各种不同的原料来源，还涉及不同的水解方法和条件，以期获得更加高效的抗高血压蛋白肽。但目前对于许多肽而言，其实际作用机制并未完全阐明，尤其是体内作用机制，需要进一步研究来确定肽作用的分子靶点，建立抗高血压胶原蛋白肽的构效关系，使用先进的生物化学技术，如蛋白质组学、RNA测序、分子对接计算研究和基因功能分析等，阐明抗高血压肽的分子机制。此外，尽管已有大量关于抗高血压胶原蛋白肽的研究，但是肽的生物利用度和生物活性只聚焦在体外和动物模型中，尚未进行广泛的临床研究。

参考文献

[1]《中国心血管健康与疾病报告2019》编写组.《中国心血管健康与疾病报告2019》要点解读［J］.中国心血管杂志，2020，25（5）：401-410.

[2] 韩飞，于婷婷，李军，等. 大鼠灌胃大豆肽后各组织ACE酶活性的研究［J］.食品科学，2011，32（3）：216-218.

[3] 孔静静. ACE抑制肽类似物的合成及其性质研究［D］.郑州：河南工业大学，2012.

[4] Ahhmed AM, Muguruma M. A review of meat protein hydrolysates and hypertension ［J］. Meat Science. 2010，86，110-118.

[5] Alemán A，Gómez-Guillén M，Montero P. Identification of ACE-inhibitory peptides from squid skin collagen after in vitro gastrointestinal digestion［J］. Food Research International. 2013，54（1），790-795.

[6] Anderson EA, Sinkey CA, Lawton WJ, et al. Elevated sympathetic nerve activity in borderline hypertensive humans. Evidence from direct intraneural recordings［J］.

Hypertension, 1989, 14（2）: 177-183.

[7] Bodin P, Burnstock G. Purinergic signalling: ATP release [J]. Neurochemical Research, 2001, 26（8/9）: 959-969.

[8] Byun HG, Kim SK. Purification and characterization of angiotensin I converting enzyme（ACE）inhibitory peptides from Alaska pollack（ *Theragra chalcogramma* ）skin [J]. Process Biochemistry, 2001, 36: 1155-1162.

[9] Cheng H. Binding of peptide substrates and inhibitors of angiotensun-coverting enayme [J]. Journal of Biological Chemistry, 1980, 255（2）: 401-407.

[10] Correa APF, Daruit DJ, Fontoura R, et al. Hydrolysates of sheep cheese whey as a source of bioactive peptides with antioxidant and angiotensin-converting enzyme inhibitory activities [J]. Peptides, 2014, 61（61）: 48-55.

[11] Cushman DW, Cheung HS. Spectrophotometric assay and properties of the angiotensin-converting enzyme of rabbit lung [J]. Biochemical Pharmacology, 1971, 20（7）: 1637-1648.

[12] Fahmi A, Morimura S, Guo HC. Production of angiotensinI converting enzyme inhibitory peptides from sea bream scales [J]. Process Biochemistry, 2004, 39: 1195-1200.

[13] Forghani B, Zarei M, Ebrahimpour A, et al. Purification and characterization of angiotensin converting enzyme-inhibitory peptides derived from *Stichopus horrens*: Stability study against the ACE and inhibition kinetics [J]. Journal of Functional Foods, 2016, 20: 276-290.

[14] García-Prieto J, Villena-Gutiérrez R, Gómez M, et al. Neutrophil stunning by metoprolol reduces infarct size [J]. Nature Communication, 2017（8）: 14780.

[15] Ghassem M, Babji AS, Said M, et al. AngiotensinI-converting enzyme inhibitory peptides from snakehead fish sarcoplasmic protein hydrolysate [J]. Journal of Food Biochemistry, 2014（38）: 140-149.

[16] Gu RZ, Li CY, Liu WY, et al. Angiotensin I-converting enzyme inhibitory activity of low-molecular-weight peptides from Atlantic salmon（ *salmo salar* l. ）skin [J]. Food Research International, 2011, 44（5）: 1536-1540.

[17] Guo L, Harnedy PA, Li Z, et al. In vitro assessment of the multifunctional bioactive potential of Alaska pollock skin collagen following simulated gastrointestinal digestion [J]. Journal of the Science of Food and Agriculture. 2015, 95（7）: 1514-1520.

[18] Hang GD, Zhang R, Luo YP, et al. Studies on the QSAR of ACE Inhibitory tripeptides with proline as C-terminal and determination inhibitory activities [J]. Chinese Journal of Structural Chemistry, 2014, 33（12）: 1741-1748.

[19] Hata Y, Yamamoto M, Ohni M, et al. A placebo-controlled study of the effect of sour milk on blood pressure in hypertensive subjects [J]. American Journal of Clinical Nutrition, 1996, 64（5）: 767-771.

[20] He R, Yang YJ, Wang ZG, et al. Rapeseed protein-derived peptides, LY, RALP, and

GHS, modulates key enzymes and intermediate products of renin-angiotensin system pathway in spontaneously hypertensive rat [J] . Science Food, 2019, 3 (1): 1-6.

[21] Huang GD, Zhang R, Luo YP, et al. Studies on the QSAR of ACE inhibitory tripeptides with proline as C-terminal and determination inhibitory activities [J] . Chinese Journal of Structural Chemistry, 2014, 33 (12): 1741-1748.

[22] Kawasaki T. Anti-hypertensive effect of Val-Tyr, a short chain peptide derived from sardine muscle hydrolyzate, on hypertensives [J] . Journal of Hypertension, 1998: 16.

[23] Kim SK, Byun HG, Park PJ, et al. Angiotensin I converting enzyme inhibitory peptides purified from bovine skin gelatin hydrolysate [J] . Journal of Agricultural and Food Chemistry, 2001, 49 (6): 2992-2997.

[24] Ko JY, Kang N, Lee JH, et al. Angiotensin I-converting enzyme inhibitory peptides from an enzymatic hydrolysate of flounder fish (*Paralichthys olivaceus*) muscle as a potent anti-hypertensive agent [J] . Process Biochemistry, 2016, 51: 535-541.

[25] Kohama Y, Oka H, Matsumoto S, et al. Biological properties of angiotensin-converting enzyme inhibitor derived from tuna muscle [J] . Journal of Pharmacobio-Dynamics, 1989, 12 (9): 566-571.

[26] Lassoued I, Mora L, Barkia A, et al. Angiotensin I-converting enzyme inhibitory peptides FQPSF and LKYPI identified in Bacillus subtilis A26 hydrolysate of thornback ray muscle [J] . International Journal of Food Science and Technology, 2016, 51: 1604-1609.

[27] Lee JK, Jeon JK, Byun HG. Effect of angiotensin I converting enzyme inhibitory peptide purified from skate skin hydrolysate [J] . Food Chemistry, 2011, 125: 495-499.

[28] Li GH, Liu H, Shi YH, et al. Direct spectrophotometric measurement of angiotensin I -converting enzyme inhibitory activity for screening bioactive peptides [J] . Journal of Pharmaceutical and Biomedical Analysis, 2005, 37 (2): 219-224.

[29] Lin L, Lv S, Li B. Angiotensin-I-converting enzyme (ACE) -inhibitory and antihypertensive properties of squid skin gelatin hydrolysates [J] . Food Chemistry.2012, 131(1): 225-230.

[30] Lunow D, Kaiser S, Ruckkriemen J. Tryptophan-containing dipeptides are *C*-domain selective inhibitors of angiotensin converting enzyme [J] . Food Chemistry, 2014, 166: 596-602.

[31] Mandal SM, Bharti R, Porto WF, et al. Identification of multifunctional peptides from human milk [J] . Peptides, 2014, 56 (3): 84-93.

[32] Matsufuji H, Matsui T, Seki E, et al. Angiotensin I-converting enzyme inhibitory peptides in an alkaline protease hydrolyzate derived from sardine muscle [J] . Bioscience Biotechnology & Biochemistry, 1994, 58 (12): 2244-2245.

[33] Neves AC, Harnedy PA., O'Keeffe MB, et al. Bioactive peptides from Atlantic salmon (*Salmo salar*) with angiotensin converting enzyme and dipeptidyl peptidase IV inhibitory, and antioxidant activities [J] . Food Chemistry, 2017, 218: 396-405.

[34] Ngo DH, Vo TS, Ryu BM, et al. Angiotensin I-converting enzyme (ACE) inhibitory

peptides from Pacific cod skin gelatin using ultrafiltration membranes [J] . Process Biochemistry, 2016, 51: 1622-1628.

[35] Nguyen, TT, Barber AR, Corbin K, et al. Lobster processing by-products as valuable bioresource of marine functional ingredients, nutraceuticals, and pharmaceuticals [J] . Bioresources & Bioprocessing, 2017, 4（1）: 27.

[36] Nongonierma AB, Fitzgerald RJ. Structure activity relationship modelling of milk protein-derived peptides with dipeptidyl peptidase IV（DPP-IV）inhibitory activity [J] . Peptides, 2016, 79（79）: 1-7.

[37] O' Keeffe MB, Norris R, Alashi MA, et al. Peptide identification in a porcine gelatin prolyl endoproteinase hydrolysate with angiotensin converting enzyme（ACE）inhibitory and hypotensive activity [J] . Journal of Functional Foods, 2017, 34: 77-88.

[38] Olivera BM, Cruz LJ, Santos VD, et al. Neuronal calcium channel antagonists. Discrimination between calcium channel subtypes using omega.-conotoxin from *Conus magus* venom [J] . Biochemistry, 1987, 26（8）: 2086-2090.

[39] Qian ZJ, Je JY, Kim SK. Antihypertensive effect of angiotensin I converting enzyme-inhibitory peptide from hydrolysates of Bigeye tuna dark muscle, *Thunnus obesus* [J] . Journal of Agricultural and Food Chemistry, 2007, 55: 8398-8403.

[40] Saadi S, Saari N, Anwa F, et al. Recent advances in food biopeptides: Production, biological functionalities and therapeutic applications [J] . Biotechnology Advances, 2015, 33: 80-116.

[41] Sagardia I, Roa-Ureta RH, Bald C. A new QSAR model, for angiotensin I-converting enzyme inhibitory oligopeptides [J] . Food Chemistry, 2013, 136（3）: 1370-1376.

[42] Saiga A, Iwai K, Hayakawa T, et al. Angiotensin I-converting enzyme-inhibitory peptides obtained from chicken collagen hydrolysate [J] . Journal of Agricultural and Food Chemistry, 2008, 56（20）: 9586-9591.

[43] Schlaich MP, Lambert E, Kaye DM, et al. Sympathetic augmentation in hypertension [J] . Hypertension, 2004, 43（2）: 169-175.

[44] Sentandreu MA, Toldra F. A rapid, simple and sensitive fluorescence method for the assay of angiotensin-I converting enzyme [J] . Food Chemistry, 2006, 97（3）: 546-554.

[45] Souichiro S, Yoshio K, Eiichi K, et al. Antihypertensive effects of tryptic hydrolysate of casein on normotensive and hypertensive volunteers [J] . Nippon Eiyo Shokuryo Gakkaishi, 1992, 45（6）: 513-517.

[46] Wu J, Aluko RE, Nakai S. Structural requirements of angiotensin I -converting enzyme inhibitory peptides: quantitative structureactivity relationship modeling of peptides containing 4-10 amino acid residues [J] . Qsar & Combinatorial Science, 2006, 25（10）: 873-880.

[47] Wu S, Sun J, Tong Z, et al. Optimization of hydrolysis conditions for the production of angiotensin-I converting enzyme-inhibitory peptides and isolation of a novel peptide from lizard fish（*Saurida elongata*）muscle protein hydrolysate [J] . Marine Drugs, 2012, 10(5): 1066-1080.

[48] Yan N, Chen X. Don't waste seafood waste [J] . Nature, 2015, 254: 155-157.

[49] Yang YJ, He HY, Wang FZ, et al. Transport of angiotensin converting enzyme and renin dual inhibitory peptides LY, RALP and TF across Caco-2 cell monolayers [J] . Journal of Functional Foods, 2017, 35 (35): 303-314.

[50] Zhang Q, Song C, Zhao J, et al. Separation and characterization of antioxidative and angiotensin converting enzyme inhibitory peptide from jellyfish gonad hydrolysate [J] . Molecules, 2018, 23: 94-108.

[51] Zhu P, Sun W, Zhang C, et al. The role of neuropeptide Y in the pathophysiology of atherosclerotic cardiovascular disease [J] . International Journal of Cardiology, 2016, 220: 235-241.

[52] Zhuang Y, Sun L, Li B. Production of the angiotensin-Ⅰ-converting enzyme (ACE) - inhibitory peptide from hydrolysates of jellyfish (*Rhopilema esculentum*) collagen [J] . Food Bioprocess Technology, 2012, 5(5): 1622-1629.

胶原蛋白肽与降血糖

第一节　糖尿病

一、糖尿病的分类

糖尿病已经成为一种全球性疾病。世界卫生组织有关资料表明，糖尿病的患病、致残、死亡等危害位居非传染性疾病第三位。世界上多数国家的发病率为1%~20%，发达国家发病率相对较高，如美国为6%~7%。我国18岁以上人群糖尿病患病率从2002年的4.2%迅速上升至2012年的9.7%。根据健康中国行动（2019—2030年），目前我国糖尿病患者超过9700万，糖尿病前期人群约1.5亿。糖尿病并发症累及血管、眼、肾、足等多个器官，致残、致死率高，严重影响患者健康，给个人、家庭和社会带来沉重的负担。2型糖尿病是我国最常见的糖尿病类型。肥胖是2型糖尿病的重要危险因素之一。

糖尿病（Diabetes Mellitus，DM），我国中医药学称之为"消渴症"，而传统消渴可因于肺、因于胃、因于肾，可起于上焦、中焦、下焦。因此，糖尿病与消渴病有交叉的部分，但是糖尿病有自身的发病机制及变化机制。DM是由先天遗传和后天环境因素共同作用引起，以胰岛素分泌绝对/相对不足或联合胰岛β细胞功能障碍导致机体内血糖和血脂代谢紊乱的一种慢性内分泌综合疾病。临床表现为持续高血糖病症，且患者表现出糖尿病特有的一少三多临床症状（体重减轻、多食、多饮、多尿）。若机体持续高血糖症状会引起一系列的机体糖尿病并发症，对人们的身体健康和生活质量造成巨大危害，且糖尿病并发症已成为糖尿病死亡和残疾的主要诱因。目前，因糖尿病或糖尿病并发症引起的患者死亡比例逐年上升，仅位列癌症和心血管疾病之后，已经成为全球范围内的重大公共卫生问题，也是最重要的慢性非传染性疾病之一。近年来，在经济的高速发展，社会生活水平的提高等诸多因素的综合作用下，人们的生活理念、饮食组成和生活方式也随之发生变化，其中居民的饮食结构呈现高能量、高脂肪、低膳食纤维的趋势，进而引起全球糖尿病的发病率和死亡率逐年升高。

世界卫生组织（WHO）和国际糖尿病联盟（IDF）将糖尿病分为以下4类：

①1型糖尿病（Type 1 Diabetes Mellitus，T1DM）：又称为胰岛素依赖型糖尿病，其发病机制是机体自身免疫系统出现紊乱，错误的对机体胰岛β细胞做出攻击，胰岛β细胞被毁坏，导致胰岛素分泌的绝对不足，葡萄糖不能顺利地进入细胞，引发高血糖。目前，T1DM主要发病于青少年，约占糖尿病总发病比例的10%。这类患者会最终发展成胰岛素绝对缺乏状态，对于1型糖尿病的治疗，目前普遍以注射胰岛素为主，适量运动和合理调节饮食为辅。

②2型糖尿病（Type 2 Diabetes Mellitus，T2DM）：又称为非胰岛素依赖型糖尿病，其发病机制分为两种。一种是患者日常饮食结构中糖分含量较高，超出患者自身胰岛素分泌调节的最大水平，导致胰岛素的相对分泌不足；另一种是患者的效应细胞（如脂肪细胞、骨骼肌肌肉细胞和肝脏细胞等）对胰岛素敏感度下降，从而引起机体的胰岛素抵抗（Insulin Resistance，IR）。目前，T2DM约占糖尿病总发病比例的90%。对于T2DM的治疗，由于患者自身可以分泌少量胰岛素，所以通常采用降糖药物刺激患者胰岛β细胞分泌胰岛素，以及减少效应细胞对胰岛素的抵抗。

③妊娠糖尿病（Gestational Diabetes Mellitus，GDM）：是指女性在怀孕期间，机体糖耐量降低或血糖异常上升造成的糖尿病。主要原因是女性在怀孕后，母体需要吸收更多营养物质以保证胎儿在母体中的正常发育，所以出现糖耐量降低现象。数据表明，我国妊娠糖尿病发病率呈上升趋势。另外，研究表明约有30%的妊娠糖尿病患者在生育后转变为T2DM。目前，比较有效的预防措施是干预产妇的生活方式，如形成健康的饮食习惯，减少高糖高脂食品的摄入，合理控制患者血糖含量；进行有效的身体锻炼；适量补充肌醇，严格控制体质量。关于妊娠糖尿病的定义与保留与否仍存在科学争论。

④其他糖尿病：如特异型糖尿病、免疫介导糖尿病、肥胖糖尿病的其他遗传综合征，此类型糖尿病主要包括一系列已知病因或继发性糖尿病，但比较少见。

二、糖尿病的诱因及发病机制

糖尿病的病因学说众说纷纭，尚无定论，主要的有以下几种学说：

①自身免疫学说：机体伴有自身免疫性疾病如恶性贫血、甲状腺功能亢进；桥本甲状腺炎及重症肌无力等更容易患糖尿病。

②遗传易感学说：据考证，糖尿病家族遗传者占60%。在外因刺激下，胰岛素不能被充分利用而易感糖尿病。人类白细胞抗原（HLA）基因，共有HLA-A（NCBI gene ID：3105）、HLA-B（NCBI gene ID：3106）、HLA-C（NCBI gene ID：3107）、HLA-DR（NCBI gene ID：3123）、HLA-DQ（NCBI gene ID：3119）、HLA-DP（NCBI gene ID：3115）6个基因位点与1型糖尿病发病有关。研究发现，2型糖尿病患者的胰岛素基因和正常人及其他类型糖尿病患者相比有变化，这可能是患病的原因之一。

③病毒感染学说：机体感染了脑炎、脑膜炎、心肌炎、腮腺炎、风疹及柯萨奇B4等病毒后，在胰岛素上对该种病毒感染最严重，会进一步损伤胰岛组织引起糖尿病。

④化学物质学说：在四氧嘧啶、链脲佐菌素（STZ）戊双咪、苯丙噻二嗪、噻唑利尿酮以及吡啶甲硝苯脲等化学物质的作用下，使胰岛素的合成与分泌受阻，较常见

于1型糖尿病。

⑤双激素学说：当有足量的内源性或外源性胰高血糖素存在时，不论胰岛素水平如何均可出现高血糖症。众所周知，糖尿病发病的主要机制是胰岛素抵抗和胰岛β细胞功能缺陷，而高血糖对胰岛β细胞的损伤作用是导致胰岛β细胞功能缺陷的重要因素。长期高血糖通过影响与胰岛素合成有关的转录因子活性，使胰岛素基因表达受抑制，胰岛素生物合成减少，并通过影响胰岛细胞的生长和分化，使胰岛β细胞合成胰岛素的能力下降。

⑥微量元素学说：患糖尿病的根本原因是某些微量元素特别是铬元素的缺乏导致机体内糖、脂肪、蛋白质的代谢紊乱。三价铬是胰岛素发挥生化作用的辅助因子，在体内缺少三价铬，胰岛素的生物活性降低，靶组织对胰岛素的效应降低，葡萄糖耐量因子受损，葡萄糖代谢中的磷酸变位酶就失去活性，激活三羧酸循环的琥珀酸脱氢酶活性降低，减弱琥珀酸的氧化过程，这些均能降低葡萄糖的利用率，出现糖代谢紊乱，血糖升高、糖尿，最终引发糖尿病。近些年的研究发现，铝与DM具有一定的相关性，研究发现其主要机制可能是：铝抑制腺苷三磷酸酶（ATPase）活性、提高机体氧化应激水平、诱发机体炎症反应等。实验表明，接触过量的锰会使动物胰腺内铁含量增加，引起氧化应激，进而导致胰岛素抵抗，同时会使患T2DM和GDM的风险增加。

不论是1型还是2型糖尿病，诱因均有遗传因素和环境因素存在，下面就1型和2型糖尿病的发病机制加以阐述。

1型糖尿病的发病机制大致是：病毒感染等因素扰乱了体内抗原，使患者体内的T、B淋巴细胞致敏。当机体自身存在免疫调控失常，引起T淋巴细胞亚群失衡，B淋巴细胞产生自身抗体，K细胞活性增强，胰岛β细胞受抑制或被破坏，导致胰岛素分泌减少从而产生疾病。目前，一般认为2型糖尿病患病的主要原因是在胰岛素抵抗因素的基础上，由于遗传及环境因素作用导致的胰岛素分泌缺陷。流行病学研究发现，2型糖尿病是一种由遗传因素和环境因素（包括行为方式、生活方式）等多种因素综合作用引起的慢性代谢性疾病（图9-1）。其病因在器官水平上主要有：一是胰岛素受体或受体后缺陷，尤其是肌肉与脂肪组织内受体必须有足够的胰岛素存在，才能让葡萄糖进入细胞内。半受体及受体后缺陷产生胰岛素抵抗性时，就会减少糖摄取利用而导致血糖过高，这时即使胰岛素血浓度不低甚至增高，但由于降糖失效，血糖也升高。二是在胰岛素相对不足与拮抗急速增多条件下，肝糖原沉淀减少，分解与糖异生作用增多，肝糖输出量增多。三是由于胰岛β细胞缺陷，胰岛素分泌迟钝，第一高峰消失或胰岛素分泌异常等原因，导致胰岛素分泌不足引起高血糖。

此外，自噬、内质网应激、氧化应激、蛋白折叠、翻译后修饰、DNA甲基化和组蛋白修饰、microRNAs等，也会导致2型糖尿病的发生。

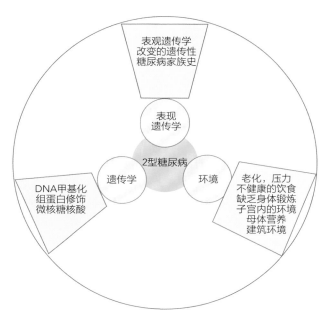

图9-1　2型糖尿病致病因素相互作用示意图

三、糖尿病并发症

　　糖尿病患者长期血糖和血脂代谢异常，会对机体组织脏器造成严重损害，进而引起各种糖尿病的并发症。研究表明，糖尿病并发症的发病机制主要是糖脂代谢异常、氧化应激损伤、自由基过剩等，机体组织、器官，甚至整个系统受到损伤，进而引发病变。目前，根据糖尿病并发症的种类，将其划分为急性和慢性糖尿病并发症。其中，急性糖尿病又包括：①糖尿病酮症酸中毒，是部分患者出现生糖激素异常分泌，血糖升高，同时伴随血酮升高，最终出现脱水、尿酮和酸中毒等症状，是糖尿病患者发病死亡的主要原因。②糖尿病非酮症综合征，是指部分糖尿病患者，在各种因素诱导下，出现血糖异常升高，渗透性利尿等现象，进而导致机体电解质和水分丢失的并发症。③糖尿病乳酸型酸中毒，此类并发症患者在过度饮酒、缺氧或肾上腺素分泌异常等情况下，患者的葡萄糖酵解反应因细胞无氧呼吸的增强生成过多的乙酰丙酮酸，从而造成乳酸的异常升高并积累，最终导致乳酸酸中毒。慢性糖尿病并发症是指糖尿病患者机体器官出现功能性障碍或衰竭，主要包括以下几种：①大血管病变：细分为心脑血管疾病、高血压和周围动脉血管病变等。②微血管病变：是糖尿病并发症中最普遍存在的一种。主要分为糖尿病肾脏疾病、糖尿病视网膜疾病和糖尿病周围神经疾病等。目前，研究表明微血管病变主要是由氧化应激反应异常增强或细胞因高糖发生毒副作用造成。

其中，糖尿病微血管并发症与高血糖的严重程度及持续时间密切相关。高血糖主要通过激活6种途径促进微血管并发症的发生：①激活多元醇途径；②由氧化应激反应异常增强或细胞因高糖发生毒副作用造成晚期糖基化终产物（AGEs）的形成；③促进AGE受体表达；④激活蛋白激酶C（PKC）亚型；⑤激活己糖胺通量；⑥增加细胞内ROS水平。2型糖尿病会引发大血管病并发症，如心肌梗死、周围血管疾病和中风等。ROS能激活炎症通路，引起表观遗传改变，促进促炎性基因的持续表达。导致微血管并发症的分子机制也会引起大血管并发症的发生。

动脉粥样硬化、心血管疾病病情加剧通常与胰岛素抵抗、高胰岛素血症、炎症通路的激活及多种其他因素（如高甘油三酯血症、高密度脂蛋白胆固醇的降低、高血压、血管内皮功能障碍、纤溶酶原激活物抑制剂水平的升高等）有关。

2型糖尿病患者高血压发病率是普通人的2~3倍，而高血压也大大增加了大血管并发症（如心肌梗死、外周血管病变及充血性心力衰竭等）及微血管并发症（如视网膜病变及肾病）的风险（图9-2）。此外，紊乱的血压昼夜节律（夜间血压高）、动脉硬化、细胞内Na^+浓度增加、动脉血管紧张素敏感性增加、胰岛素抵抗、内皮功能障碍、肥胖及遗传易感性等多种因素也会导致2型糖尿病患者高血压发病率的增加。

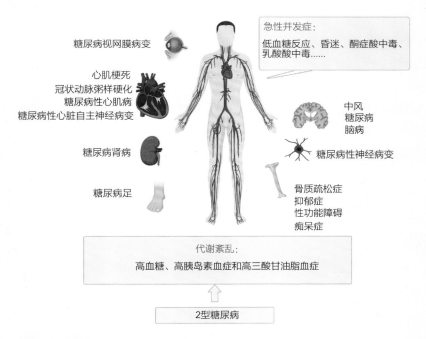

图9-2 2型糖尿病急性和慢性并发症

第二节 血糖控制作用机制

一、脂肪激素

糖尿病是严重危害人类健康且在全球广泛流行的疾病，其患病人数正随着人民生活水平的提高、人口老龄化、生活方式的改变而迅速增加。近年来有大量证据显示糖尿病致死、致残的主要原因为动脉粥样硬化导致的冠心病、脑血管病和周围血管疾病。从流行病学和临床角度来看，糖尿病患者发生AS与非糖尿病患者相比较有以下两个特点：一是糖尿病患者AS发病率高、发病年龄轻、发展过程快、病情严重而且死亡率高，二是患者的知晓率、服药率及控制率低。

长期以来，脂肪组织一直被认为是仅供能量贮备的终末分化器官。然而，1994年瘦素（Leptin）的发现激起了对脂肪细胞因子研究的热潮。现已发现人脂肪细胞分泌几十种脂肪细胞因子（Adipocytokines）及蛋白质因子如脂肪源性肿瘤坏死因子-α、脂联素（Adiponectin）、抵抗素（Resistin）、白细胞介素（IL-6）和内脏脂肪素（Visfatin）等。在脂肪细胞所分泌的调节因子中，一些因子进入血循环，具有调节远处靶器官的功能；另一些则作用于邻近组织、细胞之间或细胞内发挥邻分泌或自分泌调节作用。脂肪组织旺盛的内分泌功能亦逐渐为人们所认识，脂肪组织作为一个内分泌器官已成为学术界的共识，脂肪内分泌学已成为内分泌学的一个新的领域。

近年来研究发现众多细胞因子如瘦素、抵抗素、脂联素、白细胞介素、肿瘤坏死因子等可能对胰岛素敏感性、糖代谢、2型糖尿病及其大血管并发症的发展有一定的作用。瘦素是由肥胖基因编码的蛋白质产物，由脂肪细胞合成的分泌型蛋白质，在血中游离存在或与瘦素结合蛋白结合，具有减少摄食及增加能量消耗等广泛的中枢及外周组织效应，其作用是通过瘦素受体介导。瘦素可以通过多种途径引起胰岛素抵抗、高胰岛素血症；而高胰岛素血症、胰岛素抵抗又能引起瘦素的过度分泌，如此形成恶性循环，导致代谢综合征的发生和发展。其中，高血糖、高血脂或脂蛋白血症、高血压、高胰岛素血症及胰岛素抵抗、肥胖、吸烟等是糖尿病大血管并发症的主要危险因素，而瘦素与这些因素相关，更重要的是瘦素与糖尿病动脉粥样硬化有关。Scott等（2006）在研究中破坏了小鼠β细胞和下丘脑中瘦素受体基因的信号传导域后，这些小鼠出现肥胖、空腹高胰岛素血症、葡萄糖刺激的胰岛素释放受损和葡萄糖不耐症，类似于小鼠缺失瘦素受体。然而，尽管瘦素功能的完全丧失会导致食物摄入增加，但是这种组织特异性的瘦素信号传导减弱并不会改变食物摄入量或对瘦素的饱腹感。此外，得出的结论与其他肥胖模型不同，这些小鼠的空腹血糖降低。这些结果表明，瘦素对葡萄糖稳态的调节超出了胰岛素敏感性，从而影响β细胞功能，而与控制食物摄入的途径无关。

有基础研究表明，瘦素致糖尿病动脉粥样硬化的机制会引起内皮功能紊乱、内皮细胞增殖和新生血管形成、诱导氧化应激、促进血栓形成、促进血管平滑肌细胞迁移和增殖。Le等（2020）将甘丙肽和瘦素分别注射至糖尿病大鼠的脑室内，每天一次，持续2周，然后检查了胰岛素抵抗的几个指标。结果表明，甘丙肽可以改善瘦素诱导的脂肪细胞中胰岛素抵抗的缓解作用，为预防和补救胰岛素抵抗的潜在策略提供了新的见解。

抵抗素是一种由脂肪细胞所分泌的激素，动物实验发现抵抗素可能作用于脂肪细胞、肝脏、肌肉等胰岛素靶器官，导致胰岛素刺激的葡萄糖代谢出现异常。关于人类抵抗素与胰岛素抵抗的相互关系，临床研究有不同甚至相反的结果。临床和基础研究表明，抵抗素和糖尿病动脉粥样硬化有明显的相关性。抵抗素致糖尿病动脉粥样硬化的机制可能与其能够引起血管内皮细胞功能紊乱有关。脂联素是迄今发现与体脂含量呈负相关的唯一脂肪因子，也是一种重要的心血管保护性脂肪因子。脂联素作为成熟脂肪细胞分泌的特异性激素，通过多方面的作用发挥抗动脉粥样硬化的作用，其水平的降低参与糖尿病大血管并发症的发生和发展。脂联素致糖尿病动脉粥样硬化的机制可能有：其抑制动脉粥样硬化因子的产生；抑制血管内皮细胞炎症；黏附和改善内皮功能；抑制血管平滑肌（SMCs）的增殖；抑制泡沫细胞的形成。肿瘤坏死因子可由体内多种细胞产生，包括单核巨噬细胞、内皮细胞、淋巴细胞。TNF-α在免疫系统中起着重要作用，是肥胖和胰岛素抵抗的桥梁。TNF-α引起胰岛素抵抗机制有：①TNF-α通过抑制脂蛋白酯酶活性，使脂肪分解速度加快，FFA水平增高，抑制胰岛素分泌。②TNF-α干扰信号传导系统，引起胰岛素抵抗。③TNF-α可刺激胰高血糖素、糖皮质激素、生长激素等血糖激素分泌增多，间接干扰胰岛素信号传导系统，导致胰岛素抵抗。

二、代谢性核受体

核受体相关因子1（Nuclear Receptor Related Factor 1，Nurr1，又称NR4A2/NOT/TINVIJR/RNR-1/HZF-3），属于核受体超家族成员。Nurr1与Nur77、NOR1（NR4A，NCBI gene ID：3164）组成孤儿核受体家族；NR4A核受体家族在基因结构编排上，如内含子和外显子数量和种族方面有高度的同源性。到目前为止，孤儿核受体均没有明确的配体，能以单体形式与相应序列或被激活后与视黄醛受体结合为异二聚体调控转录。近年有诸多研究发现，NR4A的亚群在能量相关的组织，如骨骼肌、脑、脂肪组织、心脏、肝脏中存在，其表达及功能与能量代谢、炎症均有密切关系。Saljo等（2009）发现Nurrl可抑制鼠巨噬细胞系Raw264.7的TNF-α、一氧化氮合酶以及IL-1p的表达，其机制是通过Nurr1依赖的CoREST复合物结合到靶基因启动子以及随后清除NF-licB而实现的。Bonta等（2010）研究表明，Nurr1基因慢病毒过表达可降低白细胞介素IL-1p和IL-6的促炎细胞因子IL-8，以及巨噬细胞炎性蛋白-la-1p和单核细胞趋化蛋白-1的趋化因子的表达和产生。

核受体已经被认为是2型糖尿病治疗的重要靶分子。孤儿核受体（NR2E1，NCBI gene ID：7101）（Nuclear Receptor Subfamily 2, Group E, Member 1）能够维持神经干细胞和视网膜前体细胞的增殖和自我修复。而神经系统与内分泌系统在进化学上非常类似，神经系统发育再生的调控因子Isll（Isletl）、Pax4（NCBI gene ID：2078）（Paired Box Gene 4）、Pax6（NCBI gene ID：5080）（Paired Box Gene 6）、ngn3（Neurogenin3）同样调控胰岛β细胞发育再生，因此推测NR2E1可能同样调控胰岛β细胞发育再生。明确NR2E1在胰岛β细胞增殖再生中的机制将为2型糖尿病治疗提供新的方向。

NR2E1在维持视网膜前体细胞和神经干细胞的增殖和自我修复的同时还能够抑制二者的分化。NR2E1能够募集P53、SP1、Pax2（NCBI gene ID：5076）、Pax6、组蛋白脱乙酰酶2/3/7（Histone Deacetylases 2/3/7，HDAC 2/3/7）、PCAF（P300LCBP关联因子，P300LCBP-Associated Factor）、赖氨酸特异性去甲基1（Lysine-Specific Demethylase 1，LSD1）、Atn1（atrophin 1）、Gli2（Gli Family Zincfinger 2）、Smad 1（Mothers Against DPP Homolog 1）等辅助因子及调控SHH（Sonic Hedgehog）、BMP7/Smad、VVnt/p-Catenin、丝裂原活化蛋白激酶（Mitogen-Activated Protein Kinases，MAPK）等信号通路，最终通过抑制P21和PTEN表达及促进cyclinD表达来精确调控组织特异的增殖和分化程序，同时阻止神经及视网膜畸形和退行性改变。

同样，在缺氧条件下，NR2E1不仅通过Oct3/4来诱导AKT（Protein Kinase B）磷酸化来维持成年小鼠海马祖细胞增殖，而且还能与HIF-2a（Hypoxia-Inducible Factor 2a）协同调控VEGF表达来促进局部组织的血管生成，进而促进神经干细胞和视网膜前体细胞增殖。体外细胞研究发现，下调NR2E1时，细胞G1期延长，S期细胞数量减少，细胞增殖活性下降。最近研究表明，NR2E 1能够调控炎症因子IL-1p对NSPCs（Neural Stem Progenitor Cells）增殖和分化的损伤，而通过下调GSK-3/3来增加NR2E 1表达则能够抑制IL-1p对NSPCs的损伤。NR2E1能够与Plce1启动区的转录起始位点结合调控其转录，当下调NR2E 1时Plcel表达增加；而Plcel能产生IP3（Inositol 1，4，5-Triphosphate）和DAG（Diacylglycerol）。NR2E1敲除后能够活化MAPK信号通路p38和JNK。研究表明，NR2E1能够促进SIRT1表达，过表达SIRTI能够通过UCP2

（Uncoupling Protein 2）恢复胰岛β细胞功能障碍，从而改善糖代谢。因此，我们推测NR2E1还可能通过SIRT1来调控胰岛β细胞功能和数量。目前尚无关于NR2E1在代谢，尤其在胰岛细胞中的作用机制研究，但是自发诱导的NR2E1基因敲除小鼠不仅具有神经系统和眼部系统的异常，而且研究者还惊喜地发现其体重和脂肪垫的含量较对照明显减少，这表明NR2E1有极大的可能与代谢密切相关。除此之外，Pax6、Gli2等转录因子与胰岛β细胞功能密切相关；而NR2E1能够调控Pax6、Gli2等转录因子功能，也能更进一步支持NR2E1调控代谢和胰岛β细胞功能的可能性。考虑到胰腺内分泌和神经系统调控相似性，NR2E1可能通过调控代谢，减少糖脂毒性对胰岛β细胞损伤以及影响胰岛β功能。

三、葡萄糖转运蛋白4

葡萄糖是人体细胞主要的能量来源，其进入细胞的过程及其代谢在生命的维持中起着极为重要的作用。葡萄糖进入细胞依赖于nVs对靶细胞的作用，受到这些细胞上的葡萄糖转运蛋白相应的调节。在大多数哺乳动物细胞中，葡萄糖的转运是依赖于一个庞大的葡萄糖转运蛋白家族（Glucose Transporters，GLUTs）来完成的，其中GLUT4（NCBI gene ID：442992）是目前已知的主要的胰岛素反应性葡萄糖转运蛋白，能够接受胰岛素INS（NCBI gene ID：3630）的信号而发生转运。如图9-3所示。

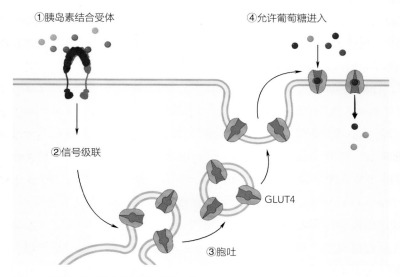

图9-3　胰岛素信号传导途径的关键步骤

GLUT4是跨膜转运糖蛋白的一种，相对分子质量约为45000~55000，由509个氨基酸组成，其mRNA的长度约2.8 kb，基因定位于第17号染色体短臂（17p13），含有12个跨膜结构域（M1~M12）和一个位于N端的胞外环状结构域。人类与大鼠的GLUT约有95%以上的核苷酸序列是相同的，可见GLUT在进化上的保守性和功能上的重要性。

在组织水平上，GLUT4主要存在于骨骼肌和脂肪组织中，是动物机体中负责转运葡萄糖的主要蛋白质。在骨骼肌及脂肪组织细胞中，GLUT4存在于特殊的膜结构中，被称为GLUT4囊泡。在基础胰岛素条件下，大多数的GLUT4都是被限制在细胞内，只有不到10%的GLUT4存在于细胞膜上。而高胰岛素水平刺激后，细胞内的GLUT4囊泡大量向细胞膜转运，迅速使得细胞膜上的GLUT4含量增加到基础条件下含量的10倍以上，T2DM患者持续的高胰岛素致脂肪组织GLUT4表达下调，并抑制GLUT4囊泡对胰岛素的响应，这可能造成T2DM患者进一步的胰岛素抵抗。

由于GLUT4在人体血糖代谢中的重要地位，关于GLUT4的相关研究已经成为糖尿病领域的热点。机体响应胰岛素信号吸收葡萄糖的组织主要有脂肪组织、骨骼肌和心肌，这一过程依赖于这些组织中高表达的葡萄糖转运蛋白GLUT4。在无胰岛素信号刺激时，GLUT4蛋白主要以一种缓慢胞吐和快速内吞的方式定位于细胞质的GLUT4蛋白储存颗粒（GLUT4 Storage Vesicles，GSV）中。此外，也有部分GLUT4能够定位于反式高尔基体（Trans-Golgi Network，TGN）和内体（Endosomes）中。当用胰岛素刺激细胞时，细胞内的GLUT4能以加速胞吐，减慢内吞的方式快速转移到细胞质膜上并与之融合，这一过程称之为GLUT4转位。在GLUT4转位的过程中，一类称作Rab GTPase的小G蛋白发挥了重要作用。Rab（NCBI gene ID：8240842）蛋白的活性受GTP水解酶活化蛋白（Rab GTPase-Activating Proteins，GAP）和鸟苷酸交换因子Rab GEF（Rab Guanine Nucleotide Exchange Factors，GEF）的调控，在与GTP结合的活化形式和与GDP结合的失活形式之间转换。活化的Rab蛋白能够招募不同的效应蛋白，参与调控了包括囊泡运输，维持细胞器结构完整以及介导某些重要信号通路的激活等重要生理功能。在以往的研究中，通过GLUT4所在囊泡的蛋白组学分析，已 经 发 现Rab8（NCBI gene ID：40168）、Rab10（NCBI gene ID：10890）、Rab11（NCBI gene ID：8250437）以及Rab14（NCBI gene ID：8623016）等Rab蛋白都参与了GLUT4的转运调控。

机制研究证明，在骨骼肌细胞C2C12中，Rab8a与GLUT4具有很好的共定位；改变Rab8a的活性能够调控GLUT4的转位。AMPK作为细胞内重要的能量感受器，能够通过感知葡萄糖水平的变化而被激活，从而招募下游靶蛋白发挥生理功能。

四、氧化应激

氧化应激被认为是糖尿病发生的主要因素，肥胖、衰老、不健康的饮食习惯都会导致过氧化的环境，导致胰岛素敏感性改变而产生胰岛素抵抗、β细胞功能障碍、葡萄糖耐量改变、线粒体功能障碍，最终导致糖尿病的疾病状态。实验和临床数据表明，胰岛素敏感性和活性氧（ROS）水平之间存在一定的负相关联系（图9-4）。因此，深入研究氧化应激与糖尿病之间的相互关系，不仅有助于了解糖尿病及其并发症的发病机制，而且将为糖尿病及其并发症的治疗提供新的策略。

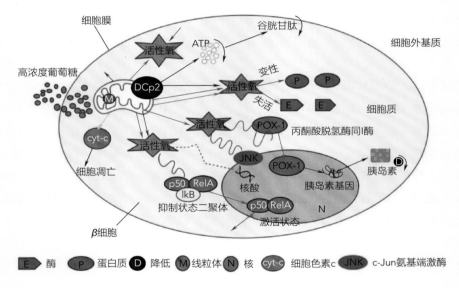

图9-4　ROS诱导胰岛β细胞功能损伤

氧分子作为氧化磷酸化的终末电子受体，在需氧代谢中占有重要地位，但这种对电子需求的同时也导致了各种活性氧的形成，如O_2、—OH、H_2O_2、$HOCl$等。ROS可启动一个链式反应，易与细胞膜上的各种不饱和脂肪酸及胆固醇反应，这种直接作用于细胞的氧化损伤能导致细胞凋亡。但生物体在进化的过程中具备有效的抗ROS防御体系，如超氧化物歧化酶（SOD）、谷胱甘肽过氧化物酶（GSH-Px）、过氧化氢酶（CAT，NCBI gene ID：847）及抗氧化物质（如维生素C、维生素E）等。因此，机体代谢耗氧的同时常伴有ROS的形成；细胞的功能状态取决于ROS与抗氧化能力的平衡。

高血糖、紫外线、自由脂肪酸的过量摄入均会产生氧化应激状态，导致一系列应激通路的激活，如NF-κB，JNK/SAPK，p38 MAPK，这些通路与胰岛素通路有交错，从而对胰岛素的信号转导产生干扰。许多研究发现，与健康个体相比，糖尿病患者体内环境发生过氧化的可能性更高。糖尿病个体ROS产生量和氧化应激标志水平升高，同时伴随着抗氧化能力的下降。在糖尿病的发生、发展过程中，氧化应激产生的主要机制如下：①糖自氧化：葡萄糖自身氧化作用增加，生成烯二醇和二羟基化合物，同时产生大量的ROS。②蛋白质的非酶糖化：在非酶促条件下，葡萄糖和蛋白质相互作用形成Amadori产物，然后再形成晚期糖基化终末产物（AGEs），通过与其受体（RAGES）结合，促进ROS形成。另外，AGEs与脂质过氧化密切相关。③多元醇通路的活性增高：醛糖还原酶多元醇代谢途径的活化，可降低NADPH/NADP，增加NADH/NAD比例，消耗还原型GSH，从而诱导ROS合成。④蛋白激酶C的活化：高血糖使二醋酸甘油生成增加，激活PKC，进而活化细胞NAD（P）H氧化酶，诱导ROS的合成以及随后的脂质过氧化；反过来，ROS也活化PKC，从而使ROS的产生进一步增加。⑤抗氧化系统清除能力减弱：高血糖可导致抗氧化酶的糖基化，SOD、CAT、GSH-Px等抗氧化酶活性降低；高血糖代谢紊乱使维生素C、维生素E、GSH等抗氧化剂水平下降，体内抗氧化系统遭到破坏，明显削弱了机体清除自由基的能力。

最近研究表明，ROS可作为类似于第二信使的信号分子激活许多氧化还原敏感性信号通路，这些通路包括核因子NF-κB、p38 MAPK、JNK、己糖胺等。这些通路激活后，使氧化还原敏感性丝氨酸/苏氨酸激酶信号级联活化，从而导致胰岛素信号传导通路中的胰岛素受体（INSR）和胰岛素受体底物（IRS）蛋白磷酸化。

五、胰岛细胞

胰岛内有4种具有分泌功能的细胞，其中主要由胰岛β细胞分泌胰岛素。糖尿病患者的胰岛细胞已经失去了身份，并可能转化为其他细胞，特异性的转录因子表达不灵敏。

T1DM病因主要为胰岛β细胞因自身免疫细胞的攻击而导致数量急剧下降。有研究表明，T1DM中首先由胰岛β细胞触发的反应是抗病毒反应、模式识别受体激活、蛋白质修饰和主要组织相容性复合体Ⅰ类抗原提呈。T2DM的病因主要是胰岛素抵抗和胰岛β细胞相关障碍引起的，可通过胰岛素补偿得到缓解。胰岛β细胞功能减退或衰竭是T2DM发病和进展过程中的主要病理环节。在多种代谢因素的压力下，胰岛β细胞体积和功能的保护是糖尿病管理的一项主要目标。

六、其他引发胰岛素抵抗的机制

胰岛素抵抗是一种影响多种组织的代谢紊乱，是2型糖尿病的发病前兆。由于T2DM在全球影响了超过4.25亿人，因此迫切需要进行胰岛素抵抗研究，以便于能够更好地了解其潜在机制。学者Gerald M. Reaven提出代谢综合征的概念，近些年来研究表明，代谢综合征是胰岛素抵抗的主要发生机制。所提出的与胰岛素抵抗有关的机制包括全身方面，例如炎症和代谢僵硬；以及细胞现象，例如脂毒性、内质网应激和线粒体功能障碍。尽管许多研究强调脂毒性在胰岛素抵抗的发病机制中的作用，但是关于组织与上述机制之间相互作用的不同见解仍在不断涌现。此外，3个主要胰岛素靶组织中其各自的组织特异性和独特反应，以及每个互连如何调节全身胰岛素反应，已成为新陈代谢研究的新优先领域。

目前研究结果表明，胰岛素抵抗所引起的发病与炎症、氧化损伤、内质网应激与线粒体功能障碍、脂肪与能量代谢紊乱、信号通路障碍、微量元素缺乏、肥胖、年龄以及遗传等因素相关。

（一）炎症与胰岛素抵抗

早在20世纪初，高剂量的水杨酸就被发现可以降低糖尿病患者的血糖，但是并没有人将水杨酸的降糖和抗炎作用与改善胰岛素抵抗相关联。Hotamisligil等（2010）最早发现脂肪组织中肿瘤坏死因子-α的高表达与肥胖相关胰岛素抵抗存在关联，随后首次提出代谢性炎症的概念。在一项胰岛素抵抗指数与慢性炎症关联性研究中发现，动脉粥样硬化指数的升高、全身性炎症以及HOMA-IR和TG/HDL-C比值具有相关性。在非糖尿病患者人群中同样显示亚临床炎症和血糖增加与胰岛素抵抗和胰岛β细胞分泌功能相关。炎症相关过程可能会增加胰岛素抵抗，致使β细胞分泌功能的代偿性上调。炎症为先天性免疫反应，属于机体应对外界环境变化的防御性反应。慢性炎症是引起胰岛素抵抗和糖尿病的重要原因。其中2型糖尿病被认为一种慢性低度炎症状态，各种类型的炎症介质可通过激活c-Jun氨基端激酶JNK和NF-κB炎症信号通路，减少组织胰岛素介导的葡萄糖摄取和胰岛素信号传导。NF-κB能激活诱导型一氧化氮合酶的表达，从而诱导IRS-1的S-亚硝基化。IRS-1的S-亚硝基化和丝氨酸磷酸化均抑制胰岛素信号通路的酪氨酸磷酸化，从而最终导致胰岛素抵抗。

（二）组织细胞因子与胰岛素抵抗

组织细胞因子主要在各自组织中产生，经过自分泌、旁分泌、内分泌等活动调节整个机体的代谢。自体脂肪细胞因子、骨骼肌细胞因子以及肝细胞因子同时调节包括IR在内的多种生物过程和联络远端靶器官（图9-5）。

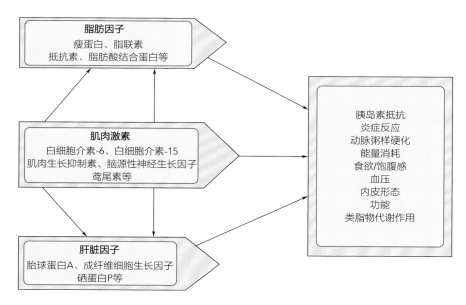

图9-5　组织细胞因子与胰岛素抵抗

1. 脂肪细胞因子与胰岛素抵抗

脂联素影响IR主要经由以下3种机制。①脂联素减少甘油三酯储存并且促进胰岛素信号传导；在骨骼肌组织，脂联素增加参与脂肪酸运输分子的表达。②通过促进过氧化物酶增殖体激活受体-α活化；脂联素增加脂肪酸的使用和能量耗损从而降低肝以及骨骼肌组织中甘油三酯的蓄积，以减轻IR。③与其受体结合后激活AMPK，从而促进β氧化和葡萄糖摄取来改善IR。瘦素、脂联素、视黄醇结合蛋白4（RBP4，NCBI gene ID：5950）、白介素-6、趋化素等脂肪因子的分泌将肥胖与炎症、IR及血管并发症关联起来。

2. 骨骼肌细胞因子与胰岛素抵抗

运动时，骨骼肌细胞会释放肌肉因子如L-6、血管生成素样4、L-15、肌肉生长抑制素和鸢尾素等一系列的肌肉细胞因子，从而调整血糖水平。

3. 肝细胞因子与胰岛素抵抗

胎球蛋白A是胰岛素刺激的胰岛素受体酪氨酸激酶（TK，NCBI gene ID：21874）的天然抑制剂，在啮齿类动物中诱发IR。脂联素与双水杨酯通过AMPK通路NF-κB抑制胎球蛋白A，从而改善肝细胞脂肪变性。在IR中饱和脂肪酸通过其诱发促炎信号传导，硒蛋白P与IR呈正相关。硒蛋白P与血糖代谢失调显著相关，引起IR、炎症和颈动脉内膜的增厚。说明肝源性细胞因子之间存在互相作用。

（三）肥胖、脂代谢紊乱与胰岛素抵抗

肥胖和IR的共同原因是热量摄入过量。过量的营养物质和热量经过生理状态下胰岛素的作用储存在脂肪细胞之中。当储存量超出脂肪细胞耐受上限就会引起脂肪细胞应激反应，通过脂肪细胞分泌瘦素、抵抗素等细胞因子，以及各类炎性因子，通过炎症等各类信号通路引发IR。组织和细胞达到耐受极限后将发生各类糖脂代谢紊乱及IR。虽然肥胖与胰岛素抵抗密切相关，脂肪细胞数量等脂肪储存能力决定肥胖易感性及程度，但容易发生肥胖的个体往往较IR的发生相对滞后，此类人群中即便出现较高的体重指数，未必出现或较晚出现胰岛素抵抗。IR因为代偿性高胰岛素血症增加游离脂肪酸的含量，提高肝脏甘油三酯的产生，降低高密度脂蛋白胆固醇含量（HDL-C），增加脂代谢紊乱的程度。而血浆中血脂的异常及其引起在心脏、肝脏以及肌肉组织细胞的异位脂质沉积，也即"脂毒性"是胰岛素抵抗的主要机制之一。根据目前的研究，肥胖是根源，肥胖可引起脂代谢紊乱，通过异常的脂质和脂肪因子产生和加重IR；同时，IR又会引发脂代谢紊乱，肥胖、脂代谢紊乱和IR之间互为因果，互相促进，最终形成恶性循环。

（四）肠道菌群与胰岛素抵抗

人类的肠道存在不同种类的细菌，共同构成了肠道菌群。在啮齿动物和人类中进行的研究表明，瘦和超重个体可能会出现肠道菌群组成的差异。在过去的10年间，来自不同研究的数据都证明了肠道菌群与肥胖及胰岛素抵抗之间存在一定的因果关系。具体机制又存在若干种，如肠道菌群可以利用宿主未能消化的物质分解成多种短链脂肪酸；如丁酸盐可促进肠黏膜L细胞分泌胰高血糖素样肽-1，胰高血糖素样肽-1能促进胰岛β细胞增殖并释放胰岛素改善IR。若肠道菌群紊乱，乙酸盐可能是肠道菌群-脑-胰岛β细胞轴调控的信号分子，诱使胰岛β细胞分泌胰岛素，导致机体进食量增加，引起IR。胰岛素功能降低、患者肠道乳酸杆菌（*Lactobacillus beijerinck*）和拟杆菌属（*Bacteroides*）菌群数量伴有不同程度的减少会导致胰岛β细胞的自身免疫功能增强，对胰岛素的敏感性减弱，从而出现胰岛素抵抗现象等。

（五）微量元素缺乏与胰岛素抵抗

一些微量元素，如铬、锌、钒、铝已被证明通过各种机制参与胰岛素信号传导。由于脂肪细胞在系统碳水化合物平衡中所起的关键作用，脂肪组织中的微量元素稳态会影响葡萄糖代谢的调节机制。减少脂肪组织中微量元素含量会影响正常的胰岛素增敏因子和炎症因子，胰岛素抵抗和脂肪细胞因子的平衡失调会增加肥胖的严重程度，继而加重脂肪组织微量元素平衡的改变。例如，铬的缺乏对胰岛素抵抗及炎症有重要影响。一项使用含铬、烟碱酸和L-半胱氨酸复合物治疗2型糖尿病的随机对照研究证实，其对血管炎性标志物，胰岛素抵抗及氧化应激有良好的改善作用。还有一些元素，如铁、镁的损害机制尚不明确，可能机制如下：过量铁作为生物氧化损伤的催化剂通过Fenton反应引起氧化应激，导致过量自由基产生引起胰岛β细胞损伤并降低胰岛素敏感性。有研究报道，低血镁可以降低胰岛素受体水平的酪氨酸激酶的活性，这可能为导致胰岛素敏感性下降的原因之一。

（六）信号通路与胰岛素抵抗

胰岛素受体是由IRG编码的450ku的跨膜蛋白四聚体，由两个位于细胞外的120ku的亚基和两个位于胞浆的95ku的β亚基构成。当胰岛素与胰岛素受体的细胞外链结合，受体位于细胞内β亚基的胰岛素受体激酶（IRKS）的酪氨酸特定的关键位点，如Tyr1158、Tyr1162和Tyr1163就会发生自身磷酸化而激活。而随后的IRK构象的变化更增加了激酶的活性，此时的胰岛素受体处于激活状态。而胰岛素受体丝氨酸磷酸化的增加则会导致IRK活性的降低，或者在缺少胰岛素刺激的情况下，非磷酸化的Tyr1162可能会与ATP和蛋白质底物竞争结合IRK的活性部位，导致磷酸化的整体丧失和抑制全激酶活化。因此，胰岛素的结合与磷酸化对激酶活性的表达至关重要。经过受体下游的酪氨酸磷酸化及包括PI3K/Akt（PKB）在内一系列信号通路的放大和传递，最终影响胰岛素抵抗。

（七）线粒体功能障碍与胰岛素抵抗

线粒体负责能量以ATP的形式产生，这是每个细胞保持生存与功能所必需的。线粒体在维持Ca^{2+}稳态、脂肪酸氧化、抗氧化防御、细胞凋亡以及中间代谢等方面起到关键作用。三磷酸循环提供能量的情况下，线粒体脂肪氧化途径提供非常重要的替代能量。线粒体异常的机制之一是通过氧化应激来实现的。硝基氧化应激增加的情况下，包括酶在内的许多参与脂肪氧化和能量供应线粒体蛋白可被氧化修饰，导致脂肪积累增加和ATP耗竭，抑制PI-3K介导的胰岛素信号传导通路，降低靶组织对胰岛素的敏感性，加重胰岛素抵抗。在人类和啮齿动物中，胰岛素抵抗是伴随着线粒体功能障碍而发生的。线粒体整体活性缺陷可在IR的发病中发挥作用，导致胰岛素抵抗的发生发展。胰岛β细胞的主要功能是分泌胰岛素；这是受细胞内ATP浓度调节的。当胰岛β细胞线粒体功能受损时，ATP生成减少，通过开放ATP敏感的钾通道（KATP），促进K^+外流，使膜电位超极化，减少Ca^{2+}内流，从而抑制胰岛素分泌，导致胰岛β细胞功能障碍，进一步加重胰岛素抵抗。

（八）内质网应激与胰岛素抵抗

内质网（Endoplasmic Reticulum，ER）是真核细胞中最大的细胞器之一，在钙的储存、胆固醇和磷脂等脂质合成、分泌蛋白制造细胞膜和蛋白质折叠中起着重要作用。所有的分泌蛋白通过内质网进入分泌途径必须要经过天冬酸胺连接、糖基化和二硫键的正确折叠修饰，才能成为有活性的功能蛋白质。然而，当活性氧产生过多、炎性因子释放、ER中Ca^{2+}缺失、葡萄糖缺失、高血糖、高血脂时，ER的稳态被破坏，未折叠与错误折叠蛋白质堆积在ER中，诱发的一系列反应称作内质网应激（Endoplasmic Reticulum Stress，ERS）。未折叠蛋白质反应（Unfolded Protein Response，UPR）能够调控ERS相关基因的表达，使ER处于稳定状态。若UPR持续性发展就意味着ERS未得到缓解，引起ER稳态失衡，最终将会诱导胰岛损伤。因此，调控ERS有可能作为改善胰岛功能的有效靶点。

内质网应激导致胰岛素抵抗的机制主要是通过肌醇需求激酶-1α（IRE-1α）以及c-Jun氨基端激酶（JNK）通路来实现的。此通路可以减弱Akt（NCBI gene ID：207）磷酸化过程，并且增加胰岛素受体底物1的丝氨酸磷酸化过程，最终造成胰岛素抵抗。

肥胖状态下，血液中的成分改变，诱导内质网应激和炎症信号通路。一方面，两条通路通过NF-κB与JNK相互联系，直接或间接抑制IRS-1活性，阻断胰岛素信号通路；另一方面，内质网应激通路直接增强糖异生相关的酶PEPCK和G6Pase，增加葡萄糖的含量（图9-6）。

根据目前的研究，内质网应激参与了糖尿病周围神经病变的发展，导致周围神经结构出现脱髓鞘改变，出现痛阈下降。有氧和抗阻运动均能减轻糖尿病大鼠周围神经中的内质网应激，促进周围神经结构修复和提高痛阈；且有氧运动改善内质网应激的效果优于抗阻运动，可减轻糖尿病周围神经病变，促进神经结构和功能恢复。

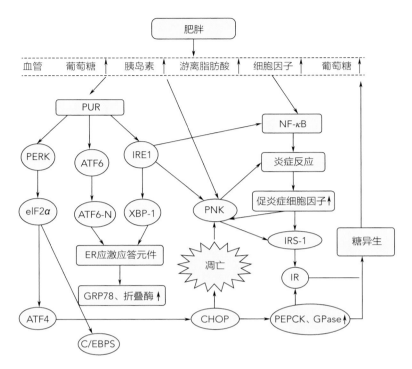

图9-6　肥胖相关的内质网应激、炎症与胰岛素抵抗组织

第三节　胶原蛋白肽与血糖控制

　　临床上由氧化损伤造成机体器官功能被破坏形成的糖尿病现象已经较为常见。而传统的降血糖化学药物长期服用，会产生多种毒副作用，研究学者们因此把重心转移到从天然的动植物中提取治疗降血糖的新型生物医药。胶原蛋白肽吸收性强、安全性高、无副作用，且具有抗氧化性、免疫调节等多种生物活性。

一、胶原蛋白肽降血糖研究进展

　　对于糖尿病的治疗是以控制血搪为主，目前采用的一些降血糖药物均有不同程度的副作用，长期使用会对健康产生危害。因此，人类迫切需要寻找新的、有效而且安全的方法来预防和治疗糖尿病。WHO向全世界提出的糖尿病"现代综合疗法"中，控制饮食排在第一位，因此具有调节血糖作用的保健食品成为糖尿病防治领域的研究热点。地球上的海产资源丰富，海洋生物体内含有丰富的蛋白质成分，通过生物酶解技术从海洋生物中提取出的活性肽，营养价值非常高，且具有抗菌、抗氧化、降血压、抗肿瘤、调节免疫等特殊的生理功能。因此，近年来人们纷纷将目光投向海洋生物，海洋生物活性物质成了药品、保健食品研究开发领域的焦点之一。

鱼皮中含有丰富的胶原蛋白质、氨基酸等，但以往作为水产加工的下脚料通常被废弃，既造成资源浪费又影响环境。有研究采用生物酶水解的方法从深海鱼的鱼皮中获得了分子质量在1000u以下的海洋胶原蛋白肽混合物。研究胶原蛋白肽的成分，并观察其在血糖调节中的作用，能够为进一步开发利用海洋资源以及为糖尿病的血糖控制提供依据，因此这一方向成为糖尿病领域内的研究重点。

王军波等（2010）主要研究了胶原蛋白肽对高胰岛素血症模型大鼠糖代谢的影响。实验以雄性SD大鼠为研究对象。结果表明，与高胰岛素血症模型对照组（Hyperinsulinemia Control，HIC）比较，各剂量胶原蛋白肽组大鼠空腹胰岛素水平明显下降，0.225g/kg（bw）和1.35g/kg（bw）胶原蛋白肽组大鼠空腹血糖水平明显降低；0.45g/kg（bw）和1.35g/kg（bw）MCP组大鼠OGTT 0.5h，2h血糖水平和血糖曲线下面积明显降低；各剂量胶原蛋白肽处理组大鼠血清超氧化物歧化酶活性明显升高；1.35g/kg（bw）胶原蛋白肽组大鼠血清谷胱甘肽过氧化物酶活性明显提高，而血清丙二醛含量明显减少，同时胰岛β细胞的超微结构得到明显改善。因此，胶原蛋白肽对高脂饲料诱导的高胰岛素血症大鼠糖代谢紊乱具有明显的改善作用。

赵明等（2010）研究了胶原蛋白肽对四氧嘧啶诱导的糖尿病大鼠肝肾功能的影响及其机制。研究选用清洁级SD大鼠，用四氧嘧啶诱导糖尿病大鼠模型后，给予海洋胶原蛋白肽灌胃［0.3575、1.0833、3.258g/kg（bw）］20d，测定大鼠血清中谷丙转氨酶（ALT）和尿素氮（BUN）检测肝脏中超氧化物歧化酶活性和丙二醛含量。结果表明，1.0833g/kg（bw）和3.258g/kg（bw）剂量组可显著降低糖尿病大鼠的尿素氮；3.25g/kg（bw）剂量组大鼠肝脏SOD与模型对照组相比，活性显著性升高；1.0833g/kg（bw）和3.258g/kg（bw）剂量组与模型对照组相比，血清丙二醛含量明显降低。

Zhang等（2016）通过碱性酶水解罗非鱼鱼皮制备罗非鱼胶原蛋白肽（TCP），并研究了TCP的抗氧化和降血糖作用。结果表明，TCP具有清除DPPH和ABTS$^+$自由基的活性。在通过注射四氧嘧啶（50mg/kg）诱发糖尿病的糖尿病小鼠中发现，高剂量TCP（1.7g/kg）和二甲双胍（1.0g/Kg）分别在25d内降低31.8%和30.3%血糖水平。此外，接受高剂量TCP的糖尿病小鼠，抗氧化酶SOD和CAT分别增加了23%和59.2%，MDA降低了39.1%。总之，本数据首次证明TCP在小鼠中具有降血糖作用（图9-7）。

Lee等（2017）认为鱼胶原蛋白肽的生物活性现已在多种生物系统中阐明，其研究了鱼胶原蛋白肽对3T3-L1前脂肪细胞形成分化和对喂养高脂饮食（HFD）的肥胖小鼠的影响。亚临界水水解鱼胶原蛋白肽（SWFCP）在3T3-L1前脂肪细胞分化过程中显著抑制脂质蓄积，并伴有过氧化物酶体增殖物激活的CCAAT-增强子结合蛋白-α（C/EBP-α）表达降低。受体-γ（PPAR-γ）和脂肪细胞蛋白2（aP2）基因是脂肪细胞分化和维持的关键调节剂。研究还发现SWFCP抑制棕榈酸酯诱导的肝细胞中脂质空泡的积累。口服SWFCP可以显著降低HFD引起的体重增加，而食物摄入量则无显著差异。与其在3T3-L1前脂肪细胞中的作用一致，SWFCP抑制了喂食HFD的小鼠附睾脂肪组织中C/EBP-α，PPAR-γ和aP2的表达，从而导致脂肪细胞大小的显著变小。此外，SWFCP显著降低了血清总胆固醇、甘油三酸酯和低密度脂蛋白的水平，并增加了血清高密度脂蛋白的水平。这些观察结果表明，SWFCP通过涉及主要成脂调节因子C/EBP-α和PPAR-γ转录抑制的机制，抑制脂肪细胞分化，从而降低了肥胖动物模型中的体重增加和脂肪形成。

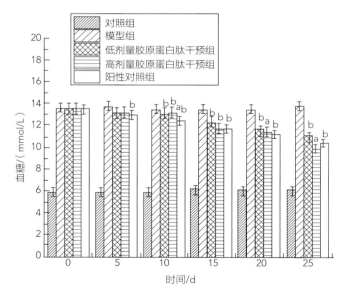

图9-7　罗非鱼皮胶原蛋白肽对糖尿病小鼠血糖的影响

注：a（$P<0.05$）、c（$P<0.01$）表示与阳性对照组有显著差异；b（$P<0.05$）、d（$P<0.01$）表示与对照组有显著差异。

资料来源：Zhang R, Chen J, Jiang X, et al. International Journal of Food Science & Technology, 2016, 51（10）, 2157-2163.

关于其他胶原蛋白降血糖方面，张旭等（2008）研究了胶原蛋白多肽-铬螯合物对由四氧嘧啶诱发糖尿病小鼠的免疫力的影响。通过腹腔注射四氧嘧啶造小鼠糖尿病模型，观察胶原蛋白多肽-铬螯合物对小鼠血糖、脾指数、胸腺指数、脾细胞增殖能力、NK细胞杀伤活性、CD40和CD40L的表达等指标的影响。结果发现，胶原蛋白多肽-铬（Ⅲ）螯合物可以有效预防小鼠血糖升高，对脾指数、胸腺指数有一定的恢复作用，脾细胞增殖能力明显增强，NK细胞的杀伤活性被提高，CD40、CD40L的阳性表达率增加。这表明胶原蛋白多肽-铬能活化免疫细胞，恢复和改善小鼠机体的免疫功能，提高小鼠机体的免疫力，一定程度地减轻四氧嘧啶的毒性作用，降低血糖。

欧爱宁（2018）采用小鼠糖尿病模型研究了低分子质量胶原蛋白肽交叉苦瓜素辅助降血糖的作用特性。对糖尿病模型小鼠进行胶原蛋白肽交叉苦瓜素灌胃处理，测定给药前后小鼠的空腹血糖值、体重、脏器指数与肝组织抗氧化能力，进行糖耐量实验。结果表明，胶原蛋白肽交叉苦瓜素将糖尿病模型小鼠的血糖含量降低至7.5~17.8mmol/L，葡萄糖耐量曲线下面积（AUC）降低至32.62~38.66mmol/（min·L），肝脏指数和肾脏指数降低至44.98~57.17mg/g和11.29~17.95mg/g，脾脏指数提高至2.71~3.52mg/g，超氧化物歧化酶活力增强至88.18~158.38U/mg，丙二醛（MDA）含量降至1.66~3.00nmol/mg。研究表明，胶原蛋白肽交叉苦瓜素可使糖尿病小鼠的血糖值显著降低（$P<0.05$），且血糖值降低与肝脏抗氧化能力提高相关联；同时，胶原蛋白肽交叉苦瓜素可促进糖尿病模型小鼠的脏器损伤修复，提高其自身免疫能力。

二、胶原蛋白肽改善血糖机制

海洋胶原蛋白肽是以无污染的深海鱼类的皮、骨、肉为原料，采用生物酶解的方法生产的系列产品，它们是2~6个氨基酸组成的、分子质量范围在200~1000u的小分子混合肽类，能够被小肠、人体皮肤等直接吸收。小肽与游离氨基酸相比，其吸收机制不同，小肽的吸收主要依赖于H^+或Ca^{2+}转运体系，转运具有耗能低、转运速度快、载体不易饱和等优点；游离氨基酸主要依赖Na^+转运体系，吸收慢、载体易饱和、吸收时耗能大。因此，小肽的吸收速度大于相应游离氨基酸。而且，肽的吸收避免了氨基酸之间的吸收竞争，吸收进入血液的小肽，被机体组织利用的速度比氨基酸更快；肽与游离氨基酸相比，高渗性更少，故可提高吸收率，减少渗透压问题。寡肽的抗原性比多肽或其原型蛋白质的抗原性低，且具有良好的感官效应。大量的研究表明，通过酶解技术处理后的海洋蛋白质资源的营养价值得到大幅度的提高，具有容易消化吸收的特点，对糖尿病小鼠的体重降低有一定的抑制作用。海洋胶原蛋白肽可显著降低四氧嘧啶糖尿病大鼠的空腹血糖值，并可使其糖耐量能力显著增强。但是，使用海洋胶原蛋白肽干预的糖尿病大鼠虽然在横断面研究中相对于糖尿病对照组的血糖有所下降，但是其空腹血糖随时间变化仍有升高趋势。这些结果表明，海洋胶原蛋白肽可部分控制糖尿病的症状，并具有明显的辅助降血糖功能，且安全高效，对防治糖尿病具有一定的应用价值。

近几年来，脂肪细胞所分泌的瘦素、抵抗素、脂联素等激素水平的变化及其受体分布特征在糖尿病等慢性代谢性疾病的发病机制中的作用成为生命科学研究的热点。脂肪组织所分泌的生物活性因子对糖尿病、高血压和动脉粥样硬化的发展起调节作用。大量研究表明，脂肪组织产生的游离脂肪酸、瘦素、抵抗素水平的增加以及脂联素表达的降低能促进胰岛素抵抗的发生。脂联素和瘦素是由脂肪细胞分泌的多肽，脂联素具有调节内皮功能和抗炎、抗动脉粥样硬化的作用。脂肪细胞内分泌代谢失调导致糖尿病的原因，一方面是FFA过多产生的毒性作用，血FFA浓度升高可通过多种机制诱导和加重胰岛素介导的糖代谢活性的抵抗；另一方面则是由于遗传或获得性的因素使脂肪细胞丧失了对非脂肪细胞的保护作用，即保护非脂细胞免遭脂质毒性损害的作用。脂肪细胞的这种重要功能是通过其所分泌的瘦素而实现的。瘦素也可通过抑制胰岛素的作用影响脂肪的合成和分解。

因此，游离脂肪酸、瘦素、抵抗素、脂联素类脂肪细胞因子的表达变化在糖尿病、高血压发病过程中的重要作用成为目前临床研究的重点。它们也可作为临床早期防治糖尿病、高血压的干预靶点，并通过其表达的变化来反应临床早期干预的效果评价指标。而海洋胶原蛋白肽具有一定的促进脂联素的表达和抑制游离脂肪酸表达的作用。海洋胶原蛋白肽对抵抗素和瘦素的影响还需要进一步的研究探讨。这可能也是海洋胶原蛋白肽防治糖尿病及其心血管并发症的作用机制之一。

其他胶原蛋白肽改善血糖机制方面可能还包括：①三价铬参与糖代谢，是维持动物及人体正常的葡萄糖耐量不可缺少的元素。无论是自然条件还是实验条件下，缺铬都可使组织对胰岛素的敏感性降低。胰岛素是糖代谢的核心物质，而胰岛素发挥作用，必须有铬的参加。近些年来，国内外已经合成了一系列有机铬试剂用于临床，预防和治疗糖尿病。三价铬在体内是以生物活性铬的形式存在的，可加强胰岛素的功能，改善糖的利用。胶原蛋白多肽-铬螯合物中的铬以有机铬的形式存在，利于其被吸收利用，可能会成为营养素或药物用来预防和治疗糖尿病。②富含胶原蛋白肽的营养制剂可防治营养缺乏，增强应答功能，维持正常、适度的免疫反应，减轻有害的或过度的炎症反应，即胶原蛋白肽密切关联着免疫营养。苦瓜提取物使2型糖尿病受损的胰岛素β细胞恢复正常的分泌功能，增强胰岛素抵抗降低大鼠的空腹血糖，且血糖正常后保持稳定持久。因此，采用胶原蛋白肽改善机体免疫和营养代谢特性后，交叉苦瓜素辅助降低小鼠血糖下降，可以实现营养代谢改善后调节血糖的目标。

三、胶原蛋白肽辅助降血糖应用

俊艳（2004）选择昆明种小白鼠开展动物试验，研究其降血糖、降血脂及抗应激的保健功能。试验以猪皮为原料，采用盐酸水解法提取胶原蛋白，确定最佳提取条件。结果表明，经糖尿病小鼠预试验测定，说明试验螯合物对糖尿病小鼠降糖效果显著，且有促进小鼠生长作用。其对于患糖尿病的高糖高脂饲料小鼠试验说明，此胶原蛋白多肽-铬（Ⅲ）螯合物对糖尿病小鼠降糖效果显著，而对正常小鼠血糖影响不大。对糖尿病小鼠的血脂指标影响表现为，糖尿病小鼠的甘油三酯降低效果显著，而对其胆固醇影响效果不明显；对高密度脂蛋白胆固醇有升高作用，对低密度脂蛋白胆固醇有降低作用，对其肝糖原有降低作用。而对正常组小鼠补铬后，血糖浓度和肝糖原含量都没有显著差异，这说明补充铬对正常小鼠作用不大。对于短期高血糖高血脂小鼠试验，饲喂胶原蛋白多肽-铬（Ⅲ）螯合物后，血糖有所降低。正常小鼠饲喂受试物后，从抗热应激时间来看，雌鼠抗热应激效果明显高于雄鼠。热应激时，雌鼠比雄鼠血糖降低显著，并且对于雌鼠来说，加铬组比正常组的血糖降低差异显著（$P<0.05$）。

欧爱宁（2018）在研究中采用小鼠糖尿病模型研究了石斑鱼骨胶原蛋白肽GBB-10SP降血糖的作用特性。对糖尿病模型小鼠进行GBB-10SP灌胃处理，测定给药前后小鼠的空腹血糖值、体重、脏器指数与肝组织抗氧化能力，进行糖耐量试验。GBB-L10SP处理组与模型组对比，葡萄糖耐量曲线下面积降低至51.51~55.52mmol/L，肝脏指数和肾脏指数降低至40.44~41.52mg/g和16.27~16.59mg/g，脾脏指数提高至2.94~3.14mg/g，超氧化物歧化酶活力增强至90.05~103.90U/mg，丙二醛含量降至2.94~3.03nmol/mg。与模型组相比，胶原蛋白肽处理的糖尿病模型小鼠，第28 d的血糖值和第21天的ROC曲线下的面积显著降低（$P<0.05$），肝脏指数和肾脏指数下降，脾脏指数上升，肝组织抗氧化能力提高，但无降血糖效果，可以维持后期血糖值不持续升高。结果表明，GBB-10SP可使糖尿病小鼠的肝脏抗氧化能力提高，促进糖尿病模型小鼠脏器损伤修复和提高自身免疫能力。

Kumar 等（2019）研究口服胶原蛋白片段（CFs）对肥胖大鼠肥胖的发展的影响。为此，将接受高热量饮食（HCD）4周的实验大鼠随机分为两组：HCD和HCD+CFs，两组均继续接受HCD。HCD+CFs组的大鼠在接下来的6周内每隔一天通过胃内给药在0.05mol/L柠檬酸盐缓冲液（pH 5.0）中提供CFs。观察到补充CFs可使接受高热量饮食的小鼠体重和体重指数降低，这可能是由CFs处理的肥胖大鼠的食物摄入减少和水摄入增加引起的。CFs的摄入还降低了促炎细胞因子IL-1（NCBI gene ID: 111343）、

IL-3（NCBI gene ID：16187）和IL-12（NCBI gene ID：16159）的血清浓度。细胞因子IL-10（NCBI gene ID：16153）浓度明显升高，细胞因子IL-4（NCBI gene ID：16189）浓度接近控制值；空腹血糖和糖化血红蛋白（GHbAlc）浓度降低。与HCD组的大鼠相比，HCD+CFs组的小鼠在口服葡萄糖耐量试验中观察到血清胰岛素和对葡萄糖的耐受性增加。

第四节　结语

近年来，研究发现胶原蛋白肽具有多种生理功能，如抗疲劳、降血糖、抗肿瘤、抗氧化、降低胆固醇、免疫调节等。其降血糖的作用将给糖尿病的治疗开辟新的道路。目前，用于治疗糖尿病的药物主要采用促进胰岛素分泌；增加外周组织摄取和利用葡萄糖；抑制小肠葡萄糖吸收；提高靶细胞对自身胰岛素的敏感性等途径。长期服用此类药物会产生一系列的副作用，而胶原蛋白肽来自于动物，无副作用。但其作为药物在体内的利用率、作用时间以及作用机制尚不明确，仍需要进一步研究。将胶原蛋白肽开发为高效、安全、长效的新型糖尿病类保健食品有望成为未来的研究重点。

参考文献

[1]　杜立娟. 半夏泻心汤对糖尿病胰岛细胞的保护作用与机制研究［D］. 北京：中国中医科学院，2020.

[2]　高勇. 胰岛素信号通路中GLUT4的作用机制研究［D］. 杭州：浙江大学，2006.

[3]　龚受基. 六堡茶和茉莉花改善胰岛素抵抗功效及机制研究［D］. 长沙：湖南农业大学，2012.

[4]　国旭丹. 苦荞多酚及其改善内皮胰岛素抵抗的研究［D］. 咸阳：西北农林科技大学，2013.

[5]　黄鸣清. 丹酚酸B改善2型糖尿病大鼠IR作用及其机制研究［D］. 广州：广州中医药大学，2010.

[6]　黄琦. NR4A1和Nat1在2型糖尿病发病中的调控作用［D］. 武汉：武汉大学，2014.

[7]　李玎玎. 益肾颗粒通过干预氧化应激反应治疗糖尿病肾脏疾病的作用机制研究［D］. 北

京：中国中医科学院，2020.

［8］ 李俊艳. 胶原蛋白多肽-铬螯合物降血糖、抗热应激保健功效的研究［D］.保定：河北农业大学，2004.

［9］ 李若楠，桂莉，李树德，等. 三七总皂苷调控c-Jun氨基末端激酶改善大鼠肝组织胰岛素抵抗的作用［J］. 昆明医科大学学报，2012，33（4）：8-12.

［10］ 欧爱宁. 基于抗氧化作用研究胶原蛋白肽干预糖尿病实验动物营养代谢特性［D］. 上海：上海海洋大学，2018.

［11］ 饶锡生. AMPK-TBC1D17-Rab5信号轴调控葡萄糖转运蛋白GLUT4转位的机制研究［D］.杭州：浙江大学，2019.

［12］ 舒丹阳. 沙棘籽蛋白酶解肽的抗氧化活性、对小鼠的降血糖效果及肾脏保护作用［D］. 广州：华南理工大学，2020.

［13］ 孙华磊. 紫檀芪通过PPARγ通路改善胰岛素抵抗及其作用机制研究［D］.郑州：郑州大学，2019.

［14］ 孙力. 孤儿核受体NR2E1在2型糖尿病发病机制中的研究［D］.武汉：武汉大学，2015.

［15］ 王导. 海洋胶原肽对2型糖尿病大鼠骨骼肌葡萄糖转运蛋白4的影响［D］.汕头：汕头大学，2011.

［16］ 王军波，张召锋，裴新荣，等. 海洋胶原肽对高胰岛素血症模型大鼠糖脂代谢的影响［J］. 卫生研究，2010，39（2）：143-146.

［17］ 王莹，徐秀林，朱乃硕. 生物活性肽降血糖功能的研究进展［J］. 食品科学，2012，33（9）：341-344.

［18］ 王忠志. 糖尿病的基本病机-脾虚毒郁［J］. 糖尿病新世界，2019，22（9）：197-198.

［19］ 吴希. 辅助降糖颗粒干预ZDF大鼠胰岛素抵抗及代谢组学机制研究［D］. 北京：北京中医药大学，2017.

［20］ 吴亚柳，常晓彤. 炎症-内质网应激-肠道菌群在胰岛素抵抗发病中的作用［J］. 生理科学进展，2017，48（3）：221-226.

［21］ 熊学军. 降糖三黄片干预2型糖尿病大鼠Ghrelin、α-glucosidase表达的研究［D］.广州：广州中医药大学，2011.

［22］ 许莹. Nurr1在2型糖尿病发病中的作用［D］.武汉：武汉大学，2015.

［23］ 阎芙洁. 桑葚花色苷对糖代谢的调控作用及其机制研究［D］.杭州：浙江大学，2018.

［24］ 杨兵. 拐枣多糖的分离纯化和结构解析及其降血糖活性研究［D］. 重庆：西南大学，2020.

［25］ 张会峰. 抵抗素、脂联素、瘦素与2型糖尿病及其大血管病变的相关性研究［D］.郑州：郑州大学，2006.

［26］ 张旭，张国蓉，车伟，等. 胶原蛋白多肽-铬（Ⅲ）螯合物对糖尿病小鼠免疫力的影响［J］.中国实验动物学报，2008（1）：10-13，1.

［27］ 赵明，张召锋，梁江，等. 海洋胶原肽对四氧嘧啶诱导的糖尿病大鼠肝肾功能的保护作用［J］. 卫生研究，2010，39（2）：147-149.

［28］ 周宝尚. 激活FXR下调visfatin对糖尿病肾病的作用及机制研究［D］. 重庆：第三军医大学，2017.

［29］ Bernard Vialettes, Gerald M. Reaven（1928-2018）: le père du *Syndrome X*, alias *Syndrome métabolique* ［ J ］. Médecine Des Maladies Métaboliques，2020，14（4）：370-372.

［ 30 ］Bonta P，Pols TW，van Tiel CM，et al. Nuclear receptors Nurr1 is expressed in and is associated with human restenosis and inhibits vascular lesion formation in mice involving inhibition of smooth muscle cell proliferation and inflammation ［ J ］. Circulation，2010，121：2023-2032.

［ 31 ］Cui-Feng Zhu，Guan-Zhi LI，Hong-Bin P，et al. Effect of marine collagen peptides on markers of metabolic nuclear receptors in type 2 diabetic patients with/without hypertension ［ J ］. Biomedical and Environmental Sciences，2010，23（2）：113-120.

［ 32 ］Devasia S，Kumar S，Stephena PS，et al. Double blind，randomized clinical study to evaluate efficacy of collagen peptide as add on nutritional supplement in type 2 diabetes ［ J ］. J Clin Nutr Food Sci，2018（1）：6-11.

［ 33 ］Engin F. ER stress and development of type 1 diabetes ［ J ］. Journal of Investigative Medicine，2016，64（1）：2-6.

［ 34 ］Hirosumi J，Tuncman G，Chang L. A central role for JNK in obesity and insulin resistance ［ J ］. Nature，2002，420（6913）：333-336.

［ 35 ］Hong H，Zheng Y，Song S，et al. Identification and characterization of DPP-IV inhibitory peptides from silver carp swim bladder hydrolysates ［ J ］. Food Bioscience，2020，38：100748.

［ 36 ］Hotamisligil GS. Endoplasmic reticulum stress and the inflammatory basis of metabolic disease ［ J ］. Cell，2010，140（6）：900-917.

［ 37 ］Kumar M S. Peptides and peptidomimetics as potential antiobesity agents：Overview of current status ［ J ］. Frontiers in Nutrition，2019（6）：11.

［ 38 ］Le Bu，Cheng XY，Qu S. Cooperative effects of galanin and leptin on alleviation of insulin resistance in adipose tissue of diabetic rats ［ J ］. Journal of Cellular and Molecular Medicine，2020，24（12）：6773-6780.

［ 39 ］Lee EJ，Hur J，Ham SA，et al. Fish collagen peptide inhibits the adipogenic differentiation of preadipocytes and ameliorates obesity in high fat diet-fed mice［ J ］. International Journal of Biological Macromolecules，2017，104：281-286.

［ 40 ］Lowell BB，Shulman GI. Mitochondrial dysfunction and type 2 diabetes ［ J ］. Science，2005，307：384.

［ 41 ］Saijo K，Winner B，Carson CT，et al. A Nurr1/CoREST pathway in microglia and astrocytes protects dopaminergie neurons from inflammation-induced death ［ J ］. Cell，2009，137（1）：47-59.

［ 42 ］Scott D Covey，Rhonda D Wideman，Christine McDonald，et al. The pancreatic β cell is a key site for mediating the effects of leptin on glucose homeostasis ［ J ］. Cell Metabolism，2006，4（4）：291-302.

［ 43 ］Tilg H，Moschen AR. Inflammatory mechanisms in the regulation of insulin resistance ［ J ］. Molecular Medicine，2008，14（3-4）：222-231.

［ 44 ］Zhang R，Chen J，Jiang X，et al，Antioxidant and hypoglycaemic effects of tilapia skin collagen peptide in mice ［ J ］. International Journal of Food Science &

Technology，2016，51（10）：2157-2163.

[45] Zhu C F，Li G Z，Peng H B，et al. Treatment with marine collagen peptides modulates glucose and lipid metabolism in Chinese patients with type 2 diabetes mellitus［J］. Applied Physiology，Nutrition，and Metabolism，2010，35（6）：797-804.

第十章

胶原蛋白与胶原蛋白肽的创新与应用

生物高分子材料是日常生活中常用的材料，在生物医学材料和美容等领域中有着广泛的应用。天然聚合物可以从大自然和动物的毛发、皮肤、外壳、鳞片、骨头等食品生产废料中提取。天然聚合物也可以被修饰，这些修饰过的化合物可以用于制备薄膜、海绵和支架等生物医学材料。目前常用的天然聚合物包括胶原蛋白、壳聚糖、弹性蛋白、角蛋白、丝素蛋白等。其中，胶原蛋白因其生物相容性好、体内可降解、透水透气性好等特性，在日常生活中研究和应用最为广泛。胶原蛋白肽是由天然胶原蛋白或明胶水解而产生的小分子生物活性肽，相比大分子的胶原蛋白，其更易吸收，也具有降血压、促进伤口愈合、减缓皮肤衰老等生物特性，常应用于食品、美容行业。前文介绍了胶原与胶原蛋白肽的结构和功能，本章将带大家进入胶原与胶原蛋白肽在3D打印、生物医学、美容、食品和其他工业领域的应用场景（表10-1）。

表10-1 胶原蛋白及胶原蛋白肽的创新与应用

胶原蛋白及胶原蛋白肽的应用		优势
3D打印	组织修复材料	胶原蛋白对上皮细胞起到增生修复的作用，有利于创面的愈合
	组织替代物	分子结构可被修饰以适应特定组织的需要；具有高张力、低延展性、纤维定向性、可控制的交联度、弱甚至无抗原性、极好的生物相容性、植入体内无排异反应、与细胞亲和力高、可刺激细胞增殖、分化
	组织工程支架	起支架作用，可吸收，降解时间适宜
生物医学材料	手术缝合线	高强度；可吸收性；止血效果好；平滑性和弹性好，缝合结头不易松散，操作过程中不易损伤肌体组织
	止血纤维和止血海绵	止血效果好；在血液凝固后，还可通过刺激组织的再生与修复来防止再次出血的发生，具有外源性凝血作用
	水凝胶	较好生物相容性
	敷料	拉伸强度高，具有类似真皮的形态结构、透水透气性好；可进行适度交联，可调节溶解（胀）性，可被组织吸收，可与药物相互作用；低抗原性，可隔离微生物，生物相容性好；促进伤口愈合
	人工皮肤	黏附性好，利于细胞的生长和基质的沉积、血管再生及上皮细胞附着；具有适宜的孔径，保持了天然的渗透性，适宜营养物质、生物因子等的扩散和血管长入；止血效果好；缓解疼痛
	人工血管	起支架作用，能促进组织细胞生长，在血管内壁形成一层良好的新生内膜，在血管愈合过程中胶原易被吸收，并有益于宿主组织取代
	人工食管	起支架作用，可吸收，降解时间适宜
	心脏瓣膜	起支架作用，生物相容性好，可以促进细胞的黏附和生长

续表

胶原蛋白及胶原蛋白肽的应用		优势
生物医学材料	人工骨和骨的修复	分子结构可被修饰以适应特定组织的需要；具有高张力、低延展性、纤维定向性、可控制的交联度、弱甚至无抗原性、极好的生物相容性、植入体内无排异反应、与细胞亲和力高、可刺激细胞增殖、分化；在体内可降解并可调控降解速度；降解产物为氨基酸或小肽，可成为组建细胞的原料，或通过新陈代谢途径排出体外
	角膜和眼睑	起支架作用；促进伤口愈合
	神经修复	生物相容性好，可降解，有利于神经纤维的迁延和生长
	药物缓释	既可以作为药物稳定剂，稳定药物中的活性成分并防止药物吸附到包装上，也可以作为药物载体，提高活性成分的溶解性和吸收利用度，促进凝血、止血
美容	化妆品	对皮肤和头发的亲和力较好，易被吸收，促进自身胶原合成，改善皮肤结构，提高皮肤储水能力，美容养发；胶原蛋白面膜对毛孔的渗透效果好，可补充高渗透、高吸收率的浓缩胶原蛋白，修复皮肤屏障
	胶原注射	胶原蛋白生物相容性好，作为填充材料安全有效、过敏反应少，填补皮肤纹路，促进组织新陈代谢
食品	食品包装膜	胶原蛋白有很好的成膜性，具有较好的阻气性及机械性能，相比非可食性包装膜更加环保
	胶原肠衣	胶原几乎与肉食的收缩率一致，在可食性、收缩性、黏着性等性能方面与天然肠衣相似，耐高温，强度高
	膳食营养补充剂	小分子胶原蛋白肽经吸收后可促进体内胶原蛋白合成，改善因胶原蛋白缺失引起的亚健康状态，如延缓皮肤衰老、抗骨质疏松
	食品添加剂	胶原蛋白肽可以作为澄清剂、乳化剂、稳定剂用于肉制品、乳制品、饮料、烘焙食品等多种食品的加工过程，维持和改善产品的物化性能、感官品质
其他工业	造纸	提高纸张强度，增强导湿性能；作为絮凝剂可以改善纸浆絮凝性，调节纸浆的沉降速度
	表面活性剂	性质温和，无毒、无污染、生物降解性好，具有良好的抗菌性、抗静电性和生物降解性
	纺织纤维	胶原蛋白具有较强可纺性，制成纤维吸湿性好，手感舒适，具有生物可降解性
	细胞培养	生产成本低、适于细胞培养

第一节 胶原蛋白在3D打印中的应用

一、3D打印概述

三维快速成型打印（Three-Dimensional Printing），简称3D打印，是指利用计算机软件设计3D模型，通过3D打印机逐层增加材料来制造三维产品的技术。这项技术依据"分层制造、逐层叠加"的打印规则，通过特定的3D打印机把液体材质、粉末材质或丝状材质的原料打印成各种三维产品。3D打印的概念来源于19世纪后期，这种增材制造技术区别于传统制造业的减材制造技术，具有快速、方便、灵活、高精度、高质量等特点。3D打印技术的优势在于无须机械加工和模具，便可制造出由计算机设计的各种图形，这是传统成型方式无法达到的。

近年来，随着数字技术的迅猛发展，3D打印技术发展迅速，已经在航天、医疗、教育、建筑、食品等领域得到了广泛应用。在生物医学领域中，因为3D生物打印技术的快速性、准确性及擅长制作复杂实体的特性，使其有着非常广泛的应用前景。3D生物打印技术可在计算机辅助下，按照预先设计的特定三维结构，对活细胞、生物活性组织及相关生物材料等基本构件进行逐层堆积。打印材料是3D生物打印技术的物质基础。

胶原蛋白具有优良的生物学性质与功能，主要表现在免疫原性低、可生物降解性、生物相容性、促进细胞生长和血小板凝聚等方面。这些生物学特性与功能，使得胶原蛋白逐渐成为3D生物打印生物医学材料的优先原料选择。

二、打印组织修复材料

3D生物打印技术可用于组织修复材料的打印，如皮肤、人工软骨等。胶原蛋白对上皮细胞能起到增生修复的作用，有利于促进创面的愈合，可广泛应用于烧伤和创伤治疗。Lee等（2009）利用胶原蛋白为原料，逐层打印出仿皮层和真皮层的多层皮肤组织，并将打印成型的三维皮肤浸泡于培养基内，促进皮肤组织的成熟与分层。在10层皮肤构造中，第2层和第8层胶原蛋白分别嵌有成纤维细胞和角质形成细胞。这是首个3D打印角质形成细胞和成纤维细胞用于皮肤再生的研究（图10-1）。Koch等（2012）将细胞与胶原蛋白混合，打印出多层皮肤结构。研究结果显示，结构中的细胞能够很好地进行增殖生长并形成连接，胶原蛋白层之间也没有相互融合。3D打印可根据伤口面积的大小精确打印出所需要的皮肤，避免患者自体移植的手术痛苦。Yang等（2018）将Ⅰ型胶原蛋白与海藻酸钠的混合物作为生物墨水打印出软骨组织，其具有良好的机械强度和生物功能。

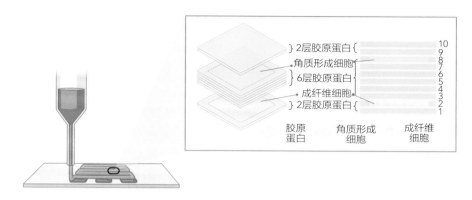

图10-1　3D打印多层皮肤组织

三、打印组织替代物

胶原蛋白可作为组织替代物用于生物医学领域。有关数据显示，全球每70名等待角膜移植的患者中，只有1名得到角膜，可供移植的角膜数量远不能满足患者需求。英国纽卡斯尔大学遗传医学研究所的研究人员将胶原蛋白、海藻酸盐及人类角膜细胞混合制备为打印原材料，通过对患者眼睛进行扫描，得到角膜大小、形状等数据，并利用3D打印技术打印出成型的人体角膜，整个打印过程不到10min。

四、打印组织工程支架

在现今生物医学领域中，组织工程支架无疑是研究热点。组织工程可以通过在体外构建具有良好生物相容性的可降解多孔支架，与细胞和生长因子组装，并植入人体来实现组织再生。组织工程支架类似ECM，是具备天然组织力学性能的生物医学材料。3D生物打印能够形成具有精细的宏观和显微结构的组织工程支架，具备开发人工组织和器官的巨大潜力。水凝胶由于与ECM高度相似，因此被最广泛地用作生物墨水。用于生物墨水的水凝胶不仅要满足组织工程支架的要求，还需具有生物相容性、生物降解性、无毒性、低免疫原性以及良好的可打印性。到目前为止，适用于3D生物打印的水凝胶包括海藻酸盐、胶原蛋白、壳聚糖、琼脂糖、透明质酸等。

胶原蛋白是ECM中最主要的成分，可提供机械强度，并作为细胞的黏附表面和信号分子的仓库。到目前为止，胶原蛋白已被用于许多组织器官的再生，如皮肤、骨骼、心脏等。但纯胶原蛋白的力学性能相对较弱，降解率太快，严重阻碍了其在3D生物打印中的应用。此外，由于胶原蛋白对温度较为敏感，使得其在整个打印过程中黏度和弹性模量可变。为了克服这个问题，Kim等（2009）使用3D绘图系统和低温制冷系统制造了具有设计孔隙结构和高孔隙度的三维胶原支架。然而，制造过程中3D胶原支架偶尔会由于胶原链之间的弱黏着力而倒塌，为此，常用胶原蛋白与优势互补的材料结合使用。

袁清献等（2018）采用丝素蛋白和Ⅱ型胶原蛋白作为支架的原材料，通过3D打印和冷冻干燥技术制备出具备网格状的三维软骨支架。在支架上接种软骨细胞，细胞可以很好地进行增殖分化，其结果符合软骨组织工程的要求。朱旭（2018）对3D打印的胶原蛋白-壳聚糖支架在脊髓的损伤修复方面发挥的作用进行了研究，发现打印的支架具有完美的内部三维立体多孔结构，能促进脊髓神经纤维再生及运动功能恢复。组织工程是3D生物打印技术中最前沿的研究领域，由于3D打印技术具有个性化、准确性及擅长制作复杂实体的特点，能为疾病治疗找到发展方向。图10-2展示了软骨组织工程的实施步骤，先取含有关节软骨细胞的关节软骨的活检样本，然后将其培养、植入3D支架中，在体外条件下部分成熟后，将支架植入软骨中，从而取代病变软骨，达到治疗的目的。

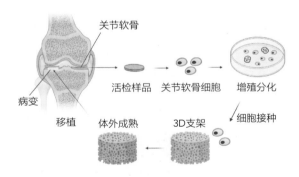

图10-2　软骨组织工程示意图

五、展望

胶原蛋白由于其来源广泛、性能良好，在3D生物打印中的应用越来越广泛。水产品来源的胶原蛋白具有污染性小、生物安全性高等特点，且中国水产资源丰富，水产养殖、加工业的发展产生大量鱼皮、鱼鳞等下脚料，使得提取胶原蛋白所需的原料价格较为低廉。因此，水产动物胶原蛋白可以在一定程度上替代陆生动物胶原蛋白在3D打印中发挥作用。然而，上文也提及胶原蛋白本身存在机械强度不足的问题，而水产胶原蛋白较陆生动物胶原蛋白的热稳定差，变性温度低，打印过程中容易使材料性质发生变化。为了更好地发挥胶原蛋白，尤其水产胶原蛋白的应用潜力，相关企业及科研机构应开展大量基础研究及临床试验，为其使用提供理论依据。

此外，3D打印技术所制造的产品需要根据患者情况进行打印，使其能够满足于个性化需求，但个性化也带来了生产造价高，耗费时间较长等问题。当前3D生物打印的组织器官大多通过动物实验检验成果，但动物体内环境与人体环境有很大区别，动物实验的成功并不能代表打印出的组织器官完全适用于人体。并且，生物打印所选用的打印基质是从动物体内提取的胶原蛋白，与人体自身的胶原蛋白有一定差异性。因此，免疫排斥、外源性病毒感染等也是需要考虑的问题。

第二节　胶原蛋白与胶原蛋白肽在生物医学中的应用

一、生物医学材料概述

生物医学材料是一类对人体细胞、组织、器官具有增强、替代、修复、再生作用的新型功能材料。生物医学材料的基本要求是：①具有生物相容性，材料在使用期间，同机体之间互不产生有害作用，不引起中毒、溶血、凝血、发热、过敏等现象；②具有生物功能性，在生理环境的约束下能够发挥一定的生理功能；③具有生物可靠性，无毒性，不致癌，不致畸，不引起人体细胞的突变和组织细胞的反应，可以有一定的使用寿命，具有与生物组织相适应的物理机械性能；④化学性质稳定，抗体液、血液及酶的作用；⑤针对不同的使用目的具有特定的功能。

生物医学材料根据材料的性质可分为如下4大类：

①医用金属材料：主要适用于人体硬组织的修复和置换，有钴合金（Co-Cr-Ni）、不锈钢、钛合金（Ti-6Al-4V）、贵金属、形状记忆合金、金属磁性材料等7类，广泛用于齿科充填、人工关节、人工心脏等。

②医用高分子材料：有天然的和合成的两种，通过分子设计，可以获得很多具有良好物理机械性能和生物相容性的生物材料。

③生物陶瓷材料：有惰性生物陶瓷（如氧化铝陶瓷材料、医用碳素材料等）和生物活性陶瓷（如羟基磷灰石、生物活性玻璃等）。

④医用复合材料：由两种或两种以上不同材料复合而成，主要用于修复或替换人体组织、器官或增进其功能以及人工器官的制造。

胶原蛋白属于细胞外基质的结构蛋白质，其复杂的结构对其分子大小、形状、化学反应性以及独特的生物功能等起着决定性作用。胶原蛋白的性质特殊，资源丰富，近年来在生物医学材料领域展现了很大的优势。

胶原蛋白作为生物医学材料，具有如下几方面的优势：

1. 低免疫源性

组织胶原蛋白具有一定的免疫性。20世纪90年代研究发现，胶原蛋白的免疫原性来自于端肽、变性胶原和非胶原蛋白。在提取胶原时，除去端肽并纯化分离掉变性胶原和非胶原蛋白，能得到极弱免疫原性的胶原材料。但是，去掉端肽的胶原不便于交联，不能获得强度较高的材料。因此，要想制备高强度胶原材料，需保留端肽。研究发现，用戊二醛交联，可降低胶原材料的免疫原性。

2. 与宿主细胞及组织之间的协调作用

胶原蛋白基质材料能与周围细胞及组织有良好的协调作用，成为细胞与组织正常生理功能整体的一部分。胶原蛋白基质材料有两个特点：①胶原蛋白有利于细胞的存活和促进不同类型细胞的生长，如Ⅰ型胶原可用于培养各种类型的细胞生长；②胶原蛋白不但可增加细胞的黏结，还可以在体内及体外与各种细胞发生直接或间接的作用，控制细胞的形态、运动、骨架组装、增殖与分化。

3. 止血作用

胶原蛋白特殊的四级结构能使血小板活化，释放出颗粒成分，迅速凝血。胶原蛋白的这一作用，使其可以用于制备凝血材料。不言而喻，这个特点也会带来麻烦。在使用胶原蛋白或胶原蛋白复合物制备心血管装置时，必须防止其凝血，这需要抑制或隐匿胶原与血小板之间的作用。现在采用肝素或肝素类似物涂覆胶原材料表面，以阻止胶原与血小板的作用。

4. 可生物降解性

胶原蛋白是一种特殊的可生物降解的材料，但绝大多数蛋白酶只能切断胶原蛋白的端肽，胶原蛋白的三螺旋结构还保持完好。从这一点来说，胶原蛋白是不可降解的。然而，胶原蛋白酶能使胶原降解为各种片段，然后由两种途径继续降解：一是在体温条件下这些大片段很快自发变性，并被其他酶进一步降解成寡肽或氨基酸，接着被机体重新利用或代谢排出体外；二是这些大片段被结缔组织细胞和炎症细胞吞噬，并由溶酶体将它们进一步降解。胶原的这种可控制生物降解性对于生物医学材料来说是特别难能可贵的，能作为器官移植材料的基础。

5. 物理机械性能

胶原蛋白是为结缔组织提供强度的主要蛋白质成分，其三螺旋结构及自身的交联结构具有很高的强度，能在广泛范围内满足机体对机械强度的要求。另一方面，对于提取的胶原还可进一步用交联剂进行交联提高其强度，且采用不同的交联剂和交联条件可获得不同的强度和韧性。此外，胶原可通过复凝聚等手段制备出复合材料，更可以通过接枝共聚等改性手段获得性能更好的材料。

需要特别指出的是，20世纪80年代中期出现了一个新概念——组织工程（Tissue Engineering）。它是一种新的医疗模式，其实质是细胞的治疗模式，可以对活细胞成分进行适当的遗传操作，从而有望与基因治疗结合起来。经过优化的工程组织植入人体后，可以与受体组织有机地整合，达到彻底治疗的目的，这是其他传统的治疗模式无法实现的。经过30多年的发展，胶原基生物医学材料成了组织工程中越来越重要的角色，特别是近年来的临床应用表明，其前景十分广阔。

以下将分别介绍胶原蛋白在多个医疗领域的应用或研究成果。

二、手术缝合线

外科手术，如组织、皮肤等器官的切口与创伤，大动脉的缝合，血管的移植，心脏瓣膜的移植，肌腱的缝合，大多都需要用到手术缝合线。手术缝合线有可吸收性缝合线和不可吸收性缝合线之分。前者是指在手术后留在组织内的缝合线，经过一段时间的酶解或水解，可被组织吸收，现在使用的有普通肠线（羊、牛肠线）、鞣制肠线（普通肠线经过鞣制）、聚交酯缝合线（Vicryl）、聚酯缝合线（PDS）及聚乙醇酸缝合线（Dexon-S）；后者是指能在组织内保存较长的时间，或近乎永久性保持其强力的缝合线，其不能被组织吸收，需要拆线，如真丝制作的丝线、棉线、不锈钢丝、尼龙线、聚丙烯线、涤纶线。

由天然材料和合成材料制成的缝合线都存在着某些缺点，如人工合成的聚乳酸类可吸收缝合线完全吸收时间较长，在60d左右；天然可生物降解的羊肠线来源广、工艺简单、成本低廉，但存在酶分解吸收不完全，组织反应大、拉伸强度下降太快等问题；甲壳素可吸收缝合线相对于羊肠线，人体的耐受性更好，并且有一定的抗菌消炎作用，可促进伤口愈合，易于缝合，但其降解机制较为复杂，降解速率不易控制，且工艺要求较高。而由胶原制成的缝合线既有与天然丝一样的高强度，又有可吸收性，且在使用时既有优良的血小板凝聚性能，止血效果好，又有较好的平滑性和弹性，缝合结头不易松散，操作过程中不易损伤肌体组织。

在人体浅表，崔硕等（2014）使用了可吸收胶原蛋白线间断缝合创口皮肤。多数胶原蛋白缝线可在术后 12~15d 自行脱离，愈合良好，无感染等并发症。胶原蛋白免拆线不但为病患免去了拆线的痛苦，更是在术后愈合效果以及美观方面均显示了其良好的疗效。在大型创伤应用中，苏吉利等（2016）对手术治疗后的甲状舌管囊肿患者使用胶原蛋白线进行皮内缝合，术后 3个月以温哥华瘢痕量表标准观察有无组织排异反应和术后瘢痕增生程度。结果表明，用胶原蛋白线缝合手术切口，术后愈合好，瘢痕小。

在口腔种植方面，相对于皮肤，口腔黏膜的受创伤愈合更快，形成的瘢痕组织更少，且人们对口腔内部的美观要求较小。但随着医学技术的不断进步和人们生活品质的提高，口腔内部术区的缝合也开始面临着越来越大的挑战，单纯的丝线缝合已经越来越难满足某些口内手术的需要，口腔医生也像当初的美容科医生一样将眼光投向了可吸收缝合线。徐海洋等（2014）的临床试验表明，可吸收胶原蛋白线组患者切口甲级愈合率明显高于丝线编织非吸收性缝线组，且时间能够与伤口愈合时间匹配，并能维持更好的口腔卫生。

除了纯胶原蛋白制成的可吸收缝合线，还有胶原蛋白与聚乙烯醇、壳聚糖等制成的复合纤维。壳聚糖是一种可生物降解的天然高分子多糖，其本身可抑菌消毒，促进伤口愈合，通过将壳聚糖与胶原蛋白共同混制，既保留了纯天然胶原蛋白的无组织排异、吸收无痕的特点，又加入了壳聚糖促进伤口愈合的特性（图10-3）。目前，以壳聚糖和胶原蛋白为原料的可吸收缝合线已能通过简易装置制备，成品缝合线的各项生物性能指标（不含线径、抗张强度）已通过天津市药品检验所的检验。

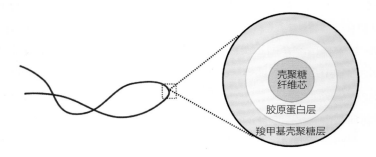

图10-3　胶原蛋白-壳聚糖手术缝合线样品与其剖面结构图

三、止血纤维和止血海绵

不可控的连续出血是创伤性患者死亡的主要原因，术中突然出血也有可能提高并发症的发生率和手术失败的风险。因此，医学领域急需有效的止血产品。可吸收止血材料是一种新型的止血产品，可用来快速止血并可被人体吸收，以避免止血后的二次损伤。市场上最多的可生物降解止血产品是胶原、壳聚糖、氧化再生纤维素和聚合物，其中胶原蛋白产品被认为是重要的伤口止血产品。

早在1953年胶原蛋白就被发现有止血作用。研究表明，胶原是一种天然的止血剂，具有非常突出的止血功能，其止血途径包括：①诱导血小板附着，促进血小板聚集，形成血栓，进而阻止流血；②激活一些血液凝血因子的活动；③胶原蛋白对渗血伤口的黏着和对损伤血管的机械压迫、填塞作用。胶原蛋白不仅能在局部刺激血小板的黏结与聚集，还能激活凝血系统，从而有效地达到局部止血的目的。胶原蛋白与不同的细胞之间都存在着很强的亲和力，与在伤口的愈合过程中起到关键作用的生长因子间也有着特殊的亲和力，在血液凝固后，还可通过刺激组织的再生与修复来防止再次出血。除了上述所说的内源性凝血作用，胶原蛋白也能起到外源性凝血作用，这就是胶原蛋白可以作为凝血材料的根据。

止血纤维是一种常用的止血材料。胶原蛋白止血纤维比起以前使用的氧化纤维素、羧甲基纤维素及明胶海绵等止血材料，其效果要好得多。牛金柱等（2002）通过体外实验模型观察到，明胶止血纤维在0.5min内对血小板的黏附率可达50%，而明胶海绵只有17%。另一种较常用的止血材料是止血海绵。1983年，Coln等（1983）发现胶原蛋白海绵具有优良的止血性能，很快地，胶原蛋白海绵进入临床应用。胶原蛋白止血产物也存在一些缺陷，目前已批准的胶原蛋白止血产品是从动物（动物皮肤或肌腱）中提取出来的，具有潜在的病毒风险，生物相容性差且纯度较低。

近年来随着生物工程技术的快速发展，重组胶原蛋白得以发展。重组胶原蛋白是生物技术基于遗传工程和发酵技术获得的仿生胶原蛋白，可通过高效纯化实现工业化。与动物胶原蛋白相比，重组胶原蛋白无病毒隐患，具有更好的水溶性和生物相容性（图10-4）。

He等（2021）通过体外凝血试验和体内肝出血模型来评估了一种新型重组胶原蛋白止血海绵的生物相容性和止血效果（图10-5、图10-6）。结果表明，新型重组胶原蛋白止血海绵可在体内完全生物降解，无刺激、敏感性、急性毒性、血细胞溶解现象和明显的免疫排斥反应。由于重组止血海绵的血细胞黏凝能力较强，其体外预凝效果明显优于天然胶原海绵。同时，肝出血模型显示，重组胶原蛋白海绵的止血时间为（19.33±4.64）s，明显优于天然胶原蛋白海绵［止血时间为（31.62±5.63）s］。因此，重组胶原蛋白止血海绵可以作为一种潜在的新型临床止血产品。

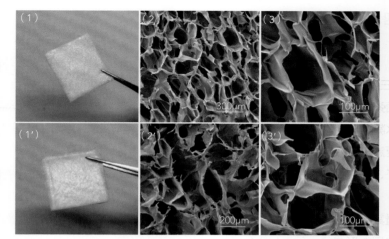

图10-4   天然胶原蛋白和重组胶原蛋白止血海绵的形态和微观结构

注：（1）天然胶原蛋白止血海绵的形态；（2）天然胶原蛋白止血海绵的微观结构，200倍；（3）天然胶原蛋白止血海绵的微观结构，500倍；（1′）重组胶原蛋白止血海绵的形态；（2′）重组胶原蛋白止血海绵的微观结构，200倍；（3′）重组胶原蛋白止血海绵的微观结构，500倍。

资料来源：He Y, Wang J, Si Y, et al. International Journal of Biological Macromolecules, 2021，178: 296-305。

图10-5   不同材料的血吸附能力对比

注：（1）重组胶原蛋白海绵；（2）天然胶原蛋白海绵；（3）纱布。

资料来源：He Y, Wang J, Si Y, et al. International Journal of Biological Macromolecules, 2021，178: 296-305。

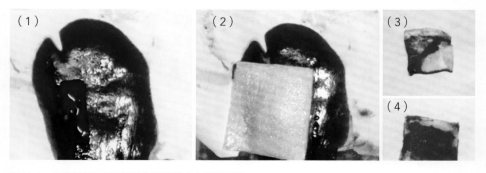

图10-6   不同材料对兔肝损伤模型的止血效果对比

注：（1）肝出血；（2）止血海绵；（3）止血后的天然胶原蛋白海绵；（4）止血后的重组胶原蛋白海绵。

资料来源：He Y, Wang J, Si Y, et al. International Journal of Biological Macromolecules, 2021，178: 296-305。

四、水凝胶

水凝胶（Hydrogel）是一些由亲水大分子吸收大量水分形成的溶胀交联状态的半固体（三维网络），能保持大量水分而不溶解，具有良好的溶胀性、柔软性、弹性以及较低的表面张力等特殊性质。水凝胶的交联方式有共价键、离子键和次级键（范德华力、氢键等）。水凝胶与活体组织的结构和性质极为相似，因此水凝胶在生物医学材料领域的应用具有重要意义，其可作为其他生物医学材料的前体用于治疗，如敷料、药物控制释放载体、鼻子、面部和缺唇的修补材料、耳鼓膜、人工软骨等，这些应用将在后文中具体介绍。

水凝胶是高分子凝胶的一种类型。高分子凝胶既可以保持大量水分，也可以保持大量其他溶剂，前者即为水凝胶。水凝胶可以分为物理凝胶和化学凝胶，前者是通过物理作用力形成的，后者是由化学键交联形成的，我们通常所说的是化学水凝胶。水凝胶又可分为天然高分子凝胶和合成高分子凝胶。天然高分子凝胶具有更好的生物相容性及对环境的敏感性，但材料稳定性较差，易降解；合成高分子凝胶性能好，可以根据需要进行设计，但生物相容性不好，价格也高。为此，近年来大力开展天然高分子与合成高分子共混水凝胶、天然高分子与天然高分子共混水凝胶（互穿网络水凝胶）或天然高分子接枝合成高分子水凝胶的研究，并已取得了很大的进展。

Mredha等（2017）使用鲟鱼鱼鳔中提取的胶原蛋白和N,N-二甲基丙烯酰胺，成功开发了一种新型的双网络强韧胶原纤维水凝胶（图10-7）。在该水凝胶中胶原的变性温度得到改善，并且表现出与天然软骨相当的优异机械性能。Li等（2021）采用电沉积法在温和环境下快速制备的管状胶原-壳聚糖水凝胶，其中胶原分布均匀，且壳聚糖的掺入明显提高了复合凝胶的抗拉性能和胶原蛋白的热稳定性；同时，管状水凝胶保持了良好的促进胶原细胞增殖的能力。

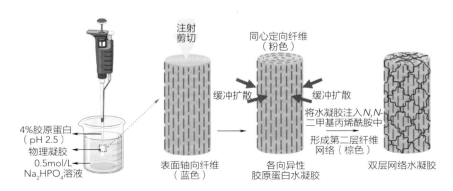

图10-7　双网络强韧胶原纤维水凝胶

五、敷料

敷料是能够起到暂时保护伤口、防止感染、促进愈合作用的医用材料。敷料有普通敷料（常用的是纱布）、生物敷料（主要成分为胶原蛋白或其改性产品以及左旋糖酐、壳聚糖、淀粉磷酸酯等）、合成敷料和复合敷料等4类。按形态可分为纤维编织型（纱布、无纺布）、薄膜型（半透膜、绒膜、胶膜等）、海绵型和复合型。

胶原及其改性产物已大量用于生物敷料的生产，这种敷料表现出很多特点：

①物理方面：拉伸强度高，延展性低，易干裂，具有类似真皮的形态结构、透水透气性。

②物理化学方面：可进行适度交联，可调节溶（胀）解性，可被组织吸收，可与药物相互作用。

③生物学方面：低抗原性，经交联或酶处理可使抗原性更低，可隔离微生物，生物相容性好，有生理活性，如凝血作用等。

对胶原基创伤、烧伤修复敷料的设计，起初是以创伤闭合、减少感染、降低体液损失为主，这类敷料具有诱发正常真皮形成的能力。后来发现这类敷料还有一些不足，于是发展出改性胶原敷料，以期降低其免疫原性。现在发展到在敷料中加入抗生素、透明质酸、肝素、成纤维细胞生长因子、血小板生长因子和表皮生长因子等，更有效地促进创伤愈合。

Wu等（2017）总结了大量临床案例得出，使用氧化再生纤维素/胶原蛋白敷料对于擦伤、烧伤、伤口停滞、糖尿病足溃疡和压力损伤等损伤有较好效果。Feng等（2020）将鱼胶原蛋白和海藻酸钠进行基团接枝再通过席夫碱反应制备的敷料展示了较低的免疫原性以及较高的生物相容性，可促进创面愈合及细胞的增殖和迁移。Cao等（2020）将类人胶原蛋白和壳聚糖在谷氨酰胺转移酶和1-（3-二甲氨基丙基）-3-乙基碳二亚胺盐酸盐双交联下制备出皮肤支架修复全层皮肤缺损模型。Pan等（2019）将类人胶原蛋白和聚乙烯醇复合，通过吐温乳化法制备的大孔水凝胶具有优良的力学性能，这些以类人胶原蛋白为原材料的水凝胶创面敷料均具有贯通的孔径、细胞黏附性和优异的生物相容性，可大幅促进皮肤创面的修复。

胶原蛋白肽具有促进皮肤损伤愈合等功能，可用于护理皮肤创面的敷料。目前有相关涂抹型产品，用于缓解日光性皮炎、激素依赖性皮炎、敏感性肌肤、痤疮的恢复期和激光、光子治疗术后、褥疮以及婴幼儿湿疹的辅助治疗；还有以胶原蛋白、少量防腐剂和无纺布为主要原料，添加了2000u弹性蛋白肽和200u胶原三肽的面膜式产品，适用于非慢性创伤和皮肤护理。

六、人工皮肤

皮肤结构由表皮、真皮和皮下组织组成，有保护、分泌、感知和代谢功能。皮肤缺失是一种常见组织损伤性疾病，但人的皮肤是一种再生能力很强的组织，即使是大面积的损伤，也会由于治疗得当而逐渐恢复。不过，大面积的烧伤或创伤，就不能单靠自身皮肤或自体移植皮肤来愈合，需要人工皮肤作为一种暂时性的创面保护覆盖材料来帮助治疗。人工皮肤是在创伤敷料基础上发展起来的一种皮肤创伤修复材料和损伤皮肤的替代品。人工皮肤可使皮肤大面积和深度烧伤的患者在自体皮不够的情况下进行修复治疗，并使之恢复因皮肤创伤丧失的生理功能。

朱堂友等（2003）制备壳多糖-胶原-糖胺聚糖成纤维细胞真皮替代物，将从正常儿童包皮中分离出来的角质形成细胞移植到成熟的成纤维细胞真皮替代物上，重建人工皮肤。在培养初期浸泡，将人工皮肤提升到气液界面，用组织学和扫描电镜对人工皮肤和成纤维细胞真皮替代物的结构进行了分析。结果显示，胶原凝胶的成纤维细胞从第2d到第9d呈指数增长。壳多糖-胶原-糖胺聚糖对成纤维细胞的生长无抑制作用，但能促进角质形成细胞的生长；人工皮肤组织学观察见类似于正常皮肤，有分化良好的表皮和致密的真皮。

在皮肤组织工程中，Wang等（2013）将重组Ⅶ型胶原应用于鼠皮肤创伤模型；将重组Ⅶ型胶原与创口处真皮-表皮连接区结合，促进Ⅶ型胶原再生，并通过提高表皮再生速度来加快创口愈合。期间，转化生长因子$\beta2$的表达降低，抗纤维化的转化生长因子$\beta3$的表达提高，并伴随着结缔组织生长因子、α平滑肌肌动蛋白的减少，新生真皮处只有少量胶原沉积，从而能减小疤痕的产生。利用重组人源胶原与壳聚糖共混，并用戊二醛交联制得的产物，对人静脉成纤维细胞具有促黏附和增殖作用，移植于兔模型后，能促进细胞外基质分泌，具有良好的生物相容性，具有应用于皮肤组织工程的潜力（图10-8）。

七、人工血管

人工血管是近年来组织工程研究的重点之一。使用自体血管移植是最为理想的，但自体血管来源有限，且有30%的患者不适合做自体血管移植。为此，20世纪50年代就出现了人工血管。现在大、中口径人工血管替代人体大动脉已在临床使用，近30年来主要致力于内径小于6mm的小血管替代人体小动脉或静脉的研究，已取得了很好的结果。

现在临床应用的人工血管主要是人工合成材料制成的，最早应用的是涤纶纤维编织

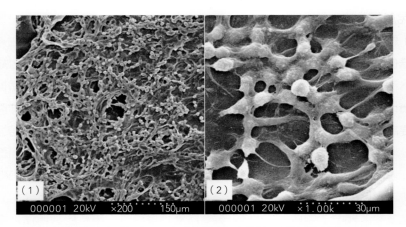

图10-8   人静脉成纤维细胞在重组胶原蛋白-壳聚糖支架上生长15d的扫描电镜图

注：（1）放大200倍；（2）放大1000倍。

资料来源：Zhu C，Fan D，Duan Z，et al. Journal of Biomedical Materials Research Part A，2009，89（3）：829-840。

的人工血管，但只对大口径血管有较短的替代作用。后来开发出了聚四氟乙烯（PTFE）及聚氨酯（PU）人工血管、膨体聚四氟乙烯（ePTFE）人工血管，并通过多种方法改变材料的物理性状、表面特点，以达到血管植入的要求。同时，采用各种可降解涂层以抑制血小板及血细胞的聚集，现在已发展到用生物材料及生物材料与合成材料的复合材料来制备人工血管。

由于人工血管没有抗血栓性，血液流经内腔时，在人工血管壁形成附壁血栓，可使血液从血栓孔隙间流过，随之血凝亢进，血流缓慢，血栓层加厚，最终导致人工血管闭塞。为此，目前人工血管多被用于血流快、流量大的大、中动脉，对于小口径人工血管，必须解决管壁内面血栓的形成。因此，目前的研究主要集中在人工血管内面覆盖一层具有抗血栓性的高分子材料以及在人工血管内面植入具有天然抗血栓性的内皮细胞这两个方面。

涤纶血管是临床常用的人工血管，一般用白蛋白预凝聚涂层，在使用中常发现弹性较差、管壁较硬、易导致吻合口出血等问题。1981年，Moore等（1981）发现经过胶原浸泡的人工血管无须抗凝即不渗血；后来有不少人开展了进一步的研究，发现胶原涂覆涤纶血管机械性能良好，还有两个特点：①交联后的胶原紧密附着于涤纶血管表面及孔隙中，植入机体后完全不渗血，不必另作预凝；②胶原起一种支架作用，能促进组织细胞生长，在血管内壁形成一层良好的新生内膜，在血管愈合过程中胶原易被吸收，并易被宿主组织取代。动物实验表明，术后30d，胶原涂覆涤纶血管内壁已形成完整的新生内膜，并向涤纶纤维束之间生长，近吻合口处已有内皮细胞生长；术后90d，内皮细胞覆盖面扩大，与自体动脉内膜延续。

　　王宪朋等（2017）以聚乳酸和胶原为原料，通过静电纺丝法制备了小口径（d=3.0mm）聚乳酸-胶原人工血管。结果表明，随着纺丝电压的增加，纤维排列由杂乱变为规整，最佳的纺丝电压为15~20kV之间；当纺丝液质量分数增大时，聚乳酸-胶原人工血管的纤维直径增大，孔径及孔隙数量均变小，拉伸强度和爆破强度提高；随着聚乳酸与胶原质量比提高，人工血管的内层管壁厚度减少，外层管壁厚度增加，使拉伸强度和爆破强度提高；聚乳酸与胶原质量比分别为70∶30和90∶10时，制得的人工血管力学强度能够满足使用要求。

　　Zhou等（2018）用由Ⅰ型胶原蛋白-透明质酸（外层）和Ⅰ型胶原蛋白-肝素（内层）组成的双层导管来模拟天然血管（图10-9），该导管不仅满足天然血管的结构要求，而且经EDC交联后具有良好的力学性能。此外，通过在Ⅰ型胶原蛋白-透明质酸表面培养成纤维细胞和在Ⅰ型胶原蛋白-肝素表面培养血管内皮细胞的结果表明，该导管可分别支持成纤维细胞和血管内皮细胞的黏附、增殖和伸长，这种双层导管为组织工程血管再生提供了新的选择。

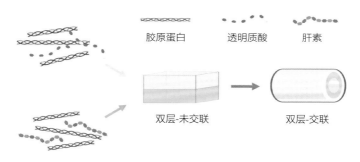

图10-9　胶原蛋白双层导管示意图

八、人工食管

　　人工食管可以分成两类：一类是用自身的其他组织或器官（如结肠、空肠、胃、胃管及游离的空肠等）加工而成，在临床中都有应用，各有优缺点；另一类是用人工材料加工而成，如塑料管、金属管、聚四氟乙烯管、硅胶管等，效果都不甚理想。

　　Ⅳ型胶原蛋白是基底膜最重要的结构蛋白之一，在黏膜组织损伤后，通过增强上皮细胞的迁移，在上皮化中发挥重要作用。将Ⅳ型胶原移植到食管组织工程的人工替代物上，可促进食管上皮的再生。Zhu Y等（2009）以生物可降解聚己内酯（PCL）为基质，用1，6-己二胺对其进行氨基水解，引入氨基基团；以这些氨基为桥梁，通过戊二醛偶联将IV型胶原接枝到PCL底物上。上皮细胞培养结果显示，移植的IV型胶原大大促进了上皮细胞的再生。在扫描电镜观察下，细胞扩散很好，彼此之间显示出广泛的相互联系。抗细胞角蛋白AE1/AE3免疫染色证实了鳞状食管上皮表型。

九、心脏瓣膜

随着组织工程技术的发展，构建组织工程心脏瓣膜的研究应运而生。组织工程心脏瓣膜的支架材料即细胞外基质代用品，是瓣膜形成、细胞附着生长分化和代谢的场所。支架材料在生物学上首先应该具有良好的组织相容性和细胞亲和性，能使细胞获得足够的营养物质，使种子细胞在其三维结构上生长，并作为载体将大量种植的细胞带入组织或器官内。在生物物理性能上，支架材料能有足够的强度和韧性，有适当的孔隙率，允许细胞覆盖表面和长入支架空隙。在支架材料的降解过程中，受体细胞形成的细胞外基质能逐步承担相应血流动力学负荷。在生物化学方面，支架材料应具有生物可降解性，无杂质、毒性和免疫性能，能及时排出在体内形成的代谢产物，最终为受体新生组织所替代，达到重建有生命力的活体组织瓣膜的目的。

为了设计有效的组织工程心脏瓣膜，需要深入研究瓣膜结构和体现细胞功能的体内和体外模型。胶原和糖胺聚糖为心脏瓣膜结构提供了独特的功能特征。Flanagan等（2006）以I型胶原-糖胺聚糖水凝胶作为生物材料创建了二尖瓣组织，如图10-10所

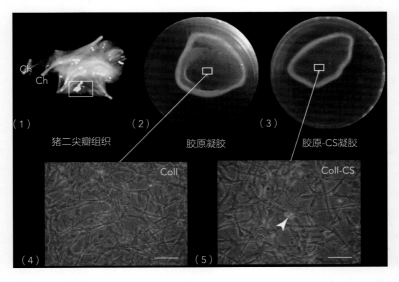

图10-10　胶原凝胶构建的猪二尖瓣组织

资料来源：Flanagan T C, Wilkins B, Black A, et al. Biomaterials, 2006, 27（10）: 2233-2246。

示。分离猪二尖瓣间质细胞和内皮细胞，用Ⅰ型胶原组成的水凝胶构建物共培养4周。在硫酸软骨素（CS）存在和不存在的情况下，评估二尖瓣组织构建物的代谢活性和组织结构，并与正常二尖瓣组织进行比较。研究表明，胶原凝胶可作为体外合成类似二尖瓣组织结构的基质。添加CS导致更多孔的模型被证明对种子瓣膜细胞的生物活性和组织重塑有积极影响。胶原-糖胺聚糖质可能在心脏瓣膜组织工程和提高对心脏瓣膜生物学的理解方面有潜在的应用前景。

十、人工骨和骨的修复

随着组织工程人工骨、关节的研究与发展，胶原的作用越来越受到重视。作为一种生物材料，胶原具有独特的性能：在成熟的组织中除起结构作用外，对发育中的组织也有定向作用；胶原的分子结构可被修饰以适应特定组织的需要；具有高张力、低延展性、纤维定向性、可控制的交联度、弱甚至无抗原性、极好的生物相容性、植入体内无排异反应、与细胞亲和力高、可刺激细胞增殖与分化；在体内可降解并可调控降解速度；降解产物为氨基酸或小肽，可成为组建细胞的原料，或通过新陈代谢途径排出体外。因此，胶原在骨的修复中越来越多地受到重视。

Garcia等（2021）开发了纳米羟基磷灰石和阴离子胶原蛋白联合植物提取物用于骨组织修复的支架。以葡萄籽提取物、石榴皮提取物和嘉宝果果皮提取物为交联剂，改善材料性能。该支架具有适合骨骼生长的孔隙率和孔径。Yang等（2019）利用CRE技术制备了不同取向的胶原膜，并将其应用于肌腱修复。细胞实验表明，定向胶原纤维支架能促进骨髓间充质干细胞的定向生长和分化。在大鼠跟腱缺损模型中，该支架具有与自体跟腱相当的愈合质量。Du等（2020）利用板层黏度计制备了磷灰石矿化取向的胶原纤维支架，并进行了细胞实验。结果显示，矿化胶原蛋白促进成骨细胞分化，在矿化胶原纤维支架上培养14d和21d，成骨细胞碱性磷酸酶活性显著升高，证实了具有高晶体转化率和定向结构的矿化胶原具有良好的诱导细胞分化能力。

十一、角膜与眼睑

胶原可以制作角膜胶原保护膜，并可作为组织工程化构建人工角膜的支架材料。角膜胶原膜是一种生物制品，是胶原制作的可溶性角膜表面覆盖物，外形类似角膜接触镜，是半透明的柔软薄膜。角膜胶原膜不仅能保护、促进角膜伤口的愈合，而且是良好的药物载体，能够运载和释放抗生素、抗病毒药物、皮质类固醇、抗真菌药物、抗纤维增殖药物、抗青光眼药物、免疫抑制剂等多种药物，在治疗多种眼科疾病上可以替代局部频繁点眼和结膜下注射，并可帮助角膜移植和翼状胬肉切除术后的表皮愈合，同时还是活细胞转运和基因治疗的载体。

　　然而，胶原蛋白的力学性能较差，限制了其应用。纤维素纳米晶体具有优异的力学性能、光学透明度和良好的生物相容性。Qin等（2020）将纤维素纳米晶体引入胶原基薄膜中，获得高强度的角膜修复材料，如图10-11所示，该物质的引入不影响膜的含水量和透光率。胶原蛋白-纤维素纳米晶体膜对兔角膜上皮细胞和角膜上皮细胞具有良好的生物相容性。在体外实验中，纤维素纳米晶体含量为7%（质量分数）的胶原膜的物理性能和生物性能综合效果最好，可有效诱导角膜上皮细胞的迁移，抑制角质细胞中的肌成纤维细胞分化。

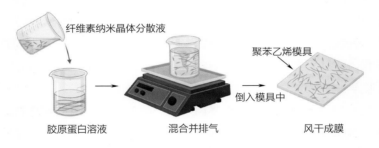

图10-11　胶原蛋白-纤维素纳米晶体膜

十二、神经修复

　　对于人工神经的研究，过去主要集中在材料方面，近年来发展出了组织工程化人工神经，使人工神经的研究进入了一个新的阶段。人工神经支架曾用过多种生物可吸收和不可吸收的材料，现在逐步趋向于胶原、胶原-壳聚糖和胶原-糖胺聚糖。而用组织工程方法构建人工神经，其支架需要具有轴向微孔，复合的组织细胞方能顺孔壁轴向排列，从而有利于再生轴突定向生长，使损伤的神经获得有效的修复、再生。

　　目前，主要将胶原蛋白作为导管以促进神经纤维再生。Burks等（2021）研究了在长段神经损伤模型中，将自体雪旺细胞（SCs）植入一种新型胶原-糖胺聚糖导管，通过观察雄性Fischer大鼠坐骨神经临界尺寸缺损（13mm）处的轴突再生，来判断该导管的促进轴突再生效果。结果显示，再生纤维中SCs存活；在16周时，与单独导管相比，SCs填充导管的移植瘤所有节段的髓鞘轴突的再生和延伸显著增强，且用SCs填充导管修复的神经表现出与对侧对照组和自体移植物相似的起病潜伏期和神经传导振幅；与单用导管相比，在导管中添加SCs也显著减少了肌肉萎缩。

十三、药物缓释

在药物控制释放体系中，除药物本身外，药物的载体也是重要的组成部分。一般说来，药物载体是由高分子材料来充当的，其中包括天然高分子材料、半合成高分子材料和合成高分子材料。它们可分别应用在不同的控制释放体系中，如凝胶控制释放、微球和微胶囊控制释放、体内埋置控制释放、靶向控制释放等。目前大多数药物的递送系统，其主要成分是胶原和胶原蛋白肽。胶原作为药物载体，是因为它来源丰富，抗原性弱，可生物降解及吸收，无毒性，生物相容性好；与生物活性成分具有协同性；有较高的可伸缩性和一定的可挤压性，具有生物可塑性，促进凝血，有止血作用；可制备成许多不同的形式，可通过交联调节生物降解性；利用其不同官能团可定向制备所需材料，与很多合成高分子材料有相容性。胶原蛋白肽既可以作为药物稳定剂，稳定药物中的活性成分并防止药物吸附到包装上，也可以作为药物载体，提高活性成分的溶解性和吸收利用度。以胶原为基质的释放系统可制备成膜剂、片剂、海绵、微粒及注射剂等剂型，用于不同的给药部位和疾病治疗。

Shao等（1995）采用复合凝聚法制备了由胶原蛋白和硫酸软骨素组成的微胶囊，微胶囊降解率随交联剂戊二醛浓度的增加而降低，随细菌胶原酶水平的增加而升高，相应的，微胶囊的交联程度也会影响白蛋白的释放。Pastorino等（2011）通过将带相反电荷的胶原蛋白和聚磺酸乙烯逐层组装到胶体颗粒上，然后去除芯体，得到空心的Ⅰ型胶原微胶囊，可以为智能药物释放提供参考。

重组胶原蛋白肽（RCP）是一种生物医学材料，富含可增强细胞黏附的RGD（由精氨酸、甘氨酸和天冬氨酸结合而成的三肽）序列，且不含动物源成分，具有高细胞黏附性、高安全性和高生物相容性，可生物降解和吸收。RCP是通过酵母工艺生产的，其制备方法如图10-12所示，具有很高的制造稳定性和均匀的分子质量，可灵活配制成海绵、颗粒、薄膜等图10-13中的各种形式，适用于再生医学和制药应用，如医疗器械、细胞培养和药物输送系统等。

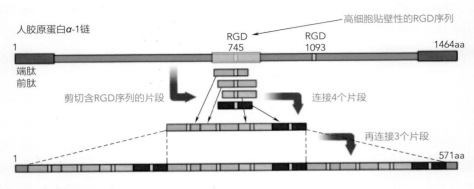

图10-12　重组胶原蛋白肽的制备方法
资料来源：https://www.fujifilm.com/us/en/about/hq/rd/technology/core/bioengineering。

图10-13　重组胶原蛋白肽作为药物载体可加工成的3种形式
资料来源：https://www.fujifilm.com/products/biomaterials/rcp/overview/。

第三节　胶原蛋白与胶原蛋白肽在美容中的应用

在美容领域中，胶原蛋白与胶原蛋白肽展现出很大的应用优势。由于天然胶原蛋白与人的皮肤胶原蛋白结构相似，并具有优良的生物相容性和低抗原性，使胶原蛋白可用作优质化妆品的热门基料及现代医学美容中皮肤组织的理想填充物。

胶原蛋白是人体皮肤真皮层的主要组成部分，约占皮肤干重的7%，其纤维结构形成支持皮肤力学性能的网络，皮肤健康程度、保水性及弹性与胶原蛋白的存在及含量有着密切的关系。胶原是由成纤维细胞合成的，随着生理年龄的增长，可逆性交联向不可逆性结构转变；同时，成纤维细胞的胶原合成能力也变弱。若皮肤中缺乏胶原蛋白，胶原纤维就会发生交联固化，使细胞间黏多糖减少，皮肤便会出现细纹，失去弹性和光泽（图10-14）。有研究发现，人或动物衰老时，皮肤中胶原蛋白交联度明显增加，溶解度显著降低，对细胞间液和肌肉蛋白产生较大的压力，皮肤出现皱纹，面部和手部肌肤尤为敏感。

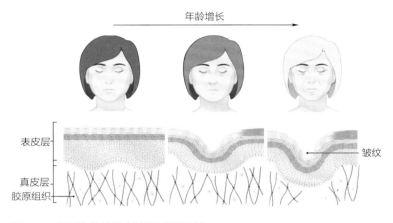

图10-14　不同年龄阶段皮肤胶原组织对比

　　皮肤中的胶原以Ⅰ型和Ⅲ型为主，都属于纤维状胶原，有很强的抗张性。Ⅱ型胶原也是纤维形成胶原，可加强皮肤的保水能力，以及填补皮肤内胶原纤维之间的空隙，起到保湿、美白和润泽的效果，它是维持皮肤饱满、润滑和有光泽的重要成分。Ⅳ型胶原是一种非纤维型胶原，帮助表皮层和真皮层的结合，将水分与养分送至真皮层，可使皮肤紧实、抗氧化、延缓皮肤衰老及皱纹产生。

　　胶原蛋白由于富含甘氨酸、羟脯氨酸、羟赖氨酸等天然保湿因子而具有良好的保湿性，其水解物小分子肽常作为天然功效成分添加进面霜、润肤露、护发精华素、面膜中。高纯度、低过敏的胶原蛋白还可作为填充材料，注射到皮肤的皱纹及凹陷中，可消除皱纹、使皮肤轮廓紧致。胶原蛋白分子质量很大，若没有经过适当的处理，无法透过人体皮肤。也就是说，使用含一般胶原蛋白的产品，仅止于具有良好的保湿效果。因此，得到相对分子质量小、分子结构简单的生物活性肽是将其用于化妆品的一个重要前提。单纯用作营养性护肤类化妆品原料中的分子质量通常要求为2000u以下；要求具有成膜性能的胶原蛋白肽则需要更小的分子质量。胶原蛋白肽被吸收后，可以影响皮肤的各种生理特性，局部涂抹和食用时对皮肤有保护作用，刺激皮肤中胶原蛋白和弹性蛋白的合成。

一、化妆品

（一）胶原蛋白适用化妆品的特性

1. 营养性

胶原蛋白用于化妆品中，可以给予皮肤层所需的养分，维持角质层水分以及胶原纤维结构的完整和稳定，增强皮肤中胶原的活性，使皮肤细胞的生存环境得到改善，促进组织的新陈代谢，达到滋润皮肤、延缓衰老、美容养发的目的。

2. 保湿性

天然保湿因子是保持皮肤水分的重要物质，在胶原蛋白及其水解物中，甘氨酸、羟赖氨酸和丝氨酸的含量都比较丰富。另外，胶原蛋白分子外侧存在大量的羟基和羧基等亲水基团，使胶原分子极易与水形成氢键，提高了皮肤的储水能力。

3. 修复性

胶原蛋白能促进上皮细胞的增生修复，促进皮肤内部胶原的合成，补充人体流失的胶原蛋白，改善表皮和真皮结构。皮肤对胶原蛋白又有良好的吸收作用，补充所需的氨基酸，使受损老化的皮肤得到填充和修复。其对皮肤损伤的修复作用还可应用于矫形。

4. 亲和性

胶原蛋白及其水解物对皮肤和头发表面的蛋白质分子有较大的亲和力，主要通过物理吸附与皮肤和头发结合，能耐漂洗处理。其亲和作用随相对分子质量的增大而增强。

5. 低敏性

虽然胶原是大分子物质，但结构重复性大，较少形成抗原决定簇，因而其免疫原性很低，不会刺激机体产生抗原，也不会发生抗原抗体反应，因此很少会产生对于皮肤的过敏性反应。

6. 配伍性

胶原蛋白及其水解物在与其他化妆品成分混合时，不会降低各自的活性，并可以起到调节pH、稳定泡沫、乳化胶体的作用。同时，作为一种功能性成分在化妆品中可以减轻各种表面活性剂、酸、碱等刺激性物质对毛发、皮肤的损害。

（二）胶原蛋白在化妆品中的保养功效

1. 抗皱

胶原蛋白与皮肤角质层结构的相似性赋予了它与皮肤良好的相容性，可提高皮肤弹性，并在皮肤表面形成一层极薄的膜层，从而使皮肤丰满、皱纹舒展，呈现细致与透明感。同时，它可以提高皮肤密度，产生张力，具有抗皱作用。

2. 美白

皮肤中的天然色素（黑色素）可以吸收紫外线，胶原蛋白肽具有一定的抑制黑素瘤细胞生成黑色素的作用。且胶原蛋白肽中的酪氨酸残基与皮肤中的酪氨酸竞争，与酪氨酸酶的活性中心结合，从而抑制酪氨酸酶催化皮肤中的酪氨酸转化为多巴，阻止皮肤中黑色素的形成，达到美白的作用。

3. 保湿

胶原蛋白分子中大量的亲水基使之具有良好的保湿功效，保持皮肤润泽。分子质量大的胶原蛋白能形成膜，与角质层中的水结合，形成网状结构，从而锁住水分，保护皮肤。化妆品中添加的胶原蛋白浓度达到0.01%时，即能供给皮肤所需的全面水分。

4. 抗氧化

从胶原蛋白中提取的肽含有不同水平的抗氧化活性，可以清除自由基、抑制脂质过氧化、保护DNA免受破坏。胶原蛋白肽分子质量小于2000u组分对$O_2^-\cdot$和$\cdot OH$具有较好的清除效果，实验证明，该活性组分可以提高小鼠血液及皮肤中超氧化物歧化酶和谷胱甘肽过氧化物酶的活力。

5. 抗辐射

紫外线中的活性氧会对皮肤造成损伤，导致皮肤过早氧化，而胶原蛋白及其水解物可通过上述抗氧化功效减轻紫外线辐射的伤害。研究表明，鱼类胶原蛋白成分能够对抗紫外线照射的皮肤损伤作用，提高超氧化物歧化酶、过氧化物酶活力，显著降低丙二醛含量。

6. 修复

医用胶原注射入凹陷性皮肤缺损，具有支撑和填充作用，还能诱导受术者自身组织的构建，对于皮内或皮下组织受损、上皮收缩、深度皱纹或其他软组织的缺损均有明显的改善作用。胶原用于美容保健品中也可以调节机体胶原的生理代谢，使皮肤表皮细胞发挥正常生理功能，从而修复皮肤创伤。

（三）胶原蛋白在化妆品中的应用

在化妆品中加入胶原蛋白或由胶原蛋白水解得到的小分子活性肽，长期涂抹使用，对皮肤有保护和抗老化等多种功效。由于其性能温和、安全性高，符合当代化妆品的潮流，在化妆品中的研究更加深入，应用也日益普遍。在我国，胶原蛋白肽在化妆品中的开发与应用尚处于起步阶段，产品科技含量有待提高。国际上，美国、欧洲、日本、韩国等国家已经有很多成熟的产品应用于化妆品中，发挥保湿、抗皱、紧致、护发等功效，如眼霜、晚霜、润肤乳液、晒后修复霜、营养洗发露、护发精华素等。面膜作为常用化妆品剂型，也多使用胶原蛋白及胶原蛋白肽来提高产品的功效。其中，胶原蛋白常作为制备面膜凝胶、冻干面膜或膜布等的原料；胶原蛋白肽则作为活性成分添加至精华液中，达到良好的保湿效果。胶原蛋白凭借其网状高聚结构和高亲水性，可以有效修复皮肤屏障，屏蔽外来有害物质，因此胶原蛋白面膜也可以与口服药物联合治疗面部皮炎，在临床研究中疗效显著。

制备胶原蛋白乳霜，一般在膏体中加入胶原蛋白提取液（水溶液），或者将胶原蛋白与维生素E调制成乳膏，并有报道用明胶乙酸酯、明胶琥珀酸钠制备滋润皮肤的护肤霜。0.01%的胶原蛋白纯溶液就有良好的抗辐射作用，且能形成很好的保水层，能供给皮肤所需要的全部水分。龟皮胶原组织在增龄过程中不发生与人类皮肤和血管类似的老化交联，因此常用于抗衰老化妆品中，达到很好的祛斑、防皱、保湿效果。苏晓琪等（2009）从珍珠蚌外套膜中提取珍珠胶原蛋白制成防晒化妆品，它能有效阻挡紫外线直接照射皮肤，抑制或减少黑色素的形成。

目前，市售的胶原蛋白面膜一般是将胶原蛋白（肽）调节成较好溶于面膜液或者面膜基质的状态，将面膜液混匀后涂抹于载体面膜纸上，封装灭菌制得产品。现有贴式面膜膜布的制备方法包括上浆法、水刺法、物理或化学黏合法，但大都存在操作烦琐、生产成本高或面膜布不贴合面部曲线等问题。舒子斌等（2008）从猪皮中提取出胶原蛋白，与淀粉、交联剂戊二醛混合后加入羧甲基纤维素钠溶液，倒入模具中成型，真空泵抽气、干燥后得到胶原蛋白保湿面膜，工艺简单，且性价比较高。李娟等（2017）采用喷雾干燥法与纳米喷雾法制备含胶原蛋白/壳聚糖微球的保湿面膜，提高面膜保湿性能，且便于运输、储存和应用。近来，也有研究人员将胶原蛋白制成可溶解性的水凝胶面膜产品，原料利用率高、对环境资源友好。卢敏（2020）提供了一种方便保存、不易变质、高活性的冻干胶原面膜制备方法，该面膜现溶现用，有效性和安全性更高。

在头皮皮下组织中，胶原蛋白控制着头发的弹性和湿润度；补充胶原蛋白，可以保持头发柔软亮泽，恢复发丝弹性，滋养头皮、毛孔。目前，许多护发类产品中往往也添加胶原蛋白肽，如胶原蛋白肽洗发水、润发精华素、胶原蛋白发膜等。

在《已使用化妆品原料目录（2021版）》中，胶原蛋白肽被称为水解胶原（Hydrolyzed Collagen）。化妆品中使用的胶原蛋白肽常带有修饰基团，如棕榈酰基、乙酰基、肉豆蔻基等，以提高胶原蛋白肽的油溶性和皮肤渗透性。棕榈酰五肽-4（Palmitoyl Pentapeptide-4）是提供皮肤结构的 I 型胶原蛋白的亚片段，又被称为胶原蛋白五肽。Robinson等（2005）的研究表明，外用棕榈酰五肽皮肤耐受性良好，且能够有效改善由光老化产生的皮肤细纹。

畜禽及水产品副产物是人们获取天然胶原蛋白的主要途径，如骨骼、猪皮、牛腱、海参、鱼鳞、鱼皮等。美容行业中的胶原蛋白通常来自牛和猪等陆地动物，然而这些来源可能会引起人们对宗教信仰问题的关注，也可能会因人畜共患传染病如禽流感、海绵状脑病等而对公共卫生构成威胁。因水产品较少受人畜共患病的困扰，胶原蛋白原料正在逐步转向水产品加工副产物，确保胶原蛋白安全性的同时，也拓展了水产品副产物的应用领域。

二、胶原注射

注射美容是近年来相对安全有效的美容方式，通过在面部软组织直接注射填充剂，修复皮肤组织缺陷，以达到除皱、填充、轮廓改型等美容效果。其中，注射物的选择是注射效果的重要因素。目前，FDA已经批准的用于整形美容外科的4类可吸收材料包括：①胶原蛋白；②透明质酸钠；③羟基磷灰石；④聚乳酸。这4类材料还可以与不可吸收的高分子材料，如聚甲基丙烯酸甲酯（PMMA）复合作为填充剂。其中，胶原蛋白是一类天然蛋白质，作为皮肤组织的主要组分，是纠正面部软组织缺陷较为理想的材料。胶原蛋白作为一种注射美容剂，曾于20世纪80~90年代风靡欧美，目前由美国食品与药物管理局（FDA）批准上市的胶原蛋白填充剂产品类型如表10-2所示。中国预防医学科学院刘秉慈教授于1989年研制出由人组织提取的医用美容胶原，随后开展了注射人胶原软组织填充的临床研究，证明美容胶原是安全有效的，现已推广使用。国内研究虽然起步较晚，但是提取和制备的方法与国外相比已比较接近，随着复配改性技术的不断更新和改良，可注射胶原的应用正在逐步地扩展和深入。

表10-2　FDA已经批准上市的填充剂产品

产品名称	来源	组成	注射部位
Zyderm	牛胶原蛋白	3.5%胶原蛋白（含利多卡因）	表皮缺陷，细纹，痤疮
Zyderm	牛胶原蛋白	6.5%胶原蛋白（含利多卡因）	中度缺陷，深痤疮
Zyplast	牛胶原蛋白	3.5%交联胶原蛋白（含利多卡因）	深层缺陷，嘴唇增厚
ArteFill	牛胶原蛋白	利多卡因、聚甲基丙烯酸甲酯	鼻唇沟纹
Cosmodern	人成纤维细胞培养	35mg/mL胶原蛋白	表皮缺陷，浅皱纹，痤疮
Cosmoplast	人成纤维细胞培养	35mg/mL交联胶原蛋白	深缺陷，皱纹，嘴唇增厚
Evolence	猪胶原蛋白	3.5%交联胶原蛋白	中度至深度面部皱纹（如鼻唇沟）

资料来源：柯林楠，王晨，冯晓明. 中国医疗器械信息，2012, 18（2）：18-20, 24。

　　临床上多采用含有添加剂的高纯度动物胶原，起效快、效果明显。由于胶原蛋白会被人体吸收降解，需在短时间内补充注射以维持疗效。经过交联处理后的胶原蛋白韧性更强、维持时间也延长。1981年，FDA批准了第一个胶原填充剂产品Zyderm上市，到今天胶原蛋白填充产品已使用了近30年，临床结果表明此类填充剂是安全有效的。ArteFill是第一个获FDA批准的用于治疗鼻唇沟皱褶的永久性注射美容材料，由聚甲基丙烯酸甲酯与牛胶原蛋白复合而成。胶原蛋白在一个月内被完全降解吸收，而PMMA不能降解，因此PMMA可延长填充时间和保证美容效果。在3个月的时间内，PMMA微粒间隙中将充满新生的结缔组织。这种新生结缔组织与PMMA微粒构成的复合物可在体内永远存在，增加皮下组织量，长时间为皮肤提供结构支撑，抚平皱纹、填充皮肤凹陷。

　　胶原注射主要适用于面部皱纹、鱼尾纹、眉间皱纹、鼻唇间皱纹、凹陷性瘢痕、痤疮疤痕或外伤引起的皮肤萎缩。临床多采取少量多次方式注射胶原蛋白；胶原蛋白注入皮肤皱纹的真皮层后，可以迅速填补纹路沟壑，且能够促进组织新陈代谢、刺激自身胶原的分泌和再生，重整肌肤纤维组织结构。向凹陷处注入胶原蛋白能迅速起到支撑作用，促进周围结缔组织逐渐生长成与正常组织类似的结构（图10-15）。另外，胶原蛋白相对于其他可吸收材料具有更长的美容效果维持时间，高强度的胶原蛋白美容维持时间可达12~18个月以上。

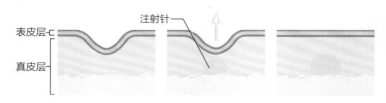

图10-15　胶原蛋白注射支撑皮肤凹陷

　　胶原蛋白除了用于面部凹陷填充，还可用于面部轮廓塑形，使五官更加立体。早在1983年，Kaplan等进行了胶原注射隆鼻的临床试验，手术对试验者的损伤小，未出现并发症或过敏排异反应。此后，胶原蛋白注射隆鼻在多个国家进行临床试验。我国从1996年开始采用医用美容胶原隆鼻。盖君等（1999）对美容胶原隆鼻的临床观察结果表明，手术治疗过程中均无全身不良反应，注射局部稍有结节、红肿者15例，一般2~3d自行消失；最终效果使医患及第三方均满意占91.10%；改善不大的1例。刘秉慈等（1994）进行医用胶原除皱等123例的临床验证，无局部及全身副作用，个别注射部位有不均匀注射物分布，经按摩等处理可消散吸收；填充皱纹优良率达90%以上，对减少前额皱纹非常有效。复旦大学附属华山医院陈淑君等（2018）探讨了胶原蛋白代替透明质酸注射治疗泪睑沟凹陷的效果，表明注射胶原蛋白对透明质酸填充后并发症的修复治疗效果比较理想，同时可以改善眶容积损失和皮肤松弛引起的黑眼圈，治疗满意度较高。倪小丽等（2020）观察胶原蛋白植入剂填充矫正泪槽畸形的效果，25例患者泪槽凹陷均有明显改善，满意23例，占92.00%。Zhao等（2021）探讨并量化胶原填充剂对结构性黑眼圈的治疗效果，注射部位如图10-16所示。观察发现，术后泪槽凹陷体积、凹陷影响面积、凹陷最大深度均显著减小，且随时间缓慢增加，黑色素含量均即刻下降，治疗后患者仅出现轻微红肿，这说明胶原注射对结构性黑眼圈有即时遮盖作用。

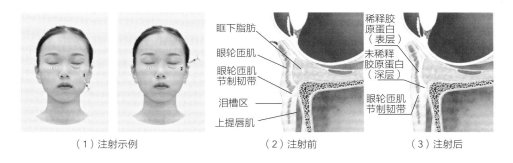

（1）注射示例　　（2）注射前　　（3）注射后

图 10-16　**胶原蛋白填充剂治疗结构性黑眼圈的注射部位**

注：采用25G钝性套管通过进针点1和进针点2完成整个泪槽韧带的充分剥离。然后用扇形注射技术将稀释后的胶原蛋白均匀填充于眶下区浅层。

资料来源：Zhao R, Qiu H, Liu S, et al. Journal of Cosmetic Dermatology, 2021, 20（5）: 1520-1528。

第四节　胶原蛋白与胶原蛋白肽在食品中的应用

　　胶原蛋白氨基酸含量丰富、成膜性好、致敏性低；此外，食用级胶原通常为白色，口感柔和，味道清淡，易消化，同时符合人们对"低脂高蛋白"食品的需求。这些特性决定了其在食品领域中的重要地位。2001年12月，美国食品药品监督管理局开展了对胶原产品的安全性研究，并将其作为直接使用的食品添加成分并赋予其最高安全等级。国内目前相关的法规标准主要有：①《食品安全国家标准　胶原蛋白肠衣》（GB 14967—2015）；②《胶原蛋白肠衣》（SB/T 10373—2012）；③《食品安全国家标准　胶原蛋白肽》（GB 31645—2018）。作为胶原蛋白的降解产物，明胶和胶原多肽同样具有很多优良的性能。研究表明，小分子胶原蛋白肽可以在肠道中直接被吸收，而且比氨基酸具有更大的吸收量；明胶是一种无脂肪的高蛋白，还是一种强有力的保护胶体，乳化力强，进入胃后能抑制牛乳、豆浆等蛋白质因胃酸作用而引起的凝聚作用，从而有利于食品的消化。此外，胶原的一些特有品质使得它在许多食品中用作功能物质和营养成分，具有其他材料无可比拟的优越性，例如：①胶原大分子的螺旋结构和存在结晶区赋予其一定的热稳定性；②天然紧密的纤维结构使胶原材料具有很强的韧性和强度，适用于薄膜材料的制备；③由于胶原分子链上含有大量的亲水基团，所以与水结合力很强。

　　胶原蛋白及其降解产物目前已广泛用于食品行业，应用主要包括：用作澄清剂和品质改良剂等添加剂、作为原料制备食品包装材料、用作食品涂层材料、制成胶原小食品、作为食品功能基料。

一、胶原食品包装膜

　　可食性包装膜是以天然可食性物质（如蛋白质、多糖、纤维素及其衍生物）为原料，通过不同分子间的相互作用而形成的具有多孔网络结构的薄膜（图10-17）。可食性包装膜可以做到与非可食性包装膜一样具有较好的机械性能、阻气性、抗微生物和抗氧化性能，不仅本身具有营养成分，而且可以减少对环境的污染。此外，通过加入一些风味剂、色素等还可以改善食品的感官性能，也可以经酶处理或交联剂处理等以提高稳定性及品质。

　　在1925年以前，用于可食性包装的肠衣材料都是由动物肠衣制得，该肠衣不仅可食用，而且在受热时能与肉类保持一致的收缩。由于资源的不足，其适用范围受到了极大限制。早在20世纪40年代，德国就通过

图10-17　**胶原可食用包装膜**
资料来源：https://www.fabios.com.pl/en/collagen-film-and-foil-sleeve-fe-fex。

高压挤出的方法制造人造肠衣，但这种肠衣不能耐受高温。国外许多食品科学工作者对动物皮生产肠衣的办法进行了研究和改进，大多数研究成果都以专利的形式出现。20世纪90年代，国内学者对胶原可食性膜的机械性能、成膜工艺条件进行了深入探索，他们先后开发出的多种动、植物胶可食性包装膜，均具有透明、强度高，以及印刷性、热封性、阻气性、耐水性、耐湿性好的特点。

蛋白膜的机械性能和屏障作用好于糖膜。胶原有很好的成膜性，可以广泛用于包装肉制品、熏制食品、油炸食品、酸乳、食品配料及用于糖果、果脯、糕点的内包装膜等。胶原蛋白制作肠衣具有口感好、透明度高、制作工艺简单等特点。人工肠衣还有一些天然肠衣不可比拟的优点，如在人工肠衣中加入某些酶，使肠衣本身具有固化酶的功能，可以改善香肠风味和质量；此外还具有携带抗氧剂及抗菌载体、保香保味的功能，制成活性食品包装材料，从而延长产品的货架期。以胶原蛋白作为主要原料，辅助加入甘油、氯化钙等添加剂，可以用作果脯蜜饯等内包装膜，其具有良好的外观和机械性能，同时也是一种营养载体。

胶原蛋白还可用于制作复合天然保鲜膜，用于肉类保鲜，效果显著。曲文娟等（2020）对没食子酸（GA）改性微波辅助制备的胶原蛋白-壳聚糖复合膜的保鲜效果进行了研究，在冷藏相同时间内，复合膜包裹的猪肉样品表现出更好的质构和感官品质；相比于对照组，碱性含氮物质和细菌产生的数量显著降低。

天然的防腐剂与可食性膜复合后，可以在几乎不影响食品感官质量的情况下，将其缓释到食品表面，达到防腐保鲜的目的。胶原薄膜还可以包埋精油、益生菌、营养素等物质，使其具有更多功能性。Madhuri等（2019）从黑长鲳（*Centrolophus niger*）皮中提取酸溶性胶原蛋白制备食品包装薄膜（图10-18），并添加5%石榴皮提取物以提高抗菌性能，所得胶原蛋白-壳聚糖膜表现出良好的机械强度，易于剥离，对少数病原体有一定抑制作用。

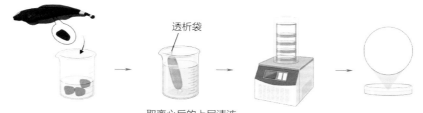

图10-18　**从鱼皮中提取酸溶性胶原蛋白制备食品包装薄膜**

常用的胶原蛋白膜制备方法：溶剂浇注（湿法）和压塑或挤压（干法）。湿法是将所有成分溶解或分散后干燥成膜，如成膜液直接涂在食品表面形成涂层，或利用成膜液的液-液相分离或液-固相分离的作用固化成膜，或采用热诱导相分离法成膜。干法不使用溶剂，利用成膜成分的热塑性特性，使用高于材料熔点的温度加热，使其流动成型。传统的干法工艺主要缺陷是起皱和撕裂；然而，适宜的含水量（5%~8%）和适当的基底材料可以减轻这些不利影响。范德华力、氢键和二硫键等分子间作用力，可以维持胶原蛋白分子结构稳定，影响胶原蛋白膜的性能。

胶原蛋白溶液的黏度对成品膜的拉伸强度、断裂伸长率、吸湿性等都有较大的影响，黏度越大、相对分子质量越高，拉伸强度越高。胶原蛋白分子间或分子内适当的交联可以改善其性能，扩大应用范围。改性方法一般有分子共混、酶法交联、化学交联、物理交联。在胶原蛋白中加入小分子或天然分子会引起膜分子间静电引力及化学键的变化，从而影响膜的性能，不同天然分子共混对胶原蛋白膜性能的影响见表10-3。胶原蛋白还可以与一些功能性物质共混发挥多种功能，是非常重要的改性方式。相比于酶法交联，化学交联形成的膜更加稳定，但存在潜在毒性危害，在可食性膜中应用受限。物理交联是借助声波、射线等物理因素进行改性，能有效避免化学物质污染，但单独作用时，膜交联度较低，通常对其他改性方法起辅助作用。

表10-3 天然分子共混对胶原蛋白膜性能的影响

共混物质	物质分类	性能改善
瓜尔豆胶	多糖	机械性能
咖啡酸	酚酸	机械性能、抗菌性
大豆分离蛋白	蛋白质	机械、抗水性能
壳聚糖	多糖	机械性能
淀粉	多糖	耐水、机械性能
玉米醇溶蛋白	蛋白质	耐水、机械性能
棕榈油、罗勒精油	精油	机械、热封性能
虾青素	天然色素	抗氧化
壳聚糖、植物醇提物	多糖、精油	热性能
海藻酸钠、茶多酚	多糖、多酚	机械性能、抗氧化性
可可脂	油脂	机械性能、耐水性
壳聚糖纳米颗粒、牛至精油	多糖、精油	机械性能、耐水、抗菌性
姜黄素	多酚	抗氧化性
香芹酚	多酚	抗菌性
血橙精油	精油	机械性能、抗氧化

资料来源：李岩胧，肖枫，康怀彬.食品与机械，2021，37（1）：222-228。

二、胶原肠衣

肠衣作为食品内包装材料，对维持肉制品的品质、延长货架期具有重要作用。1925年以前，国内外都是用天然肠衣加工香肠。天然肠衣是由羊或猪的小肠加工制成，透气性及耐热性好，但是产量受到多种因素的控制，暴露出产品供不应求、劳动成本高、产品质量不易控制等缺点。随着肠衣需求量的增加，天然肠衣市场供不应求，为人造肠衣的出现和发展提供了机会。1925年之后出现了人造肠衣。人造肠衣按其材料来分，可分为塑料肠衣、纤维素肠衣和胶原肠衣（图10-19）。市面常见的塑料肠衣膜是聚偏二氯乙烯膜（Polyvinylidene Chloride，PVDC），以此作为香肠包装材料，但塑料热胀冷缩，不可食用，食用前需要剥离，污染环境且存在安全隐患。纤维素肠衣成本低，适合手工操作，其机械性能强但也不可食用，并且剥离还需要使用脱滑剂。胶原蛋白是制造人工肠衣的理想原料，随着水分和油脂的蒸发和熔化，胶原几乎与肉食的收缩率一致，在可食性、收缩性、黏着性等性能方面与天然肠衣相似，在资源稳定性和食品安全性等方面优于天然肠衣，具有非常大的市场前景。

图10-19　胶原蛋白肠衣
资料来源：https://www.lemproducts.com/category/sausage-casings。

从20世纪30年代开始，英国和美国就着手胶原肠衣的研究；20世纪40年代，德国人最先研究出肠衣的制备方法，但不能高温蒸煮。经过几十年的发展和不断更新，英国、美国、日本、波兰、西班牙等国相继研制出采用机械喷挤成膜工艺生产的耐高温、强度高的肠衣。胶原肠衣的质量在工业化生产中也日益稳定，其增长势头十分迅速。

胶原肠衣通常采用动物的真皮层提取出的胶原；表皮不能用于制作，否则在制成的胶浆里会出现小纤维块，使肠衣膜在灌肠或蒸煮时出现裂缝。根据研究，目前市面上主要采用2种方法来制备胶原肠衣，即由德国发明的干法与北美发明的湿法。干法制造肠衣的固形物含量较高，导致肠衣壁厚度较明显，不易破损和断裂，一般适用于风干类肉肠，但口感相对粗糙。湿法要求胶原液中的固形物含量稍低，制得的肠衣壁厚度较薄，是现在市场上较为流通的方法。国内也有利用制革下脚料制造胶原肠衣的报道，以未鞣制的灰皮下脚料为原料，应用于制造可食用的胶原包装材料，目前技术成熟，但是需要考虑到胶原蛋白中残留的铬含量必须符合食品工业应用标准。

　　人造肠衣的拉伸力、硬度、弹性等机械性能是影响肠衣质量的重要因素。牛皮原料胶原蛋白质水解程度与肠衣的机械性能、蛋白质分子质量分布均有很重要的关系。在胶原中加入一定的纤维素或海藻酸钠能改善肠衣的性能；戊二醛的交联在pH 3.5时制成的肠衣具有较高的强度，因为此时交联反应速度相对较慢，戊二醛分子可以进入到胶原膜内部发生反应，内外的交联程度比较平衡。四川大学采用混合交联（胶原、壳聚糖、聚乙烯醇和戊二醛）作用，使胶原成膜具有了较好的各项物理性能。聚乙烯醇和戊二醛的共同作用使胶原肠衣的力学性能、耐热性和抗水性得到显著提高，而戊二醛在混合型蛋白的共混中不仅可以增强蛋白之间的相容性，同时改变胶原肠衣膜的微观结构，增强气密性。增塑剂甘油的添加会增强戊二醛对胶原肠衣机械性能和透湿性的改善作用。叶勇（2004）通过添加羧甲基纤维素钠（CMC）、改性玉米淀粉、聚乙二醇等添加剂对胶原蛋白肠衣进行改性，并用戊二醛进行交联来提高胶原蛋白肠衣的机械性能。秦溪（2015）以鱼皮胶原为基质制备胶原蛋白肠衣，是国内较早以非哺乳动物胶原为原料制备的胶原蛋白肠衣。

三、膳食营养补充剂

　　膳食补充剂（Dietary Supplement）是以维生素、矿物质、微量元素、氨基酸等为主要原料，通过口服摄入来补充在正常膳食中摄入不足的人体必需营养素。与添加了营养素与生物活性成分的传统食品不同的是，膳食补充剂是以补充营养为目的，提高机体健康水平和降低疾病发生风险。一般以可计量浓缩形式存在，剂型主要包括硬胶囊、软胶囊、片剂、口服液、颗粒剂、粉剂等。

　　随着年龄增长，人体会产生过多的自由基，使得骨骼和皮肤中的胶原蛋白逐渐损失。外界因素如紫外线辐射、有机体中的自由基、饮食问题、吸烟、酗酒和疾病等，也会加速胶原蛋白的流失。在衰老的过程中，皮肤作为人体中最大的器官，形态、结构和功能逐渐恶化。其主要特征为弹性下降和皱纹形成，这是胶原蛋白减少、氧化断裂与糖基化修饰不断积累导致的。骨骼中的骨胶原蛋白含量的减少，会导致骨密度降低，矿物质不断流失，引起骨质疏松症。对于皮肤损伤和骨质疏松、骨关节炎等疾病，膳食营养补充剂与药物相结合可以提高治疗的有效性和安全性。

　　近年来，国内外许多研究与临床试验结果都表明，小分子胶原蛋白肽可以通过肠道直接吸收，适量补充胶原蛋白肽可以促进体内胶原蛋白的合成，帮助维持胶原蛋白的稳态水平，发挥延缓皮肤衰老、抗骨质疏松的作用。因此，胶原蛋白肽作为功能活性成分应用于营养膳食补充剂，用于改善因胶原蛋白缺失所引起的各种亚健康状态，作为一种抗衰老产品越来越受消费者的欢迎。在胶原蛋白肽生物活性作用机制的研究不断深入的同时，人们发现不同来源、不同分子质量的胶原蛋白肽被吸收后在血液中的短肽段序列不同，对人体作用效果也不同。目前，胶原蛋白肽产品多以可冲调粉剂或口服液形式出现。随着人们对胶原蛋白需求量的增大，精确制备品种多样化、功能多样化的含胶原蛋白产品成为未来发展趋势。

四、食品添加剂

胶原蛋白水解物不仅具有多种生物活性，还能够维持和增加产品的感官、化学和物理性能，因此常作为食品添加剂用于制备多种加工类食品，如肉制品、乳制品、烘焙食品、罐头、糖果、调味品。胶原蛋白水解物主要是作为增稠剂、乳化剂、稳定剂、澄清剂等。

胶原蛋白本身具有独特的保水性能，加入食品中可改善食品的口感、延长保质期和保持食品颜色。张顺亮等（2021）的研究发现，牛骨胶原蛋白肽对金黄色葡萄球菌有抑制作用，加入产品中有一定的抑菌效果。Gerhardt等（2013）研究表明，在发酵的乳酸饮料中添加胶原蛋白后，乳酸饮料的脱水性和沉降性降低，乳酸菌含量上升，饮料样品的稳定性和营养价值有所提高。李星等（2014）将胶原蛋白添加到香肠中，香肠中水分不易流失，硬度和咀嚼性得到改善。市场上，胶原蛋白肽加入牛乳中可以减少乳清析出；加入面粉中，增加淀粉熟化时间，制得的面包质地蓬松，提升口感；加入肉制品后，产品具有更高的蛋白质含量、更低的脂肪含量、相似的感官可接受性和更好的质地；在饮品中加入胶原蛋白肽后，产品具有良好的澄清度，达到更好的感官属性和储存稳定性，且提高了其蛋白质含量。此外，胶原蛋白水解物还可以用作抗凝剂，帮助减少由低温引起的对细胞和组织的损害，与商业澄清剂相比，所需添加量更低，为天然食品来源的澄清剂的开发和应用提供了良好的前景。胶原蛋白肽还可以用于制备调味料，如骨胶原蛋白调味剂，在提升调味料营养价值的同时，促进畜禽骨的深度利用，提高产品附加值。

第五节　胶原蛋白在其他工业中的应用

一、造纸

为了满足人们对高档生活用纸的质量要求和应用性能，造纸过程中除了需要选择性能良好的木浆等植物纤维素外，还要通过对纤维充分的松散、添加各种功能助剂等手段来达到柔软、舒适、韧性等要求。蛋白质和纤维素的复合材料在许多领域有着广泛的应用，胶原蛋白由于一些特殊性能在造纸中的应用也比较多。

胶原分子链上有相当多的活性基团，如氨基、羟基、羧基等，能与纸张中的纤维素分子以氢键、范德华力和静电吸引力等方式结合，使纸纤维之间的结合力增大，从而提高纸张的物理强度。胶原分子的亲水基团具有天然的保湿和导湿性能，添加胶原分子的纸，如纸尿布、卫生巾、纸内衣等，在吸收了一定量的水分后，并不会有潮湿的感觉。

胶原作为功能材料，既可以附在纸上，也可以添加到纸内（图10-20），或者制备成多种添加剂改善纸张的性能，按其形态主要可以分为纤维形态和非纤维形态两种。纤维形态主要用于和植物纤维的复合，可显著提高纸张的机械强度；非纤维形态主要用作助剂填充于浆料之中。胶原用于造纸具有良好的打浆、纤维分散和抄造性能。胶原蛋白应用于造纸中有以下优势：①动物胶原蛋白与人的皮肤具有高度的亲和性；②胶原蛋白纤维具有蚕丝般的光泽、羊绒般的手感，本身无色透明，与植物纤维形态相似，可混合性强，且可生物降解；③胶原用于造纸不仅丰富了纸的种类，而且可以给造纸业提供丰富的、高质量的原料和新型助剂。

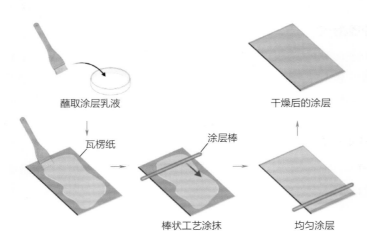

蘸取涂层乳液　　　　　　　　　　干燥后的涂层

瓦楞纸　　　　　　涂层棒

棒状工艺涂抹　　　　均匀涂层

图10-20　**纸表面施胶示意图**

资料来源：Wang X, Liu Y, Liu X, et al. ACS Applied Materials & Interfaces, 2020, 13（1）: 1367-1376。

1. 增强剂

纸张具有层状结构，并以二维取向为主。纤维之间的羟基以氢键结合，构成了纸张的物理强度。然而，氢键键能较低，容易被水分子破坏。如果引入成键能高的高分子化合物，它与植物纤维缠绕、交织，以氢键力、离子键、共价键、范德华力和静电吸引力等方式结合，这些键的形成使得成纸纤维间的结合力增大，键能升高，就能显著提高纸的强度。胶原蛋白的加入不仅能提高纸张强度，对纸张的吸水性、透气性、紧度都有影响。胶原蛋白的等电点较低，因此纸浆pH在4.5时才有较好的增强效果。如果将胶原蛋白改性，接枝上更多的活性基团，可使其应用范围更广。

2. 胶黏剂

胶原蛋白作为胶黏剂，其对纤维的黏合并不亚于树脂，但其耐水性能较差。通常在胶原蛋白黏合剂中加入多聚甲醛作硬化交联剂，可降低胶原的水溶性。在没有改变胶原生物降解的前提下，使得胶原分子链间形成交联键，提高了胶原蛋白的机械性能。作为胶黏剂，胶原蛋白可用于纱布、砂纸的制造，也可以用于生产胶带纸。

3. 絮凝剂

胶原纤维是两性聚电解质，介质不同，分子带不同的电荷。利用胶原的这一特点，通过调节介质的pH可改变胶原的电荷，进而改善纸浆的絮凝性，调节纸浆的沉降速率。胶原是一种强有力的保护胶体，但在浓度极低时，它却表现出相反的作用，即能起到从分散介质中分离出絮状沉淀的凝结作用。在废水处理中，水解胶原蛋白（明胶）对除去树脂酸和脂肪酸等有很好的效果，比常用的阳离子絮凝剂要好。

4. 施胶剂

郝晓丽等（2016）以胶原蛋白为原料，丙烯酸甲酯和乙烯酯为接枝单体，过硫酸铵为引发剂，采用乳液聚合法制备出改性胶原蛋白表面施胶剂。施胶后纸张的拉伸强度和撕裂强度分别比底纸提高了3倍和1.9倍，并使纸张获得了一定抗水性能，水接触角达到93.6°。

二、表面活性剂

蛋白质水解物的N-酰基衍生物是一类温和型的表面活性剂。以明胶或胶原蛋白为原料的新型表面活性剂因其无毒、无污染、生物降解性好而引起重视，在化妆品、药物递送和食品等行业中也具有潜在的应用价值。胶原蛋白水解物通常仅表现出有限的表面活性，要得到有良好表面活性的胶原蛋白水解物需要对其进行化学修饰。利用皮革固体废弃物合成表面活性剂加以循环利用，符合循环经济模式。这种活性剂大致可分为两类：氨基酸系表面活性剂和胶原蛋白表面活性剂。

氨基酸含有羧基和氨基，可以引入不同碳原子数目的酰基、烷氧基等基团而制成不同的表面活性剂。这种表面活性剂不仅毒性小，刺激性小，还具有良好的抗菌性、抗静电性和生物降解性，加之氨基酸由水解低级明胶或胶原蛋白得到，所以生产成本较低。李运等（2019）将胶原蛋白水解物与不同碳链长度的酰氯进行反应，合成原理如图10-21所示，制备了一系列不同碳链长度的不同亲油基表面活性剂；根据反应后产物中的游离氨基转化率，确定由酰氯碳链长度为12的月桂酰基反应制得的表面活性剂具有最低的表面张力和良好的泡沫稳定性。

蛋白基表面活性剂主要是由胶原蛋白、丝蛋白等动物蛋白的水解物制得。蛋白基表面活性剂的两亲性使得其具有良好的表面活性和功能性，在洗涤剂、护肤品、化妆品等传统行业中应用广泛。水解蛋白系表面活性剂最早的产品是雷米邦（Lamepon），20世纪30年代就开始生产，到80年代发展成为一类新型高分子表面活性剂。水解蛋白系表面活性剂是由水解蛋白和改性基团通过共价键连接的，是一类有一定分子质量分布范围的表面活性剂。这种表面活性剂大致可分为酰化水解蛋白、酯化水解蛋白和季铵化水解蛋白。

$$NH_2-R\left[CNOHR_1\right]_n COONa+R_2COCl \xrightarrow{Na_2CO_3} R_2-\overset{\overset{\textstyle O}{\|}}{C}-\overset{\textstyle H}{N}-R\left[CNOHR_1\right]_n COONa$$

胶原水解物　　　　　　　酰氯　　　　　　　　　　表面活性剂

图10-21　氨基酸表面活性剂合成原理

三、纺织纤维

胶原是一种纤维状蛋白质，它与一般植物蛋白相比，更适合于高端纺织产品的加工。其结构与人体皮肤具有相似性，因而与人体皮肤具有良好的亲和性能，所以用它制成纺织面料和衣服，不但舒适性高，产品档次也较高。为了使胶原蛋白适于纺丝，纺制出具有实用价值的纤维，就要对胶原蛋白进行一定的改性处理，改善其纺丝性能。目前改性的方法主要有使用化学交联剂改性和接枝改性。

目前，对胶原蛋白的纺丝还处于与其他组分共混纺丝阶段，研究较多的有胶原蛋白与壳聚糖、纤维素、丝素蛋白、透明质酸聚乙烯醇（PVA）、聚丙烯腈（PAN）等进行共混纺丝。但卫华等（2006）通过不同比例胶原和壳聚糖共混后制备复合医用纤维材料，确定了共混体系的最佳配比为胶原蛋白∶壳聚糖=20∶80，基本能够满足医用要求。丁志文等（2013）率先提出利用皮革废弃物开发纺织纤维，已在胶原蛋白提取和纺丝液的制备上做了大量实验研究。初步的纺丝实验表明，胶原蛋白具有较强的可纺性能，得到的胶原蛋白纤维具有较高的轻度，手感舒适。Chen等（2008）制备了胶原蛋白/壳聚糖静电纺丝纳米纤维，发现内皮细胞和平滑肌细胞在纤维的内部和表面都可以良好地进行增殖，该纳米纤维有望用于生物支架。PVA纺制的纤维柔软、保暖性好，是合成纤维中吸湿性最好的纤维，具有生物可降解性。近年来，胶原蛋白静电纺丝纳米纤维在组织工程、止血及伤口愈合、载药和防粘连等生物医学领域得到了广泛的应用。

四、细胞培养

胶原蛋白与纤维素和黏多糖一样，都是细胞间质的成分，可以为体外培养细胞创造与体内环境相似的条件，有利于促进细胞的生长繁殖。有研究表明，适当的胶原溶液与高倍浓度培养液混合，同时升高离子强度和pH，胶原纤维会发生原位沉淀，形成适于细胞培养的"水合胶原网络"。

胶原水凝胶具有三维网络结构，可以用于细胞的三维培养，这使细胞摆脱了传统的二维贴壁培养模式，且避免了动物实验不利于活体观察、伦理性和有效性的问题。牛素琴（2020）制备了不同浓度的胶原蛋白水凝胶用于乳腺癌细胞的三维培养，结果显示，乳腺癌细胞在6mg/mL的凝胶中生长活性更高、迁移速率更快。胶原蛋白凝胶可为细胞提供更有利的力学支撑，促进细胞的生长和迁移。胶原蛋白凝胶的降解为细胞的生长提供营养物质，同时内部会产生更多空间，与细胞外基质结构功能的相似性可以更好地模拟细胞体生长的物理和空间结构。

基于胶原水凝胶的三维培养模式主要有胶内型（将细胞包埋在凝胶中）和胶上型（将细胞接种在凝胶表面）（图10-22）。胶内型通常是先将细胞和水凝胶材料混合，使细胞在溶液中均匀分散，然后通过物理或者化学方法形成凝胶，将细胞包埋在凝胶内部。刘芳等（2010）用Ⅰ型胶原蛋白做细胞外基质，结合胶上及胶内型培养模式，观察到人羊膜上皮细胞和间质细胞能够良好生长，与体内人羊膜细胞相似，这表明Ⅰ型胶原蛋白能较好模拟人羊膜组织。

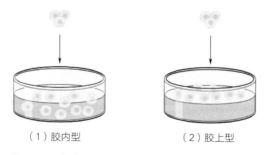

（1）胶内型　　　　　　　　　（2）胶上型

图10-22　**细胞的两种接种方式**

以Ⅰ型胶原蛋白为细胞外基质,同样能够成功培养人成纤维细胞和表皮细胞,形成类似天然皮肤的真皮和表皮双层结构的复合人工皮肤,在美容和临床方面有着广阔的应用前景。有研究表明,在不同来源的胶原蛋白中,大部分均能促进真皮成纤维细胞生长,部分抑制作用可能与免疫排斥反应有关;因此,在临床使用中还需要进一步甄别,合理选择。胶原蛋白具有优良的修复功能,在皮肤损伤治疗中展现极具前景的治疗效果,关于胶原蛋白促进细胞生长在基因水平、蛋白质水平及分子水平上的作用机制还有待深入研究。

第六节 胶原与胶原蛋白肽产品的市场状况

胶原蛋白与胶原蛋白肽部分功能的应用研究成果已在食品、化妆品、医疗等领域实现商业化。本节将聚焦胶原蛋白和胶原蛋白肽的商业化应用,对胶原蛋白与胶原蛋白肽产品的市场状况进行介绍。为了方便叙述,下文将以胶原蛋白或胶原蛋白肽为原料的产品统称为胶原蛋白产品。

一、胶原蛋白产品的市场现状

目前,美国、日本、欧洲等发达国家及地区处于胶原蛋白产品研究和应用的领先地位,胶原蛋白产品成为百姓生活各个方面的大众化商品。依托众多全球胶原蛋白行业的领先企业,欧洲更形成了全球最大的胶原蛋白市场。我国的胶原蛋白市场是一个新兴的市场,胶原蛋白产品的市场需求日益增长,具有巨大的发展潜力。

市场上,胶原蛋白产品的原料通常来源为猪、牛、鸡和鱼等动物的皮、骨、鳞等。猪和牛是传统的胶原蛋白来源;其中,牛胶原蛋白来源丰富,含有较高水平的羟脯氨酸,是目前市场占有率最高的胶原蛋白。鸡来源的胶原蛋白产品在全球胶原蛋白市场的份额明显少于牛和猪,但因为鸡的软骨富含Ⅱ型胶原蛋白,其在Ⅱ型胶原蛋白这一细分市场占据绝对优势。鱼胶原蛋白产品具有出众的吸收率和生物利用度,主要应用于皮肤健康领域,深受中国、日本等美容产品高需求国家市场的追捧。鱼胶原蛋白市场也因此成为全球胶原蛋白市场增长最快的部分。从安全性来看,只要原料养殖、加工过程控制到位,其来源的产品的安全是有保障的。因此,消费者在选择胶原蛋白产品时,应注重其原料养殖与加工基地的资质。从当前市场来看,畜禽及淡水鱼来源的胶原蛋白产品的性价比明显高于深海鱼。

食品是目前胶原蛋白和胶原蛋白肽应用最为广泛的领域。全球市场上已有在骨骼健康、皮肤健康、心脑血管健康、免疫系统健康、韧带和肌腱健康、减脂塑形等领域发挥功效的胶原蛋白食品。美国是全球最大的膳食补充剂市场，孕育了众多膳食补充剂品牌，包括专研胶原蛋白补充剂的品牌，其产品主要涉及运动营养与骨骼、关节、皮肤的健康支持。作为老龄化严重的发达国家，日本拥有高度成熟的健康食品产业。日本的胶原蛋白产品主要为口服美容等产品。在中国，胶原蛋白食品可分为两类，一类为保健食品；另一类为非食健字的食品，后者占据大部分市场。目前，可在国内市场合法销售的胶原蛋白保健食品有一百多款，绝大多数为国产产品，涉及改善皮肤水分、增加骨密度和增强免疫力等保健功能。我国市场上的胶原蛋白食品大都为固体饮料、液体饮料等产品，原料多采用易于吸收的骨、皮、鳞胶原蛋白肽。虽然，国外品牌胶原蛋白食品仍占据一定的胶原蛋白食品市场，但国产品牌的总市场份额已超过国外品牌，发展势头向好。

胶原蛋白化妆品在我国的市场占有率较小，产品品牌力弱，大部分消费者对胶原蛋白产品的认识还停留在口服美容产品上。国际上，美国、日本、韩国、欧洲等国家及地区已经有很多成熟的胶原蛋白产品应用于化妆品中，发挥保湿、抗皱、紧致、护发、修护、滋养等功效。相较于胶原蛋白大分子，胶原蛋白肽不仅具有胶原蛋白的护肤特性，还可以适应乳剂的高温乳化环境，应用范围更广。目前，包括国际知名化妆品品牌在内的众多化妆品品牌都推出了以胶原蛋白或胶原蛋白肽为主打成分的系列化妆品或明星单品。

一直以来，关于胶原蛋白药品的功能活性研究不在少数，但大部分研究只停留在实验阶段，实际通过临床试验并应用的屈指可数。市场上的医用胶原蛋白产品主要有3种：①医疗器械，用于促进人体细胞、组织、器官修复和再生（如胶原基骨修复材料、胶原蛋白缝合线、胶原蛋白敷料、胶原蛋白海绵、胶原蛋白膜等产品）或用于体外测定某种胶原成分的含量（如胶原检测试剂盒）；②药物稳定剂，用于稳定药物中的活性成分并防止药物吸附到包装上；③药物载体，用于提高活性成分的溶解性和吸收利用度。

二、胶原蛋白产品的发展趋势

在食品加工与贮藏方面，未来产品的研究方向可能集中在食品添加剂（如胶原蛋白部分替代脂肪、营养强化和防冻）、胶原蛋白肠衣的性能改进及其交联方法的安全性评价和可食用的胶原蛋白包装保存材料。另外，胶原蛋白肽作为一种功能性食品成分，在食品加工和贮藏过程中与其他食品成分的相互作用仍需要进一步探索。在膳食营养补充剂方面，胶原蛋白与胶原蛋白肽的市场需求进一步扩大。如今，美容产品进入"口服时代"，胶原蛋白食品的消费趋向年轻化。与此同时，我国老龄化程度进一步加深，"银发经济"的崛起将带动适老产品的消费浪潮。胶原蛋白食品的研发可倾向"皮肤健康"和"骨骼健康"等领域。基于对食品精准营养和个性化定制的需求，胶原蛋白市场也将从提供"小分子"向提供"特定"功能活性胶原蛋白肽转变。

在化妆品方面，抗衰老化妆品正处于化妆品市场的风口，研发化妆品专用的抗衰胶原蛋白肽是时下趋势。此外，增强胶原蛋白肽的生物活性和稳定性、提高胶原蛋白的变性温度也是胶原蛋白化妆品的研发趋势。

在生物医学方面，近年来，随着再生医学和组织工程的发展，胶原蛋白因其生物相容性好、生物可降解、生物活性好、易于制造等特点，被公认为最好的生物医学材料之一。这类胶原蛋白产品的市场热度不会消退，会随着对新兴的有效且先进疗法需求的增加而增加。在基于胶原蛋白的疗法中，无免疫原性的重组人胶原蛋白、促进伤口愈合的胶原蛋白敷料和用作药物递送载体的胶原蛋白纳米颗粒等产品具有理想的商业前景。

健康问题、消费结构的升级以及与胶原蛋白产品相关政策的出台正推动着我国胶原蛋白市场的繁荣。绿色、环保、优质的产品理念已经深入人心，中国的胶原蛋白企业需要不断进步，注重创新、节能、环保、可持续的技术开发，生产优质的胶原蛋白产品，以满足市场需求。创造更广泛的原材料来源，更成熟的工艺，更丰富的产品组合，将是推动我国胶原蛋白行业发展的动力。

三、展望

近年来，随着我国居民消费水平和健康意识的不断提高，胶原蛋白产品的市场需求呈快速增长的趋势，巨大的市场催生了大量的产品。然而，与美国、日本等发达国家相比，我国的胶原蛋白市场仍处于初级阶段。提高胶原蛋白产品的市场竞争力，我们可以从以下几个方面着手：①优化精制工艺，以提高产品的纯度和活性，使其易于在各种应用场景中使用；②加大产品功能性的研发投入，开发专用细化产品，拓展细分市场，促进产品的价值提升；③充分发挥区域资源优势，研究开发特色产品，促进资源高效利用，提高经济效益；④建立一套科学、合理、与国际标准接轨的行业标准，加大标准在科技进步与产业发展等方面的引领作用；⑤在完善政府职能和规范市场行为的同时，加大对公众的健康教育，提高公众的健康素养。相信通过以上多方面的努力，我国胶原蛋白行业的未来一定会有巨大的市场前景。

参考文献

［1］ 陈红. 英国研究出3D打印人类眼角膜新材料［J］. 计算机与网络，2018，44（12）：10.

［2］ 陈珂，王学川，李伟，等. 缩水甘油醚交联改性胶原蛋白施胶剂的制备及其性能［J］. 陕西科技大学学报，2018，36（6）：30-35.

［3］ 陈淑君，姜海燕，周珺，等. 胶原蛋白修复透明质酸注射治疗泪睑沟凹陷所致并发症的回顾性研究［J］. 中国美容医学，2018，27（6）：31-34.

［4］ 崔硕，张新营，海森，等. 胶原蛋白线在显微外科的临床应用［J］. 中国医疗美容，2014，4（2）：92-93.

［5］ 但卫华，周文常，曾睿，等. 胶原-壳聚糖共混纺丝液的制备［J］. 中国皮革，2006（7）：35-38.

［6］ 丁志文，庞晓燕，刘娜. 聚丙烯腈-胶原蛋白复合纤维纺丝液的制备［J］. 中国皮革，2013，42（1）：14-18.

［7］ 樊昕，韩悦，郄金鹏，等. 重组类人胶原蛋白面膜对皮肤的改善作用［J］. 中国临床医学，2013，20（1）：77-78.

［8］ 范浩军，石碧，段镇基. 蛋白质-无机纳米杂化制备新型胶原蛋白材料［J］. 功能材料，2004，35（3）：373-375，382.

［9］ 范杰. 浅谈我国胶原蛋白产品专利申请及其保健品市场状况［J］. 中国发明与专利，2014（6）：86-89.

［10］付丽红，齐永钦，张强，等. 胶原蛋白面膜纸及其制备方法：02113697.1［P］. 2002-05-08.

［11］盖君，董子见，赵美玲，等. 高效医用美容胶原在隆鼻术中的应用［J］. 齐鲁医学杂志，1999（1）：58.

［12］高宁萧，吴晶，刘勇. 静电纺丝法制备溶解型胶原蛋白肽/丝素蛋白复合纤维面膜［J］. 北京化工大学学报（自然科学版），2018，45（6）：21-28.

［13］高学军，蔡霞，孙文娟，等. 胶原凝胶人工皮肤的体外构建［J］. 解剖科学进展，2007，13（1）：40-41，45，98.

［14］郝晓丽，白凡凡，任雯，等. 改性胶原蛋白施胶剂的制备及其施胶性能研究［J］. 陕西理工学院学报（自然科学版），2016，32（4）：6-10，22.

［15］何理平，李文平，吴端生. 肌腱缝合线植入家兔体后的组织病理学观察［J］. 实验动物科学，2008，25（3）：22-25.

［16］侯春林，盛志坚，卢建熙，等. 几丁质缝合线体内吸收的实验研究［J］. 第二军医大学学报，1994，15（5）：452-453.

［17］黄健，姜山. 3D打印技术将掀起"第三次工业革命"？［J］. 新材料产业，2013（1）：62-67.

［18］黄艳萍，但年华，但卫华. 静电纺丝制备胶原基复合纳米医用纤维的研究进展［J］. 材料导报，2019，33（19）：3322-3327.

［19］贾媛君. 青鱼皮胶原蛋白的提取、性能分析及热变性行为研究［D］. 武汉：武汉轻工大学，2013.

［20］蒋挺大. 胶原与胶原蛋白［M］. 北京：化学工业出版社，2006.

［21］柯林楠，王晨，冯晓明. 注射型胶原蛋白填充剂在整形美容外科中的应用现状［J］. 中国医疗器械信息，2012，18（2）：18-20，24.

［22］李八方. 水生生物胶原蛋白理论与应用［M］. 北京：化学工业出版社，2015.

［23］李冰. 胶原多肽在化妆品领域的应用研究进展［J］. 人参研究，2018，30（5）：50-52.

［24］李娟，宋旸，聂华丽，等. 含胶原蛋白/壳聚糖微球保湿面膜的制备及其性能研究［J］. 化学研究与应用，2017，29（11）：1765-1768.

［25］李敏，刘锴锴，郝志娜，等. 人造胶原肠衣的研究进展［J］. 食品安全质量检测学报，2019，10（10）：3159-3165.

［26］李伟，秦树法，郑学晶，等. 胶原蛋白改性聚氨酯皮革涂饰剂［J］. 高分子材料科学与工程，2008，24（5）：151-154，158.

［27］李仙. 我国胶原蛋白类医疗器械产品的发展现状与分析［J］. 中国战略新兴产业，2019（16）：243-244，246.

［28］李星，葛良鹏，张晓春，等.胶原蛋白对香肠品质的影响研究［J］.食品研究与开发，2014，35（17）：13-15.

［29］李岩胧，肖枫，康怀彬. 鱼鳞胶原蛋白可食性膜研究进展［J］.食品与机械，2021，37（1）：222-228.

［30］李英民，王天舒，刘伟华，等.动物胶原蛋白的应用研究进展［J］. 中国胶粘剂，2016，25（9）：46-51.

［31］李昀. 胶原蛋白在食品和化妆品中的应用［J］. 天津农学院学报，2005，12（2）：54-57.

［32］李运，姜晨辉，丁海燕，等. 胶原降解物制备表面活性剂能的研究［J］. 皮革科学与工程，2019，29（4）：44-49.

［33］林海，但卫华，曾睿，等. 可注射胶原溶液的研究进展及其应用［J］.材料导报，2004，18（12）：71-74，77.

［34］刘白玲. 胶原在生物医学领域的应用［J］. 皮革科学与工程，1999，9（3）：35-42.

［35］刘秉慈，许增禄，虞瑞尧，等. 医用美容胶原注射剂除皱的实验研究及临床验证［J］. 中国医学科学院学报，1994，16（3）：197-200.

［36］刘丹，原静，孙安霞. 面膜的研究进展［J］. 山东化工，2020，49（24）：64-65，67.

［37］刘芳，漆洪波.人羊膜细胞在I型胶原基质中的三维培养研究［J］.生物医学工程学杂志，2010，27（2）：384-388.

［38］刘海英. 胶原肽及其产业发展［J］.食品工业科技，2016，37（12）：391-394，399.

［39］刘蒙佳，周强，许美纯，等. 不同配料及发酵剂对发酵香肠品质特性的影响［J］.中国调味品，2018，43（1）：17-25.

［40］刘小红，陈向标，赖明河，等. 可吸收医用缝合线的研究进展［J］. 合成纤维，2012，41

（4）: 23-26.

［41］刘鑫峰. 我国胶原蛋白行业理性健康发展之对策［J］. 消费导刊, 2014（2）: 14-14.

［42］卢敏. 一种冻干胶原面膜及其制备方法: 202011615588.3［P］. 2020-12-31.

［43］罗德威, 欧阳辉, 黄光春. 不同来源胶原蛋白对人真皮成纤维细胞生长的影响［J］. 药品评价, 2021, 18（1）: 26-28.

［44］缪卫东. 我国生物医用材料产业发展模式分析［J］. 新材料产业, 2016（7）: 27-34.

［45］穆畅道, 郭佶憼, 李德富, 等. 一种胶原蛋白面膜及其制备方法: 201910127756.5［P］. 2019-02-20.

［46］倪小丽, 王大光. 填充胶原蛋白植入剂改善泪槽畸形的效果观察［J］. 中华医学美学美容杂志, 2020, 26（4）: 276-279.

［47］牛金柱, 牛金亮. 明胶纤维网对血小板黏附聚集的效应及意义［J］. 中国煤炭工业医学杂志, 2002, 5（6）: 352.

［48］牛素琴. 不同材料的三维支架构建及细胞培养研究［D］. 太原: 太原理工大学, 2020.

［49］秦溪. 鱼皮胶原为基质的胶原蛋白肠衣的制备及其性能研究［D］. 南宁: 广西大学, 2015.

［50］曲文娟, 宋雅婷, 张欣欣, 等. 胶原蛋白-壳聚糖膜的制备及其对猪肉的保鲜作用［J］. 现代食品科技, 2020, 36（3）: 89-98.

［51］舒子斌, 袁礼军, 胡建芳, 等. 胶原蛋白保湿面膜的研制［J］. 四川师范大学学报自然科学版, 2008, 31（6）: 739-741.

［52］苏吉利, 路莉娟, 张超. 胶原蛋白线在甲状舌管囊肿手术切口中的临床应用［J］. 中国美容医学, 2016, 25（12）: 42-43.

［53］苏晓琪, 吴文惠, 周虹, 等. 珍珠胶原蛋白防晒化妆品及其制备方法: 200910050586.1［P］. 2009-05-05.

［54］谈敏, 李临生. 敷料与人工皮肤技术研究进展［J］. 化学通报, 2000, 63（11）: 7-12.

［55］唐云平, 郑强, 胡斌, 等. 重组胶原蛋白制备及其应用研究进展［J］. 食品工业科技, 2016, 37（18）: 384-386.

［56］王碧, 叶勇, 程劲, 等. 胶原蛋白制备生物医学材料的特征及改性方法［J］. 化学世界, 2003, 44（11）: 606-610.

［57］王光雷, 玛丽亚木, 郭中敏, 等. 细胞培养基质——胶原凝胶的制备［J］. 草食家畜, 1993（2）: 5.

［58］王宪朋, 刘阳, 王传栋, 等. 静电纺丝法制备小口径胶原-聚乳酸人工血管［J］. 复合材料学报, 2017, 34（11）: 2550-2555.

［59］吴松青, 梁东, 黄赛鸳, 等. 胶原蛋白对人皮肤成纤维细胞生长状态的影响［J］. 求医问药（下半月）, 2011, 9（12）: 187-188.

［60］吴湛霞, 潘江球, 蔡鹰, 等. 近年壳聚糖在医药上的应用研究进展［J］. 山东化工, 2016, 45（2）: 55-56.

［61］徐菲菲, 许健, 陈驰, 等. 亲水胶体对牛皮胶原蛋白肠衣膜性能的影响［J］. 食品工业科技, 2020, 41（22）: 20-26.

［62］徐海洋, 徐昊, 张丽, 等. 可吸收胶原蛋白线与丝线编织非吸收线在口腔种植中的应用［J］. 中国组织工程研究, 2014, 18（12）: 1877-1882.

［63］闫昌誉，李晓敏，余宗盛，等.鱼类胶原蛋白肽的研究现状与产业化应用［J］.今日药学，2021，31（4）：241-250.

［64］姚云真.几种天然保湿剂在化妆品应用中的研究进展［J］.明胶科学与技术，2016，36（3）：125-130.

［65］叶勇.人造胶原肠衣的研制及特性表征［D］.成都：四川大学，2004.

［66］袁清献，高丽兰，李瑞欣，等.3D打印丝素蛋白-Ⅱ型胶原软骨支架［J］.山东大学学报（理学版），2018，53（3）：82-87.

［67］张建忠.草鱼皮胶原蛋白的制备及性质研究［D］.南京：南京农业大学，2007.

［68］张美云，刘鎏，申前锋，等.胶原蛋白/羧甲基纤维素CMC，膜的制备及其力学性能研究［J］.中国皮革，2006，35（13）：9-12.

［69］张顺亮，成晓瑜，潘晓倩，等.牛骨胶原蛋白抗菌肽的制备及其抑菌活性［J］.肉类研究，2012，26（10）：5-8.

［70］张文毓.3D打印材料的研究与应用［J］.金属世界，2021（1）：12-19.

［71］赵丽丽，王昌涛，何聪芬，等.动物蛋白在化妆品中的应用现状和前景展望［J］.北京日化，2008（2）：3-9.

［72］周瑞，陈舜胜.鱼皮胶原蛋白提取方法研究及其在食品中的应用［J］.上海农业学报，2021，37（1）：129-135.

［73］周雪松.胶原蛋白肽产业现状及发展趋势［J］.食品与发酵工业，2013，39（6）：111-115.

［74］朱梅湘，穆畅道，林炜，等.胶原作为生物医学材料的优势与应用［J］.化学世界，2003，44（3）：161-164.

［75］朱堂友，伍津津，胡浪，等.壳多糖-胶原-糖胺聚糖凝胶人工皮肤的初步研究［J］.中国修复重建外科杂志，2003，17（2）：113-116.

［76］朱旭.3D打印胶原-壳聚糖仿生支架治疗脊髓损伤的实验研究［D］.天津：天津医科大学，2018.

［77］Abou Neel EA, Bozec L, Knowles JC, et al. Collagen-emerging collagen based therapies hit the patient［J］. Advanced Drug Delivery Reviews, 2012, 65（4）: 429-456.

［78］Achneck H E, Sileshi B, Jamiolkowski RM, et al. A comprehensive review of topical hemostatic agents: Efficacy and Recommendations for Use［J］. Annals of Surgery, 2010, 251（2）: 217-228.

［79］Al-Nimry S, Dayah AA, Hasan I, et al. Cosmetic, biomedical and pharmaceutical applications of fish gelatin/hydrolysates［J］. Marine Drugs, 2021, 19（3）: 145.

［80］Asia pacific hydrolyzed collagen market forecast to 2027 - COVID-19 impact and regional analysis by source and application［R］. The Insight Partners, 2021.

［81］Behrens AM, Sikorski MJ, Kofinas P. Hemostatic strategies for traumatic and surgical bleeding［J］. Journal of Biomedical Materials Research Part A, 2014, 102（11）: 4182-4194.

［82］Bhuimbar MV, Bhagwat PK, Dandge PB. Extraction and characterization of acid soluble collagen from fish waste: Development of collagen-chitosan blend as food packaging film［J］. Journal of Environmental Chemical Engineering, 2019, 7（2）: 102983.

［83］Burks SS, Diaz A, Haggerty AE, et al. Schwann cell delivery via a novel 3D collagen matrix conduit improves outcomes in critical length nerve gap repairs［J］. Journal of Neurosurgery, 2021, 135（4）: 1-11.

［84］Cao C, Xiao Z, Ge C, et al. Animal by-products collagen and derived peptide, as important components of innovative sustainable food systems—a comprehensive review［J］. Critical Reviews in Food Science and Nutrition, 2021（1）: 1-25.

［85］Cao J, Wang P, Liu Y, et al. Double crosslinked HLC-CCS hydrogel tissue engineering scaffold for skin wound healing［J］. International Journal of Biological Macromolecules, 2020, 155: 625-635.

［86］Chen JP, Chang GY, Chen JK. Electrospun collagen/chitosan nanofibrous membrane as wound dressing［J］. Colloids and Surfaces A: Physicochemical and Engineering Aspects, 2008, 313: 183-188.

［87］Chung JJ, Im H, Kim SH, et al. Toward biomimetic scaffolds for tissue engineering: 3D printing techniques in regenerative medicine［J］. Frontiers in Bioengineering and Biotechnology, 2020（8）: 586406.

［88］Collagen market by product（gelatin, collagen peptide, native collagen, synthetic collagen）, source（porcine, bovine, chicken, sheep, other sources）, and application（food and beverages, pharmaceuticals, nutraceuticals, cosmetics, healthcare）—global forecasts to 2027［R］. Meticulous Market Research Pvt. Ltd., 2020.

［89］Collagen market size, share & trends analysis report by source, by product（gelatin, hydrolyzed, native, synthetic）, by application（food & beverages, healthcare, cosmetics）, by region, and segment forecasts, 2021—2028［R］. Grand View Research, 2021.

［90］Coln D, Horton J, Ogden ME, et al. Evaluation of hemostatic agents in experimental splenic lacerations［J］. American Journal of Surgery, 1983, 145（2）: 256-259.

［91］Dietary supplements market size, share & trends analysis report by ingredient（vitamins, proteins & amino acids）, by form, by application, by end user, by distribution channel, and segment forecasts, 2021—2028［R］. Grand View Research, 2021.

［92］Du T, Niu X, Hou S, et al. Highly aligned hierarchical intrafibrillar mineralization of collagen induced by periodic fluid shear stress［J］. Journal of Materials Chemistry B, 2020, 8（13）: 2562-2572.

［93］Feng X, Zhang X, Li S, et al. Preparation of aminated fish scale collagen and oxidized sodium alginate hybrid hydrogel for enhanced full-thickness wound healing［J］. International Journal of Biological Macromolecules, 2020, 164: 626-637.

［94］Flanagan TC, Wilkins B, Black A, et al. A collagen-glycosaminoglycan co-culture model for heart valve tissue engineering applications［J］. Biomaterials, 2006, 27（10）: 2233-2246.

［95］Garcia CF, Marangon CA, Massimino LC, et al. Development of collagen/

nanohydroxyapatite scaffolds containing plant extract intended for bone regeneration [J] . Materials Science & Engineering C, 2021, 123: 111955.

[96] Gerhardt Â, Monteiro BW, Gennari A, et al. Physicochemical and sensory characteristics of fermented dairy drink using ricotta cheese whey and hydrolyzed collagen [J] . Revista do Instituto de Laticínios Cândido Tostes, 2013, 68 (390): 41-50.

[97] Guan X, Avci-Adali M, Alarçin E, et al. Development of hydrogels for regenerative engineering [J] . Biotechnology Journal, 2017, 12 (5): 1600394.

[98] He G, Yan X, Wang X, et al. Extraction and structural characterization of collagen from fishbone by high intensity pulsed electric fields [J] . Journal of Food Process Engineering, 2019, 42 (6): e13214.

[99] He Y, Wang J, Si Y, et al. A novel gene recombinant collagen hemostatic sponge with excellent biocompatibility and hemostatic effect [J] . International Journal of Biological Macromolecules, 2021, 178: 296-305.

[100]Hong S, Sycks D, Chan HF, et al. 3D printing of highly stretchable and tough hydrogels into complex, cellularized structures [J] . Advanced Materials, 2015, 27 (27): 4035-4040.

[101]Hosseini V, Maroufi NF, Saghati S, et al. Current progress in hepatic tissue regeneration by tissue engineering [J] . Journal of Translational Medicine, 2019, 17 (1): 383.

[102]Huang X, Sun Y, Nie J, et al Using absorbable chitosan hemostatic sponges as a promising surgical dressing [J] . International Journal of Biological Macromolecules, 2015, 75: 322-329.

[103]Ito H, Steplewski A, Alabyeva T, et al. Testing the utility of rationally engineered recombinant collagen-like proteins for applications in tissue engineering [J] . Journal of Biomedical Materials Research Part A, 2006, 76 (3): 551-560.

[104]Ji S, Guvendiren M. Recent advances in bioink design for 3D bioprinting of tissues and organs [J] . Frontiers in Bioengineering and Biotechnology, 2017 (5): 23.

[105]Kaplan EN, Falces E, Tolleth H. Clinical Utilization of Injectable Collagen [J] . Annals of Plastic Surgery, 1983, 10 (6): 437-451.

[106]Khalaji S, Golshan Ebrahimi N, Hosseinkhani H. Enhancement of biocompatibility of PVA/HTCC blend polymer with collagen for skin care application [J] . International Journal of Polymeric Materials and Polymeric Biomaterials, 2021, 70 (7): 459-468.

[107]Kim G, Ahn S, Yoon H, et al. A cryogenic direct-plotting system for fabrication of 3D collagen scaffolds for tissue engineering [J] . Journal of Materials Chemistry, 2009, 19 (46): 8817-8823.

[108]Klimaszewska E, Seweryn A, Ogorzałek M, et al. Reduction of irritation potential caused by anionic surfactants in the use of various forms of collagen derived from marine sources in cosmetics for children [J] . Tenside Surfactants Detergents, 2019, 56 (3): 180-187.

[109]Koch L, Deiwick A, Schlie S, et al. Skin tissue generation by laser cell printing [J]. Biotechnology and Bioengineering, 2012, 109（7）: 1855-1863.

[110]Lee A, Hudson AR, Shiwarski DJ, et al. 3D bioprinting of collagen to rebuild components of the human heart [J]. Science, 2019, 365（6452）: 482-487.

[111]Lee W, Debasitis JC, Lee VK, et al. Multi-layered culture of human skin fibroblasts and keratinocytes through three-dimensional freeform fabrication [J]. Biomaterials, 2009, 30（8）: 1587-1595.

[112]Li PH, Lu WC, Chan YJ, et al. Extraction and characterization of collagen from sea cucumber（ *Holothuria cinerascens* ）and its potential application in moisturizing cosmetics [J]. Aquaculture, 2020, 515: 734590.

[113]Li P, He L, Liu X, et al. Electro-deposition synthesis of tube-like collagen-chitosan hydrogels and their biological performance [J]. Biomedical Materials, 2021, 16（3）: 35019.

[114]Lo S, Fauzi M B. Current update of collagen nanomaterials-fabrication, characterisation and its applications: A review [J]. Pharmaceutics, 2021, 13（3）: 316.

[115]Madhuri V Bhuimbar, Prashant K Bhagwat, Padma B Dandge. Extraction and characterization of acid soluble collagen from fish waste: Development of collagen-chitosan blend as food packaging film [J]. Journal of Environmental Chemical Engineering, 2019, 7（2）: 102983.

[116]Mazzocchi A, Devarasetty M, Huntwork R, et al. Optimization of collagen type I-hyaluronan hybrid bioink for 3D bioprinted liver microenvironments [J]. Biofabrication, 2018, 11（1）: 15003.

[117]Moore W S, Chvapil M L, Seiffert G, et al. Development of an infection-resistant vascular prosthesis [J]. Archives of Surgery, 1981, 116（11）: 1403-1407.

[118]Mredha MTI, Kitamura N, Nonoyama T, et al. Anisotropic tough double network hydrogel from fish collagen and its spontaneous in vivo bonding to bone [J]. Biomaterials, 2017, 132: 85-95.

[119]Murphy SV, Atala A. 3D bioprinting of tissues and organs [J]. Nature Biotechnology, 2014, 32（8）: 773-785.

[120]Nagai T, Saito M, Tanoue Y, et al. Characterization of collagen from sakhalin taimen skin as useful biomass [J]. Food Technology and Biotechnology, 2020, 58（4）: 445-454.

[121]Naser W. The cosmetic effects of various natural biofunctional ingredients against skin aging: A review [J]. International Journal of Applied Pharmaceutics, 2021, 13（1）: 10-18.

[122]Osidak EO, Karalkin PA, Osidak MS, et al. Viscoll collagen solution as a novel bioink for direct 3D bioprinting [J]. Journal of Materials Science: Materials in Medicine, 2019, 30（3）: 1-12.

[123]Pan H, Fan D, Duan Z, et al. Non-stick hemostasis hydrogels as dressings with bacterial barrier activity for cutaneous wound healing [J]. Materials Science &

Engineering C, 2019, 105: 110118.

[124]Pastorino L, Erokhina S, Soumetz FC, et al. Collagen containing microcapsules: Smart containers for disease controlled therapy [J]. Journal of Colloid and Interface Science, 2011, 357 (1): 56-62.

[125]Prokopová A, Pavlačková J, Mokrejš P, et al. Collagen hydrolysate prepared from chicken by-product as a functional polymer in cosmetic formulation [J]. Molecules, 2021, 26 (7): 2021.

[126]Qin L, Gao H, Xiong S, et al. Preparation of collagen/cellulose nanocrystals composite films and their potential applications in corneal repair [J]. Journal of Materials Science: Materials in Medicine, 2020, 31 (6): 55-65.

[127]Richards D, Jia J, Yost M, et al. 3D bioprinting for vascularized tissue fabrication[J]. Annals of Biomedical Engineering, 2017, 45 (1): 132-147.

[128]Robinson LR, Fitzgerald NC, Doughty DG, et al. Topical palmitoyl pentapeptide provides improvement in photoaged human facial skin [J]. International Journal of Cosmetic Science, 2005, 27 (3): 155-160.

[129]Saberianpour S, Heidarzadeh M, Geranmayeh MH, et al. Tissue engineering strategies for the induction of angiogenesis using biomaterials [J]. Journal of Biological Engineering, 2018, 12 (1): 36.

[130]Shao W, Leong KW. Microcapsules obtained from complex coacervation of collagen and chondroitin sulfate [J]. Journal of Biomaterials Science, Polymer Edition, 1995, 7 (5): 389-399.

[131]Sharifzadeh G, Hosseinkhani H. Biomolecule-responsive hydrogels in medicine [J]. Advanced Healthcare Materials, 2017, 6 (24): 1700801.

[132]Sionkowska A, Adamiak K, Musiał K, et al. Collagen based materials in cosmetic applications: A review [J]. Materials, 2020, 13 (19): 4217.

[133]Sionkowska A, Skrzyn'ski S, S'miechowski K, et al. The review of versatile application of collagen [J]. Polymers for Advanced Technologies, 2017, 28 (1): 4-9.

[134]Sionkowska A, Skrzyński S, Śmiechowski K, et al The review of versatile application of collagen [J]. Polymers for Advanced Technologies, 2017, 28 (1): 4-9.

[135]Wang X, Liu Y, Liu X, et al. Degradable gelatin-based supramolecular coating for green paper sizing [J]. ACS Applied Materials & Interfaces, 2020, 13 (1): 1367-1376.

[136]Wang X, You C, Hu X, et al. The roles of knitted mesh-reinforced collagen-chitosan hybrid scaffold in the one-step repair of full-thickness skin defects in rats [J]. Acta Biomaterialia, 2013, 9 (8): 7822-7832.

[137]Werz W, Hoffmann H, Haberer K, et al. Strategies to avoid virus transmissions by biopharmaceutic products [J]. Viral Zoonoses and Food of Animal Origin, 1997, 245-256.

[138]Wu S, Applewhite AJ, Niezgoda J, et al. Oxidized regenerated cellulose/collagen dressings: Review of evidence and recommendations [J]. Advances in Skin &

Wound Care，2017，30（11）：S1-S18.

[139]Yang S，Shi X，Li X，et al. Oriented collagen fiber membranes formed through counter-rotating extrusion and their application in tendon regeneration[J]. Biomaterials，2019，207：61-75.

[140]Yang X，Lu Z，Wu H，et al. Collagen-alginate as bioink for three-dimensional（3D）cell printing based cartilage tissue engineering[J]. Materials Science & Engineering C，2018，83：195-201.

[141]Yin J，Yan M，Wang Y，et al. 3D bioprinting of low-concentration cell-laden gelatin methacrylate（GelMA）bioinks with a two-step cross-linking strategy[J]. ACS Applied Materials & Interfaces，2018，10（8）：6849-6857.

[142]Zhang D，Wu X，Chen J，et al. The development of collagen based composite scaffolds for bone regeneration[J]. Bioactive Materials，2018，3（1）：129-138.

[143]Zhao R，Qiu H，Liu S，et al. Quantifiable clinical efficacy of injectable porcine collagen for the treatment of structural dark circles[J]. Journal of Cosmetic Dermatology，2021，20（5）：1520-1528.

[144]Zhou J，Ying H，Wang M，et al. Dual layer collagen-gag conduit that mimic vascular scaffold and promote blood vessel cells adhesion，proliferation and elongation[J]. Materials Science & Engineering C，2018，92：447-452.

[145]Zhu C，Fan D，Duan Z，et al. Initial investigation of novel human-like collagen/chitosan scaffold for vascular tissue engineering[J]. Journal of Biomedical Materials Research Part A，2009，89（3）：829-840.

[146]Zhu Y，Ong WF. Epithelium regeneration on collagen（Ⅳ）grafted polycaprolactone for esophageal tissue engineering[J]. Materials Science & Engineering C，2009，29（3）：1046-1050.

附录

附录一

多种来源胶原蛋白氨基酸序列

附表1-1 来源于牛的 I 型胶原蛋白 α-1 链序列（P02453）

10	20	30	40	50
MFSFVDLRLL	LLLAATALLT	HGQEEGQEEG	QEEDIPPVTC	VQNGLRYHDR
60	70	80	90	100
DVWKPVPCQI	CVCDNGNVLC	DDVICDELKD	CPNAKVPTDE	CCPVCPEGQE
110	120	130	140	150
SPTDQETTGV	EGPKGDTGPR	GPRGPAGPPG	RDGIPGQPGL	PGPPGPPGPP
160	170	180	190	200
GPPGLGGNFA	PQLSYGYDEK	STGISVPGPM	GPSGPRGLPG	PPGAPGPQGF
210	220	230	240	250
QGPPGEPGEP	GASGPMGPRG	PPGPPGKNGD	DGEAGKPGRP	GERGPPGPQG
260	270	280	290	300
ARGLPGTAGL	PGMKGHRGFS	GLDGAKGDAG	PAGPKGEPGS	PGENGAPGQM
310	320	330	340	350
GPRGLPGERG	RPGAPGPAGA	RGNDGATGAA	GPPGPTGPAG	PPGFPGAVGA
360	370	380	390	400
KGEGGPQGPR	GSEGPQGVRG	EPGPPGPAGA	AGPAGNPGAD	GQPGAKGANG
410	420	430	440	450
APGIAGAPGF	PGARGPSGPQ	GPSGPPGPKG	NSGEPGAPGS	KGDTGAKGEP
460	470	480	490	500
GPTGIQGPPG	PAGEEGKRGA	RGEPGPAGLP	GPPGERGGPG	SRGFPGADGV
510	520	530	540	550
AGPKGPAGER	GAPGPAGPKG	SPGEAGRPGE	AGLPGAKGLT	GSPGSPGPDG
560	570	580	590	600
KTGPPGPAGQ	DGRPGPPGPP	GARGQAGVMG	FPGPKGAAGE	PGKAGERGVP
610	620	630	640	650
GPPGAVGPAG	KDGEAGAQGP	PGPAGPAGER	GEQGPAGSPG	FQGLPGPAGP
660	670	680	690	700
PGEAGKPGEQ	GVPGDLGAPG	PSGARGERGF	PGERGVQGPP	GPAGPRGANG
710	720	730	740	750
APGNDGAKGD	AGAPGAPGSQ	GAPGLQGMPG	ERGAAGLPGP	KGDRGDAGPK

续表

760	770	780	790	800
GADGAPGKDG	VRGLTGPIGP	PGPAGAPGDK	GEAGPSGPAG	PTGARGAPGD
810	820	830	840	850
RGEPGPPGPA	GFAGPPGADG	QPGAKGEPGD	AGAKGDAGPP	GPAGPAGPPG
860	870	880	890	900
PIGNVGAPGP	KGARGSAGPP	GATGFPGAAG	RVGPPGPSGN	AGPPGPPGPA
910	920	930	940	950
GKEGSKGPRG	ETGPAGRPGE	VGPPGPPGPA	GEKGAPGADG	PAGAPGTPGP
960	970	980	990	1000
QGIAGQRGVV	GLPGQRGERG	FPGLPGPSGE	PGKQGPSGAS	GERGPPGPMG
1010	1020	1030	1040	1050
PPGLAGPPGE	SGREGAPGAE	GSPGRDGSPG	AKGDRGETGP	AGPPGAPGAP
1060	1070	1080	1090	1100
GAPGPVGPAG	KSGDRGETGP	AGPAGPIGPV	GARGPAGPQG	PRGDKGETGE
1110	1120	1130	1140	1150
QGDRGIKGHR	GFSGLQGPPG	PPGSPGEQGP	SGASGPAGPR	GPPGSAGSPG
1160	1170	1180	1190	1200
KDGLNGLPGP	IGPPGPRGRT	GDAGPAGPPG	PPGPPGPPGP	PSGGYDLSFL
1210	1220	1230	1240	1250
PQPPQEKAHD	GGRYYRADDA	NVVRDRDLEV	DTTLKSLSQQ	IENIRSPEGS
1260	1270	1280	1290	1300
RKNPARTCRD	LKMCHSDWKS	GEYWIDPNQG	CNLDAIKVFC	NMETGETCVY
1310	1320	1330	1340	1350
PTQPSVAQKN	WYISKNPKEK	RHVWYGESMT	GGFQFEYGGQ	GSDPADVAIQ
1360	1370	1380	1390	1400
LTFLRLMSTE	ASQNITYHCK	NSVAYMDQQT	GNLKKALLLQ	GSNEIEIRAE
1410	1420	1430	1440	1450
GNSRFTYSVT	YDGCTSHTGA	WGKTVIEYKT	TKTSRLPIID	VAPLDVGAPD
1460				
QEFGFDVGPA	CFL			

附表1-2 来源于牛的Ⅰ型胶原蛋白α-2链序列（P02465）

10	20	30	40	50
MLSFVDTRTL	LLLAVTSCLA	TCQSLQEATA	RKGPSGDRGP	RGERGPPGPP
60	70	80	90	100
GRDGDDGIPG	PPGPPGPPGP	PGLGGNFAAQ	FDAKGGGPGP	MGLMGPRGPP
110	120	130	140	150
GASGAPGPQG	FQGPPGEPGE	PGQTGPAGAR	GPPGPPGKAG	EDGHPGKPGR

续表

160	170	180	190	200
PGERGVVGPQ	GARGFPGTPG	LPGFKGIRGH	NGLDGLKGQP	GAPGVKGEPG
210	220	230	240	250
APGENGTPGQ	TGARGLPGER	GRVGAPGPAG	ARGSDGSVGP	VGPAGPIGSA
260	270	280	290	300
GPPGFPGAPG	PKGELGPVGN	PGPAGPAGPR	GEVGLPGLSG	PVGPPGNPGA
310	320	330	340	350
NGLPGAKGAA	GLPGVAGAPG	LPGPRGIPGP	VGAAGATGAR	GLVGEPGPAG
360	370	380	390	400
SKGESGNKGE	PGAVGQPGPP	GPSGEEGKRG	STGEIGPAGP	PGPPGLRGNP
410	420	430	440	450
GSRGLPGADG	RAGVMGPAGS	RGATGPAGVR	GPNGDSGRPG	EPGLMGPRGF
460	470	480	490	500
PGSPGNIGPA	GKEGPVGLPG	IDGRPGPIGP	AGARGEPGNI	GFPGPKGPSG
510	520	530	540	550
DPGKAGEKGH	AGLAGARGAP	GPDGNNGAQG	PPGLQGVQGG	KGEQGPAGPP
560	570	580	590	600
GFQGLPGPAG	TAGEAGKPGE	RGIPGEFGLP	GPAGARGERG	PPGESGAAGP
610	620	630	640	650
TGPIGSRGPS	GPPGPDGNKG	EPGVVGAPGT	AGPSGPSGLP	GERGAAGIPG
660	670	680	690	700
GKGEKGETGL	RGDIGSPGRD	GARGAPGAIG	APGPAGANGD	RGEAGPAGPA
710	720	730	740	750
GPAGPRGSPG	ERGEVGPAGP	NGFAGPAGAA	GQPGAKGERG	TKGPKGENGP
760	770	780	790	800
VGPTGPVGAA	GPSGPNGPPG	PAGSRGDGGP	PGATGFPGAA	GRTGPPGPSG
810	820	830	840	850
ISGPPGPPGP	AGKEGLRGPR	GDQGPVGRSG	ETGASGPPGF	VGEKGPSGEP
860	870	880	890	900
GTAGPPGTPG	PQGLLGAPGF	LGLPGSRGER	GLPGVAGSVG	EPGPLGIAGP
910	920	930	940	950
PGARGPPGNV	GNPGVNGAPG	EAGRDGNPGN	DGPPGRDGQP	GHKGERGYPG
960	970	980	990	1000
NAGPVGAAGA	PGPQGPVGPV	GKHGNRGEPG	PAGAVGPAGA	VGPRGPSGPQ
1010	1020	1030	1040	1050
GIRGDKGEPG	DKGPRGLPGL	KGHNGLQGLP	GLAGHHGDQG	APGAVGPAGP
1060	1070	1080	1090	1100
RGPAGPSGPA	GKDGRIGQPG	AVGPAGIRGS	QGSQGPAGPP	GPPGPPGPPG

续表

1110	1120	1130	1140	1150
PSGGGYEFGF	DGDFYRADQP	RSPTSLRPKD	YEVDATLKSL	NNQIETLLTP
1160	1170	1180	1190	1200
EGSRKNPART	CRDLRLSHPE	WSSGYYWIDP	NQGCTMDAIK	VYCDFSTGET
1210	1220	1230	1240	1250
CIRAQPEDIP	VKNWYRNSKA	KKHVWVGETI	NGGTQFEYNV	EGVTTKEMAT
1260	1270	1280	1290	1300
QLAFMRLLAN	HASQNITYHC	KNSIAYMDEE	TGNLKKAVIL	QGSNDVELVA
1310	1320	1330	1340	1350
EGNSRFTYTV	LVDGCSKKTN	EWQKTIIEYK	TNKPSRLPIL	DIAPLDIGGA
1360				
DQEIRLNIGP	VCFK			

附表1-3 来源于牛的 II 型胶原蛋白α-1链序列（P02465）

10	20	30	40	50
MIRLGAPQTL	VLLTLLVAAV	LRCHGQDVQK	AGSCVQDGQR	YNDKDVWKPE
60	70	80	90	100
PCRICVCDTG	TVLCDDIICE	DMKDCLSPET	PFGECCPICS	ADLPTASGQP
110	120	130	140	150
GPKGQKGEPG	DIKDIVGPKG	PPGPQGPAGE	QGPRGDRGDK	GEKGAPGPRG
160	170	180	190	200
RDGEPGTPGN	PGPPGPPGPP	GPPGLGGNFA	AQMAGGFDEK	AGGAQMGVMQ
210	220	230	240	250
GPMGPMGPRG	PPGPAGAPGP	QGFQGNPGEP	GEPGVSGPMG	PRGPPGPPGK
260	270	280	290	300
PGDDGEAGKP	GKSGERGPPG	PQGARGFPGT	PGLPGVKGHR	GYPGLDGAKG
310	320	330	340	350
EAGAPGVKGE	SGSPGENGSP	GPMGPRGLPG	ERGRTGPAGA	AGARGNDGQP
360	370	380	390	400
GPAGPPGPVG	PAGGPGFPGA	PGAKGEAGPT	GARGPEGAQG	PRGEPGTPGS
410	420	430	440	450
PGPAGAAGNP	GTDGIPGAKG	SAGAPGIAGA	PGFPGPRGPP	GPQGATGPLG
460	470	480	490	500
PKGQTGEPGI	AGFKGEQGPK	GEPGPAGPQG	APGPAGEEGK	RGARGEPGGA
510	520	530	540	550
GPAGPPGERG	APGNRGFPGQ	DGLAGPKGAP	GERGPSGLAG	PKGANGDPGR

续表

560	570	580	590	600
PGEPGLPGAR	GLTGRPGDAG	PQGKVGPSGA	PGEDGRPGPP	GPQGARGQPG
610	620	630	640	650
VMGFPGPKGA	NGEPGKAGEK	GLPGAPGLRG	LPGKDGETGA	AGPPGPAGPA
660	670	680	690	700
GERGEQGAPG	PSGFQGLPGP	PGPPGEGGKP	GDQGVPGEAG	APGLVGPRGE
710	720	730	740	750
RGFPGERGSP	GSQGLQGARG	LPGTPGTDGP	KGAAGPAGPP	GAQGPPGLQG
760	770	780	790	800
MPGERGAAGI	AGPKGDRGDV	GEKGPEGAPG	KDGGRGLTGP	IGPPGPAGAN
810	820	830	840	850
GEKGEVGPPG	PAGTAGARGA	PGERGETGPP	GPAGFAGPPG	ADGQPGAKGE
860	870	880	890	900
QGEAGQKGDA	GAPGPQGPSG	APGPQGPTGV	TGPKGARGAQ	GPPGATGFPG
910	920	930	940	950
AAGRVGPPGS	NGNPGPPGPP	GPSGKDGPKG	ARGDSGPPGR	AGDPGLQGPA
960	970	980	990	1000
GPPGEKGEPG	DDGPSGPDGP	PGPQGLAGQR	GIVGLPGQRG	ERGFPGLPGP
1010	1020	1030	1040	1050
SGEPGKQGAP	GASGDRGPPG	PVGPPGLTGP	AGEPGREGSP	GADGPPGRDG
1060	1070	1080	1090	1100
AAGVKGDRGE	TGAVGAPGAP	GPPGSPGPAG	PIGKQGDRGE	AGAQGPMGPA
1110	1120	1130	1140	1150
GPAGARGMPG	PQGPRGDKGE	TGEAGERGLK	GHRGFTGLQG	LPGPPGPSGD
1160	1170	1180	1190	1200
QGASGPAGPS	GPRGPPGPVG	PSGKDGANGI	PGPIGPPGPR	GRSGETGPAG
1210	1220	1230	1240	1250
PPGNPGPPGP	PGPPGPGIDM	SAFAGLGQRE	KGPDPLQYMR	ADEAAGNLRQ
1260	1270	1280	1290	1300
HDAEVDATLK	SLNNQIESLR	SPEGSRKNPA	RTCRDLKLCH	PEWKSGDYWI
1310	1320	1330	1340	1350
DPNQGCTLDA	MKVFCNMETG	ETCVYPNPAS	VPKKNWWSSK	SKDKKHIWFG
1360	1370	1380	1390	1400
ETINGGFHFS	YGDDNLAPNT	ANVQMTFLRL	LSTEGSQNIT	YHCKNSIAYL
1410	1420	1430	1440	1450
DEAAGNLKKA	LLIQGSNDVE	IRAEGNSRFT	YTVLKDGCTK	HTGKWGKTMI
1460	1470	1480		
EYRSQKTSRL	PIIDIAPMDI	GGPEQEFGVD	IGPVCFL	

附表1-4 来源于牛的 Ⅲ 型胶原蛋白α-1链序列（P04258）

10	20	30	40	50
EYEAYDVKSG	VAGGGIAGYP	GPAGPPGPPG	PPGTSGHPGA	PGAPGYQGPP
60	70	80	90	100
GEPGQAGPAG	PPGPPGAIGP	SGKDGESGRP	GRPGPRGFPG	PPGMKGPAGM
110	120	130	140	150
PGFPGMKGHR	GFDGRNGEKG	EPGAPGLKGE	NGVPGEDGAP	GPMGPRGAPG
160	170	180	190	200
ERGRPGLPGA	AGARGNDGAR	GSDGQPGPPG	PPGTAGFPGS	PGAKGEVGPA
210	220	230	240	250
GSPGSSGAPG	QRGEPGPQGH	AGAPGPPGPP	GSDGSPGGKG	EMGPAGIPGA
260	270	280	290	300
PGLIGARGPP	GPPGTNGVPG	QRGAAGEPGK	NGAKGDPGPR	GERGEAGSPG
310	320	330	340	350
IAGPKGEDGK	DGSPGEPGAN	GLPGAAGERG	VPGFRGPAGA	NGLPGEKGPP
360	370	380	390	400
GDRGGPGPAG	PRGVAGEPGR	NGLPGGPGLR	GIPGSPGGPG	SNGKPGPPGS
410	420	430	440	450
QGETGRPGPP	GSPGPRGQPG	VMGFPGPKGN	DGAPGKNGER	GGPGGPGPQG
460	470	480	490	500
PAGKNGETGP	QGPPGPTGPS	GDKGDTGPPG	PQGLQGLPGT	SGPPGENGKP
510	520	530	540	550
GEPGPKGEAG	APGIPGGKGD	SGAPGERGPP	GAGGPPGPRG	GAGPPGPEGG
560	570	580	590	600
KGAAGPPGPP	GSAGTPGLQG	MPGERGGPGG	PGPKGDKGEP	GSSGVDGAPG
610	620	630	640	650
KDGPRGPTGP	IGPPGPAGQP	GDKGESGAPG	VPGIAGPRGG	PGERGEQGPP
660	670	680	690	700
GPAGFPGAPG	QNGEPGAKGE	RGAPGEKGEG	GPPGAAGPAG	GSGPAGPPGP
710	720	730	740	750
QGVKGERGSP	GGPGAAGFPG	GRGPPGPPGS	NGNPGPPGSS	GAPGKDGPPG
760	770	780	790	800
PPGSNGAPGS	PGISGPKGDS	GPPGERGAPG	PQGPPGAPGP	LGIAGLTGAR
810	820	830	840	850
GLAGPPGMPG	ARGSPGPQGI	KGENGKPGPS	GQNGERGPPG	PQGLPGLAGT
860	870	880	890	900
AGEPGRDGNP	GSDGLPGRDG	APGAKGDRGE	NGSPGAPGAP	GHPGPPGPVG

续表

910	920	930	940	950
PAGKSGDRGE	TGPAGPSGAP	GPAGSRGPPG	PQGPRGDKGE	TGERGAMGIK
960	970	980	990	1000
GHRGFPGNPG	APGSPGPAGH	QGAVGSPGPA	GPRGPVGPSG	PPGKDGASGH
1010	1020	1030	1040	
PGPIGPPGPR	GNRGERGSEG	SPGHPGQPGP	PGPPGAPGPC	CGAGGVAAI

附表1-5 来源于猪的 I 型胶原蛋白α-1链序列（A0A5G2QQE9_PIG）

10	20	30	40	50
MFSFVDLRLL	LLLAATALLT	HGQEEGQEEG	QQGQEEDIPP	VTCVQNGLRY
60	70	80	90	100
HDRDVWKPVP	CQICVCDNGN	VLCDDVICDE	IKNCPSARVP	AGECCPVCPE
110	120	130	140	150
GEVSPTDQET	TGVEGPKGDT	GPRGPRGPSG	PPGRDGIPGQ	PGLPGNFAPQ
160	170	180	190	200
LSYGYDEKSA	GISVPGPMGP	SGPRGLPGPP	GAPGPQGFQG	PPGEPGEPGA
210	220	230	240	250
SGPMGPRGPP	GPPGKNGDDG	EAGKPGRPGE	RGPPGPQGAR	GLPGTAGLPG
260	270	280	290	300
MKGHRGFSGL	DGAKGDAGPA	GPKGEPGSPG	ENGAPGQMGP	RGLPGERGRP
310	320	330	340	350
GPPGPAGARG	NDGATGAAGP	PGPTGPAGPP	GFPGAVGAKG	EAGPQGARGS
360	370	380	390	400
EGPQGVRGEP	GPPGPAGAAG	PAGNPGADGQ	PGGKGANGAP	GIAGAPGFPG
410	420	430	440	450
ARGPSGPQGP	SGPPGPKGNS	GEPGAPGSKG	DTGAKGEPGP	TGVQGPPGPA
460	470	480	490	500
GEEGKRGARG	EPGPAGLPGP	PGERGGPGSR	GFPGADGVAG	PKGPAGERGS
510	520	530	540	550
PGPAGPKGSP	GEAGRPGEAG	LPGAKGLTGS	PGSPGPDGKT	GPPGPAGQDG
560	570	580	590	600
RPGPPGPPGA	RGQAGVMGFP	GPKGAAGEPG	KAGERGVPGP	PGAVGPAGKD
610	620	630	640	650
GEAGAQGPPG	PAGPAGERGE	QGPAGSPGFQ	GLPGPAGPPG	EAGKPGEQGV
660	670	680	690	700
PGDLGAPGPS	GARGERGFPG	ERGVQGPPGP	AGPRGANGAP	GNDGAKGDAG
710	720	730	740	750
APGAPGSQGA	PGLQGMPGER	GAAGLPGPKG	DRGDAGPKGA	DGAPGKDGVR

续表

760	770	780	790	800
GLTGPIGPPG	PAGAPGDKGE	TGPSGPAGPT	GARGAPGDRG	EPGPPGPAGF
810	820	830	840	850
AGPPGADGQP	GAKGEPGDAG	AKGDAGPPGP	AGPTGPPGPI	GSVGAPGPKG
860	870	880	890	900
ARGSAGPPGA	TGFPGAAGRV	GPPGPSGNAG	PPGPPGPAGK	EGSKGPRGET
910	920	930	940	950
GPAGRPGEAG	PPGPPGPAGE	KGSPGADGPA	GAPGTPGPQG	IAGQRGVVGL
960	970	980	990	1000
PGQRGERGFP	GLPGPSGEPG	KQGPSGPSGE	RGPPGPMGPP	GLAGPPGESG
1010	1020	1030	1040	1050
REGAPGAEGS	PGRDGAPGPK	GDRGESGPAG	PPGAPGAPGA	PGPVGPAGKS
1060	1070	1080	1090	1100
GDRGETGPAG	PAGPVGPVGA	RGPAGPQGPR	GDKGETGEQG	DRGIKGHRGF
1110	1120	1130	1140	1150
SGLQGPPGPP	GSPGEQGPSG	ASGPAGPRGP	PGSAGAPGKD	GLNGLPGPIG
1160	1170	1180	1190	1200
PPGPRGRTGD	AGPVGPPGPP	GPPGPPGPPS	GGFDFSFLPQ	PPQEKAHDGG
1210	1220	1230	1240	1250
RYYRADDANV	VRDRDLEVDT	TLKSLSQQIE	NIRSPEGSRK	NPARTCRDLK
1260	1270	1280	1290	1300
MCHSDWKSGE	YWIDPNQGCN	LDAIKVFCNM	ETGETCVYPT	QPSVPQKNWY
1310	1320	1330	1340	1350
ISKNPKDKRH	VVYGESMTDG	FQFEYGGEGS	DPADVAIQLT	FLRLMSTEAS
1360	1370	1380	1390	1400
QNITYHCKNS	VAYMDQQTGN	LKKALLLQGS	NEIEIRAEGN	SRFTYSVIYD
1410	1420	1430	1440	1450
GCTSHTGAWG	KTVIESLSAS	CKLPPPQSGS	LPPNPIAPDP	GNKQTPQTET
1460	1470			
PPKAKKWQTI	SHGLWKIFFS	FAFISQT		

附表1-6 来源于猪的Ⅰ型胶原蛋白α-2链序列（F1SFA7_PIG）

10	20	30	40	50
MGLMGPRGPP	GAVGAPGPQG	FQGPAGEPGE	PGQTGPAGAR	GPPGPPGKAG
60	70	80	90	100
EDGHPGKPGR	PGERGVVGPQ	GARGFPGTPG	LPGFKGIRGH	NGLDGLKGQP
110	120	130	140	150
GAPGVKGEPG	APGENGTPGQ	TGARGLPGER	GRVGAPGPAG	ARGNDGSVGP

续表

160	170	180	190	200
VGPAGPIGSA	GPPGFPGAPG	PKGELGPVGN	PGPAGPAGPR	GEVGLPGVSG
210	220	230	240	250
PVGPPGNPGA	NGLPGAKGAA	GLPGVAGAPG	LPGPRGIPGP	AGAAGATGAR
260	270	280	290	300
GLVGEPGPAG	SKGESGNKGE	PGAAGPQGPP	GPSGEEGKRG	PNGEVGSAGP
310	320	330	340	350
PGPPGLRGNP	GSRGLPGADG	RAGVMGPPGS	RGPTGPAGVR	GPNGDSGRPG
360	370	380	390	400
EPGLMGPRGF	PGSPGNVGPA	GKEGPAGLPG	IDGRPGPIGP	AGARGEPGNI
410	420	430	440	450
GFPGPKGPTG	DPGKNGEKGH	AGLAGARGAP	GPDGNNGAQG	PPGPQGVQGG
460	470	480	490	500
KGEQGPAGPP	GFQGLPGPAG	TAGEVGKPGE	RGIPGEFGLP	GPAGPRGERG
510	520	530	540	550
PPGESGAAGP	AGPIGSRGPS	GPPGPDGNKG	EPGVLGAPGT	AGPSGPSGLP
560	570	580	590	600
GERGAAGIPG	GKGEKGETGL	RGDVGSPGRD	GARGAPGAVG	APGPAGANGD
610	620	630	640	650
RGEAGPAGPA	GPAGPRGSPG	ERGEVGPAGP	NGFAGPAGAA	GQPGAKGERG
660	670	680	690	700
TKGPKGENGP	VGPTGPVGAA	GPAGPNGPPG	PAGSRGDGGP	PGATGFPGAA
710	720	730	740	750
GRIGPPGPSG	ISGPPGPPGP	AGKEGLRGPR	GDQGPVGRTG	ETGASGPPGF
760	770	780	790	800
AGEKGPSGEP	GTAGPPGTPG	PQGILGAPGF	LGLPGSRGER	GLPGVAGSVG
810	820	830	840	850
EPGPLGIAGP	PGARGPPGAV	GNPGVNGAPG	EAGRDGNPGS	DGPPGRDGQA
860	870	880	890	900
GHKGERGYPG	NPGPAGAAGA	PGPQGAVGPA	GKHGNRGEPG	PAGSVGPAGA
910	920	930	940	950
VGPRGPSGPQ	GIRGEKGEPG	DKGPRGLPGL	KGHNGLQGLP	GLAGHHGDQG
960	970	980	990	1000
APGPVGPAGP	RGPAGPSGPA	GKDGRTGQPG	AVGPAGIRGS	QGSQGPAGPP
1010	1020	1030	1040	1050
GPPGPPGPPG	PSGGGYDFGY	EGDFYRADQP	RSPPSLRPKD	YEVDATLKSL
1060	1070	1080	1090	1100
NNQIETLLTP	EGSRKNPART	CRDLRLSHPE	WSSGYYWIDP	NQGCTMDAIK
1110	1120	1130		
VYCDFSTGET	CIRLNLKTSQ	PKTGTETPRS	RSTSG	

附表1-7 来源于猪的 II 型胶原蛋白α-1链序列（A0A286ZWS8_PIG）

10	20	30	40	50
MIRLGAPQTL	VLLTLLVAAV	LRCHGQDVQK	AGSCVQDGQR	YNDKDVWKPE
60	70	80	90	100
PCRICVCDTG	TVLCDDIICE	DLKDCLSPET	PFGECCPICS	TDLATASGQL
110	120	130	140	150
GPKGQKGEPG	DIKDIVGPKG	PPGPQGPAGE	QGPRGDRGDK	GEKGAPGPRG
160	170	180	190	200
RDGEPGTPGN	PGPPGPPGPP	GPPGLGGNFA	AQMAGGFDEK	AGGAQMGVMQ
210	220	230	240	250
GPMGPMGPRG	PPGPAGAPGP	QGFQGNPGEP	GEPGVSGPMG	PRGPPGPPGK
260	270	280	290	300
PGDDGEAGKP	GKSGERGPPG	PQGARGFPGT	PGLPGVKGHR	GYPGLDGAKG
310	320	330	340	350
EAGAPGVKGE	SGSPGENGSP	GPMGPRGLPG	ERGRTGPAGA	AGARGNDGQP
360	370	380	390	400
GPAGPPGPVG	PAGGPGFPGA	PGAKGEAGPT	GARGPEGAQG	PRGEPGNPGS
410	420	430	440	450
PGPAGASGNP	GTDGIPGAKG	SAGAPGIAGA	PGFPGPRGPP	GPQGATGPLG
460	470	480	490	500
PKGQTGEPGI	AGFKGEQGPK	GEPGPAGPQG	APGPAGEEGK	RGARGEPGGA
510	520	530	540	550
GPAGPPGERG	APGNRGFPGQ	DGLAGPKGAP	GERGPSGLAG	PKGANGDPGR
560	570	580	590	600
PGEPGLPGAR	GLTGRPGDAG	PQGKVGPSGA	PGEDGRPGPP	GPQGARGQPG
610	620	630	640	650
VMGFPGPKGA	NGEPGKAGEK	GLPGAPGLRG	LPGKDGETGA	AGPPGPAGPA
660	670	680	690	700
GERGEQGAPG	PSGFQGLPGP	PGAPGEGGKP	GDQGVPGEAG	APGVGPRGER
710	720	730	740	750
GFPGERGSPG	SQGLQGPRGL	PGTPGTDGPK	GASGPAGPPG	AQGPPGLQGM
760	770	780	790	800
PGERGAAGIA	GPKGDRGDVG	EKGPEGAPGK	DGGRGLTGPI	GPPGPAGANG
810	820	830	840	850
EKGEVGPPGP	AGTAGARGAP	GERGETGPPG	PAGFAGPPGA	DGQPGAKGEQ
860	870	880	890	900
GEAGQKGDAG	APGPQGPSGA	PGPQGPTGVT	GPKGARGAQG	PPGATGFPGA
910	920	930	940	950
AGRVGPPGSN	GNPGPPGPPG	PSGKDGPKGA	RGDSGPPGRA	GDPGLQGPAG
960	970	980	990	1000
PPGEKGEPGE	DGPSGPDGPP	GPQGLAGQRG	IVGLPGQRGE	RGFPGLPGPS

续表

1010	1020	1030	1040	1050
GEPGKQGAPG	ASGDRGPPGP	VGPPGLTGPS	GEPGREGSPG	ADGPPGRDGA
1060	1070	1080	1090	1100
AGVKGDRGET	GAAGAPGAPG	PPGSPGPAGP	TGKQGDRGEA	GAQGPMGPAG
1110	1120	1130	1140	1150
PAGARGMPGP	QGPRGDKGEA	GEAGERGLKG	HRGFTGLQGL	PGPPGPSGDQ
1160	1170	1180	1190	1200
GASGPAGPSG	PRGPPGPVGP	SGKDGANGIP	GPIGPPGPRG	RSGETGPAGP
1210	1220	1230	1240	1250
PGTPGPPGPP	GPPGPGIDMS	AFAGLGQREK	GPDPLQYMRA	DEAAGNLRQH
1260	1270	1280	1290	1300
DAEVDATLKS	LNNQIESIRS	PEGSRKNPAR	TCRDLKLCHP	EWKSGDYWID
1310	1320	1330	1340	1350
PNQGCTLDAM	KVFCNMETGE	TCVYPSPASV	PKKNWWSSKS	KDKKHIWFGE
1360	1370	1380	1390	1400
TINGGFHFSY	GDDNLAPNTA	NVQMTFLRLL	STEGSQNITY	HCKNSIAYLD
1410	1420	1430	1440	1450
EAAGNLKKAL	LIQGSNDVEI	RAEGNSRFTY	TVLKDGCTKH	TGKWGQTMIE
1460	1470	1480		
YRSQKTSRLP	IIDIAPMDIG	GPEQEFGVDI	GPVCFL	

附表1-8 来源于猪的Ⅲ型胶原蛋白α-1链序列（A0A286ZQ85_PIG）

10	20	30	40	50
MTGPDMTSFV	QKGTWLLFAL	LHPTVILAQQ	QEAIEGGCSH	LGQSYADRDV
60	70	80	90	100
WKPEPCQICV	CDSGSVLCDD	IICDDQELDC	PNPEIPFGEC	CAVCPQPPTA
110	120	130	140	150
PTRPPNGHGP	QGPKGDPGPP	GIPGRNGDPG	LPGQPGSPGS	PGPPGICESC
160	170	180	190	200
PTGGQNYSPQ	YESYDVKAGV	AGGGIGGYPG	PAGPPGPPGP	PGVSGHPGAP
210	220	230	240	250
GSPGYQGPPG	EPGQAGPAGP	PGPPGAIGPS	GPAGKDGESG	RPGRPGERGL
260	270	280	290	300
PGPPGLKGPA	GMPGFPGMKG	HRGFDGRNGE	KGDTGAPGLK	GENGLPGENG
310	320	330	340	350
APGPMGPRGA	PGERGRPGLP	GAAGARGNDG	ARGSDGQPGP	PGPPGTAGFP

续表

360	370	380	390	400
GSPGAKGEVG	PAGSPGPSGS	PGQRGEPGPQ	GHAGAAGPPG	PPGSNGSPGG
410	**420**	**430**	**440**	**450**
KGEMGPAGIP	GAPGLMGARG	PPGPPGTNGA	PGQRGAAGEP	GKNGAKGEPG
460	**470**	**480**	**490**	**500**
PRGERGEAGS	PGIPGPKGED	GKDGSPGEPG	ANGLPGAAGE	RGMPGFRGAP
510	**520**	**530**	**540**	**550**
GANGLPGEKG	PAGERGGPGP	AGPRGVAGEP	GRDGVPGGPG	LRGMPGSPGG
560	**570**	**580**	**590**	**600**
PGSDGKPGPP	GSQGESGRPG	PPGSPGPRGQ	PGVMGFPGPK	GNDGAPGKNG
610	**620**	**630**	**640**	**650**
ERGGPGGPGL	PGPPGKNGET	GPQGPPGPTG	PGGDKGDTGP	PGQQGLQGLP
660	**670**	**680**	**690**	**700**
GTSGPPGENG	KPGEPGPKGE	AGAPGIPGGK	GDSGAPGERG	PPGAVGPSGP
710	**720**	**730**	**740**	**750**
RGGAGPPGPE	GGKGPAGPPG	PPGAAGTPGL	QGMPGERGGS	GGPGPKGDKG
760	**770**	**780**	**790**	**800**
DPGGSADGA	PGKDGPRGPT	GPIGPPGPAG	QPGDKGESGA	PGLPGIAGPR
810	**820**	**830**	**840**	**850**
GGPGERGEHG	PPGPAGFPGA	PGQNGEPGAK	GERGAPGEKG	EGGPPGIAGQ
860	**870**	**880**	**890**	**900**
PGGTGPPGPP	GPQGVKGERG	SPGGPGAAGF	PGGRGLPGPP	GSNGNPGPPG
910	**920**	**930**	**940**	**950**
SSGPPGKDGP	PGPPGSSGAP	GSPGVSGPKG	DAGQPGEKGS	PGPQGPPGAP
960	**970**	**980**	**990**	**1000**
GPGGISGITG	ARGLAGPPGM	PGARGSPGPQ	GVKGENGKPG	PSGLNGERGP
1010	**1020**	**1030**	**1040**	**1050**
PGPQGLPGLA	GAAGEPGRDG	NPGSDGLPGR	DGAPGSKGDR	GENGSPGAPG
1060	**1070**	**1080**	**1090**	**1100**
APGHPGPPGP	VGPAGKNGDR	GETGPAGPAG	APGPAGSRGA	PGPQGPRGDK
1110	**1120**	**1130**	**1140**	**1150**
GETGERGANG	IKGHRGFPGN	PGAPGSPGPA	GHQGAVGSPG	PAGPRGPVGP
1160	**1170**	**1180**	**1190**	**1200**
SGPPGKDGAS	GHPGPIGPPG	PRGNRGERGS	EGSPGHPGQP	GPPGPPGAPG
1210	**1220**	**1230**	**1240**	**1250**
PCCGGGAAAI	AGVGGEKAGG	FAPYYGDEPM	DFKINTDEIM	TSLKSVNGQI
1260	**1270**	**1280**	**1290**	**1300**
ESLISPDGSR	KNPARNCRDL	KFCHPELKSG	EYWVDPNQGC	KMDAIKVFCN

续表

1310	1320	1330	1340	1350
METGETCISA	SPSTVPRKNW	WTDSGAEKKY	VWFGESMNGG	FQFSYGNPEL
1360	1370	1380	1390	1400
PEDVLDVQLA	FLRLLSSRAS	QNITYHCKNS	IAYMEHASGN	VKKALRLMGS
1410	1420	1430	1440	1450
NEGEFKAEGN	SKFTYTVLED	GCTKHTGEWG	KTVFEYRTRK	AVRLPIVDIA
1460	1470			
PYDIGGPDQE	FGADIGPVCF	L		

附表1-9 来源于罗非鱼的Ⅰ型胶原蛋白α-1链序列（G9M6I5）

10	20	30	40	50
MFSFVDLRLA	LLLLSAAVLLV	RAQGEDDRTG	KSCTLDGQVF	ADRDVWKPEP
60	70	80	90	100
CQICVCDSGT	VMCDEVICED	TTDCPNPIIP	HDECCPICPD	DGFQEPQTEG
110	120	130	140	150
TVGARGPKGD	RGLPGPPGRD	GMPGQPGLPG	PPGPPGPPGL	GGNFSPQMSG
160	170	180	190	200
GYDEKSPAMP	VPGPMGPMGP	RGPPGPPGSS	GPQGFTGPPG	EAGEPGSPGP
210	220	230	240	250
MGPRGPAGPP	GKNGEDGESG	KPGRPGERGP	PGPQGARGFP	GTPGLPGIKG
260	270	280	290	300
HRGFSGLDGA	KGDTGPAGPK	GEAGTPGENG	TPGAMGPRGL	PGERGRAGAT
310	320	330	340	350
GAAGARGNDG	AAGAAGPPGP	TGPAGPPGFP	GGPGAKGDAG	AQGGRGPEGP
360	370	380	390	400
AGARGEPGNP	GPAGPAGPAG	NPGSDGAPGA	KGAPGAAGVA	GAPGFPGPRG
410	420	430	440	450
PSGPQGAAGA	PGPKGNTGEA	GAPGSKGEAG	AKGEAGAPGV	QGPPGPPGEE
460	470	480	490	500
GKRGARGEPG	AAGARGGPGE	RGAPGGRGFP	GSDGPAGPKG	ATGERGAPGL
510	520	530	540	550
VGPKGATGEP	GRTGEPGLPG	AKGMTGSPGN	PGPDGKIGPS	GAPGQDGRPG
560	570	580	590	600
PPGPGGARGQ	PGVMGFPGPK	GAAGEAGKPG	ERGTMGPTGP	AGAPGKDGDV
610	620	630	640	650
GAQGPPGPAG	PAGERGEQGP	AGSPGFQGLP	GPQGAVGETG	KPGEQGVPGE
660	670	680	690	700
AGAPGPAGAR	GDRGFPGERG	APGAIGPAGA	RGSPGASGND	GAKGDAGAPG

续表

710	720	730	740	750
TPGAQGPPGL	QGMPGERGAA	GLPGLRGNRG	DQGPKGADGT	PGKDGPRGLT
760	770	780	790	800
GPIGLPGPAG	SPGDKGEPGA	QGPVGPSGAR	GPPGERGEAG	PPGPAGFAGP
810	820	830	840	850
PGADGQPGAK	GEPGDNGAKG	DSGPPGPAGP	TGAPGPQGPV	GNTGPKGARG
860	870	880	890	900
PAGPPGATGF	PGAAGRVGPP	GPAGNAGPPG	PPGPAGKEGP	KGNRGETGPA
910	920	930	940	950
GRPGELGAAG	PPGPPGEKGS	PGADGAPGSA	GIPGPQGIAG	QRGIVGLPGQ
960	970	980	990	1000
RGERGFPGLA	GPVGEPGKQG	PSGPSGERGP	PGPMGPPGLA	GAPGEPGREG
1010	1020	1030	1040	1050
TPGNEGAAGR	DGAPGPKGDR	GESGPAGAPG	APGPPGAPGP	VGPAGKTGDR
1060	1070	1080	1090	1100
GETGPAGPAG	AAGPAGPRGP	AGAPGLRGDK	GETGEAGERG	MKGHRGFTGM
1110	1120	1130	1140	1150
QGPPGPPGTS	GESGPAGAAG	PAGPRGPSGA	AGAPGKDGVS	GLPGPTGPPG
1160	1170	1180	1190	1200
PRGRSGEMGP	AGPPGPPGPP	GAPGAPGGGF	DLGFMVQPQE	KAPDPFRMYR
1210	1220	1230	1240	1250
ADDANVLRDR	DLEVDSTLKS	LSQQIEQIRS	PDGTRKNPAR	TCRDLKMCHP
1260	1270	1280	1290	1300
DWKSGEYWID	PDQGCTQDAI	KVYCNMETGE	TCVSPTQREV	AKKNWYISKN
1310	1320	1330	1340	1350
IKEKKHVWFG	EAMNEGFQFE	YGSEGSLPED	VNIQMTFLRL	MSTEASQNIT
1360	1370	1380	1390	1400
YHCKNSVAYM	DAAAGNLKKA	LLLQGSNEIE	IRAEGNSRFT	YSVLEDGCTS
1410	1420	1430	1440	
HTGTWGKTVI	DYKTSKTSRL	PIIDIAPMDV	GAPDQEFGFE	VGPVCFL

附表1-10 来源于罗非鱼的Ⅰ型胶原蛋白α-2链序列（G9M6I6）

10	20	30	40	50
MLSFVDTRIL	LLLAVTSYLA	SCQFAGPKGP	RGDRGPPGPN	GKDGLPGPPG
60	70	80	90	100
PAGPPGPPGL	GGNFAAQYDG	VKAPDPGPGP	MGLMGPRGPP	GPPGASGPQG
110	120	130	140	150
HTGHAGEPGE	PGQAGAVGPR	GPPGPPGKAG	EDGNNGRPGK	PGDRGAPGPQ

续表

160	170	180	190	200
GARGFPGTPG	LPGMKGHRGY	TGLDGRKGEP	GAAGPKGEPG	AHGAAGSPGL
210	220	230	240	250
AGARGLPGER	GRPGPAGPAG	ARGADGNAGP	TGPAGPLGAA	GPPGFPGGPG
260	270	280	290	300
PKGETGPVGA	TGPSGPQGSR	GEPGPNGAVG	PVGPSGNPGA	NGLNGAKGAA
310	320	330	340	350
GTPGVAGAPG	FPGPRGGPGP	QGPQGAAGPR	GLAGDPGIQG	VKGDSGPKGE
360	370	380	390	400
PGHSGPQGPP	GPQGEEGKRG	PTGEIGATGL	AGARGARGAP	GSRGMPGAEG
410	420	430	440	450
RTGPVGMPGA	RGATGAAGPR	GPPGDAGRAG	EPGAAGLRGL	PGSPGSSGPP
460	470	480	490	500
GKEGPAGPSG	QDGRSGPPGP	SGPRGLSGNI	GFPGPKGPSG	EPGKPGERGA
510	520	530	540	550
TGPTGLRGPP	GPDGNNGATG	ATGVAGGPGE	KGEQGPSGSP	GFQGLPGPAG
560	570	580	590	600
PTGEAGKPGD	RGIPGEPGAA	GNAGAKGERG	NPGAAGSAGP	QGPIGPRGPA
610	620	630	640	650
GAPGPDGGKG	EPGPAGVAGA	PGHQGAGGMP	GERGGAGTPG	PKGEKGEPGH
660	670	680	690	700
KGPDGNPGRD	GPRGLAGPAG	PPGPTGANGD	KGEGGSFGPA	GPAGPRGPSG
710	720	730	740	750
ERGEVGPAGA	PGFAGPPGAD	GQAGARGERG	PSGAKGEVGP	SGLAGPAGQS
760	770	780	790	800
GPAGPAGPGG	PPGARGDNGP	PGLTGFPGAA	GRVGAAGPAG	IVGPPGPAGP
810	820	830	840	850
SGKDGPRGPR	GDPGPSGPSG	EPGIIGPPGL	AGEKGPSGES	GPPGSPGAPG
860	870	880	890	900
TSGPLGLQGF	VGLPGSRGDR	GAPGGAGGVG	EPGRLGPAGP	PGARGAPGNI
910	920	930	940	950
GLPGMTGPQG	EAGREGSPGN	DGPPGRPGAA	GLKGDRGEPG	SAGTTGLAGA
960	970	980	990	1000
PGPAGPTGAA	GRPGNRGEAG	PSGPSGAVGP	AGARGASGPA	GPRGEKGVAG
1010	1020	1030	1040	1050
DKGERGMKGL	RGHPGLQGMP	GPSGPPGDTG	AAGAHGPSGP	RGPAGPHGPV
1060	1070	1080	1090	1100
GKDGRPGAHG	TMGAPGARGP	NGYSGPVGPP	GPPGLPGPPG	PAGGGYDVSG

续表

1110	1120	1130	1140	1150
GYDEYRADQP	ALRAKDYEVD	ATIKSLNTQI	ENLLTPEGSR	KNPARTCRDI
1160	1170	1180	1190	1200
KLSHPDWSSG	FYWIDPNQGC	TNDAIKVFCD	FTTRETCIYA	HPESIARKNW
1210	1220	1230	1240	1250
YRSTENKKHV	WFGETINGGT	EFTYNDETLS	PQSMATQLAF	MRLLSNQASQ
1260	1270	1280	1290	1300
NITYHCKNSV	AYMDGESGSL	KKAVVLQGSN	DVELRAEGNS	RFTFSVLEDG
1310	1320	1330	1340	1350
CTTHTGEWSK	TVIEYRTNKP	SRLPILDIAP	LDIGGADQEF	GLDIGPVCFK

附表1-11 来源于罗非鱼的Ⅰ型胶原蛋白α-3链序列（G9M6I7）

10	20	30	40	50
MFSFVDIRLA	LLLSATVLLA	RGQGEDDRTF	GSCTLDGQLY	NDKDVWKPEP
60	70	80	90	100
CQICVCDSGT	VMCDEVICED	TSDCADPIIP	DGECCPICPD	GQEYTESTPV
110	120	130	140	150
GPTGPKGDPG	LPGYPGANGI	PGDPGPPGPP	GPPGPPGLGG	NFSPQYSDPS
160	170	180	190	200
KSSGPPVPGP	IGPMGPRGPP	GPSGPPGPQG	FTGPPGEPGE	PGASGPLGSR
210	220	230	240	250
GPSGPPGKNG	DDGEAGKPGR	PGERGPAGPQ	GGRGFPGTPG	LPGIKGHRGF
260	270	280	290	300
SGLDGAKGDS	GPAGPKGEPG	TSGENGIPGA	LGARGLPGER	GRPGAPGPAG
310	320	330	340	350
ARGNDGNTGP	AGPPGPTGPA	GPPGFPGGAG	AKGETGAPGG	RGSEGPQGAR
360	370	380	390	400
GEPGNPGPAG	PAGPAGAPGS	DGSPGSKGAP	GAAGIAGAPG	FPGARGPAGA
410	420	430	440	450
QGAVGAPGPK	GNNGDPGPSG	PKGEPGAKGE	PGPAGIQGLP	GPSGEEGKRG
460	470	480	490	500
GRGEPGGAGP	RGPPGERGAP	GARGFPGADG	GAGGKGAPGE	RGAPGPLGAQ
510	520	530	540	550
GVTGESGSPG	APGAPGLKGV	TGSPGSPGPD	GKAGPAGAPG	QDGRPGPPGP
560	570	580	590	600
GGSRGQPGIM	GFPGPKGASG	DSGKPGERGA	TGPAGAVGAP	GKDGDVGAPG
610	620	630	640	650
PSGPAGPAGE	KGEQGPAGSP	GFQGLPGPQG	STGETGKPGE	QGAPGEAGPS

续表

660	670	680	690	700
GPAGPRGDRG	FPGERGGPGI	AGPTGPRGAP	GPAGNDGPKG	EPGAAGAPGG
710	720	730	740	750
LGAPGMQGMP	GERGAAGLPG	ARGDNGEPGG	KGVDGAPGKD	GPRGLTGPIG
760	770	780	790	800
VPGPPGAQGE	KGEAGAVGVA	GPSGPRGSPG	DRGEPGPAGA	AGFAGPPGVD
810	820	830	840	850
GQPGAKGESG	DSGPKGDAGP	PGPTGPAGAS	GPQGPAGAPG	PKGARGSVGS
860	870	880	890	900
PGATGFPGPA	GRVGPPGPAG	AGGAPGPGGP	TGKDGARGTR	GETGPAGRPG
910	920	930	940	950
EAGAAGPPGP	SGEKGSAGSD	GAPGAPGIPG	PQGIAGQRGI	VGLPGQRGER
960	970	980	990	1000
GFPGLPGPSG	EPGKQGSSGP	VGERGAPGPA	GPPGLSGPTG	EAGREGSPGH
1010	1020	1030	1040	1050
DGAPGRDGPS	GPKGDRGETG	LAGPPGPPGA	PGAPGGVGPS	GKTGDRGESG
1060	1070	1080	1090	1100
PSGPAGPAGP	AGVRGPAGPA	GAKGDRGEAG	EAGERGHKGH	RGFTGASGLP
1110	1120	1130	1140	1150
GPAGPPGERG	PAGASGPAGP	RGPSGSNGAP	GKDGVNGIPG	PIGPPGPRGR
1160	1170	1180	1190	1200
NGEMGPAGPP	GPPGPAGPPG	PPGSGFEFVS	QPLQEKAPDP	LRGGHYRADD
1210	1220	1230	1240	1250
PNVMRDRDME	VDTTLKTLTQ	KVEKIRSPDG	TQKSPARMCR	DLRMCHPEWK
1260	1270	1280	1290	1300
SGMYWIDPNQ	GSPLDAVKVH	CNMETGETCV	YPSESTIPMK	NWYLSKNIRE
1310	1320	1330	1340	1350
KKHVWFSESM	TGGFQFQYGS	DGADPEDVNI	QMTFMRLMSN	QASQNVTYHC
1360	1370	1380	1390	1400
KNSIAYMDSA	TGNLKKALLL	QGSNDVEIRA	EGNSRFTYSV	SEDGCTSHTG
1410	1420	1430	1440	
TWGKTVIDYK	TSKTSRLPII	DIAPMDVGAP	DQEFGVQVGP	VCFL

附表1-12　来源于草鱼的Ⅰ型胶原蛋白α-1链序列（E2GK07）

10	20	30	40	50
MFSFVDIRLA	LLLSATVLLA	RGQGEDDRTG	GSCTLDGQVY	NDRDVWKPEP
60	70	80	90	100
CQICVCDSGT	VMCDEVICED	TTDCPNPVIP	HDECCPVCPD	DDFQEPSVEG

续表

110	120	130	140	150
PRGTPGEKGD	RGPAGPPGND	GIPGQPGLPG	PPGPPGPPGL	GGNFSPQMSG
160	170	180	190	200
GFDEKSGGAM	AVPGPMGPMG	PRGPPGPPGT	PGPQGFTGPP	GEPGEAGAPG
210	220	230	240	250
PMGPRGAAGP	PGKNGEDGES	GKPGRPGERG	PPGPQGARGF	PGTPGLPGIK
260	270	280	290	300
GHRGFSGLDG	AKGDTGPSGP	KGEAGAPGEN	GTPGAMGPRG	LPGERGRAGP
310	320	330	340	350
PGAAGARGND	GAAGAAGPPG	PTGPAGPPGF	PGGPGAKGEV	GPQGARGAEG
360	370	380	390	400
PQGARGEAGN	PGPAGPAGPA	GNNGADGAAG	PKGSPGTPGI	AGAPGFPGPR
410	420	430	440	450
GPPGPSGAAG	APGPKGNTGE	VGAPGAKGEA	GAKGEAGAQG	VQGPPGPPGE
460	470	480	490	500
EGKRGARGEP	GAAGGRGPPG	ERGAPGARGF	PGADGSAGPK	GAPGERGGPG
510	520	530	540	550
VVGPKGATGE	PGRNGEPGMP	GSKGMTGSPG	SPGPDGKTGP	SGTPGQDGRP
560	570	580	590	600
GPPGPVGARG	QPGVMGFPGP	KGAAGEAGKP	GERGVMGAVG	ATGAPGKDGD
610	620	630	640	650
VGAPGAPGPA	GPAGERGEQG	PAGPPGFQGL	PGPQGATGEP	GKSGEQGVPG
660	670	680	690	700
EAGAPGPAGS	RGDRGFPGER	GAPGPAGPAG	ARGSPGSAGN	DGAKGDAGAP
710	720	730	740	750
GAPGAQGPPG	LQGMPGERGA	AGLPGLKGDR	GDQGAKGTDG	APGKDGIRGM
760	770	780	790	800
TGPIGPPGPA	GAPGDKGETG	APGLVGPTGA	RGPPGERGET	GAPGPAGFAG
810	820	830	840	850
PPGADGLPGA	KGEAGDNGAK	GDAGSPGPAG	ATGAPGPQGP	VGATGPKGAR
860	870	880	890	900
GAAGPPGATG	FPGAAGRVGP	PGPAGNAGPP	GPPGPGGKEG	QKGNRGETGP
910	920	930	940	950
AGRTGEVGAP	GPPGAPGEKG	TPGAEGPTGP	AGIPGPQGIA	GQRGIVGLPG
960	970	980	990	1000
QRGERGFPGL	PGPSGEPGKQ	GPSGPSGERG	PPGPMGPPGL	AGPPGEPGRE
1010	1020	1030	1040	1050
GTPGNEGSAG	RDGAPGPKGD	RGETGAAGTP	GAPGPPGAPG	PVGPAGKTGD

续表

1060	1070	1080	1090	1100
RGESGPAGPA	GAAGPAGPRG	PAGPAGARGD	KGETGEAGER	GMKGHRGFTG
1110	1120	1130	1140	1150
MQGPPGPPGP	SGEPGPAGAS	GPAGPRGPAG	SSGPAGKDGM	SGLPGPIGPP
1160	1170	1180	1190	1200
GPRGRNGEIG	PAGPPGAPGP	PGPPGPSGGG	FDIGFIAQPQ	EKAPDPFRHF
1210	1220	1230	1240	1250
RADDANVMRD	RDLEVDTTLK	SLSQQIESIM	SPDGTKKNPA	RTCRDLKMCH
1260	1270	1280	1290	1300
PDWKSGEYWI	DPDQGCNQDA	IKVYCNMETG	ETCVYPTEST	IPKKNWYTSK
1310	1320	1330	1340	1350
NIKEKKHVWF	GEAMTDGFQF	EYGSEGSKAE	DVNIQLTFLR	LMSTEASQNI
1360	1370	1380	1390	1400
TYHCKNSIAY	MDQASGNLKK	ALLLQGSNEI	EIRAEGNSRF	TYSVTEDGCT
1410	1420	1430	1440	
SHTGAWGKTV	IDYKTTKTSR	LPIIDIAPMD	VGAPNQEFGI	EVGPVCFL

附表1-13 来源于草鱼的Ⅰ型胶原蛋白α-2链序列（E2IPR2）

10	20	30	40	50
MLSFVDTRIL	LLLAVTSYLA	SCQSSPRGPK	GPRGERGPKG	PDGKPGKPGL
60	70	80	90	100
PGPAGPPGPP	GLGGNFAAQY	DGAKGIEAGP	GPMGLMGPRG	PSGPPGAPGP
110	120	130	140	150
QGFQGHAGEP	GEPGQAGAVG	SRGPPGPPGK	NGEDGNNGRP	GKPGDRGAPG
160	170	180	190	200
AQGARGFPGT	PGLPGMKGHR	GYTGLDGRKG	EPGAAGAKGE	NGAPGSNGTP
210	220	230	240	250
GQRGGRGLPG	ERGRVGPSGP	AGARGADGNT	GPAGPAGPLG	SAGPPGFPGA
260	270	280	290	300
PGPKGEVGPA	GPSGPSGPQG	QRGEPGTNGA	VGPVGPPGNP	GANGINGAKG
310	320	330	340	350
AAGQPGVAGA	PGFPGPRGGP	GPQGPSGASG	PRGLAGDPGP	VGVKGDSGVK
360	370	380	390	400
GEPGSAGPQG	PPGPSGEEGK	RGSTGEQGST	GPLGMRGPRG	AAGTRGLPGL
410	420	430	440	450
AGRSGPMGMP	GARGATGAPG	ARGPPGDAGR	AGEPGLLGAR	GLPGSPGSSG
460	470	480	490	500
PPGKEGPAGP	AGQDGRSGPP	GPTGPRGQPG	NIGFPGPKGP	SGEPGKPGEK

续表

510	520	530	540	550
GPAGPTGLRG	QPGPDGNNGP	AGPVGLAGAP	GEKGEQGPSG	APGFQGLPGP
560	570	580	590	600
AGPVGEAGKP	GDRGIPGDQG	ASGPAGVKGE	RGNPGPAGAA	GAQGPIGARG
610	620	630	640	650
PSGTPGPDGN	KGEPGAVGAA	GAPGHQGAAG	MPGERGAAGT	PGPKGEKGEQ
660	670	680	690	700
GYRGLEGNAG	RDGARGAPGP	SGPPGPAGAN	GDKGETGSFG	PPGPAGARGA
710	720	730	740	750
PGERGESGPA	GPSGFAGPPG	ADGQTGQRGE	KGPAGVKGDA	GPPGPAGPAG
760	770	780	790	800
NTGPLGPSGP	VGPPGARGDS	GPPGLTGFPG	AAGRVGPPGP	SGIVGPAGPT
810	820	830	840	850
GAPGKDGPRG	ARGDVGPAGP	PGENGIIGPP	GLAGEKGSPG	ESGAPGAPGL
860	870	880	890	900
AGPQGGQLGSQ	GFNGLPGSRG	DRGLPGGPGA	VGDAGRVGPA	GAPGSRGPAG
910	920	930	940	950
NIGMPGMTGP	QGEAGREGSP	GNDGPPGRPG	AAGLKGDRGE	PGSPGTAGPA
960	970	980	990	1000
GAPGPNGPSG	AVGRPGNRGE	SGPSGSSGPV	GPAGARGAPG	PAGPRGEKGV
1010	1020	1030	1040	1050
AGDKGERGMK	GLRGHPGLQG	MPGPSGPSGD	SGAAGIAGPA	GPRGPAGPNG
1060	1070	1080	1090	1100
PPGKDGSNGM	PGAIGPPGHR	GPPGYVGPAG	PPGTPGLPGP	PGQAGGGYDT
1110	1120	1130	1140	1150
SGGYDEYRAD	QASLRAKDYE	VDATIKSLNT	QIENLLSPEG	SKKNPARTCR
1160	1170	1180	1190	1200
DIRLSHPEWS	SGFYWIDPNQ	GCTMDAIKAY	CDFSTGQTCI	HPHPESIPQK
1210	1220	1230	1240	1250
NWYRSSQEKK	HIWFGETING	GTEFSYNDET	LSPQSMATQL	AFMRLLANQA
1260	1270	1280	1290	1300
VQNITYHCKN	SIAYMDAENG	NLKKAVLLQG	SNDVELRAEG	NSRFTFSVLE
1310	1320	1330	1340	1350
DGCSRHTGQW	SKTVIEYRTN	KPSRLPILDI	APLDIGGADQ	EFGLDIGPVC
FK				

资料来源：https：//www.uniprot.org/。

附录二

食品安全国家标准 胶原蛋白肽
（GB 31645—2018）

1. 范围

本标准适用于食品加工用途的胶原蛋白肽产品。

2. 术语和定义

2.1 胶原蛋白肽

以富含胶原蛋白的新鲜动物组织（包括皮、骨、筋、腱、鳞等）为原料，经过提取、水解、精制生产的，相对分子质量低于10 000的产品。

3. 技术要求

3.1 原料要求

3.1.1 可以使用的原料：

a）屠宰场、肉联厂、罐头厂、菜市场等提供的经检疫合格的新鲜牛、猪、羊和鱼等动物的皮、骨、筋、腱和鳞等；

b）制革鞣制工艺前，剪切下的带毛边皮或剖下的内层皮；

c）骨粒加工厂加工的清洁骨粒和自然风干的骨料；

d）可食水生动物鱼嫖、可食棘皮动物、水母等。

3.1.2 禁止使用的原料：

a）制革厂鞣制后的任何废料；

b）无检验检疫合格证明的牛、猪、羊或鱼等动物的皮、骨、筋、腱和鳞等；

c）经有害物处理过或使用苯等有机溶剂进行脱脂的动物的皮、骨、筋、腱和鳞等。

3.2 感官要求

感官要求应符合表1的规定。

表1 感官要求

项目	要求	检验方法
色泽	白色或淡黄色	
滋味、气味	具有产品应有的滋味和气味，无异味	取2g试样置于洁净的烧杯中，用200 mL温开水配制成1%溶液，在自然光下观察色泽和有无沉淀。闻其气味，用温开水漱口，品其滋味
状态	粉末状或颗粒状，无结块，无正常视力可见的外来异物	

3.3　理化指标

理化指标应符合表2的规定。

表2 理化指标

项 目		指标	检验方法
相对分子质量小于10 000的胶原蛋白肽所占比例/%	≥	90.0	附录A
羟脯氨酸（以干基计）/（g/100g）	≥	3.0	GB/T 9695.23
总氮（以干基计）/（g/100g）	≥	15.0	GB 5009.5
灰分/（g/100g）	≤	7.0	GB 5009.4
水分/（g/100g）	≤	7.0	GB 5009.3 第一法

3.4　污染物限量

污染物限量应符合表3的规定。

表3 污染物限量

项 目	限 量	检验方法
铅（以Pb计）/（mg/kg）	1.0	GB 5009.12
镉（以Cd计）/（mg/kg）	0.1	GB 5009.15
总砷（以As计）/（mg/kg）	1.0	GB 5009.11
铬（以Cr计）/（mg/kg）	2.0	GB 5009.123
总汞（以Hg计）/（mg/kg）	0.1	GB 5009.17

3.5 微生物限量

微生物限量应符合表4的规定。

表4 微生物限量

项　目	采样方案[a]及限量				检验方法
	n	C	m	M	
菌落总数/（CFU/g）	5	2	10^4	10^5	GB 4789.2
大肠菌群/（CFU/g）	5	2	10	10^2	GB 4789.3

[a]样品的采样及处理按GB 4789.1执行。

3.6 食品工业用加工助剂

食品工业用加工助剂的使用应符合GB 2760的规定。

附录三

畜禽骨胶原蛋白含量测定方法　分光光度法
（NY/T 3608—2020）

1. 范围

本标准规定了分光光度法测定畜禽骨胶原蛋白含量的原理、试剂及材料、仪器和设备、分析步骤、计算和精密度等。

本标准适用于以畜禽动物骨（包括鸡、猪、牛、羊）为原料，经提取生产的蛋白产品中胶原蛋白含量的测定。

2. 术语和定义

下列术语和定义适用于本文件。

2.1

胶原蛋白换算系数 conversion coefficient of collagen。

不同骨源或样品中胶原蛋白含量与羟脯氨酸含量的比值。

3. 原理

羟脯氨酸是胶原蛋白的特征性氨基酸，不同畜禽骨胶原蛋白的羟脯氨酸含量和胶原蛋白含量呈稳定的相关性。本方法用分光光度法测定畜禽骨胶原蛋白中羟脯氨酸含量，乘以对应的换算系数，得到胶原蛋白含量。

4. 试剂及材料

如无特别说明，所用试剂均为分析纯。水为蒸馏水或去离子水。

4.1　试剂

4.1.1　盐酸（HCl）。

4.1.2　一水柠檬酸（$C_6H_8O_7 \cdot H_2O$）。

4.1.3   氢氧化钠（NaOH）。

4.1.4   无水乙酸钠（CH_3COONa）。

4.1.5   三水·N-氯-对甲苯磺酰胺钠（氯胺T）（$C_7H_7ClNNaO_2S \cdot 3H_2O$）。

4.1.6   正丙醇（C_3H_7OH）。

4.1.7   对二甲氨基苯甲醛（$C_9H_{11}NO$）。

4.1.8   高氯酸（$HClO_4$）。

4.1.9   异丙醇（C_3H_8O）。

4.1.10   羟脯氨酸（$C_5H_9NO_3$），纯度≥99%。

4.1.11   乙酸（$C_2H_4O_3$）。

4.2   试剂配制

4.2.1   盐酸溶液（6mol/L）

取500mL盐酸加水稀释至1000mL，混匀。

4.2.2   缓冲溶液（pH=6.8）

包括下列组分：

a）26.0g 一水柠檬酸；

b）14.0g 氢氧化钠；

c）78.0g无水乙酸钠。

用500mL水溶解上述试剂并转入1000mL的容量瓶，加入25mL正丙醇，用水定容，用乙酸调节pH至6.8。该溶液于4℃避光，可稳定保存14d。

4.2.3   氯胺T溶液（0.05mol/L）

称取1.41g（精确到0.01g）三水·N-氯-对甲苯磺酰胺钠盐于烧杯中，用100mL缓冲液（4.2.2）充分溶解，现用现配。

4.2.4   显色剂

称取10.0g对二甲氨基苯甲醛于烧杯中，用35mL高氯酸溶液溶解，缓慢加入65mL异丙醇，混匀，现用现配。

4.2.5   羟脯氨酸标准溶液

4.2.5.1   标准储备液

称取50mg（精确到0.1mg）羟脯氨酸于烧杯中，用水溶解后转移至100mL容量瓶中，加入一滴盐酸溶液（4.2.1），用水定容至刻度，混匀，即得500μg/mL标准储备液，于4℃避光保存，有效期30d。

4.2.5.2   标准工作液

移取5mL标准储备液（4.2.5.1）至500mL容量瓶中，用水定容至刻度，配置成5.0μg/mL

标准工作溶液。用水定容,所得标准工作液浓度依次为0.5μg/mL、1.0μg/mL、1.5μg/mL、2.0μg/mL、5.0μg/mL。现用现配。

5   仪器和设备

5.1   pH计。

5.2   分析天平:感量为0.0001g。

5.3   水解管:耐压螺盖玻璃试管。

5.4   干燥箱:可控温于(105±1)℃。

5.5   水浴锅:可控温于(60±1)℃。

5.6   具塞试管。

5.7   涡旋振荡器。

5.8   可见光/紫外分光光度计。

6   分析步骤

6.1   羟脯氨酸标准曲线的绘制

6.1.1   取4.0mL羟脯氨酸标准工作液(4.2.5.2)于具塞试管中,加入2.0mL氯胺T溶液(4.2.3),混合后于室温下放置20min。

6.1.2   加入2.0mL显色剂于具塞试管中,用涡旋振荡器充分混合。

6.1.3   将具塞试管迅速放入60℃水浴中,保持20min。

6.1.4   取出具塞试管,用流动水冷却3min~5min,在室温下放置30min。

6.1.5   以水作为空白,于558nm处用分光光度计测定吸光值,平行测定3次,取均值。

6.1.6   以标准溶液中羟脯氨酸含量(μg/mL)为横坐标、以扣除了空白的标准工作液的吸光度为纵坐标绘制标准曲线,或求线性回归方程。再次分析应重新绘制标准曲线。

6.2   羟脯氨酸含量测定

6.2.1   样品制备

6.2.1.1   对块状样品需磨碎或者剪碎备用,粉末状、膏状、液体样品直接用于测定。

6.2.1.2   称取30mg样品(精确至0.1mg),置于水解管中,避免试样粘在水解管壁上。

6.2.2   水解

量取20mL盐酸溶液(4.2.1),加入水解管内,密封,于干燥箱中105℃恒温水解20h。

6.2.3   测定

6.2.3.1　将全部溶液移至 100mL容量瓶中，分别用10mL盐酸溶液（4.2.1）和10mL水清洗水解管全部转移样品至容量瓶中，用水定容至刻度。

6.2.3.2　取1mL~4 mL 上述溶液（6.2.3.1）于具塞试管中，用水准确稀释一定倍数，稀释后羟脯氨酸的浓度为0.5μg/mL~5.0μg/mL。取 4.0mL 稀释溶液，按照标准曲线绘制中同样步骤操作，测定吸光度，并通过 6.1.6 所得线性回归方程计算检测溶液中羟脯氨酸的含量。

注：稀释倍数取决于样品中羟脯氨酸的含量，通常情况下，稀释倍数在0倍~10倍。

7　计算

7.1　羟脯氨酸含量计算

试样中羟脯氨酸含量按式（1）计算。

$$X=\frac{c \times 100 \times n}{m \times 1000} \times 100 \qquad (1)$$

式中：X——试样中羟脯氨酸的含量，单位为百分号（%）；

　　　c——由标准曲线得到的试样溶液中羟脯氨酸的浓度，单位为微克每毫升（μg/mL）；

　　m——试样质量，单位为毫克（mg）；

　　100——样品水解后定容至容量瓶的体积（6.2.3.1），单位为毫升（mL）；

　　　n——水解样品在具塞试管中的稀释倍数（6.2.3.2）；

　1000——换算系数。

计算结果保留至小数点后2位。

7.2　胶原蛋白含量的计算

按式（2）计算。

$$Y=X \times F \qquad (2)$$

式中：Y——试样中胶原蛋白的含量，单位为百分号（%）；

　　　X——试样中羟脯氨酸的含量，单位为百分号（%）；

　　　F——胶原蛋白换算系数；鸡、猪、牛和羊骨的胶原蛋白换算系数分别为7.4、7.7、7.9和7.6。

8　精密度

在重复条件下获得的 2 次独立测定结果的绝对差值不得超过算术平均值的 10%。